Holzfrei

Nr. 3
S. 325—480

1953
21. Januar

Chemisches Zentralblatt

Vollständiges Repertorium für alle Zweige der reinen und angewandten Chemie

Im Auftrage der Deutschen Akademie der Wissenschaften zu Berlin, der Akademie der Wissenschaften zu Göttingen und der Gesellschaft Deutscher Chemiker
herausgegeben von
Prof. Dr. Maximilian Pflücke

Chefredakteure: Dr. Eugen Klever und Prof. Dr. Maximilian Pflücke

124. Jahrgang

1953

Akademie-Verlag GmbH., Berlin — Verlag Chemie, GmbH., Weinheim/Bergstr.

Inhalt

Namenregister

Chemisches Zentralblatt

1953 Nr. 3 21. Januar

Geschichte. Unterricht.

Ss. R. Ssergijenko, *Das Jubiläum des hervorragenden Gelehrten Nikolai Dmitrijewitsch Zelinsky. (Zum 90. Geburtstag.)* Würdigung der Bedeutung der Forschungsergebnisse des am 8/2. 1861 in Tiraspol geb. Akademiemitgliedes, des Organikers ZELINSKY. (Известия Академии Наук СССР, Отделение Технических Наук [Nachr. Akad. Wiss. UdSSR, Abt. techn. Wiss.] **1951.** 147—60. Febr. Abt. für die wissenschaftl. Bearbeitung der Probleme der Wasserwirtschaft der Akad. der Wiss. der UdSSR.) FÖRSTER. 1

A. J. J. van de Velde, *Johann Wolfgang Doebereiner. 1780—1849.* DOEBEREINER hat außer dem nach ihm benannten Feuerzeug die Theorie der Triaden, die den Ausgangspunkt des Period. Syst. der Elemente bildet, entwickelt, zahlreiche Entdeckungen im Labor. gemacht u. schon 1820 ein chem. Labor. (also lange vor LIEBIG) in Jena eingerichtet. (Meded. vlaamse chem. Veren. **14.** 20—22. Jan./Febr. 1952. Gent, Univ.) WESLY. 1

Annette Ruckstuhl, *Thomas Grahams Arbeiten über die Diffusion von Gasen.* Überblick über die Arbeiten GRAHAMs (1805—1869) mit Literaturzitaten. (J. chem. Educat. **28.** 594—96. Nov. 1951. New Orleans, La., Tulane Univ., Newcomb Coll.) LEVI. 1

G. Schay, *Tätigkeit des Akademikers Ss. W. Lebedew auf dem Gebiete der Kautschuksynthese.* SSERGEI WASSILJEWITSCH LEBEDEW (1874—1934) untersuchte als erster die Thermopolymerisation von Butadien u. Derivv. sowie Vinylderivaten. Er stellte Butadien aus Alkohol am Al_2O_3–ZnO-Katalysator bei 400—450° her u. daraus durch Natriumpolymerisation synthet. Kautschuk. (Magyar Kémikusok Lapja [Z. Ver. ung. Chemiker] **5.** 34—39. 1950.) PLANK. 1

—, *Der hundertste Todestag von Hans Christian Ørsted.* Feier der Univ. Kopenhagen mit Vorträgen von **H. M. Hansen, Niels Bohr, Francis Bull** u. **Anker Engelund.** (Fysisk Tidsskr. **49.** 1—35. 1951.) GEHLEN-KELLER. 1

Mogens Pihl, *H. C. Ørsteds wissenschaftliches Wirken.* Vortrag. (Fysisk Tidsskr. **49.** 36—51. 1951.) GEHLEN-KELLER. 1

Ebbe Rasmussen, *H. C. Ørsted-Gedenkstätte.* (Fysisk Tidsskr. **49.** 64—69. 1951.) GEHLEN-KELLER. 1

Z. Szabó, *N. N. Ssemenows wissenschaftliche Tätigkeit.* Die von BODENSTEIN u. seinen Mitarbeitern erstmalig untersuchten Ketten-Rkk. führten zu neuen Erkenntnissen, deren zusammenfassende Theorie SSEMENOW schuf u. mit einfachen Gleichungen beschrieb. (Magyar Kémikusok Lapja [Z. Ver. ung. Chemiker] **5.** 338—40. 1950.) PLANK. 1

B. M. Kedrow, *Die Voraussagen von D. I. Mendelejew über die Zusammensetzung der Atome und über die Umwandelbarkeit der Elemente.* Auszug aus neu gefundenen Manuskripten, aus denen hervorgeht, daß MENDELEJEW schon zu Beginn der 70er Jahre erkannt hatte, daß die Atome aus kleineren Bausteinen zusammengesetzt sind u. daß der Massendefekt von Energieabsorption oder -emission begleitet sein muß. (Химия в Школе [Chem. Schule] **1952.** Nr. 4. 18—26. Juli/Aug.) KIRSCHSTEIN. 2

B. M. Kedrow, *Das Periodische Gesetz von D. I. Mendelejew und die Edelgase.* Darst. der Meth., nach der MENDELEJEW die Existenz der Elemente mit den Ordnungszahlen 2, 20 u. 36 erschlossen hatte. (Успехи Физических Наук [Fortschr. physik. Wiss.] **47.** 95—114. Mai 1952.) KIRSCHSTEIN. 2

René Evrard, *Ein Gestell eines alten Hochofens.* Beschreibung eines belg. Hochofens aus dem Jahre 1835 mit 2 Blasformen u. offener Brust. Zus. verschied. Baustoffe, Schlacken u. Gußstücke. (Fonderie belge **1951.** 130—36. Juni.) K. STEIN. 2

A. Schleicher, *Beiträge zur Geschichte des Hüttenwesens in Ungarn.* (Acta techn. Acad. Sci. hung. **2.** 3—12. 1951.) PAHL. 2

Stanley C. Bunce und **Henry F. Hammer,** *Eine Vorführung zur Chemie der Farbe.* Plan für allg. verständliche Vorführungsverss. mit Erläuterungen über Farben, Färbungen, Färbemethoden, Fluorescenz u. Chemiluminescenz. (J. chem. Educat. **28.** 546—48. Okt. 1951. Troy, N. Y., Rensselaer Polytechn. Inst.) BLUMRICH. 6

A. R. Patton, *Quantitative Papierchromatographie für Studenten.* Das Chromatogramm wird mit einem Farbreagens (für Aminosäuren mit Ninhydrinlsg.) behandelt. Das Licht einer kleinen Lampe läßt man dann durch die einzelnen Farbflecke hindurch auf ein lichtelektr. Meßgerät einwirken. Die Konz. wird nach Eichkurven ermittelt. (J. chem. Educat. **28.** 629. Dez. 1951. Fort Collins, Col., Colorado A. & M. Coll.) BLUMRICH. 6

R. A. Peck jr. und **Paul Stelson,** *Eine Laboratoriumsübung in der Kernemulsionstechnik.* App., Präparation u. Auswertung der Messungen werden, für Übungszwecke geeignet, dargelegt. (Amer. J. Physics **19.** 48—52. Jan. 1951. Providence, R. I., Brown Univ.) W. REICHARDT. 6

Ss. W. Wassiljew und **R. I. Ssaposhnikowa,** *Aufarbeitung und Verwendung von Silberrückständen photochemischer Laboratorien zu Unterrichtszwecken.* Vff. empfehlen, die Photoemulsionen zu veraschen. Nach Säurebehandlung der Asche kann aus der Lsg. $AgNO_3$ oder Ag_2SO_4 gewonnen werden. Aus verbrauchten Fixierbadlsgg. wird das Ag mit 20%ig. Alkalisulfid- oder H_2S-Lsg. gefällt u. der schwarze Nd. in HNO_3 gelöst, oder direkt durch Einbringen von Zn-Spänen bzw. Messingblättern in das Fixierbad in 3—4 Tagen ausgefällt. (Химия в Школе [Chem. Schule] **1952.** Nr. 3. 66—68. Mai/Juni.) v. WILPERT. 6

Kurt Ganzinger, Apothekenaltertümer in Österreich. Eutin: Internationale Ges. f. Geschichte d. Pharmazie. 1951. (32 S. m. 32 Abb.) gr. 8°. DM 7,20.

F. Meyer e L. J. Olmer, Le tappe della chimica (Les étapes de la chimie.) Trad. dal francese di Armando Silvestri. Milano: A. Garzanti. 1951. (120 S.) L. 150,—.

A. Allgemeine und physikalische Chemie.

M. F. Romanowa, *Die Lichtwelle als Längenstandard.* Bericht über die sowjetruss. Unterss., bei denen die Wellenlängen der roten *Cd*-Linie u. der grünen *Hg*-Linie gemessen wurden. (Успехи Физических Наук [Fortschr. physik. Wiss.] **47.** 161—72. Juni 1952.) KIRSCHSTEIN. 10

T. Bjerge, *MKSA-System oder Giorgis Einheitssystem.* Vortrag über die Grundeinheiten u. die Aufstellung des GIORGIschen m–kg–Sek.–A-Systems. (Fysisk Tidsskr. **49.** 137—53. 1951.) GEHLEN-KELLER. 10

Georges Champetier, La chimie générale. 3e éd. Paris: Presses universitaires de France. 1952. (136 S. m. Abb.) fr. 150,—.

H. Copaux et H. Perpérot, Chimie générale, description des éléments chimiques et de leurs propriétés. T. 1. 6e éd. Paris: A. Colin. 1952. (220 S. m. Abb.) fr. 260,—.

Maximilian Pflücke und Alice Hawelek, Periodica chimica. Verz. d. im Chemischen Zentralblatt referierten Zeitschriften mit d. entsprechenden genormten Titelabkürzungen. 2. neu bearb. Aufl. Hrsg. Berlin: Akademie-Verl.; Weinheim/Bergstr.: Verl. Chemie. 1952. (X + 411 S.) gr. 8°. DM 35,—.

Th. Bokorny, *Chemie-Gerüst. Kurzes in Tabellenform abgefaßtes Vademecum der anorganischen und organischen Chemie.* 9., berichtigte u. ergänzte Auflage. Hollfeld/Oberfranken: C. Banges Verlag. 1951. (67 S.) Brosch. DM 3,—.

Das Büchlein bringt auf gedrängtestem Raum die wichtigsten Tatsachen der anorgan. u. organ. Chemie. Die Tabellen gliedern sich jeweils in 5 Rubriken: Name u. Bruttoformel (oft Strukturformel) der Verb., Vork., Darst., Eigg., Anwendung. Chemiker in den Vorprüfungen sowie Physiker, Mediziner u. a., die die Chemie nur als Nebenfach betreiben, werden gern zu diesem Repetitorium greifen. BARZ. 10

A_1. Kernphysik und Kernchemie.

A. E. Scheidegger und **C. D. McKay,** *Über die Thermodynamik von Feldern.* (Vgl. C. **1952.** 2117.) (Sitzungsbericht.) Der für die Quantenstatistik der Felder entwickelte Formalismus versagt bei der Konstruktion der thermodynam. Funktionen von Vakuumfeldern, wenn die Felder klass. behandelt werden. Ferner lassen sich die thermodynam. Funktionen von relativist. Feldern nicht durch einen Grenzübergang aus denen von nichtrelativist. Feldern ableiten, da die Ruhemasse der Teilchen in der HAMILTON-Gleichung erscheint. Diese Schwierigkeit kann durch Einführung eines neuen Parameters umgangen werden, der im Charakter der Temp. ähnlich ist. (Physic. Rev. [2] **85.** 721. 15/2. 1952; Bull. Amer. physic. Soc. **26.** Nr. 6. 25. 24/10. 1951. Queen's Univ.) SPEER. 80

M. E. Rose und **T. A. Welton,** *Das Virialtheorem für ein Dirac-Teilchen.* (Physic. Rev. [2] **86.** 432—33. 1/5. 1952. Oak Ridge, Tenn., Nat. Labor.) KIRSCHSTEIN. 80

Bernard Kwal, *Über die elektromagnetische Strahlung der Höhenstrahlprotonen in den intensiven Magnetfeldern der Himmelskörper.* Zur Erklärung der radioelektr. Emission der Sonne u. der Milchstraße ist die Annahme der Ggw. von Höhenstrahlprotonen mit

Energien von $2 \cdot 10^3$ MeV bis oberhalb $2 \cdot 10^4$ MeV in Gebieten erforderlich, in denen Magnetfelder bis zu 4000 Gauß herrschen. Für die Intensität dieser Strahlung wird ein approximativer Ausdruck angegeben, ebenfalls für die energet. Verteilung der Höhenstrahlung, die auf das obere Ende der Atmosphäre trifft. (J. Physique Radium **12.** 66—67. Jan. 1951. Paris, Inst. Henri Poincaré.) G. SCHMIDT. 85

James A. van Allen, *Intensitäten schwerer Primärteilchen der Höhenstrahlung aus Messungen von Ionisationskammerimpulsen.* In V 2-Raketen waren Ionisationskammern mit Sendern eingebaut, die während des Fluges oberhalb 40 km Elektronensammelimpulse an eine Bodenstation funkten. Aus der Verteilung der Impulsgrößen lassen sich Schlüsse auf die obere Grenze ziehen, bis zu der schwere Kerne in der prim. Höhenstrahlung mitwirken. Mit dieser neuen Meth. werden die mit photograph. Emulsionen gewonnenen Ergebnisse anderer Autoren gestützt. (Physic. Rev. [2] **84.** 791—97. 15/11. 1951. Iowa City, Iowa, State Univ.; Silver Spring, Md., Johns Hopkins Univ., Applied Phys. Labor.) POLLERMANN. 85

C. E. Miller, J. E. Henderson, Gerald Garrison und **Wayne Sandstrom,** *Zenitwinkeleffekte für Höhenstrahlprotonen und -mesonen.* (Sitzungsbericht.) Mittels einer im Magnetfeld befindlichen Nebelkammer wurde in 3,3 km Höhe die Impulsverteilung der in 15 cm Pb gebremsten, geladenen Teilchen als Funktion des Zenitwinkels bestimmt. Die Intensität der Mesonen mit einem Impuls <400 MeV/c nimmt beim Übergang aus der Vertikalen auf 45° Ost oder West um den Faktor 3 ab, das Verhältnis zwischen positiven u. negativen bleibt konstant. Die Intensität der Protonen niedriger Energie nimmt ebenfalls um den Faktor 3 ab. Die Protonen hoher Energie ($>1 \cdot 10^9$ eV/c) zeigen eine ausgeprägte Ost–West-Asymmetrie. (Physic. Rev. [2] **85.** 773. 15/2. 1952; Bull. Amer. physic. Soc. **26.** Nr. 8. 25. 27/12. 1951. Univ. of Washington.) WIEDEMANN. 85

W. D. Walker, N. M. Duller und **J. D. Sorrells,** *Nebelkammeruntersuchung von durchdringenden Schauern in leichten und schweren Elementen.* (Sitzungsbericht.) Mittels einer Nebelkammer u. eines darunter befindlichen Hodoskops wurde die Sternerzeugung durch Primärteilchen, die durchdringende Schauer erzeugen können, untersucht. Die durchdringenden Schauer in C, Pb, Fe u. Paraffin wurden verglichen. Die Anzahl der Schauer pro freie Weglänge in dem erzeugenden Material mit 2—20 durchdringenden Sekundärteilchen scheint für leichte u. schwere Elemente nahezu gleich zu sein. (Physic. Rev. [2] **85.** 773. 15/2. 1952; Bull. Amer. physic. Soc. **26.** Nr. 8. 25. 27/12. 1951. Rice Inst.) WIEDEMANN. 85

S. B. Treiman und **W. Fonger,** *Übergangseffekt für die Neutronenerzeugung in Blei.* Die Bldg. von Neutronen in einem Pb-Erzeuger von 1,25 cm durch Höhenstrahlen wurde in Abhängigkeit von der Dicke des darüber befindlichen Pb-Absorbers bestimmt. Erzeuger sowie 3 BF_3-Proportionalzähler befanden sich in einem großen Paraffinblock. Die Messungen wurden bei 750 mm Hg Druck ausgeführt. Die Absorptionskurve der neutronenerzeugenden Strahlung verläuft zwischen 1,2 u. 10 cm Pb exponentiell mit der mittleren freien Weglänge von 320 g/cm². Innerhalb der ersten 1,25 cm Pb zeigt sie ein Übergangsmaximum der Neutronenerzeugung. (Physic. Rev. [2] **85.** 364—65. 15/1. 1952. Chicago, Ill., Univ., Inst. for Nucl. Stud.) WIEDEMANN. 85

Anatole M. Shapiro, *Die Wechselwirkung von π-Mesonen mit Kohlenstoffkernen.* Ausführliche Darst. des C. **1952.** 5038 referierten Sitzungsberichtes. (Physic. Rev. [2] **84.** 1063—64. 1/12. 1951. Ithaca, N. Y., Cornell Univ.) G. SCHMIDT. 90

F. C. Champion und **A. A. Ahmed,** *Die Existenz und Natur der „positiven Teilchen" in der Nähe einer Radium E-Quelle.* Bei der Unters. von 12000 von einem Ra E-Präp. herrührenden Nebelkammerbahnen wurden 3 Bahnen von positiven Teilchen gefunden, die sich vorläufig durch die Annahme erklären lassen, daß die Teilchen die halbe Ladung u. halbe Ruhemasse des Elektrons besitzen. (Nature [London] **168.** 780. 3/11. 1951. London, Univ., King's Coll., Wheatstone Labor.) H. HAUSWALD. 90

O. Ritter, C. Lieseberg, H. Maier-Leibnitz, A. Papkow, K. Schmeiser und **W. Bothe,** *Untersuchung der Streuung von Positronen an Elektronen in der Wilsonschen Nebelkammer.* In einer „langsamen", mit Methan gefüllten WILSON-Kammer wird die Streuung von Positronen aus ^{64}Cu an Elektronen untersucht. Die Positronenenergie vor (100—400 keV) u. nach dem Stoß wurde aus der Krümmung im Magnetfeld (300 Gauß), aus den Reichweiten u. den Stoßwinkeln bestimmt. Die Häufigkeit der Stöße in Abhängigkeit von der Energieübertragung wurde ermittelt u. ergab sich in Übereinstimmung mit der Theorie von MØLLER-BHABBA (BHABBA, Proc. Roy. Soc. [London], Ser. A **154.** [1936.] 195). Ein Dreierstoß zwischen einem Positron u. zwei Elektronen wurde beobachtet. (Z. Naturforsch. **6a.** 243—49. Mai 1951. Heidelberg, Univ., Physikal. Inst., u. Max-Planck-Inst. für med. Forschung, Inst. für Physik.) POLLERMANN. 90

Walter H. Barkas, Robert W. Deutsch, F. C. Gilbert und **Charles E. Violet,** *Die Elektron–Elektron-Streuung bei hoher Energie.* Dem 200 MeV-Elektronenstrahl des Synchrocyclotrons wurden elektronenempfindliche Kernemulsionen ausgesetzt. In 427 Fällen hatte das angestoßene (knock-on) Elektron eine Energie > 30 keV. Die Ergebnisse stimmen mit MØLLERs theoret. Querschnitten überein; jedoch war die Zahl der knock-on-Elektronen hoher Energie zu gering, um zwischen der MØLLER-, der relativist. MOTT- u. der relativist. RUTHERFORD-Formel unterscheiden zu können. Auf einer Bahnspurenlänge von 102,6 cm wurden außerdem zwei durch Primärelektronen erzeugte Paare u. zwei Fälle, in denen Primärelektronen in der Emulsion verschwanden, beobachtet. (Physic. Rev. [2] **86.** 59—63. 1/4. 1952. Berkeley, Calif., Univ., Dep. of Phys., Radiat. Labor.) H. HAUSWALD. 90

C. J. Baker, J. N. Dodd und **D. H. Simmons,** *Die Streuung von 9,6 MeV-Protonen durch Kohlenstoff, Aluminium und Magnesium.* Durch Messung der Streuung von 9,6 MeV-Protonen aus dem 60 in.-Cyclotron bei verschied. Winkeln mit einem Zählrohrteleskop aus 3 Proportionalzählrohren, welches an Mg u. C als Streusubstanzen geeicht worden war, wurden in ^{27}Al 9 Niveaus zwischen 0,99 u. 5,46 MeV beobachtet. Für Mg wird der prozentuale Anteil der RUTHERFORD-Streuung u. der unelast. differentielle Streuquerschnitt als Funktion des Massenmittelpunktswinkels angegeben. (Physic. Rev. [2] **85.** 1051—52. 15/3. 1952. Birmingham, Univ., Dep. of Phys.) H. HAUSWALD. 90

R. E. Richardson, W. P. Ball, C. E. Leith jr. und **B. J. Moyer,** *Elastische Kernstreuung von Protonen hoher Energie.* (Vgl. C. **1952.** 3116.) Die differentiellen elast. Streuquerschnitte von *C, Mg, Al, Si, S, Cu, Ag, Ta, W, Pb* u. *Bi* für 340 MeV-Protonen wurden nach Auswahl durch einen äußeren Vielfachstreuer u. einen Fokussierungsmagneten als Funktion des Streuwinkels gemessen u. graph. dargestellt. Die beobachteten Winkelverteilungen ähneln denjenigen, die bei FRAUNHOFER-Beugung ebener elektromagnet. Wellen an undurchsichtigen Scheiben beobachtet werden. Sie genügen mit Ausnahme von C der Theorie des durchsichtigen Kerns u. lassen durch ihre Übereinstimmung mit den auf Grund der elast. Streuung von 83 MeV-Neutronen gemachten Voraussagen erkennen, daß die COULOMB-Kräfte nur bei sehr kleinen Winkeln von merklichem Einfl. sind. Durch Vgl. der Verteilungen mit denen von benachbarten Kernen mit beträchtlich verschied. Spinmomenten konnte innerhalb der Fehlergrenzen keine spinabhängige Veränderung festgestellt werden. Die Integration der Verteilungskurven lieferte für den Gesamtstreuquerschnitt für C 0,098; Al 0,201; Cu 0,515; Ag 0,884 u. Pb 0,934 barn. (Physic. Rev. [2] **86.** 29—41. 1/4. 1952. Berkeley, Calif., Univ., Dep. of Phys., Radiat. Labor.) H. HAUSWALD. 90

P. H. Stelson und **W. M. Preston,** *Die unelastische Streuung schneller Neutronen an Eisen.* Die unelast. Streuung beim Beschuß von Fe mit angenähert monoenerget. Neutronen (1,82—1,92 MeV) wird durch Aufnahme der Bahnen der Rückstoßprotonen auf photograph. Platten (EASTMAN NTB, 200 μ) unter 90° zum einfallenden Strahl gemessen. Das Energiespektr. des gestreuten Strahls läßt beim Vgl. mit dem Spektr. des direkten Strahles u. des Untergrundes eine starke unelast. Streuung erkennen, die in Übereinstimmung mit γ-Strahlmessungen anderer Autoren in Fe ein angeregtes Niveau von 850 ± 50 keV erzeugt. Das Verhältnis der Wirkungsquerschnitte für die unelast. u. elast. Streuung der Neutronen ergibt sich zu $0,55 \pm 0,15$, die auf den Raumwinkel bezogenen Wirkungsquerschnitte für unelast. u. elast. Streuung betragen $0,062 \pm 0,015$ bzw. $0,112 \pm 0,023$ barn, die Wirkungsquerschnitte selbst bei Annahme isotroper Streuung 0,82 bzw. 1,40 barn. (Physic. Rev. [2] **86.** 132—33. 1/4. 1952. Cambridge, Mass., M. I. T., Labor for Nucl. Sci. and Engng.) WERNER SCHULZ. 90

S. Thulin und **I. Bergström,** *Ein zweiter* ($d_{5/2}$—$s_{1/2}$)-*γ-Übergang in ^{129m}Xe.* (Vgl. C. **1951.** II. 1691.) Theoret. Gründe sprechen dafür, dem Spin von ^{129m}Xe den Wert 11/2 u. nicht 9/2 zuzuschreiben. Der beobachtete Übergang erfolgt nach dieser Annahme nicht in den Grundzustand, sondern in ein Anregungsniveau mit dem Spin 3/2. Der Übergang aus diesem in den Grundzustand wurde jetzt durch L-Konversionselektronen nachgewiesen; seine Energie beträgt 40,0 keV. (Physic. Rev. [2] **85.** 1055. 15/3. 1952. Stockholm, Nobel Inst. for Phys.) KIRSCHSTEIN. 95

Y. Yafet, *Die Berechnung des g-Faktors von metallischem Natrium.* Es wird der Einfl. der Spin-Bahnmomentkopplung auf den g-Faktor von metall. Na im Magnetfeld, d. h. bei der Kernresonanz, berechnet. Ohne diese Wechselwrkg. sollte $g = 2,0023$ (Spin allein wirksam) sein. Die Spin-Bahnmomentkopplung zieht nur eine sehr kleine Werteänderung von maximal $3,7 \cdot 10^{-4}$, abhängig vom Winkel des Moments zur Feldrichtung, nach sich. Bei der stärksten Absorption sollte $g = 2,0019$ sein. (Physic. Rev. [2] **85.** 478. 1/2. 1952. Berkeley, Calif., Univ., Dep. of Phys.) FAHLENBRACH. 95

Francis Bitter und **Jean Brossel**, *Ein Versuch zur Erzeugung von Kernorientierung in Quecksilberdampf.* Vff. versuchen mit negativem Erfolg eine Anreicherung von angeregten Hg-Atomen vom magnet. Kernmoment $+\frac{1}{2}$ durch die Absorption einer polarisierten Resonanzstrahlung, die parallel zu einem Magnetfeld von einigen Hundert Gauß einfällt, hervorzurufen u. durch die Intensitätsveränderung einer Komponente der Resonanzstrahlung nachzuweisen. (Physic. Rev. [2] **85.** 1051. 15/3. 1952. Cambridge, Mass., Inst. of Technol., Res. Labor. of Electronics.) H. HAUSWALD. 95

B. Ss. Dshelepow, *Über Spiegelkerne höherer Ordnung.* Die Formel für die Massendifferenz von Spiegelkernen ${}^{2Z-n}_{Z}M - {}^{2Z-n}_{Z-n}M$ für n = 2 wird mit experimentellen Daten verglichen u. als so zutreffend gefunden, daß einige Kernmassen neu berechnet werden können. Danach werden entsprechende Formeln für n = 3, 4 u. 5 aufgestellt u. zur Berechnung der Kernmassen einiger neuer Isotope verwendet. Neben den Massen sind auch die Energien von Beschußteilchen angegeben, durch die die Isotope erzeugt werden können. In einem weiteren Abschnitt wird diskutiert, bei welchem Protonenüberschuß die Kerne nicht mehr β^+-akt., sondern p-akt. sind. Bei Halbwertszeiten zwischen 1 Jahr u. 10^{-5} Sek. müßten die Protonenenergien zwischen 25 u. 75 keV liegen. Unter den Kernen mit $Z < 20$ kann höchstens ein protonenakt. Isotop sein. (Известия Академии Наук СССР, Серия Физическая [Nachr. Akad. Wiss. UdSSR, physik. Ser.] **15.** 496—504. Juli/Aug. 1951.) KIRSCHSTEIN. 100

W. I. Goldanski, *Die neuen chemischen Elemente im Periodischen System von D. I. Mendelejew.* Vf. berichtet über die Entdeckung der Elemente *Technetium, Promethium, Francium, Astatium* u. der Transurane. (Природа [Natur] **41.** Nr. 7. 51—61. Juli 1952.) LEBTAG. 100

Pierre Jordan, *Rückstoßeffekte beim Beschuß feingepulverter Substanzen mit Neutronen.* 30—50 g einer feingepulverten Substanz werden mit einer geeigneten Fl. benetzt u. dann mit Neutronen bestrahlt. Infolge des Rückstoßes gelangt das neu entstandene Element in die Fl. u. kann so extrahiert werden. Es können bis zu 60% der gebildeten Aktivität gewonnen werden. Wesentlich sind die folgenden Faktoren: Das gebildete Element muß in der Fl. lösl. sein, weiter Adsorptionseffekte, Rekristallisation u. Austausch. An Beispielen werden die Gewinnung von ^{25}Na aus MgO, benetzt mit W., u. von ^{28}Al aus SiO_2 gebracht, bei denen wegen ihrer kurzen Halbwertszeit eine n. chem. Trennung nicht durchführbar ist. (J. Chim. physique Physico-Chim. biol. **48.** 178—81. März/April 1951. Zürich, École Polytechn.) WIEDEMANN. 103

A. G. Maddock und **J. Green,** *Kernanteil an der Retention nach dem mit Strahlung verbundenem Einfang thermischer Neutronen.* Durch Vgl. zweier verschied. Isotope, die bei einer Bestrahlung entstehen u. derselben chem. Trennung unterworfen werden, läßt sich der Kernanteil an der Zurückhaltung im Molekülverband, der auf Einfang von Neutronen mit γ-Strahlung ohne Sprengung der chem. Bindung beruht, abschätzen. Für ^{51}Cr ist die Zurückhaltung 65%, für ^{55}Cr 0%, die Aktivierungsenergie des Zwischenkerns beträgt 11 bzw. 3 MeV. Daten für ^{55}Cr: Halbwertszeit 155 Min., β-Spektr. Maximum 0,52 MeV, γ-Strahlung 1,6 MeV. Die Halbwertszeiten der angeregten Zustände müssen mehr als 10^{-12} Sek. betragen. (J. Chim. physique Physico-Chim. biol. **48.** 207—08. März/April 1951. Cambridge, Dep. of Chem., Radiochem. Labor.) WIEDEMANN. 103

Alan B. Smith, *Das Kernspektrum von* ^{77}*Ge.* Durch Beschuß von Ge mit Deuteronen wurde neben anderen Ge-Isotopen auch ^{77}Ge erhalten, das nach der Trennung von *As* als Sulfid gefällt wurde. Die Energie der γ-Strahlen wurde durch die Sekundärelektronen von Pb u. U sowie durch Konversionselektronen bestimmt. Es wurden 13 γ-Linien gefunden, die Energien zwischen 0,042 u. 1,75 MeV hatten; am intensivsten war die 0,264 MeV-Linie. Das β-Spektr. wurde in 3 Komponenten mit den Maximalenergien 2,196 (42%), 1,379 (35%) u. 0,710 MeV (23%) aufgelöst. Der 2,196 MeV-β-Strahl führt nicht zum Grundzustand von ^{77}As, sondern zu einem Anregungszustand von 0,264 MeV. Die übrigen γ-Linien bilden Übergänge zwischen 7 weiteren Niveaus in ^{77}As. (Physic. Rev. [2] **86.** 98—101. 1/4. 1952. Bloomington, Ind., Univ., Phys. Dep.) KIRSCHSTEIN. 103

J. C. Bowe und **P. Axel,** *Der zweite Übergang im Zerfall von* ^{119m}*Sn.* (Sitzungsbericht.) Inhaltlich ident. mit der C. **1952.** 5527 referierten Arbeit. (Physic. Rev. [2] **85.** 734. 15/2. 1952; Bull. Amer. physic. Soc. **26.** Nr. 6. 38. 24/10. 1951. Univ. of Illinois.) WEIGEL. 103

R. E. Bell und **R. L. Graham,** *Zerfallsschema von* ^{131}*J.* Mit 2 gegenübergestellten Magnetlinsenspektrometern wurde die Strahlung von ^{131}J analysiert. Die Ergebnisse gestatten die Aufstellung eines Zerfallsschemas, in dem ^{131}*Xe* 5 Anregungsniveaus hat.

Von den Niveaus bei 722 u. 637 keV führen elektr. Dipolstrahlungen, vom 163 keV-Niveau ($T_{1/2}$ = 12 Tage) eine magnet. 2^4-Pol-Strahlung direkt in den Grundzustand; von dem 364 keV-Niveau werden neben den zum Grundzustand führenden Quanten auch solche von 284 keV emittiert, die zu dem 80 keV-Niveau ($T_{1/2} = 4{,}8 \cdot 10^{-10}$ Sek.) führen. Das β-Spektr. von ^{131}J besteht aus 0,7% 812 keV, 87,2% 608 keV, 9,3% 335 keV u. 2,8% 250 keV. (Physic. Rev. [2] **86.** 212—18. 15/4. 1952. Chalk River, Ontario, Nat. Res. Counc. of Canada, A. E. P.) KIRSCHSTEIN. 103

Heinz Behrens, *Untersuchungen an den Xenonisotopen ^{133}Xe und ^{135}Xe in der Wilsonschen Nebelkammer.* Die bei der U-Spaltung sek. entstehenden β-akt. Xe-Isotope ^{133}Xe u. ^{135}Xe wurden in der Nebelkammer untersucht. Die den β-Zerfall begleitende γ-Strahlung konnte durch innere Umwandlung der γ-Strahlung (Photoelektronen u. AUGER-Elektronen aus der Atomhülle) beobachtet u. die Quantenenergien daraus berechnet werden. (Z. Naturforsch. **6a.** 249—51. Mai 1951. Hamburg, Univ., Inst. für Physikal. Chem.) POLLERMANN. 103

S. A. Moszkowski, *Eine schnelle Methode zur Berechnung von log(ft)-Werten für β-Übergänge.* Die Arbeit enthält einige graph. u. nomograph. Methoden zur schnellen Berechnung von *log (ft)* für die meisten β-Zerfallsprozesse. (Physic. Rev. [2] **82.** 35—37. 1/4. 1951. Chicago, Ill., Univ., Inst. for Nucl. Stud.) W. REICHARDT. 112

Lester L. Newkirk, *Neues Verfahren zur Bestimmung von Photokernquerschnitten.* (Sitzungsbericht.) Es wurden die Querschnitte der Rkk. ^{63}*Cu* (γ, n) ^{62}Cu u. ^{12}*C* (γ, n) ^{11}C gegenüber γ-Strahlen bis zu 60 MeV untersucht. Zur Überwachung des Synchrotonstrahls wurde abwechselnd das Target u. ein Testpräp. in den pulsierenden Strahl gebracht. (Physic. Rev. [2] **85.** 767. 15/2. 1952; Bull. Amer. physic. Soc. **26.** Nr. 8. 19. 27/12. 1951. Iowa State Coll.) H. HAUSWALD. 112

R. G. Allen, C. P. Stanford, T. E. Stephenson und **S. Bernstein,** *Kristallspektrometer für langsame Neutronen.* (Sitzungsbericht.) Die Verwendung von Kristallspektrometern für die Erzeugung monoenerget. Neutronen konnte durch Ausnutzung der Totalreflexion an Kristallspiegeln bei sehr kleinen Winkeln bis auf Energien von 0,005 eV herunter erweitert werden. Streuquerschnitte werden an *Ni* u. Nickeloxyd gemessen. (Physic. Rev. [2] **85.** 767. 15/2. 1952; Bull. Amer. physic. Soc. **26.** Nr. 8. 19. 27/12. 1951. Oak Ridge Nat. Labor.) H. HAUSWALD. 112

J. S. Eppstein, *Ein Einkanal-Impulsanalysator für kernphysikalische Versuche.* Es wird ein Gerät, bestehend aus einer Verstärkerstufe, zwei parallel geschalteten Diskriminatoren u. einer Antikoinzidenzmischstufe, zur Messung der Häufigkeitsverteilung von Impulsen verschied. Größe, wie sie von kernphysikal. Zählgeräten geliefert werden, beschrieben. Das Gerät zählt alle Impulse, deren Größe zwischen zwei Spannungsniveaus fällt. Der Mittelwert dieser Niveaus kann von 5—40 V variiert werden, während die Differenz zwischen ihnen bei einem oder zwei vorher festgelegten Werten konstant bleibt. (J. sci. Instruments **28.** 41—44. Febr. 1951. Harwell, Berks., A. E. R. Establ.) H. HAUSWALD. 112

H. J. D. Cole, *Das theoretische Verhalten eines magnetischen Punktpols in einer Wilson-Nebelkammer.* Für die von DIRAC geforderten Punktpole werden Formeln abgeleitet für die Energieabnahme u. spezif. Ionisierung bei der Durchquerung eines Gases. Bei schweren Teilchen ergibt sich für Punktpole eine kürzere Reichweite u. eine höhere spezif. Ionisierung als bei α-Teilchen. Eine Zunahme der Ionisierung gegen Ende der Reichweite tritt nicht auf. (Proc. Cambridge philos. Soc. **47.** 196—206. Jan. 1951. Cambridge, Trinity Coll.) POLLERMANN. 112

A. V. Crewe und **A. E. Litherland,** *Wirkungen der Geometrie auf die Streuverteilungen in der Wilson-Nebelkammer.* Wird eine WILSON-Nebelkammer zur Unters. der Streuung von geladenen Teilchen verwendet, treten im allg. Fehler in der gemessenen Streuverteilung auf, die von der Abhängigkeit der Nachweismöglichkeit der gestreuten Teilchen, z. B. durch die Begrenzung der beleuchteten Zone der Nebelkammer, herrühren. Es wird angegeben, wie für jede Anordnung von Streufolien u. Zählrohren eine Korrektur gefunden werden kann. Im Falle einer GAUSS-Streuverteilung ist die Korrektur bes. einfach. (J. sci. Instruments **28.** 182—85. Juni 1951. Liverpool, Univ., George Holt Phys. Labors.) POLLERMANN. 112

Bertram Stiller, Maurice M. Shapiro und **Francis W. O'Dell,** *Spezialtechniken für die Handhabung dicker Kernemulsionen.* (Sitzungsbericht.) Aufzählung einer Reihe von Kunstgriffen zur gleichmäßigen Entw. 400 μ dicker ultrasensitiver Emulsionen. U. a. wird „Trockenentw." mit Amidol bei 23° für ca. 20 Min., Fixieren u. Waschen bei 5° zur Red. der Schwellung u. bestimmte Nachbehandlung der getrockneten Emulsionen empfohlen. Aufeinandergestapelte Emulsionsschichten ohne Glasträger liefern ein großes empfindliches Vol., in dem die Bahnen leicht von der einen zur anderen Emulsion verfolgt werden können. (Physic. Rev. [2] **85.** 712. 15/2. 1952; Bull. Amer. physic. Soc. **26.** Nr. 6. 16. 24/10. 1951. Naval Res. Labor.) CONRAD. 112

A_2. Optisches Verhalten der Materie.

L. Rosino, *Physikalische Charakteristiken einiger Klassen veränderlicher Sterne.* Die astronom. Daten für bestimmte veränderliche Sterne können nicht ohne weiteres für quantitative Unterss. über die thermonucleare Entstehung der Sternenergie benutzt werden. So stößt die Annahme, daß diese Energie aus Kern-Rkk. mit leichten Elementen (wie Li, Be, B) stammt, die auch ihre Veränderlichkeit bedingen, auf Schwierigkeiten, da sie mit der Wirklichkeit nicht verträgliche Zeiten ergibt. (Nuovo Cimento [9] **8.** 54—61. 1/1. 1951. Bologna, Univ., Oss. astronom.) R. K. MÜLLER. 113

Paul W. Merrill, *Spektren zweier Sterne mit stabilen Schalen.* (Vgl. C. **1952.** 7606.) Die Auswertung von Spektrogrammen, aufgenommen in den Jahren 1921—50, von HD 193182 ergab eine außergewöhnlich große Anzahl von *H*-Linien. Bei einer Dispersion von 10 Å/mm konnte H 42 vermessen werden. Die Linien ionisierter Metalle sind zahlreich u. sehr scharf, *He I*- u. *Mg II*-Linien schwach u. diffus. Die H-Linien größerer Wellenlänge haben starke dunkle Kerne mit wohldefinierten Kanten, so z. B. bei H_α ca. 3,5 Å bei einer Emissionsbreite von 25 Å. Der Stern ist für Unterss. der Linien ionisierter Metalle u. H-Linien in der Nähe der BALMER-Seriengrenze bes. geeignet. Das Spektr. von HD 195325 ähnelt dem obigen, jedoch sind die dunklen Linien von H schwächer, die H-Linien von größerer Wellenlänge haben schmalere Kerne u. schwache breite Flügel. Beide Sterne haben stabile Schalen. (Astrophysic. J. **115.** 42—46. Jan. 1952. Mt. Wilson and Palomar Obss., Carnegie Inst. of Washington, California Inst. of Technol.) F. W. KRÜGER. 113

Paul W. Merrill, *Drei Sterne mit Heliumschalen.* (Vgl. vorst. Ref.) Aus den Absorptionslinien von metastabilen Niveaus des He I bei den B-Sternen HD 172694, HD 184279, HD 195407 ergibt sich das Vork. einer hochangeregten Gaswolke weit oberhalb der gewöhnlichen umkehrenden Schicht. Alle 3 Sterne haben veränderliche Spektren. Die He-Schalen unterscheiden sich von den gewöhnlicheren Schalentypen mit zahlreichen Metallinien durch höhere Anregung. Die interstellaren H- u. K-Linien von *Ca II* sind bei allen 3 Sternen stark u. genau meßbar. Sie sind bei HD 172694 u. HD 195407 ca. von gleicher Intensität u. etwas intensiver als bei HD 184279. Bei letzterem wurden zusätzlich folgende interstellare Linien festgestellt: 3383,78 *Ti II*, 3957,71 *CH II*, 4232,57 CH II, 4300,31 CH I, 5780,55, 6283,91 Å u. im Sternspektr. sehr starke D-Linien von *Na I.* (Astrophysic. J. **115.** 47—52. Jan. 1952.) F. W. KRÜGER. 113

Philip C. Keenan und **Leon W. Schroeder,** *Ein infrarotes Bandensystem von VO bei M-Sternen.* Mehrere Gruppen starker Banden im Bereich 7400—8600 Å bei Spektraltypen M 7 u. späteren werden als zu einem neuen infraroten Syst. des VO-Mol. gehörig identifiziert. Eine vorläufige Schwingungsanalyse ergab 8 Hauptkomponenten für jede Bande. Die Banden des neuen Syst. entsprechen den Übergängen vom tiefsten Energiezustand des VO-Moleküls. Die infraroten VO-Banden sind am stärksten bei den kühlsten langperiod. Veränderlichen, ihre Stärke relativ zu den benachbarten *TiO*-Banden steigt mit fallender Temperatur. (Astrophysic. J. **115.** 82—88. Jan. 1952. Perkins Obs.) F. W. KRÜGER. 113

N. Goldstein, U. Fano und **H. O. Wyckoff,** *Richtungsverteilung der 1040 keV-Strahlung von einer Hochspannungsröntgenröhre.* Vff. berichten über Messungen zwischen 0 u. 90° zur räumlichen Intensitätsverteilung einer durch 1100—1400 keV-Elektronen angeregten Röntgenstrahlung. Als Indicator dienen *Indium*-Körper, die in der Halbkugel um den Elektronenbrennfleck verteilt sind u. die durch Röntgenstrahlung von 1040 keV in einen metastabilen Zustand übergeführt werden, dessen Zerfall mittels einer Ionisationskammer gemessen wird. Es zeigt sich, daß bei 0° die Intensität ihren Höchstwert erreicht, u. zwar ist die Spitze um so flacher, je höher die Elektronenenergie liegt, nach Ansicht der Vff. deswegen, weil die energiereicheren Elektronen im Mittel größere Streuung aus der Ursprungsrichtung erleiden, ehe sie die Röntgenstrahlung erregen, als die langsameren. Weitere Gesichtspunkte über den Anregungsmechanismus der harten Röntgenstrahlen werden diskutiert. (J. appl. Physics **22.** 417—18. April 1951. Washington, D. C., Nat. Bur. of Stand.) REUSSE. 116

Donald D. Doughty und **J. W. McGrath,** *Die M_5- und M_4-Röntgenabsorptionskanten von Tantal.* Unter Verwendung von Absorberschichten von im Vakuum auf sehr dünnes weiches Glas aufgedampftem Ta (Schichtdicke $4 \cdot 10^{-5}$ cm) wurden Wellenlängenbestimmungen der Ta M_5- u. M_4-Kanten relativ zu W Mα (6969 X), W Mβ (6743 X) u. der

SiK-Kante (6705 X) ausgeführt. Es wurde gefunden: für M_5 7033 ± 5 X, für M_4 6845 ± 5 X. Die entsprechenden Energiewerte sind 1760 ± 2 eV bzw. 1808 ± 2 eV; die aus Energiewerten von L-Linien berechneten Werte sind 1730 bzw. 1788 eV. Es wird vermutet, daß die Diskrepanzen daher rühren, daß bei der Absorption ein L_3-Elektron des Ta nach $O_{4,5}$, ein M_5- u. M_4-Elektron jedoch auf ein 30—20 eV höheres Niveau ($P_{2,3}$ des freien Ta-Atoms) übergeht. (Physic. Rev. [2] **85.** 1040. 15/3. 1952. Kent, O., Kent State Univ.) Faessler. 116

J. N. P. Hume und **M. F. Crawford,** *Konfigurationswechselwirkung im PbIII-Spektrum.* Ausführliche Mitt. der C. **1951.** II. 2839 referierten Arbeit. (Physic. Rev. [2] **84.** 486—94. 1/11. 1951. Toronto, Can., Univ., Mc Lennan Labor.) Gottfried. 118

A. Gatterer und **S. G. Krishnamurty,** *Das Spektrum von Cassiopeiummonoxyd.* In der Flamme eines 3- bzw. 600 A-Bogens zwischen Kohleelektroden, die mit HCl-Lsg. von Cp-Oxyd getränkt waren, wurden außer den bekannten drei Systemen α, β u. γ (bei 5170, 4660 u. 4093 Å) zwei Kontinua δ u. Φ im roten Gebiet u. eine schwache Bandenfolge bei 6000 Å erhalten. Das ganze Bandensyst. ist dem CpO zuzuordnen. Die Schwingungsanalyse der Systeme α u. γ wird mitgeteilt. Die bekannten Kennzeichen der Bandensysteme der Seltenen Erden sind alle in diesen Systemen beobachtbar. Aus Analogie zum Spektr. des La-Oxyds läßt sich für das beobachtete intensive Doppelsyst. β u. γ auf $c^2\Pi \rightarrow x^2\Sigma$-Übergänge des CpO schließen. (Proc. physic. Soc., Sect. A **65.** 151—52. 1/2. 1952. Rom, Vatican, Labor. Astrophysico.) Rudolph. 118

T. E. Nevin, M. Conway und M. Cranley, *Rotationsanalyse der (0,0)- und (0,1)-Banden des $^7\Pi \rightarrow {}^7\Sigma$-Systems von Mangandeuterid.* In einer stromstarken Entladung in D_2 bei gleichzeitiger Anwesenheit von Mn wurde das MnD-Spektr. im Gebiet 3800—6200 Å bei einer Dispersion von 1,25 Å/mm photographiert u. ausgemessen. Die (0,0)-Bande des $^7\Pi$—$^7\Sigma$-Syst. sowie die (0,1)-Bande besitzen ihre Grenzen bei 5703,7 bzw. 6073,3 Å. Vff. führen eine Analyse der Banden aus u. ermitteln daraus die Mol.-Konstanten. Die Feinstruktur als Folge einer Spin-Rotationswechselwrkg. wird untersucht. Der $^7\Pi$-Zustand im MnD ist ähnlich wie beim MnH gestört. (Proc. physic. Soc., Sect. A **65.** 115—24. 1/2. 1952. Dublin, Univ. Coll., Phys. Dep.) Rudolph. 118

F. P. Dickey, C. A. Guderjahn und **E. D. Palik,** *Die Kombinationsbande $\nu_1 + \nu_2 + \nu_3$ im Dampf von schwerem Wasser.* Die Rotationsschwingungsbande $\nu_1 + \nu_2 + \nu_3$ im D_2O-Dampf wurde im Gebiet von 6370—6670 cm^{-1} neu vermessen u. die Rotationsstruktur analysiert. Neben dem Bandenzentrum (6533,4 cm^{-1}) wurden noch die Trägheitsmomente ermittelt. (J. chem. Physics **20.** 375—77. März 1952. Columbus, O., Ohio State Univ., Mendenhall Labor. of Phys.) Goubeau. 120

Lucienne Couture-Mathieu und **Jean-Paul Mathieu,** *Die Schwingungsspektren von kristallisierten Ammoniumsalzen.* Es werden die Raman-Spektren mit Polarisationsgraden der Einkristalle von *Ammoniumhexafluorosilicat, -hexachlorostannat, Ammoniumchlorid, -bromid* u. *-jodid* untersucht, beim Chlorid u. Bromid auch die verschied. Tieftemperaturmodifikationen. Die Spektren werden sehr ausführlich im Hinblick auf die Struktur des NH_4-Ions u. dessen Lage im Kristallgitter diskutiert. In den Salzen der komplexen Säuren liegt das ungestörte NH_4-Ion vor. Bei den NH_4-Halogeniden wird aus den Spektren gefolgert, daß keine Rotation der NH_4-Ionen vorliegen kann. Die Unterschiede zwischen den einzelnen Modifikationen werden auf die verschied. Lagen der NH_4-Tetraeder im Kristall zurückgeführt. Es wird eine Einrichtung zur Best. des Raman-Spektr. von Einkristallen bei tiefen Tempp. beschrieben. (J. Chim. physique Physico-Chim. biol. **49.** 226—37. April 1952. Paris, Fac. Sci., Labor. Rech. Phys.) Goubeau. 120

Hiromu Murata, *Die Raman-Spektren von Methoxychlorsilanen.* Von Cl_3SiOCH_3, $Cl_2Si(OCH_3)_2$ u. $ClSi(OCH_3)_3$ werden die Raman-Spektren mit geschätzten Intensitäten mitgeteilt u. versuchsweise zugeordnet. (J. chem. Physics **20.** 347—48. Febr. 1952. Osaka, Municipal Techn. Res. Inst.) Goubeau. 120

T. G. Burke, D. F. Smith und **A. H. Nielsen,** *Die aus Ultrarot- und Raman-Spektren abgeleitete Molekularstruktur von MoF_6, WF_6 und UF_6.* (Vgl. C. **1952.** 1282.) Es wurden die Ultrarot- (2—40 μ) u. Raman-Spektren von MoF_6, WF_6 u. UF_6 teilweise neu vermessen. Es gelingt, alle Banden u. Linien der drei sehr ähnlichen Spektren vollständig (Ausnahme 5 sehr schwache Linien) auszudeuten unter der Annahme, daß diese Moll. zur Punktgruppe O_h gehören u. eine vollständig oktaedr. Struktur besitzen. (J. chem. Physics **20.** 447—54. März 1952. Oak Ridge, Tenn., Carbide and Carbon Chem. Co., K-25 Labor.) Goubeau. 120

Audrey M. Glauert, *Überlagerungseffekte bei Mehrfachstrahlinterferenzstreifen.* Vf. berichtet über Verss., bei denen zwischen die beiden versilberten Platten, die bei Belichtung mit monochromat. Licht Fizeausche Interferenzen geben, die gerade u.

parallel zu der Seite des Keils liegen, einfache Deckgläschen, Glimmer oder ein „Polaroid“ eingeschaltet wird. Die entstehenden Interferenzringsysteme sind photograph. wiedergegeben. (Nature [London] **168.** 861—62. 17/11. 1951. London, Univ., Royal Holloway Coll.) GOTTFRIED. 122.

B. W. Stark und **Ju. M. Schaschkow**, *Refraktometrische Methode zur Untersuchung von Schmelzen.* Aus den Gesetzmäßigkeiten der Refraktion folgern Vff., daß bei bekannten Werten für die Refraktion der in der Schmelze möglichen Ionen u. Verbb. durch Best. der Refraktion der Schmelze die Ggw. von homöopolaren Verbb. u. Ionen mit homöopolarer Bindung nachgewiesen werden kann. Die Anwendbarkeit wird am Syst. *CaO* (I)–*SiO₂* (II) mit 48 (Gew.-%) I u. 62 II gezeigt, das im festen Zustand die Verb. $CaSiO_3$ ($CaO \cdot SiO_2$) bildet. Denkbar sind hier folgende Ionen u. Verbb.: Ca^{2+}, O^{2-}, SiO_3^{2-} u. II. Die Extremfälle sind: 1. Ca^{2+}, O^{2-}, II; 2. Ca^{2+}, SiO_3^{2-}; 3. Ca^{2+}, Si^{4+}, $3\,O^{2-}$. Unter Anwendung der bekannten Refraktionswerte für die Ionen u. Verbb. ergeben sich die Werte für $\overline{R}/\overline{M}$ entsprechend zu 0,134; 0,125; 0,19. Bei gemessenem Wert $>$0,134 liegt in der Schmelze Si^{4+}, bei $<$0,134 SiO_3^{2-} vor. Ein genaueres Bild ergibt sich aus dem Reaktionsverlauf. (Доклады Академии Наук СССР [Ber. Akad. Wiss. UdSSR] [N. S.] **85.** 125—28. 1/7. 1952.) LEBTAG. 122

B. W. Stark, T. P. Kolessnikowa und **Ju. M. Schaschkow**, *Über die Refraktion von Schmelzen.* (Vgl. vorst. Ref.) Die in den geschmolzenen Nitraten von Li, Na, K, Rb, Cs, Tl u. Ag u. in Schmelzen von AgCl, NaOH u. KOH gemessenen Refraktionswerte stimmen mit den Werten befriedigend überein, die aus den in Lsg. gemessenen Ionenrefraktionen berechnet sind. Unterss. mit $RbNO_3$ zeigen eine geringe Zunahme der Refraktion mit steigender Temp. (325—630°). Die Änderung des Aggregatzustandes ändert die Refraktion um 1—2 Einheiten. Die allg. Gesetzmäßigkeiten der Refraktion, wie sie an festen, n. fl. u. gasförmigen Stoffen festgestellt wurden, gelten also auch für Schmelzen. (Доклады Академии Наук СССР [Ber. Akad. Wiss. UdSSR] [N. S.] **85.** 361—62. 11/7. 1952.) R. K. MÜLLER. 122

M. Blackman, *Beugung an einem gebogenen Kristall.* Es wurde die Beugung von ebenen Wellen durch einen gebogenen Kristall untersucht. Es wird gezeigt, daß das Maximum der gebeugten „Intensität“ im reziproken Raum durch einen Bogen dargestellt werden kann, wobei die Grenzen des Bogens dem totalen Winkel der Biegung des Kristalls entsprechen. Für einen speziellen Fall wurde die Intensitätsfunktion im reziproken Raum numer. untersucht; hierbei ergab sich, daß sowohl die Intensität wie die Form sich mit der Ordnung ändern. (Proc. physic. Soc., Sect. B **64.** 625—30. Aug. 1951. London, Imperial Coll., Phys. Dep.) GOTTFRIED. 122

M. Blackman, *Beugung an einem gekrümmten linearen Gitter.* Durch Berechuung der „Intensität“ im reziproken Raum wurde die Beugung von ebenen Wellen durch ein gekrümmtes lineares Gitter untersucht. Es kann gezeigt werden, daß Bereiche hoher Intensität bogenförmigen Charakter besitzen. Die mit einer bestimmten Ordnung der Beugung verbundene Intensität kann in der Nähe des Hauptmaximums durch das Quadrat einer BESSEL-Funktion dargestellt werden, fällt jedoch scharf ab an der Seite des Maximums, das am weitesten vom Ursprung entfernt ist. Dieser Abfall ist charakterist. für den totalen Biegungswinkel, so lange er kleiner als 180° ist. Das Maximum der Beugung nullter Ordnung hat einen anderen Typ als die übrigen Maxima u. ähnelt einem Maximum, das charakterist. für eine gerade Kette ist mit Ausnahme für Biegungswinkel größer als 180°. (Proc. physic. Soc., Sect. B **64.** 631—37. Aug. 1951.) GOTTFRIED. 122

R. O. Gumprecht, Neng-Lun Sung, Jin H. Chin und **C. M. Sliepcevich**, *Winkelverteilung der Intensität von an großen Wassertropfen gestreutem Licht.* Die Winkelverteilung des an sphär. Teilchen vom Brechungsindex 1,33 gestreuten Lichtes wird berechnet. Die Intensitäten i zweier inkohärenter linear polarisierter Komponenten für den Winkelbereich von 0—180° u. für $\alpha = U/\lambda$ (U = Umfang des Teilchens, λ = einfallende Wellenlänge) = 6, 8, 10, 15, 25, 30, 35, 40 werden wiedergegeben unter Angabe der Real- u. Imaginärteile der komplexen Funktionen für i. (J. opt. Soc. America **42.** 226 bis 231. April 1952. Ann Arbor, Mich., Univ. of Michigan.) LINDBERG. 122

M. A. Konstantinowa-Schlesinger, *Übersicht über die in den letzten drei Jahren über Luminescenzanalyse veröffentlichten Arbeiten.* (Известия Академии Наук СССР, Серия Физическая [Nachr. Akad. Wiss. UdSSR, physik. Ser.] **15.** 762—66. Nov./Dez. 1951.) AMBERGER. 125

A. A. Tscherepnew, *Der disperse Zustand des Aktivators in Luminophoren.* Vf. betrachtet an Hand von 51 Literaturangaben Luminophore, bei denen der Aktivator dispers in Form „metall.“ Teilchen auftritt. (Известия Академии Наук СССР, Серия Физическая [Nachr. Akad. Wiss. UdSSR, physik. Ser.] **15.** 742—47. Nov./Dez. 1951. Physikal. Lebedew-Inst. der Akad. der Wiss. der UdSSR.) AMBERGER. 125

N. I. Iwanowa, *Über die Temperaturbedingungen der Entstehung von Kristallphosphoren.* Vf. bezeichnet als Phosphorentstehungstemp. T_E den Mittelwert desjenigen Temperaturintervalls, das bei der Steigerung der Glühtemp. des Phosphorausgangsgemisches eine bes. ausgeprägte Luminescenzzunahme zeigt, u. vergleicht sie mit der Schmelztemp. T_S u. der Gitterlockerungstemp. von Tammann T_T, wobei für die meisten Salze T_S–$T_T \approx 0{,}57\ T_S$. Für *NaCl*, aktiviert mit *AgCl*, *CuCl*, *MnCl*$_2$, *TlCl* (k) (k = kurzwellige, l = langwellige Bande), für *KCl* aktiviert mit *AgCl*, *CuCl* (l), *TlCl*, für *LiCl·CuCl*, *KBr·CuBr* (l), *KJ·CuJ* (l), für *CaCl*$_2$*·CuCl*, *SrCl*$_2$*·CuCl*, *BaCl*$_2$ aktiviert mit *CuCl*, *PbCl*$_2$, *MnCl*$_2$, *AgCl* ist das Verhältnis T_E/T_S nahezu konstant $\approx$0,52, für *KCl·CuCl* (k), *KBr·CuBr* (k), *KJ·CuJ* (k), *NaCl·TlCl* (l), *KCl·TlJ* nahezu konstant $\approx$0,66. Diese höheren Werte sind nach Vf. durch die schwere Löslichkeit der betreffenden Aktivatorverbb. im Grundmaterial bedingt, was auch die Möglichkeit offenläßt, daß ein u. derselbe Phosphor, je nach der Art des Einbaus seines Aktivators im Grundmaterialgitter beiden Gruppen angehören kann. (Известия Академии Наук СССР, Серия Физическая [Nachr. Akad. Wiss. UdSSR, physik. Ser.] **15.** 748—53. Nov./Dez. 1951. Leningrad, Shdanow-Univ.) Amberger. 125

J. Sharma, *Farbzentren und Thermoluminescenz in Alkalihalogeniden.* Die Thermoluminescenz verschied. Alkalihalogenide (in Pulverform) nach Elektronenbestrahlung bei tiefer Temp. wird bei relativ großen Erwärmungsgeschwindigkeiten (v = 10—12°/Sek.) untersucht. *KJ* hat vier Thermoluminescenzmaxima bei 110—120, 158, 176 u. 235° K. Durch Kathodenstrahlen wird KJ blaugrün verfärbt (starke F-Zentrenbldg. im Roten). Die Verfärbung verschwindet plötzlich bei Erreichung der Temp. 235° K, also beim Glow-Maximum für die Haftstellen geringster Tiefe. Wird die Erwärmung nach teilweiser Ausleuchtung der Verfärbung durch sichtbares Licht bei 200° K begonnen, so wird das Glow-Maximum bei 235° K erniedrigt. Dagegen bewirkt Lichteinstrahlung bei der Temp. der fl. Luft eine Verminderung nur der tieferen Glow-Maxima. In Übereinstimmung mit Beobachtungen von Pringsheim führt Elektronenbestrahlung des KJ bei Raumtemp. zu einer Verfärbung, die bei ca. 160° unter gleichzeitiger schwacher Luminescenz verschwindet. *KCl* zeigt nach Elektronenbestrahlung bei tiefer Temp. ebenfalls zwei Glow-Maxima bei 200 u. 520° K; gleichzeitig verschwindet eine rötliche bzw. eine gelbliche Verfärbung. In *NaCl* schließlich entsteht eine grüngelbe Verfärbung, die beim Erhitzen unter starker Luminescenz bei 165° K dunkelbraun wird u. bei ca. 500° K unter starkem blauem Leuchten verschwindet. (Physic. Rev. [2] **85.** 692—93. 15/2. 1952. Calcutta, Univ. Coll. of Sci., Khaira Labor. of Phys.) Rudolph. 125

J. Ewles und **C. N. Heap,** *Luminescenz- und Adsorptionserscheinungen an einigen Oxyden und Halogeniden.* In Fortführung früherer Arbeiten (C. **1950.** I. 840 u. **1951.** I. 561) über die Luminescenzfähigkeit von Adsorbaten nicht luminescierender Fll. u. Gase an nicht luminescierenden festen Stoffen (*SiO*$_2$, *Al*$_2$*O*$_3$, *Alkalihalogenide*) wird mit einer vervollkommneten App. (völliger Ausschluß unerwünschter Gase) gefunden, daß feste Stoffe, deren Luminescenz infolge Adsorption durch langes Erhitzen in Luft oder O_2 vertrieben wurde, in beträchtlichem Maße ihre Adsorptionsfähigkeit samt Luminescenzfähigkeit verlieren, bei Erhitzen im Vakuum oder reduzierenden Gasen aber beides wiedergewinnen. Emissions- u. Erregungsspektren werden mitgeteilt. Danach wird der frühere Befund erhärtet, daß das Luminescenzzentrum *OH* ist. Red. von SiO_2 mit *H*$_2$ gibt gegenüber einfacher Adsorption von *H*$_2$*O* erhöhte Effekte, was durch Bldg. akt. Stellen erklärt wird. Letztere werden auch an SiO_2 durch *CO* hervorgerufen, wobei *CO*$_2$ (statt H_2O) gebildet u. adsorbiert wird, was zu Luminescenz mit langem Nachleuchten führt, deren Spektr. demjenigen der Luminescenz ähnelt, die durch Adsorption von CO_2 an SiO_2 erzeugbar ist. — Erhitzen von Alkalihalogeniden in H_2 ergibt Luminescenzfähigkeit, wobei die akt. Stellen Anionenlücken in der Oberfläche sind. (Trans. Faraday Soc. **48.** 331—38. April 1952. Leeds, Univ., Dep. Phys.) Brauer. 125

A_3. Elektrizität. Magnetismus. Elektrochemie.

Arthur V. Phelps und **Sanborn C. Brown,** *Positive Ionen im Nachleuchten einer Heliumniederdruckentladung.* Der zeitliche Verlauf der Elektronendichte wird mit Hilfe der Mikrowellentechnik gemessen, die zu den Wänden diffundierenden positiven Ionen werden mit einem Massenspektrometer analysiert u. die Ionenströme oscillograph. aufgezeichnet. Die Zeitabhängigkeiten der Dichte von Elektronen, He^+-Ionen u. He_2^+-Ionen entsprechen quantitativ den theoret. Vorstellungen. Bei 1 mm Hg Druck u. 300° K ergibt sich für positive He-Ionen ein ambipolarer Diffusionskoeff. von 560 cm²/sec u. eine Häufigkeit von 65 sec^{-1} für die Umwandlung von He- in He_2^+-Ionen. Die He-Ionenbeweglichkeit ist um 14 $cm^2\ V^{-1}\ sec^{-1}$ bei 300° K u. 760 mm Hg in guter Übereinstimmung mit dem quantenmechan. errechneten Wert. (Physic. Rev. [2] 86. 102—05. 1/4. 1952. Cambridge, Mass., Inst. of Technol., Res.) PIEPLOW. 131

A. Morris Thomas, *„Heiß entwickelte" und „Staub"-Lichtenberg-Figuren und durch elektrische Impulse erzeugte Ionisation von dielektrischen Oberflächen.* Vf. stellt den LICHTENBERG-Figuren (L. F.), die bei Auftreffen elektr. Entladungen auf Oberflächen von Isolatoren erzeugt u. durch Bestäuben sichtbar gemacht werden, sogenannte „heiß entwickelte" L. F. gegenüber, die er an bestimmten Dielektrika (bes. Harze u. Wachse) nach Einw. der Entladung durch Wärmestrahlung erhielt. Vf. vermutet, daß durch Lokalaufladung der Oberfläche an den Stellen der L. F. der F. erniedrigt wird u. dadurch Heißentw. der L. F. möglich ist. Die L. F. werden durch Entladung entgegengesetzten Vorzeichens nicht neutralisiert oder aufgehoben, sondern zeigen charakterist. Unterschiede je nach Zahl u. Art der sekundlichen Polwechsel. Die Entstehung der L. F. führt Vf. auf eine Bldg. elektr. u. mechan. Unregelmäßigkeiten in der Oberfläche zurück. Apparate zur Erzeugung der L. F. sowie zur Messung der remanenten Oberflächenladung sind angegeben. (Brit. J. appl. Physics 2. 98—109. April 1951. Greenford, Middlesex, Brit. Electr. and Allied Ind. Res. Assoc.) R. WOLFF. 132

Ss. B. Gurewitsch und W. G. Pantschenko, *Seignetteelektrika.* Zusammenfassender allgemeinverständlicher Überblick über Seignetteelektrizität. Als seignette-elektr. Stoffe werden aufgeführt: $NaKC_4H_4O_6 \cdot 4H_2O$, KH_2PO_4, KH_2AsO_4, $BaTiO_3$, $CdTiO_3$, $PbTiO_3$, $NaNbO_3$, $KNbO_3$, $NaTaO_3$, $KTaO_3$, $LiTaO_3$, $PbZrO_3$ u. einige feste Lösungen. Auf die Beziehungen zum Ferromagnetismus wird hingewiesen. (Природа [Natur] 41. Nr. 3. 54—62. März 1952.) WIEDEMANN. 132

A. F. Ioffe, *Ungelöste Probleme in der Theorie der Halbleiter.* Vf. behandelt eingehend den Einfl. der Nahordnung auf die elektr. Eigg. der Halbleiter u. weist dann auf Aufgaben hin, die zur Prüfung der Zonen- u. der Polaronentheorie noch zu lösen sind. Bes. fehlt es an einer präzisen Deutung des Begriffs effektive M. u. an einer quantentheoret. Behandlung amorpher Halbleiter. (Известия Академии Наук СССР, Серия Физическая [Nachr. Akad. Wiss. UdSSR, physik. Ser.] 15. 477—86. Juli/Aug. 1951.) KIRSCHSTEIN. 135

T. Arizumi und S. Narita, *Anwendung der Nijboerschen Theorie auf emittierende Halbleiter und ihre Abänderung.* Die Messung der Leitfähigkeit von Oxydkathoden mit MgO als Grundlage führt zu der Annahme, daß gleichzeitig Leitung vom n- u. p-Typ vorliegt. Die Bldg. der p-Zustände wird auf Überschuß-O-Atome zurückgeführt. Die Verss. zeigen die Notwendigkeit einer Abänderung der NIJBOERschen Theorie (Proc. physic. Soc. 51. [1939.] 575) bei ihrer Anwendung auf Halbleiter. (Physic. Rev. [2] 85. 388. 15/1. 1952. Kobe, Kogyo Corp.) FUCHS. 135

E. B. Hensley, *Elektrische Eigenschaften von porösen Halbleitern.* Diskussion des Leitfähigkeitsmechanismus in Oxydkathoden. Die Temperaturabhängigkeit der Leitfähigkeit Λ stimmt mit der Annahme überein, daß die Leitung über das Elektronengas in den Poren erfolgt; das Verhältnis von Λ zur therm. Ionenemission ergibt sich aber größer als nach Literaturangaben. Vf. schließt daraus, daß zwei parallele Mechanismen für die Leitung vorhanden sind. Die Berechnung der thermoelektr. Leistung eines solchen Halbleiters ergibt auf Grund einer einfachen Theorie Übereinstimmung mit den im nachst. Ref. angeführten experimentellen Daten. (Physic. Rev. [2] 85. 388. 15/1. 1952. Univ. of Missouri.) FUCHS. 135

J. R. Young, *Elektrische Leitfähigkeit und thermoelektrische Kraft von (BaSr)O und BaO.* Fortführung der C. 1952. 1778 beschriebenen Versuche. Von (*BaSr*)*O* u. *BaO* wurden zwischen 300 u. 1100° K gemessen: Die thermoelektr. Kraft P (ausgedrückt in mV/Grad), die elektr. Leitfähigkeit Λ u. die Thermoionenemission E. log Λ verläuft linear mit 1/T. $\Delta E/\Delta T$ u. $\Delta\Lambda/\Delta T$ sind zwischen 700 u. 1100° K gleich groß. Die thermoelektr. Arbeit u. die Aktivierungsenergie von Λ sind etwa gleich groß. P steigt von 0,5 bis 1,0 bei 500° K auf 2,5 bei 800° u. fällt wieder ab auf 2,0 bei 1100°; unterhalb 500° steigt E ein wenig an. (Physic. Rev. [2] 85. 388. 15/1. 1952. Univ. of Missouri.) FUCHS. 135

M. U. Gaschim-Sade, *Thermische Gleichrichtung.* Die 1944 von AMIRCHANOW entdeckte Erscheinung besteht darin, daß bei einer Temperaturdifferenz der Elektroden, zwischen die ein Halbleiter geschaltet ist, der Gleichrichtereffekt nicht nur der Stärke, sondern auch der Richtung nach vom Temperaturgradienten abhängt. Dieser Effekt wurde für *Se*, Cu_2O u. *Zinkit* in Abhängigkeit von der Elektrodenart, Kontaktbedingungen, Größe u. Richtung von Temperaturgradient u. Spannung untersucht. Zur Erklärung werden Potentialsprünge an den Elektroden angenommen, die sich bei Anlegen einer Spannung ausbilden. Die Elektrode, an der der Kontakt schlechter ist, muß kälter sein, damit die Gleichrichterwrkg. erhöht wird. Wird eine Oberfläche der Halbleiterplatte durch Ätzen rauh gemacht u. bei 20° gehalten, während die andere bei 120—150°

gehalten wird, so läßt sich bei Cu_2O der Gleichrichterkoeff. 25 erreichen. (Известия Академии Наук СССР, Серия Физическая [Nachr. Akad. Wiss. UdSSR, physik. Ser.] **16.** 218—24. März/April 1952. Inst. für Physik u. Mathem. der Akad. der Wiss. der AserbSSR.) Kirschstein. 135

P. A. Selzman, N. D. Morguliss und **W. Ss. Jagowdik,** *Untersuchung der Thermo-EMK. von Oxydkathoden.* Mittels einer Sondenmeth. (2—3 dünne spitze *Ni*-Elektroden) wurde der Temperaturabfall quer durch die *Ni-Oxyd*-Kathode bestimmt. Bei 1100° K ergaben sich im Mittel 100° ΔT. Die Thermo-EMK. wurde mittels Kompensator ermittelt zwischen Kathode u. jeder Sonde. Bei der Aktivierung der Kathode wurden EMK. von —20 mV u. +4 mV gemessen. Bei gut aktivierter Kathode betrug die EMK. ca. 1 mV/° bei T ≈ 1100—1200° K u. einer Konz. der freien Elektronen von 10^{15} cm^{-3} in Kathodennähe. Es wird ferner die Thermo-EMK. in Abhängigkeit von der Schichtdicke der Kathodenemissionsschicht bei verschied. Tempp. angegeben. (Журнал Технической Физики [J. techn. Physik] **21.** 1035—40. Sept. 1951. Kiew, Univ.) A. Kunze. 135

L. F. Connell und **R. L. Seale,** *Elektrische Eigenschaften von Rutil-Einkristallen.* (Sitzungsbericht.) Die elektr. Eigg. von Rutil wurden bes. im Hinblick auf dessen Verwendbarkeit als Halbleiter untersucht. Leitungstyp, D. u. Beweglichkeit der Ladungsträger wurden ermittelt. Eine Reihe anderer Eigg. wurden bei verschied. Reduktionsstufen, ausgehend von einem n. voll oxydierten Präp., bis zu einem hohen Reduktionsgrad gemessen. Dabei zeigte sich, daß das Gleichrichtungsverhältnis 10:1 nicht überschritt, der Volumenwiderstand gehorcht bei jedem Reduktionsgrad dem Ohmschen Gesetz, Sperrschichteffekte entsprechen gut den Voraussagen der Mott-Schottky-Theorie der Störstellenhalbleiter. Die Gesamtkapazität zeigt anomale Dispersion der DK. über das Frequenzgebiet. Die hohen Kapazitäten werden auf die hohen Sperrpotentiale zurückgeführt. (Physic. Rev. [2] **85.** 745. 15/2. 1952; Bull. Amer. physic. Soc. **26.** Nr. 7. 11. 30/11. 1951. Univ. of Texas.) Levi. 135

A. I. Blum, N. P. Mokrowski und **A. R. Regel,** *Untersuchung der elektrischen Leitfähigkeit von Halbleitern und intermetallischen Verbindungen in festem und flüssigem Zustande.* 1. Mitt. (Vgl. C. **1952.** 7132.) Es werden Verss. an *Ge*, *Se*, *Te*, Te + 12% Se, *InSb*, *HgSe* u. *HgTe* beschrieben, die zusammen mit Literaturdaten für die Ioffesche Hypothese sprechen, daß die Bedingungen für den Übergang der Elektronen in den freien Zustand vor allem durch die Nahordnung bestimmt werden, wobei zwischen Fl. u. festem Körper kein grundsätzlicher Unterschied besteht. Der beobachtete Verlauf der elektr. Leitfähigkeit, der meistens einen Sprung beim F. aufweist, läßt sich durch Umwandlungen der Struktur u. Änderungen der Koordinationszahl erklären. (Известия Академии Наук СССР, Серия Физическая [Nachr. Akad. Wiss. UdSSR, physik. Ser.] **16.** 139—53. März/April 1952. Leningrad, Physikal.-Techn. Inst. der Akad. der Wiss. der UdSSR.) Kirschstein. 135

R. P. Hudson, *Die Kurve des magnetischen Schwellenwertes eines Supraleiters.* Vf. weist auf einen Rechenfehler in der Arbeit von Burns (vgl. C. **1950.** II. 2039) hin; das Ergebnis wird dadurch nicht wesentlich geändert. (Physic. Rev. [2] **85.** 382—83. 15/1. 1952. Washington, D. C., Nat. Bur. of Standards, Cryogenics Sect.) Fuchs. 136

E. W. Lee, *Niedrige Remanenz und die Temperaturabhängigkeit der Permeabilität von Eisen–Silicium-Legierungen.* Eine Reihe ferromagnet. Werkstoffe besitzen im isotropen Zustand eine Remanenz von weniger als der theoret. geforderten Hälfte der Sättigung. Ein Vertreter dieser Werkstoffe ist die 4%ig. Fe–Si-Legierung, bei der J_R/J_s = 0,25 ist. Die ungewöhnliche Abnahme der Permeabilität mit der Temp. bei dieser Legierung wird auf die gleiche Anomalität zurückgeführt. Diese Anomalität soll in einem inneren Kurzschluß des magnet. Flusses bestehen. (Proc. physic. Soc., Sect. B **65.** 455—56. 1/6. 1952. Nottingham, Univ., Dep. of Phys.) Fahlenbrach. 137

H. J. Williams und **Matilda Goertz,** *Elementarbereichstruktur von Perminvar mit rechteckiger Hysteresisschleife.* Bei ringförmigen Proben der Perminvarlegierung (43% Ni, 34% Fe, 23% Co) mit Rechteckschleifen durch Abkühlen im Magnetfeld werden Bittersche Streifen beobachtet, die auf konzentr. zum Ringmittelpunkt gekrümmte Bloch-Wände schließen lassen. Wandverschiebungen treten dabei nur durch Magnetfelder auf, die die zirkularen Wände nach innen oder nach außen verschieben können. Durch überlagerte Wechselfelder geringer Amplitude konnten Permeabilitätswerte von 4000000 bei diesen Proben erreicht werden. (J. appl. Physics **23.** 316—23. März 1952. Murray Hill, N. J., Bell Telephone Labors.) Fahlenbrach. 137

R. D. Heidenreich und **E. A. Nesbitt,** *Physikalische Struktur und magnetische Anisotropie von Alnico 5.* 1. Mitt. Ausführliche Darst. der C. **1952.** 2965 referierten Arbeit. (J. appl. Physics **23.** 352—65. März 1952. Murray Hill, N. J., Bell Telephone Labors.) Fahlenbrach. 137

E. A. Nesbitt und **R. D. Heidenreich**, *Physikalische Struktur und magnetische Anisotropie von Alnico 5.* 2. Mitt. (1. vgl. vorst. Ref.) Ausführliche Darst. der C. **1952.** 2965 referierten Arbeit. (J. appl. Physics **23.** 366—71. März 1952.) FAHLENBRACH. 137

J. Wucher, *Magnetische Eigenschaften von Nickel-Lanthan-Legierungen.* Eine thermomagnet. Unters. von Ni–La-Legierungen zeigt zwischen 0 u. 9% La Mischkristalle mit einer Tendenz zur Bldg. der intermetall. Verb. Ni_5La. Die 3 Valenzelektronen des La-Atomes füllen mit zunehmendem La-Geh. die 3d-Schale des Ni stetig auf. Bei 20 At.-% La verschwindet daher der Ferromagnetismus. Bei den intermetall. paramagnet. Verbb. Ni_4La u. Ni_3La besitzt Ni ein merkbares magnet. Moment, das im ungeordneten Zustand verschwindet. Ni_4La u. Ni_3La sind instabil. Ni_2La ist pyrophor. Die Susceptibilität $\chi = 3{,}16 \cdot 10^{-6}$ ist zwischen 20 u. 700° unabhängig von der Temperatur. Für Ni mit abgeschlossener 3d-Schale wird mit dem Additionsgesetz des Paramagnetismus eine Atomsusceptibilität $\chi_A = 50 \cdot 10^{-6}$ aus den Ergebnissen an La-reichen Legierungen errechnet. (J. Physique Radium **13.** 278—82. Mai 1952. Straßburg, Univ., Labor. du Magnetisme.) FAHLENBRACH. 137

Françoise Gaume-Mahn, *Herstellung und magnetische Eigenschaften von magnesiumreichen Gadolinium–Magnesium-Legierungen.* Eine thermomagnet. Unters. von Gd–Mg-Legierungen ergibt zwischen 0 u. 65% Gd reinen Paramagnetismus u. zwischen 70 u. 100% Gd Ferromagnetismus. Im paramagnet. Gebiet wird überall das CURIE-WEISSsche Gesetz bestätigt. Zwischen 0 u. 41,7% Gd wird die CURIE-Temp. $\Theta = -70°$ K erhalten, die der intermetall. Verb. $GdMg_9$ zukommt. Zwischen 46,6 u. 65% Gd wird diese Verb. schrittweise abgebaut. Dementsprechend ändert sich Θ von —61° K bis —31° K stetig. Beim Übergang vom Paramagnetismus zum Ferromagnetismus tritt die intermetall. Verb. $GdMg_3$ auf (68,2% Gd). (C. R. hebd. Séances Acad. Sci. **232.** 1815—16. 16/5. 1951.) FAHLENBRACH. 137

Ugo Croatto, Vinicio Genta und **Paolo Maltese**, *Über den Magnetismus des Magnesiumnitrids.* Durch Sublimation bei ca. 700° (Kondensation bei ca. 350°) in einem Vakuum von $5 \cdot 10^{-3}$ Torr u. Filtration der Dämpfe durch Schamotte gereinigtes Mg wird bei ca. 850° mit NH_3 zu Mg_3N_2 umgesetzt, dessen mol. magnet. Susceptibilität zu $\chi_M = -44{,}2 \cdot 10^{-6}$ bestimmt wird gegenüber einem nach der Meth. von KLEMM aus den Ionensusceptibilitäten berechneten Wert von $-67{,}7 \cdot 10^{-6}$, woraus eine erhebliche Deformation des Ions N^{3-} gefolgert wird. Der Vgl. mit den χ_M von Zn_3N_2 u. Cd_3N_2 bestätigt die Abnahme der polarisierenden Wrkg. vom Mg zum Cd. Ein analoger Gang der χ_M mit der polarisierenden Wrkg. der Kationen ist auch bei den Alkalisulfiden u. -telluriden festzustellen. (Gazz. chim. ital. **81.** 827—33. Okt. 1951. Padua, Univ., Ist. di Chim. generale.) R. K. MÜLLER. 137

Erik Söderbäck, *Über einige Beziehungen betreffend die Ionisation mehrbasischer Säuren.* In Fortführung der früher veröffentlichten rationellen Theorie (Ark. Kemi, Mineral. Geol. Ser. A **11.** Nr. 8. [1934.]) der Berechnung von Dissoziationskonstanten für ein-, zwei- u. dreibas. Säuren werden die Beweise für einige damals ohne Beweis aufgestellte Sätze nachgeholt, sowie einige neue allg. Beziehungen zwischen Dissoziationsgrad u. Ionenstärke mitgeteilt. (Ark. Kemi **3.** 353—64. 1951.) NIEMITZ. 139

A. M. Ssamarin und **L. A. Schwarzman**, *Elektrochemische Untersuchungen von Gemischen geschmolzener Oxyde.* Zusammenfassende Übersicht über die Theorien der metallurg. Prozesse, die sich aus den elektrochem. Unterss. geschmolzener Oxydgemische ergeben. Im einzelnen werden die Messungen der Leitfähigkeit geschmolzener Oxyde sowie anschließend die Messungen der EMK. in Oxydschmelzen besprochen. Im Hinblick auf die Praxis (metallurg. Schlacken) werden die Ergebnisse mit Silicatschmelzen als Ionensysteme bevorzugt betrachtet. Die Leitfähigkeit der Schmelzen zeigt im allg. eine Neigung zum Ansteigen bei steigendem Geh. an SiO_2 u. (bis zu einem gewissen Geh. von) Al_2O_3 sowie abnehmendem Geh. an CaO. — 33 Literaturzitate. (Успехи Химии [Fortschr. Chem.] **21.** 337—50. März 1952.) v. WILPERT. 139

R. F. McElwee und **M. L. Holt**, *Galvanische Abscheidung von Kobalt-Wolfram-Molybdän-Legierungen aus wässerigen Citratlösungen.* Für die Unters. wurden die Lsgg. aus Na_2MoO_4, $Na_2WO_4 \cdot 2\,H_2O$, $CoSO_4 \cdot 7\,H_2O$ u. *Citronensäure* hergestellt. Einstellung des p_H-Wertes mit NH_3 oder H_2SO_4. Zur Ermittlung der optimalen Badzus. u. Elektrolysebedingungen wurden n. galvanotechn. Verss. u. Verss. mit der HULL-Zelle durchgeführt. Die Stromausbeuten u. die Zuss. der Ndd. in Abhängigkeit von der Zus. des Elektrolyten u. vom p_H-Wert sind in Form von Kurven wiedergegeben. Als Anode diente meist Pt. Brauchbar waren auch Co u. Mo, dagegen polarisierte W stark u. sperrte den Strom. Ein Bad aus 0,23 (Mol/Liter) $CoSO_4$, 0,23 Na_2WO_4 + Na_2MoO_4 (Mol-Verhältnis W : Mo = 7 : 3) u. 0,31 Citronensäure verhielt sich gut. Bei 25° u. p_H 4 wurde mit 5 A/dm² eine Legierung aus 66% Co, 21% Mo u. 13% W mit 73% Stromausbeute abgeschieden.

— Vff. erwähnen weiter, daß aus Citratbädern auch folgende tern. Legierungen abgeschieden werden können: Fe–W–Mo, Ni–W–Mo, Co–Ni–W, Fe–Co–W, Fe–Ni–W, Co–Ni–Mo, Fe–Co–Mo, Fe–Ni–Mo u. Fe–Co–Ni. (J. electrochem. Soc. **99.** 48—52. Febr. 1952. Madison, Wis., Univ. of Wisconsin, Chem. Dep.) SKALIKS. 141

K. S. G. Doss und **A. Kalyanasundaram**, *Theorie der an Quecksilbercapillarelektroden auftretenden Kapazitätsphänomene.* Für die von HEYROWSKI u. Mitarbeitern beobachtete Beeinflussung der oscillograph. Potential–Zeit-Kurve der tropfenden Hg-Elektrode durch *Pyridin* in alkal. Lsg. geben Vff. eine quantitative Theorie. Durch die hydrophobe Tendenz des Pyridins in alkal. Lsg. wird seine Adsorption an das Hg verursacht. Werden der Tropfelektrode negativere Potentiale erteilt, zieht die geladene Hg-Fläche H_2O-Moll. an, die Adsorption des Pyridins nimmt dadurch ab. Vff. vermuten daher, daß die Geschwindigkeit der Stromänderungen der von Adsorptions- u. damit Potentialänderungen folgt u. die maximale Neigung der Strom–Spannungs-Kurve bei dem Potential auftritt, bei dem auch die maximale Neigung der Adsorptions-Spannungskurve vorliegt. Unter diesen Gesichtspunkten leiten Vff. die Beziehung $d\theta/dV = -\theta(1-\theta)\,K_2/kT$ ab, in der θ der von adsorbierten Moll. bedeckte Anteil der Oberfläche, V der numer. Wert der angelegten Spannung u. K_2 eine Proportionalitätskonstante ist. $d\theta/dV$ erreicht ein Maximum, wenn die Pyridinkonz. so groß ist, daß $\theta = 1/2$ oder $> 1/2$ bei der Elektrocapillarität 0 ist. (Current Sci. **20.** 199—200. Aug. 1951. Kanpur, India, Indian Inst. of Sugar Technol.) WOELK. 142

A$_4$. Thermodynamik. Thermochemie.

Ryoichi Kikuchi, *Eine Theorie kooperativer Phänomene.* 2. Mitt. *Zustandsgleichung für klassische Statistik.* (1. vgl. C. **1952.** 489.) Theoret. Betrachtungen. (J. chem. Physics **19.** 1230—41. Okt. 1951. Tokyo, Univ., Dep. of Phys.) GOTTFRIED. 146

I. Prigogine und **V. Mathot**, *Anwendung der Zellenmethode auf die statistische Thermodynamik von Lösungen.* (Vgl. C. **1951.** I. 1420.) Vff. dehnen die Zellenmeth. in der von LENNARD-JONES u. DEVONSHIRE für reine Fll. angewandten Form auf Lsgg. aus. Dabei wird vorausgesetzt, daß a) die Reaktionsteilnehmer kugelförmige Gestalt mit einem isotropen Kräftefeld haben, daß b) der Abstand der maximalen Wechselwrkg. für AA-, AB- u. BB-Paare prakt. der gleiche ist u. daß c) eine vollständige Mischung vorliegt. Für das Mittelfeld im „Käfig“ werden das vollständige 6—12-Gesetz des harmon. Oscillators u. das vereinfachte Potentialmodell untersucht. Das letztere (Potentialkurve mit fast senkrechten Anstiegen u. flachen Böden, wobei sowohl Tiefe als auch Breite von der Konz. abhängig sind) stellt den fl. Zustand am besten dar. Für dieses Modell erhält man wichtige Korrekturen sowohl für die Mischungswärme als auch für die Überschußentropie gegenüber den klass., streng regulären Lösungen. Diese Korrekturen stehen in Beziehung zu den Volumenänderungen, die beim Mischen infolge der Änderung der Wechselwirkungsenergien entstehen. Übereinstimmend mit dem Wert für die potentielle Energie repräsentieren die Überschußeigg., wie Vol., Entropie, Mischungswärme u. freie Energie, eine große Verschiedenheit von Mol.-Formen einschließlich Dissymmetrie u. Inversionen, die ziemlich gut mit den experimentellen Beweisen korrespondieren. Schließlich erlaubt das Modell eine Diskussion der strengen Grenzen der kürzlich von LONGUET u. HIGGINS veröffentlichten Theorie der übereinstimmenden Lösungen. (J. chem. Physics **20.** 49—57. Jan. 1952. Bruxelles, Univ. libre, Fac. des Sci.) NIEMITZ. 146

B. Luyet, *Über die Unterkühlung von Wasser.* (Sitzungsbericht.) Kleine Wassertröpfchen wurden mittels eines Atomizers auf ein Stück Glas von 0,15 mm Dicke zerstäubt u. auf dieser Unterlage mit Hilfe einer mechan. Vorr. in ein Kältebad aus PAe. u. nach 1 Min. unter ein Polarisationsmikroskop zwischen gekreuzte Nicols gebracht. Die Durchmesser der Tröpfchen lagen zwischen 0,1 u. 1,5 mm. Die Unterkühlung ließ sich trotz Schüttelung bis zu —20, in einigen Fällen sogar bis —30° treiben. Je kleiner die Tröpfchen waren, um so leichter ließen sie sich unterkühlen. Zahlreiche Ungleichmäßigkeiten in der Wrkg. der untersuchten Faktoren (Temp., Tropfengröße, Kühlungsgeschwindigkeit, Schüttelung, verwendetes W., usw.) lassen auf das Vorhandensein noch unbekannter grundlegend wichtiger Faktoren schließen. (Physic. Rev. [2] **85.** 746. 15/2. 1952; Bull. Amer. physic. Soc. **26.** Nr. 7. 12. 30/11. 1951. St. Louis Univ.) LEVI. 147

H. Højgaard Jensen, *Eigenschaften der Stoffe bei hohen Drucken.* Vortrag. (Fysisk Tidsskr. **49.** 51—63. 1951.) GEHLEN-KELLER. 148

N. Manson, *Die Thermodynamik und die Einstellung des inneren Gleichgewichts bei Gasen hoher Temperatur.* Vf. behandelt eingehend auf Grund der bisher erschienenen Veröffentlichungen die theoret. u. prakt. Grundlagen des Verh. von Gasmischungen bei hohen Tempp., die Einstellung der Gleichgewichte von Gasmischungen u. das Auftreten von Stoßwellen, wenn ein im Gleichgewicht befindliches Gas eine adiabat. Kompression erfährt, stellt Überlegungen über die Fortpflanzungsgeschwindigkeit der Stoßwellen an u. behandelt abschließend das Verh. brennender Gasmischungen wie $H_2 + F_2$, $H_2 + O_2$ u. *Anilin* + HNO_3 in Rohren. (Publ. sci. techn. Ministère Air Nr. 248. 155—68. 1951. Inst. Français du Pétrole.) ROEDER. 149

Thomas W. Davis, *Ein verbreitetes Mißverständnis des Hessschen Gesetzes.* Es wird darauf hingewiesen, daß die in vielen Büchern übliche Formulierung des HESSschen Satzes: „Die bei einer Rk. umgesetzte Wärmemenge ist nur vom Anfangs- u. Endzustand des Syst. abhängig" falsch ist u. es statt „Wärmemenge" in diesem Falle „Energiemenge" heißen muß. (J. chem. Educat. **28.** 584—85. Nov. 1951. New York, N. Y., Univ.) LEVI. 152

Richard E. Powell und Wendell M. Latimer, *Die Entropie von Substanzen in wässeriger Lösung.* Aus einer Zustandssumme für Zwei-Komponenten-Systeme wird für die partielle mol. Standardentropie S^0 einatomiger Ionen in wss. Lsg. die Beziehung $\overline{S^0} = (3/2)$ R ln M + 37 — 270 Z/r_e^2 abgeleitet (M = At.-Gew., Z = Absolutwert der Ionenladung, r_e = effektiver Ionenradius, gleich den PAULINGschen Ionenradien + 2 Å für Kationen u. + 1 Å für Anionen). Ein Vgl. mit experimentellen Daten zeigt, daß diese Beziehung gut erfüllt ist. Für die partielle mol. Standardentropie von Nichtelektrolyten in wss. Lsg. ergibt sich $S^0 = (3/2)$ R ln M + S^i + 10 — 0,22 V_M (S^i = innere Entropie des Mol., V_M = Molvol. im fl. Zustand). Diese Formel gibt ebenfalls die experimentellen Daten gut wieder; Ausnahmen, die bei stark polaren Moll., wie H_2S, NH_3 u. SO_2 oder bei großen u. assymm. Moll., wie C_2H_5OH, auftreten, werden diskutiert. (J. chem. Physics **19.** 1139—41. Sept. 1951. Berkeley, Calif., Univ. of California, Dep. of Chem. and Chem. Engng.) WITTIG. 154

R. Vichnievsky, *Thermodynamische Angaben über die Gase bei der Verbrennung bei hohen Temperaturen.* Vf. stellt die bisher über dieses Gebiet erschienenen Arbeiten zusammen u. behandelt bes. ausführlich die von verschied. Autoren aufgestellten thermodynam. Diagramme, wie Entropie S gegen Temp. T, S gegen Enthalpie Q, S gegen innere Energie E, log S gegen log V (V = Vol.), S gegen Q u. E usw. Angewandt werden die Verff. auf die Gase CO, CO_2, H_2O, O_2, O, OH, H_2, H, N_2, *Octan*, C_2H_2, *Bzl.*, *Äthanol*, *Methanol*, *Heptan*, u. ihr Verh. wird im Temperaturbereich bis zu 3000° beschrieben. (Publ. sci. techn. Ministère Air Nr. 248. 169—92. 1951. Inst. Français du Pétrole.) ROEDER. 157

H. Stampfer, *Über den Druck in der Explosions- und Diffusionsflamme.* An Bunsenbrennern besteht zwischen der Verbrennungsgeschwindigkeit c u. der Strömungsgeschwindigkeit u die bekannte Beziehung $c = u \cdot \sin\alpha$, wo α den halben Öffnungswinkel des Brennkegels darstellt. Nach MACHE (Radex-Rdsch. **1949.** 199) erfahren die beschleunigten Flammengase einen Rückdruck, der gleich ist dem Druckabfall in der Brennfläche $p' - p'' = \Delta p = \varrho' c^2(\varrho'/\varrho'' - 1)$, wo p' = Druck im Brennkegel, p'' im Flammengas u. ϱ' bzw. ϱ'' die entsprechenden Dichten. Diesen Rückdruck bestimmte Vf. an schwach explosiblen Gemischen von Wiener Stadtgas mit Luft in 120 cm langen Brennrohren von 0,976 cm Durchmesser. Das Maximum von c lag bei 22,9% Gas, das ist über dem stöchiometr. Verhältnis. Die Messungen für Δp ergaben unerwarteter Weise ein Minimum bei allen Mischungsverhältnissen für mittlere Werte von u. Mit kleiner werdendem c rückt das Minimum in das Gebiet kleinerer u-Werte. Wurde Δp an Flammen gleicher Höhe untersucht, so ergab sich maximales Δp im Bereich maximaler c-Werte. Δp betrug z. B. bei u = 4,39 c u. 23% Mol.-Vol.-% Gas ca. 4 µb. Dabei betrug die Brennkegelhöhe 2,09 cm u. $\alpha = 13^0\ 10'$. Vf. weist darauf hin, daß auch bei Diffusionsflammen ähnliche Staudrucke auftreten. (Mh. Chem. **83.** 448—54. 1952. Wien, TH, Physikal. Inst.) ROEDER. 157

Alvin S. Gordon, *Die explosive Reaktion zwischen Kohlenoxyd und Sauerstoff an der zweiten Explosionsgrenze in Quarzgefäßen.* Es wird der Befund von HADMAN, THOMPSON u. HINSHELWOOD (Proc. Roy. Soc. [London], Ser. A **137.** [1932.] 87) bestätigt, daß ein CO–O_2-Gemisch, das auf höheren Druck in das Reaktionsgefäß eingeführt wird, beim Evakuieren bis unterhalb der zweiten Explosionsgrenze (die im untersuchten Temperaturbereich um 750° bei ca. 250 mm Hg liegt) nicht zündet. Zündung tritt jedoch ein, wenn das kalte Reaktionsgefäß mit der richtigen Gasmenge gefüllt durch Überschieben eines Ofens aufgeheizt wird. Sie erfolgt auch, wenn Füllung mit Überdruck in der Kälte vorgenommen wird, dann aufgeheizt u. darauf evakuiert wird. Das in der Vor-Rk. gebildete CO_2 ist für das unterschiedliche Verh. nicht maßgebend; ein H_2O-Geh. der Gasmischung von 0,33% senkt die Explosionstemp. um ca. 100°, weiteres H_2O ist von geringerem Einfluß. Die Oberflächenbedingungen mußten täglich durch einige Vorverbrennungen eingestellt werden; die Ergebnisse waren befriedigend reproduzierbar, wenn wenigstens halbstündlich in dem Gefäß eine Explosion erfolgte. (J. chem. Physics **20**. 340—41. Febr. 1952. China Lake, Calif., USNOTS.) THEILE. 157

M. I. Kosak, *Wärmeleitfähigkeit einiger Pulver bei hohen Temperaturen.* Durch Messung eines Wärmestromes zwischen zwei konzentr. kugeligen Oberflächen wurde die Wärmeleitfähigkeit von Quarzpulver verschied. Korngrößen u. zwei Graphitpulvern verschied. Qualität gemessen. Bis 200° ist die Leitfähigkeit der Quarzpulver unabhängig von der Korngröße. Die Leitfähigkeit wächst mit steigender Temp., um so mehr, je größer das Korn ist. Der Grund hierfür liegt vermutlich in der Strahlung. Körner von 3—7 mm erreichen bei 717° eine Leitfähigkeit von $21{,}9 \cdot 10^{-4}$ absol. Einheiten. Der genaue Verlauf wird in Diagrammen wiedergegeben. Die Leitfähigkeit der Graphitpulver liegt zwischen 5,5 u. 7,5 absol. Einheiten. Die Leitfähigkeit der einzelnen Pulver ändert sich nur wenig mit der Temperatur. (Журнал Технической Физики [J. techn. Physik] **22**. 73—76. Jan. 1952. Lwow, Med. Inst., Lehrstuhl für Physik.) ADOLPHI. 158

Stefano Petralia, *Die Fortpflanzung des Ultraschalls in Ferromagnetika.* Vf. untersucht die Wrkg. eines Magnetfeldes auf die Absorption elast. Longitudinalwellen in einem Eisenstab. Die Absorption der elast. Longitudinalwellen wird auf die Verminderung des logarithm. Dekrements unter der Einw. des Magnetfeldes zurückgeführt. Bezeichnet man die Ultraschallintensität am Ende des Stabes bei angelegtem Feld mit I u. die Intensität ohne Feld mit I_0, so ergibt sich für $I/I_0 - 1$ ein nahezu linearer Anstieg bis zu ca. 5 bei 180 Oersted. Von hier ab bleibt die Intensität bei zunehmender Feldstärke konstant. Die Frequenz betrug 805 kHz. Analoge Kurven ergeben sich bei höheren Frequenzen. (Atti Accad. naz. Lincei, Rend., Cl. Sci. fisiche, mat. natur. [8] **10**. 146—51. Febr. 1951.) FALKENHAGEN. 159

Jan Koppelmann, *Beiträge zur Ultraschallmeßtechnik in Flüssigkeiten.* Es wird zunächst ein Sondenmikrophon aus dünnem Stahldraht u. piezoelektr. Kristall beschrieben, das die Ausmessung von Ultraschallfeldern oberhalb 100 kHz gestattet. Schalleistungen von $2{,}5 \cdot 10^{-2}$ W/cm² lassen sich mit dieser Sonde noch nachweisen. Weiter werden Sonden aus Ni-Draht beschrieben, die es gestatten, mit Hilfe von Induktionsspulen den Schall nachzuweisen. Weiter wird ein Vers. behandelt, der die Auffassung bestätigt, daß der LANGEVINsche Schallstrahlungsdruck auf dem Energiedichteunterschied vor u. hinter der Grenzfläche beruht. Ein mit 1000 Hz modulierter Schallstrahl wird als schwingender Zylindermantel aufgefaßt. Die vom Zylindermantel abgestrahlte niederfrequente Schallwelle kann mit einem Mikrophon nachgewiesen werden. (Acustica [Zürich] **2**. 92—95. 1952. Göttingen, Univ., Physikal. Inst.) FALKENHAGEN. 159

A₅. Grenzschichtforschung. Kolloidchemie.

Harry Malmgren, *Beitrag zur physikalischen Chemie kolloider Metaphosphate.* 2. Mitt. (1. vgl. Acta chem. scand. **2**. [1948.] 147.) Um weitere Aussagen über die koll. Eigg. der hochmol. *Kaliummetaphosphate* (KUROLsche Salze) in Lsg. machen zu können, wird ihre Dissoziation in Ggw. von 0,4 mol. NaCl auf Grund des DONNANschen Membrangleichgewichtes untersucht, ferner ihre Viscositätszahl, die bei Ggw. von A. (5 bzw. 8 %) stark abfällt, sowie die elektrophoret. Wanderungsgeschwindigkeit bei verschied. Temp. u. Milieu bestimmt. Außerdem wird die Sedimentation unter Zentrifugalbeschleunigung gemessen; die Sedimentationskonstante für das Polymetaphosphatanion wird größer, wenn ein 2wertiges Kation (Hg) daran komplex gebunden ist. Aus allen Untersuchungsverff. geht hervor, daß die koll. Eigg. auf das mit hoher Ladung versehene Anion zurückgehen, dessen Einfl. durch Salze mit niedrigem Mol.-Gew. (NaCl) in niedrigen Konzz. ($\mu \sim 0{,}1$) aufgehoben wird. In Medien mit hoher Ionenstärke kommt der Solvatation eine überragende Rolle für die koll. Eigg. zu. Durch elektronenmkr. Aufnahme wird die Ansicht gestützt, daß die koll. Polymetaphosphate in Lsg. als geknäuelte Kettenmoll. vorliegen. (Acta chem. scand. **6**. 1—15. 1952. Upsala, Univ., Biochem. Inst.) HENTSCHEL. 162

A. W. Bromberg, W. M. Lukjanowitsch, W. W. Nemzowa, L. W. Raduschkewitsch und K. W. Tschmutow, *Elektronenmikroskopische Untersuchung der Koagulation von V_2O_5-Solen durch Elektrolyte.* Setzt man einem durch Peptisation gewonnenen V_2O_5-Sol einen Elektrolyten (*KCl, LiCl, NaCl, CsCl,* $CaCl_2$ u. $CeCl_3$) zu, so lagern sich bei geringer Elektrolytkonz. die V_2O_5-Stäbchen bzw. -Fäden mit ihren Enden aneinander, u. das Sol bleibt völlig stabil. Bei stärkeren Konzz. gelatinieren alte u. nicht zu stark verd. V_2O_5-Sole. Man erhält so die bekannten thixotropen V_2O_5-Gele. Weiterer Elektrolytzusatz führt zum Ausflocken. Das Koagulat wurde in W. ausgewaschen u. im Elektronenmikroskop untersucht. Die Stäbchen bzw. Fäden des Koagulats lagern sich mit wesentlichen Teilen ihrer Oberfläche aneinander u. bilden Fadenbündel. Gründlichere mechan. Bearbeitung der wss. Suspension der Flocken durch einen Vibrator oder Ultraschall führt zu einer vollständigeren Peptisation u. zur Auflockerung in die ursprünglichen Fäden. Bei großer Elektrolytkonz. beobachteten Vff. gelegentlich nach der mechan. Bearbeitung der Suspension Zerfall der Fadenbündel in viele kleine „Tröpfchen". Dieser Zerfall wird auch als Koagulationsprozeß gedeutet. (Доклады Академии Наук СССР [Ber. Akad. Wiss. UdSSR] [N. S.] **85.** 369—71. 11/7. 1952.) LENZ. 163

P. B. Afanassjew und **O. M. Todess,** *Experimentelle Prüfung der Theorie der Ausbreitung des Niederschlags in flachen Capillaren.* Gemessen wurde die Verschiebung der Fällungsgrenze von $BaCrO_4$ u. $CuCrO_4$ bei der gegenseitigen Diffusion der Lsgg. $BaCl_2$–K_2CrO_4 (I) u. $CuSO_4$-I. Bei kontinuierlicher Ausbreitung des Nd. ist die Kristallisationsgeschwindigkeit ohne merklichen Einfl. auf den reinen Diffusionsverlauf der Rk. in der flachen Capillare. Die experimentellen Werte bestätigen die Richtigkeit der berechneten Werte für die Geschwindigkeit der Grenzverschiebung der Niederschlagsbldg. u. das Vorhandensein einer Lösungsgrenze. Die genaue Horizontaleinstellung der Oberfläche wird mit Hilfe einer Spezialvorr. erreicht. (Журнал Физической Химии [J. physik. Chem.] **25.** 1273—80. Nov. 1951.) LEBTAG. 165

P. B. Afanassjew und **O. M. Todess,** *Konzentrationsverteilung der Reaktionskomponenten und die periodische Fällung ihres Produktes in flachen Capillaren.* Vf. mißt den Diffusionskoeff. von K_2CrO_4 u. dessen Konz. in der inneren Komponente bei der Diffusion von $CuSO_4$ in flachen Capillaren. Aus dem Vgl. der experimentellen u. theoret. Werte ergibt sich die Gültigkeit der Theorie (C. **1950.** I. 1828) von der Fortbewegung des Nd. u. der Bldg. einer Übersättigungszone vor demselben, wenn die Konz. der inneren Komponente gering ist. Infolge der Abhängigkeit der Diffusionskoeffizienten der Reaktionkomponenten von der Konz. der Lsg. ist die Übereinstimmung bei hoher Konz. schlechter. Theoret. u. experimentell wird die Gültigkeit der Regel bestätigt, wonach die Abstände zwischen den Niederschlagsschichten bei der period. Fällung progressiv ansteigen. Die Bldg. einer Schicht erfolgt nicht an der Stelle der maximalen Übersättigung, sondern etwas näher zur früheren Schicht. Die spontane Bldg. eines Kristallisationszentrums ist außer vom Übersättigungsgrad von der Dauer der Übersättigung abhängig. Die period. Fällung bei der gegenseitigen Diffusion der reagierenden Komponenten richtet sich demnach nach den Geschwindigkeiten der Diffusion u. Kristallisation der Reaktionsprodd. (vgl. hierzu vorst. Ref.). (Журнал Физической Химии [J. physik. Chem.] **25.** 1281—88. Nov. 1951.) LEBTAG. 165

H. C. Brinkman, *Die Viscosität konzentrierter Suspensionen und Lösungen.* Für die Viscosität konz. Suspensionen der Lsgg. wird ein Ausdruck abgeleitet, der sich aus dem Einfl. des weiteren Zusatzes eines Mol. gelöster Substanz zur vorhandenen Lsg. ergibt u. bis auf den numer. Wert der Konstanten mit einer von EILERS (C. **1942.** I. 1986) für Asphaltsuspensionen aufgestellten Formel übereinstimmt. (J. chem. Physics **20.** 571. April 1952. Bandung, Indones. Univ.) HENTSCHEL. 172

G. Stainsby, *Die Viscosität verdünnter Gelatinelösungen.* Es wird die red. Viscosität $1/c \ln \eta_r$ verd. Gelatinelsgg. (bis 0,2%) in Ggw. von NaCl bei 35° bestimmt u. in Abhängigkeit vom p_H-Wert graph. aufgetragen. Die Kurve für salzfreie Gelatine zeigt ein Maximum bei $p_H \sim 3{,}5$ u. ein Minimum beim isoelektr. Punkt. Zusatz von Neutralsalz in der Nähe des Maximums führt zu einem starken Abfall der Viscosität. Der Kurvenverlauf wird auf Grund der Ladungsverteilung im Makromol. (mit einem Formfaktor 1/25) erklärt. (Nature [London] **169.** 662—63. 19/4. 1952. Holloway, London, Brit. Gelatine and Glue Assoc.) HENTSCHEL. 172

Edouard Calvet, *Thermokinetik der Adsorption.* Ausführliche Darst. der C. **1951.** II. 2988 referierten Arbeit. Im einzelnen wird die Wärmeentw. bei der Adsorption von W. durch aktiviertes Al_2O_3 u. *Harnstoff* sowie von *Aceton* an *Nitrocellulose* untersucht. (J. Chim. physique Physico-Chim. biol. **48.** 579—81. Nov./Dez. 1951.) HENTSCHEL. 176

George Jura und **Terrell L. Hill,** *Die Bestimmung der thermodynamischen Funktionen für adsorbierte Moleküle aus den Immersionswärmen.* Wenn N_s Moll. an einem Festkörper der Fläche Q adsorbiert werden, interessiert die Entropie S'_s u. die Energie E'_s pro Mol., wo $S'_s = S_s/N_s$ u. $E'_s = E_s/N_s$ sind. S_s u. E'_s errechnen sich aus dem Oberflächendruck φ, der aus den Adsorptionsisothermen, die sich bei veränderlichen Drukken p ergeben, durch anschließende Extrapolation auf $p = 0$ ermittelt wird. Nach diesem Verf. können aber wesentliche Fehler gemacht werden, bes. bei Systemen, in denen die adsorbierte Phase Änderungen erster Ordnung unterliegt. Zuverlässigere Werte für φ erhält man, wenn man φ aus einer einzigen Adsorptionsisothermen unter

Berücksichtigung der Immersionswärme des reinen festen Adsorbenten im fl. Adsorbat u. unter Berücksichtigung der Gesamtadsorptionswärme bei gleicher Temp. abschätzt. Die Ableitung wird angegeben. (J. Amer. chem. Soc. **74**. 1598. 20/3. 1952. Bethesda, Md., Naval Med. Res. Inst., u. Berkeley, Calif., Univ., Dep. of Chem. and Chem. Engng.) ROEDER. 176

Keshavrao P. Prabhu, *Anionenaustausch bei Tonmineralien.* Betrag u. Art des Anionenaustausches verschied. Tonmineralien werden an elektrodialysiertem Material untersucht. Die Einw. von Chlor-, Sulfat- u. Phosphation wird bestimmt u. mit dem Basenaustauschvermögen der betreffenden Tonmineralien verglichen. Bei *Kaolinit* u. *Illit* finden Kationen- u. Anionenaustausch vermutlich an „akt. Stellen" statt, die vornehmlich unterbrochenen Valenzbindungen entsprechen. Bei *Montmorillonit* soll der Anionenaustausch, entsprechend den Verhältnissen beim Kationenaustausch, auf Grund des Überwiegens von positiver Ladung erfolgen. Die Tone sind nicht im üblichen chem. Sinn amphoter. Weiter wird der Zusammenhang zwischen Teilchengröße u. Kationen- bzw. Anionenaustauschvermögen erörtert. (Amer. Mineralogist **36**. 324. März/April 1951. State College, Pa., Pennsylvania State Coll.) W. FABER. 177

A_6. Strukturforschung.

H. Raether, *Elektroneninterferenzen und ihre Anwendung.* Nach Mitt. einiger Neuerungen an Interferenzapparaten werden ausführlich die Theorie der Elektroneninterferenzen u. die Ergebnisse ihrer Anwendung auf spezielle Oberflächenprobleme erörtert. Zum Schluß wird kurz auf *Neutronen*-Interferenzen hingewiesen. — 188 Literaturzitate. (Ergebn. exakt. Naturwiss. **24**. 54—141. 1951.) LEVI. 181

S. W. Peterson und Henri A. Levy, *Die Verwendung von Einkristall-Neutronenbeugungsdaten für die Kristallstrukturbestimmung.* Es wurden Neutronenbeugungsaufnahmen an Einkristallen von *NaCl* (I), *KCl* (II), *KBr* (III), KHF_2 (IV), NH_4Cl (V), CaF_2 (VI), $CaCO_3$ (VII) u. *LiF* (VIII) hergestellt u. die Strukturfaktoren für die betreffenden Ebenen berechnet. Bei den Einkristallen I—V wurden genaue Strukturfaktoren ohne Extinktionskorrektur erhalten. Dagegen führen die Intensitäten der starken Reflexe von VI—VIII auf Strukturfaktoren, die zu niedrig sind u. daher durch Extinktion beeinflußt werden. (J. chem. Physics **19**. 1416—18. Nov. 1951. Oak Ridge, Tenn., Nat. Labor.) GOTTFRIED. 181

B. K. Wainstein, *Strukturelektronographie.* Aufzählung der Vorteile der Elektronenstrukturanalyse in der Kristallographie u. Kristallchemie gegenüber der Röntgenstrukturanalyse. Bei der Elektronenstrukturanalyse konvergieren die FOURIER-Reihen schneller als bei der Röntgenstrukturanalyse, so daß der Abbruchsfehler geringer wird u. man mit einer kleineren Zahl von Gliedern auskommt. Die erforderliche Belichtungszeit ist bei den Elektronogrammen wesentlich kürzer als bei Röntgenogrammen. Das Streuvermögen der Atome geht bei der Elektronenbeugung schwächer als linear mit der Ordnungszahl, so daß leichte Atome (z. B. H) auch bei Ggw. wesentlich schwererer Atome bei der Strukturanalyse deutlich herauskommen. Eine zweidimensionale FOURIER-Analyse von *Paraffin* aus Elektronenbeugungsbildern wurde durchgeführt u. in Äquipotentialliniendarst. wiedergegeben. Die H-Atome bilden hierbei mit dem C-Atom einen Valenzwinkel von 105°, der Abstand C—H beträgt 1,17 Å (in Gasen, wie Methan, Äthan usw., elektronograph. 1,09 Å, spektroskop. 1,07 Å). (Вестник Академии Наук СССР [Nachr. Akad. Wiss. UdSSR] **22**. Nr. 3. 44—52. März 1952.) LENZ. 181

Melvin Lax, *Dipolgitter im sphärischen Modell.* (Sitzungsbericht.) Die statist. mechan. Behandlung von Gittern klass. Dipole, elektr. oder magnet., ist wegen der Beschränkung auf feste Dipollängen nicht möglich. Das Wesen des sphär. Modells besteht darin, daß diese Beschränkung durch eine geringere ersetzt wird, derart, daß die Summe der Quadrate der Dipolvektoren den richtigen Wert hat u. so eine geringe Abweichung von der richtigen Lage gestattet. Diese bisher nur für die Wechselwrkg. der erstnächsten Nachbarn angewandte Meth. wird für alle Nachbarn verallgemeinert. Es wird eine Formel entwickelt, die die bei der Berechnung der Teilsummen für den Fall, daß weitreichende Kräfte auftreten, zu berücksichtigende Abhängigkeit der Eigenwerte von der Form der Präpp. explizit enthält. Es wird insofern qualitative Übereinstimmung mit der nur die erstnächsten Nachbarn berücksichtigenden Rechnung gefunden, als bei genügend niedrigen Tempp. für reine Dipol-Dipol-Wechselwrkg. bei dreidimensionalen Kristallen ein antiferroelektr. Übergang festgestellt wird, nicht dagegen bei einer oder zwei Dimensionen. (Physic. Rev. [2] **85**. 744—45. 15/2. 1952; Bull. Amer. physic. Soc. **26**. Nr. 7. 10—11. 30/11. 1951. Syracuse Univ.) LEVI. 182

C. C. Costain und G. B. B. M. Sutherland, *Eine Methode zur Bestimmung der Potentialbarrieren, die die Umkehrung bei Ammoniak, Phosphin und Arsin beschränken,* *aus Schwingungskraftkonstanten.* Die Höhe der Potentialbarrieren, die die Umkehrung des Ammoniakmol. beschränken, ist von verschied. Autoren unter Verwendung von Daten der Hyperfeinstruktur in den Infrarot- u. Mikrowellenspektren dieses Mol. bestimmt worden. Keine dieser Methoden kann auf das PH_3- bzw. AsH_3-Mol. angewandt werden, da hier entsprechende experimentelle Daten fehlen. Unter der Annahme, daß das NH_3-Mol. durch allmähliches Ansteigen der Amplitude der symm. Deformationsschwingung umgekehrt werden kann, ist es möglich, durch Benutzung der Kraftkonstanten, die diese Schwingung bestimmen, einen parabol. Potentialverlauf der Form $V = A(\Delta\alpha)^2$ auf einer der beiden Seiten der ebenen Konfiguration aufzustellen. Die so berechnete Barrierenhöhe für NH_3 stimmt sehr gut mit der überein, die aus der Inversionsaufspaltung im Spektr. mit Hilfe der MANNING-Potentialfunktion abgeleitet wurde, nämlich 2070 cm^{-1} (5,9 kcal/Mol). Dies zeigt, daß eine ähnliche Meth. für PH_3 u. AsH_3 angewendet werden kann, die Ergebnisse sind in diesem Falle 6000 cm^{-1} (17,1 kcal/Mol) bzw. 11200 cm^{-1} (32,1 kcal/Mol). Diese Werte entsprechen dem Fehlen von Inversionsaufspaltungen im Infrarotspektr. von PH_3 u. AsH_3. Die Bedeutung dieser Ergebnisse für die Stereochemie trivalenter Abkömmlinge von NH_3, PH_3 u. AsH_3 wird kurz diskutiert. (J. physic. Chem. **56.** 321—24. März 1952. Ann Arbor, Mich., Univ. of Michigan, Dep. of. Phys.) LEVI. 182

R. E. Wood und **H. L. Ritter**, *Röntgenuntersuchungen geschmolzener Salzsysteme.* 2. Mitt. *Indium(III)-jodid.* (1. vgl. C. **1952.** 1452.) Das Röntgendiagramm von geschmolzenem InJ_3 wird nach der Meth. von WARREN, KRUTTER u. MORNINGSTAR (vgl. J. Amer. ceram. Soc. **19.** [1936.] 202) ausgewertet. Für die Länge der In-J-Bindung wird ein Wert von 2,70 Å, für den J–J-Abstand 4,52 Å gefunden. Beide Werte werden eingehend mit älteren Angaben verglichen. Für die Koordinationszahl wird 4,7 gefunden; 3 u. 6 scheiden mit großer Wahrscheinlichkeit aus, so daß eine tetraedr. Umgebung der In-Atome durch J-Atome angenommen werden muß. Die Frage, ob InJ_3 im geschmolzenen Zustand vorwiegend monomer oder dimer vorliegt, kann aus den Versuchsdaten unter Hinzuziehung vergleichender Betrachtung des teilweise analogen *$AlCl_3$* nicht mit Sicherheit entschieden werden. Es wird angenommen, daß beides nebeneinander vorliegt. Für die dimere Struktur wird ein geometr. Modell vorgeschlagen u. eingehend erörtert. (J. Amer. chem. Soc. **74.** 1760—62. 5/4. 1952. Madison, Wis., Univ. of Wisconsin, Dep. of Chem.) LEVI. 182

R. E. Wood und **H. L. Ritter**, *Röntgenuntersuchungen geschmolzener Salzsysteme.* 3. Mitt. *Zinn(IV)-jodid.* (2. vgl. vorst. Ref.) Der Sn–J-Abstand wird zu 2,66 Å, der J–J-Abstand zu 4,35 Å gefunden, Werte, die innerhalb der Fehlergrenzen mit den für festes u. gasförmiges SnJ_4 gefundenen übereinstimmen. Die Koordinationszahl wird zu 4,55 bestimmt; es wird tetraedr. Umgebung des Sn-Atoms durch 4 J-Atome angenommen. Der wesentliche Unterschied zwischen dem kristallinen u. dem fl. Zustand wird darin erblickt, daß in jenem jedes J-Atom von 12 äquidistanten Nachbarn umgeben ist, in diesem dagegen nur von 9. Außer der Ordnung kurzer Reichweite im Mol. tritt in der Schmelze keine weitergehende Ordnung auf. (J. Amer. chem. Soc. **74.** 1763—64. 5/4. 1952. Madison, Wis., Univ. of Wisconsin, Dep. of Chem.) LEVI. 182

H. L. Frisch, *Durch Diffusion kontrolliertes Phasenwachstum.* Es wird eine Störungsrechnung für eindimensionale Diffusionsprobleme entwickelt, wie sie in der Theorie der Phasenbldg. im halbunendlichen Raum mit beweglichen Phasengrenzen auftreten. Die Meth. wird im speziellen auf den Fall angewendet, wo an der beweglichen Grenze eine „Äußere Leitungs-Randbedingung" befriedigt wird. Eine Anwendung auf dreidimensionale Diffusionsprobleme wird skizziert. (Z. Elektrochem., Ber. Bunsenges. physik. Chem. **56.** 324—26. 1952. Brooklyn, N. Y., Polytechnic Inst.) LEVI. 190

V. Vand, *Von Schraubenversetzungen herrührende Polymorphie.* In dieser kurzen Mitt. zeigt der Vf., wie polymorphe Formen durch Schraubenversetzungen entstehen. Als Beispiele werden *Siliciumcarbid* u. *Graphit* angeführt. (Nature [London] **168.** 783. 3/11. 1951. Glasgow, Univ., Chem. Dep.) GOTTFRIED. 190

Ajit Ram Verma, *Wachstumsspiralen auf Carborundkristallen.* Vf. zeigt die Aufnahmen von bisher nicht beobachteten Wachstumsspiralen auf Carborund, die sich jedoch trotzdem durch die FRANKsche Wachstumstheorie erklären lassen. (Vgl. C. **1952. 4734.**) (Nature [London] **168.** 783—84. 3/11. 1951. Englefield Green, Surrey, Univ. of London, Royal Holloway Coll.) GOTTFRIED. 190

A. Neuhaus, *Orientierte Kristallabscheidung (Epitaxie).* Es wird ein Überblick über Phänomene u. Theorie des „orientierten Stoffabsatzes auf kristallinen Trägerflächen" gegeben. Es werden 3 Entwicklungsabschnitte unterschieden: 1. Vorstrukturelle Forschungsperiode. 2. Systemat. Ausweitung des Versuchsgutes auf Orientierungspartner verschiedenster Stoffgruppen, Gitterarten u. Bindekräfte, sowie erste, im wesentlichen stat.-metr. Gesetzlichkeiten. 3. Bemühungen zur Klärung der Reaktionskinetik u.

Energetik orientierter Stoffabscheidung. — 33 Literaturangaben. (Angew. Chem. **64.** 158—62. 21/3. 1952. Darmstadt, TH, Mineralog. Inst.) TELTOW. 190

John Murphy und Arthur E. Lockenvitz, *Die Umwandlungsgeschwindigkeit von monoklinem α-Selen in hexagonales als Funktion der Temperatur.* (Sitzungsbericht.) Monoklines α-Se wurde durch Fällung aus einer Lsg. von Se in CS_2 dargestellt u. als Dielektrikum zwischen den Al-Platten eines Kondensators verwendet. Oberhalb 90° wandelt es sich in hexagonales Se um, wahrscheinlich unter intermediärer Bldg. von monoklinem β-Se. Der zeitliche Verlauf der Se-Umwandlung wird durch Messung der Kapazitätsänderung des Kondensators verfolgt, die dabei erhaltenen Ergebnisse führen zu den Gleichungen $dN_1/dt = -\lambda_1 N_1$ u. $dN_2/dt = -\lambda_2 N_2$, worin N_1 u. N_2 die Anzahl der Moll. in der α- u. β-Form u. λ_1 u. λ_2 exponentielle Funktionen der Temp. bedeuten. (Physic. Rev. [2] **85.** 745—46. 15/2. 1952; Bull. Amer. physic. Soc. **26.** Nr. 7. 11—12. 30/11. 1951. Univ. of Texas.) LEVI. 190

Arthur E. Lockenvitz und Kenneth H. Ribe, *Die Umwandlungsgeschwindigkeit von amorphem Selen in eine andere Modifikation als Funktion der Temperatur.* (Sitzungsbericht.) Amorphes Se, das aus einer salzsauren Lsg. von H_2SeO_3 gefällt wurde, wird als Dielektrikum in einem Al-Plattenkondensator verwendet. Über 25° wandelte sich das amorphe Se in eine andere Form, vielleicht monoklines α-Se, um, wobei eine Änderung der DK. u. der Kapazität des Kondensators erfolgt. Die Geschwindigkeit der Kapazitätsänderung bei konstanter Temp. nimmt im Bereich zwischen 20 u. 50° mit steigender Temp. zu. Aus der graph. Darst. der gemessenen Werte wird als Umwandlungsgesetz $\Delta c = \Delta c_f \exp.(-\lambda t)$ abgeleitet, worin Δc u. Δc_f die Kapazitätsänderungen zur Zeit t u. nach unendlicher Zeit u. λ eine noch unbekannte Funktion von t sind. (Physic. Rev. [2] **85.** 746. 15/2. 1952; Bull. Amer. physic. Soc. **26.** Nr. 7. 12. 30/11. 1951.) LEVI. 190

Walter J. Moore und Bernard Selikson, *Die Diffusion von Kupfer in Kupfer(I)-oxyd.* Die Darst. von Cu_2O-Streifen durch Oxydation von spektroskop. reinem Cu bei 1000° wird beschrieben. Untersucht wird die Diffusion von radioakt. Cu in Cu_2O bei 800 bis 1050° sowie in n. Cu während der Oxydation in Luft. Für beide Diffusionsvorgänge wurde ein Selbstdiffusionskoeff. von $D = 0{,}0436 \exp.(-36100/RT)$ berechnet. Außerdem wurde im zweiten Vers. die Aktivitätsverteilung in der gebildeten Cu_2O-Schicht gemessen. Die beobachteten D-Werte fügen sich in die vorausgesagte Beziehung $k/D = 4$ gut ein, wobei k die parabol. Geschwindigkeitskonstante für die Cu-Oxydation ist. Es wird angenommen, daß parabol. Geschwindigkeitskonstanten mit stark negativer Aktivierungsentropie u. kleiner Aktivierungsenergie auf Korngrenzendiffusion zurückzuführen sind. (J. chem. Physics **19.** 1539—43. Dez. 1951. Erratum **20.** 927. Mai 1952. Washington, D. C., Catholic Univ. of America, Dep. of Chem.) LEVI. 190

F. R. N. Nabarro und J. H. O. Varley, *Die Stabilität hexagonaler Gitter mit einem einfachen Kraftgesetz.* Ein hexagonales Gitter mit durch Zentralkräfte gebundenen nächsten Nachbarn ist immer dicht gepackt. Liegt zusätzlich noch eine Energie vor, die wie die FERMI-Energie der freien Elektronen nur vom Vol. abhängt, so ist noch eine dicht gepackte Gleichgewichtsstruktur möglich. Aber es kann noch eine andere hexagonale Struktur mit geringerer Energie möglich sein. In einem solchen numer. Beispiel sind die Gitterabstände, die Bindungsenergie u. elast. Konstanten vergleichbar mit denen des *Zinks.* Das Kraftgesetz zeigt keine Besonderheiten. (Proc. Cambridge philos. Soc. **48.** 316—28. April 1952. Birmingham, Univ., Dep. of Metallurgy.) PLIETH. 195

A. X. Kottrel, *Die Theorie der Verkettung im Kristallgitter.* Übersetzung eines zusammenfassenden Artikels in „Progress of metal physics" über Versetzungen. — **G. Ss. Shdanow** diskutiert verschied. Gründe für die Ersetzung des Wortes „Dislocation" durch das Wort „Verkettung". (Успехи Физических Наук [Fortschr. physik. Wiss.] **46.** 179—230. Febr. 1952.) SCHUBERT. 195

William J. Dulmage, Edward A. Meyers und William N. Lipscomb, *Die Molekular- und Kristallstruktur des dimeren Stickoxyds.* Röntgenaufnahmen des dimeren N_2O_2 ergaben ein monoklines Gitter mit a = 6,64 Å; b = 3,93 Å; c = 6,52 Å; β = 128,0°. Raumgruppe ist $P2_1/a$; Z = 2. Als vorläufige Parameter werden angegeben: $x_1 = 0{,}227$; $y_1 = 0{,}117$; $z_1 = 0{,}194$; $x_2 = 0{,}159$; $y_2 = -0{,}100$; $z_2 = 0{,}242$. Das Mol. bildet nahezu ein Rechteck mit den Dimensionen 2,38·1,10 Å. (J. chem. Physics **19.** 1432—33. Nov. 1951. Minneapolis, Minn., Univ., School of Chem.) GOTTFRIED. 195

Joseph S. Lukesh, *Die Symmetrie von Graphit.* Erneute Aufnahmen an Graphit mit MoK_α-Strahlung ergaben eine Bestätigung der früher (vgl. C. **1951.** II. 1553) mit CuK_α-Strahlung erhaltenen Annahme, daß nämlich die c-Achse zweizählige Symmetrie besitzt. (Physic. Rev. [2] **84.** 1068. 1/12. 1951. Schenectady, N. Y., General Electric Co., Knolls Atomic Power Labor.) GOTTFRIED. 195

D. S. Lieberman, T. A. Read und L. C. Chang, *Relaxationsprozesse in der β'-Phase der Legierung Au–Cd.* (Sitzungsbericht.) Einkristalle der Legierung Au–Cd mit 47,5 At.-% Cd, die nach der Meth. von BRIDGMAN dargestellt worden waren, zeigten in der Hochtemperaturphase ein raumzentriert kub. Gitter. Eine diffusionslose Phasenänderung in eine rhomb. Phase tritt unterhalb der Umwandlungstemp. auf. Für gewisse Orientierungen der rhomb. Gebiete in der Tieftemperaturphase zeigt die Probe kautschukähnliches Verhalten. Nach der Umwandlung jedoch ist die Probe weich. Es wurde festgestellt, daß die Geschwindigkeit des Erscheinens des kautschukähnlichen Verh. von den Tempp., der Zeit u. den der Probe zugefügten Spannungen abhängig ist. (Physic. Rev. [2] **82.** 770. 1/6.; Bull. Amer. physic. Soc. **26.** Nr. 2. 14. 8/3. 1951. Columbia Univ.) GOTTFRIED. 197

B. W. Roberts jr., *Ordnungszustand in CuAu auf kurze Entfernung.* (Sitzungsbericht.) Es wurde die diffuse Röntgenstreuung der 100-Fläche von CuAu-Einkristallen im reziproken Raum über ein Vol. hinaus gemessen, um die Ordnungsparameter für kurze Entfernung festzulegen. Die diffusen Maxima des Ordnungszustandes auf kurze Entfernung sind bei Betrachtung im reziproken Raum roh kugelförmig. Die 100- u. 300-Maxima sind vom Ursprungsort weg verschoben, woraus auf die Tendenz einer Ordnung vom Schichtentyp oberhalb einer gewissen Temp. T_0 geschlossen werden kann. Eine Asymmetrie um die 200- u. 400-Reflexe ist auf die Regellosigkeit der Cu- u. Au-Atome mit ihren verschied. Radien u. Streufaktoren zurückzuführen. Es werden die Parameter für den Ordnungszustand auf kurze Entfernung für von 500° abgeschreckte Kristalle angegeben, die bei 425 u. 525° gehalten worden waren. (Physic. Rev. [2] **82.** 770. 1/6.; Bull. Amer. physic. Soc. **26.** Nr. 2. 14. 8/3. 1951.) GOTTFRIED. 197

G. N. Dubinin, *Sättigung der Stahloberfläche mit Molybdän aus der Gasphase.* Die Unters. wurde an Proben aus weichem *Fe* (0,03% C) u. C-Stahl (0,1—1,2% C) durchgeführt. Grundlage der bei 900—1300° angewendeten Diffusionsverff. bilden die Rkk.: $m\,MoCl_n + n\,Fe \rightleftharpoons n\,FeCl_m + m\,Mo$ (1); $2\,MoCl_n + n\,H_2 \rightleftharpoons 2n\,HCl + 2\,Mo$ (2); $2\,(Fe, Mo) + 2\,(n + m)\,HCl \rightleftharpoons 2\,FeCl_m + 2\,MoCl_n + (n + m)\,H_2$ (3), wobei n u. m ganze Zahlen sind. Durch H_2-Überschuß im Gasgemisch wird der Prozeß begünstigt. Die mit Mo angereicherte äußere Schicht besteht, wie röntgenograph. u. spektralanalyt. Unterss. zeigen, bei den Fe-Proben aus der festen Lsg. (α-Fe + Mo) u. der intermetall. Verb. $FeMo_6$, bei den Stahlproben (0,47% C) aus der festen Lsg. (α-Fe + Mo) u. dem Carbid Fe_2Mo_2C. Die Dicke der molybdänierten Schicht betrug bei weichem Fe nach der Diffusionsbehandlung (1300°, 6 Std.) 600—650 μ, der Mo-Geh. an der Oberfläche 24,0%, die Härte 179 Hv_{10}; bei den Stahlproben waren nach der Behandlung (1200°, 6 Std.) die entsprechenden Zahlen: 50 μ, 33% Mo, 218 Hv_{10}. Wesentliche maßliche Veränderungen wurden nicht beobachtet, eine merkliche Steigerung der Hitzebeständigkeit bei 900—1100° nicht festgestellt. Eine erhöhte Korrosionsbeständigkeit besaßen die Proben gegen HNO_3 (50%), in geringerem Maße gegen $C_2H_4O_2$ (85%) u. H_2O_2 (26%), die Fe-Proben auch gegenüber HCl (37%); wirkungslos erwies sich das Molybdänieren gegenüber H_2SO_4 (98%), NaCl (10%) u. bei Stahl-HCl (37%). (Доклады Академии Наук СССР [Ber. Akad. Wiss. UdSSR] [N. S.] **84.** 935—38. 11/6. 1952.) EHMCKE. 197

G. N. Dubinin, *Sättigung der Stahloberfläche mit Mangan aus gasförmigem Medium.* Versuchsmaterial u. -ausführung waren die gleichen wie in vorhergehender Arbeit (vgl. vorst. Ref.). Dem in einer Gasatmosphäre von H_2 u. HCl bei 800—1200° durchgeführten Verf. lagen die Rkk. wie vorst. zugrunde. Das für den Prozeß erforderliche $MnCl_n$ entsteht durch Einw. von gasförmigem HCl auf Elektrolyt-Mn (oder Fe-Mn) gemäß Rk. 3 (l. c.). Das atomar sich abscheidende Mn bildet an der Oberfläche der Proben eine Diffusionsschicht, deren Dicke u. Konz. von der angewendeten Temp. u. Zeit abhängen. Bei den Proben aus weichem Fe wurden in dieser Schicht nach der Behandlung (1100°, 3 Std.) 2 Zonen unterschieden: eine äußere von 0,090 mm Dicke mit 95% Mn (feste Lsg. γ-Mn + Fe) u. einer Härte von 1124 Hv_{10} u. eine innere von 0,140 mm Dicke mit 21,5% Mn (feste Lsg. γ-Fe + Mn) u. 176 Hv_{10}. Bei den Proben aus Stahl (1,03% C) betrug nach der Behandlung (800°, 6 Std.) die Dicke der in der Hauptsache aus Carbid $(Mn, Fe)_3C$ bestehenden Diffusionsschicht 0,016 mm, bei 73,0% Mn u. 1145 Hv_{10}. Wesentliche maßliche Veränderungen der Proben traten nicht ein, eine merkliche Erhöhung der Hitzebeständigkeit bei 900—1100° war nicht feststellbar. Durch das Manganieren wurde eine gute Korrosionsbeständigkeit in H_2O_2 (26%) u. NaCl (10%) erreicht, nicht dagegen in HNO_3 (50%), HCl (37%), H_2SO_4 (96%) u. $C_2H_4O_2$ (85%). (Доклады Академии Наук СССР [Ber. Akad. Wiss. UdSSR] [N. S.] **84.** 1155—58. 21/6. 1952.) EHMCKE. 197

M. P. Sheldak, *Röntgenographische Untersuchung der Bruchflächen von Schlagproben.* Röntgenograph. Unterss. der Bruchflächen von Schlagbiegeproben aus dem hochlegierten, halbferrit. *Stahl EI-428* im spröden u. zähen Zustand, sowie aus *C-Stahl mit 0,20% C* führen zum Ergebnis, daß bei spröder Zerstörung eine Zerkleinerung der Kristalle in kleinere Blöcke im elast. Bereich stattfindet; hierbei entstehen in einzelnen größeren Kristallen durch Trennbruch Risse, die zur weiteren Zerstörung des Materials führen. Auf die Analogie mit dem Verlauf des Zerstörungsprozesses bei Ermüdungsbeanspruchung wird hingewiesen. (Доклады Академии Наук СССР [Ber. Akad. Wiss. UdSSR] [N. S.] **83.** 843—45. 21/4. 1952.) EHMCKE. 200

W. C. Overton jr. und **R. T. Swim,** *Die adiabatischen elastischen Konstanten von Steinsalz.* In dem Temperaturbereich von 60—300° K wurden die Fortpflanzungsgeschwindigkeiten von longitudinalen u. transversalen Schallwellen von 10 MHz in Einkristallen von Steinsalz gemessen. Aus diesen Geschwindigkeiten wurden die adiabat. Konstanten berechnet; bei 300° K ist $c_{11} = 4{,}828 \pm 0{,}015 \cdot 10^{11}$ Dyn/cm², $c_4 = 1{,}273 \pm 0{,}005 \cdot 10^{11}$ Dyn/cm² u. $c_{12} = 1{,}276 \pm 0{,}025 \cdot 10^{11}$ Dyn/cm². Auf die Temp. des absol. Nullpunkts extrapoliert sind die Werte dieser elast. Konstanten 5,750; 1,327 u. 0,986. Die aus c_{11} u. c_{12} berechnete adiabat. Kompressibilität beträgt bei 300° K $4{,}07 \cdot 10^{-12}$ cm²/Dyn. Die für T = 0° K abgeschätzte charakterist. DEBYEsche Temp. beträgt $292{,}6 \pm 0{,}5°$ K. (Physic. Rev. [2] **84.** 758—62. 15/11. 1951. Houston, Tex., Rice Inst.) GOTTFRIED. 200

H. C. H. Bull, X-ray interpretation. 2nd ed. London: Oxford U. Pr. 1951. (XXXIV + 406 S. mit Abb.) s. 25.

Raymond Fischesser, Cours de cristallographie. 1. Diffraction des rayons X par les cristaux. Paris: Impr. de J. et R. Sennac. 1951. (95 S. m. Abb. u. Taf.)

A₇. Gleichgewichte. Kinetik.

Arthur W. Adamson, *Austauschuntersuchungen an Komplexionen.* **3. Mitt.** *Die Natur des zwischen Kobalt(II) und Kaliumcyanid gebildeten Komplexes und sein Austausch mit Radiocyanidionen in wässeriger Lösung.* (2. vgl. C. **1952.** 4105.) Für die einzige bekannte feste Komplexverb., die aus $Co(NO_3)_2$ u. KCN gebildet wird, wird auf Grund der Analysenergebnisse die Formel $K_3Co(CN)_5$ mit einem Überschuß von 0,17 Mol KCN gefunden u. nicht, wie bisher angenommen, $K_4Co(CN)_6$. Die feste Verb. erweist sich als diamagnet. mit einer spezif. Susceptibilität von $-0{,}196 \cdot 10^{-6}$, in wss. Lsg. mit einem Überschuß von KCN dagegen ist sie paramagnet. mit einer mol. Susceptibilität von $1240 \cdot 10^{-6}$, was einem ungepaarten Elektron pro Co-Ion entspricht. Analyt. Unterss. zeigen, daß auch in wss. Lsg. vorwiegend das Pentacyanidion vorliegt. Die Bindung ist nicht ionogen, sondern kovalent. Der Austausch von Radio-CN^- mit dem Co(III)–CN-Komplex ist in 2 Min. vollständig, ohne daß befürchtet zu werden braucht, daß dieses Ergebnis auf katalyt. Effekte bei der analyt. Trennung zurückzuführen ist. Mit dem $Co(CN)_6^{3-}$-Ion findet auch in mehreren Tagen kein merklicher Austausch statt. Auf Grund der Versuchsergebnisse wird angenommen, daß der Co(II)–CN-Komplex nicht in hexakoordinierter Form als $Co(CN)_5H_2O^{3-}$, sondern pentakoordiniert als $Co(CN)_5^{3-}$ vorliegt, was jedoch nicht mit völliger Sicherheit entschieden werden kann. (J. Amer. chem. Soc. **73.** 5710—13. Dez. 1951. Los Angeles, Calif., Univ. of Southern California, Chem. Labors.) LEVI. 223

P. Szarvas und **S. Tibély,** *Abhängigkeit der Rotationsdispersion der Äpfelsäure–Molybdat-Komplexe vom p_H-Wert.* Die Anschauung früherer Forscher über den Grund der sehr schwankenden Rotationsdispersion der Äpfelsäure–Molybdat-Komplexe wird von den Vff. widerlegt. Sie stellten sie als Auswirkung der p_H-Änderung fest. Mit zunehmender Molybdatkonz. wächst der p_H-Wert, Polyanionen zerfallen, u. einfachere Anionen enthaltende Komplexe werden stabil. Die Rotationsdispersion ist vom Gleichgewicht der Komplexbldg. u. Polyanionbldg. abhängig. Je größer das Polyanion ist, um so größer ist die Drehung bei derselben Wellenlänge. Vff. schließen sich der Ansicht DARMOIS' an, wonach in den linksdrehenden Äpfelsäure–Molybdat-Komplexen das Mol.-Verhältnis 2:1, in den rechtsdrehenden 1:2 ist. (Magyar Kémiai Folyóirat [Ung. Z. Chem.] **57.** 212—18. 1951. Budapest, Univ., Inst. f. allg. Chem.) PLANK. 223

J. Brun, *Die Lösungsgeschwindigkeit von Metallen in deuterierten Elektrolyten.* Vorveröffentlichung über Lösungsverss. mit *Zn*, *Al* u. *Fe* in H_2SO_4, *HCl* u. *KOH*, deren H teilweise oder vollständig durch *D* ersetzt wurde. Als Maß für die Lösungsgeschwindigkeit ϱ wird die H_2-Entwicklungsgeschwindigkeit verwendet. Die Ergebnisse für sehr reines Zn bei Verwendung von $2n\,H_2SO_4$ mit verschied. D-Gehh. (0, 33, 50, 80, 90 u. 99% D) bei 25° werden in Form von Kurven in einem Diagramm wiedergegeben. Ähnliche Kurven werden bei Verss. mit Zn u. 1n HCl erhalten. Unterschiedliche Kurven resultieren, wenn ein Element (2 mm-Zn-Draht wird axial um einen Ni-Zylinder gewickelt u. die Drahtenden am Zylinder befestigt) in die Säure getaucht wird. Im Gegensatz zu den vorhergehenden Verss. ist hierbei keine Induktionsperiode festzustellen. Verss. mit äußerst reinem Al in 4,5n H_2SO_4 mit 0, 30, 50, 70 u. 99% D bei 50° ergeben gute Übereinstimmung mit den von JOHNSTON u. DAVIES (J. Amer. chem. Soc. **64**. [1942.] 2613) erzielten Ergebnissen. Die Unterss. mit 4,5n HCl (0, 50 u. 99% D) bei 25° zeigen überraschenderweise eine wesentlich höhere Reaktionsgeschwindigkeit für DCl (99% D) als für HCl. Ähnliche Resultate werden mit 2n HCl erhalten. Ferner wird ϱ von Al in 2n KOH (0, 30, 50, 70 u. 98% D) untersucht. Bei weichem Stahl u. hochreinem Fe in 2n HCl bewirkt der D-Geh. der Säure eine merkliche Herabsetzung von ϱ. Messungen der Überspannung bei 25° an *Cu*, *Ni* u. *Pb* in 1n HCl (0, 30, 50, 75, 80 u. 99,5% D), an Fe in n KOH (0, 50, 80 u. 98% D) u. an *Hg* in 0,2n H_2SO_4 werden ebenfalls angestellt. Einige Mittelwerte der Überspannung–Stromdichte-Kurven werden in Form einer Tabelle wiedergegeben. (Acta chem. scand. **5**. 1402—04. 1951. Trondheim, Norges Tekniske Högskole, Inst. for Teknisk Elektrokjemi.) GEDSCHOLD. 224

Carl E. Johnson jr., *Die Kinetik der Reduktion von Thallium(III)-Ionen durch Fe(II)-Ionen.* Vf. untersuchte die Kinetik der Red. von Tl^{3+} durch Fe^{2+} in 0,5—2n *Perchlorat*-Lsg. im Temperaturbereich von 25—45°. Durch einen Überschuß von Tl^{3+} oder Fe^{2+} werden die Geschwindigkeitskonstanten nicht beeinflußt, mit steigender Säurekonz. nehmen sie jedoch stark zu. Vf. vermutet daher, daß die Hydrolyseprodd. der vorherrschenden Ionen entscheidenden Einfl. auf die Kinetik der untersuchten Rk. haben. Eine Best. von K_1 auf der Grundlage der von HARBOTTLE u. DODSON (C. **1952**. 1290) angegebenen Meth. deutet darauf hin, daß das Tl^{3+} in 0,5—2,0n $HClO_4$-Lsgg. als $TlOH^{2+}$ vorliegt. Für die Reaktionsgeschwindigkeit erhält Vf. unter der Annahme, daß $TlOH^{2+}$ u. TlO^+ als Reaktionsteilnehmer fungieren, die Beziehung $-d(Fe^{II})/dt = k_1 \{K_1/[K_1 + (H^+)]\} (Tl^{III}) (Fe^{II}) + k_2K_2/(H^+) \{K_1/[K_1 + (H^+)]\} (Tl^{III}) (Fe^{II})$. Die Darst. $k[K_1 + (H^+)/K_1]$ gegen $1/(H^+)$ ergibt für 3 verschied. Tempp. eine Gerade, aus der k_1 u. k_2K_2 ermittelt werden. $k_1 = 4{,}33 \cdot 10^{11}\, e^{-18{,}400/RT}$ Mol^{-1} Liter sec^{-1}, $k_2K_2 = 1{,}89 \cdot 10^{14}\, e^{-22{,}060/RT}$ sec^{-1}. Entsprechend den beiden Gliedern der entwickelten Gleichung nimmt Vf. einen in 2 Schritten verlaufenden Reaktionsmechanismus an: 1. Den Übergang von 1 oder 2 Elektronen vom Fe^{2+} zum $TlOH^{2+}$, im letzteren Fall wird intermediär Fe^{IV} gebildet. 2. Einer der beiden Reaktionsteilnehmer, wahrscheinlich $TlOH^{2+}$, unterliegt einer weiteren Hydrolyse, vom Fe^{2+} gehen 1 oder 2 Elektronen zum Hydrolysenprod., TlO^+, über. Eine Beschleunigung der Rk. durch Sulfationen führt Vf. auf einen dritten Reaktionsschritt unter Komplexbldg. des Tl^{III} zurück. *Na-Anthrachinon-2-sulfonat* u. *Na-Anthrachinon-1.5-disulfonat* besitzen dagegen keine katalyt. Aktivität. Die vom Vf. berechnete Aktivierungsentropie der Rk. $Fe^{++} + TlOH^{++} \rightarrow Fe^{+++} + Tl^{II}$ (1) ist im Vgl. mit den von GLASSTONE, LAIDLER u. EYRING für Rkk. zwischen Ionen gleicher Art angegebenen u. der für die Austausch-Rk. berechneten sehr groß. Vf. sieht hierin einen Beweis dafür, daß die Rk. 1 mit einer ca. 500 mal größeren Geschwindigkeit als die Rk. $TlOH^{2+} + Tl^+ \rightarrow Tl^+ + TlOH^{2+}$ abläuft. (J. Amer. chem. Soc. 959—63. 20/2. 1952. Urbana, Ill., Univ. of Illinois, Noyes chem. Labor.) WOELK. 225

Janet M. Malcolm und Richard M. Noyes, *Die Anfangsstufen der Permanganat-Oxalat-Reaktion.* Die Rk. Permanganat–Oxalat wurde maßanalyt. u. spektrophotometr. untersucht. Auf Grund der Ergebnisse wurde angenommen, daß Mn^{VII} nur mit Mn^{II}-Oxalat-Komplexen reagiert. Als geschwindigkeitsbestimmend wurde die Rk. $MnC_2O_4 + MnO_4^- \rightarrow MnC_2O_4^+ + MnO_4^{--}$ angesehen. Die weiteren Rkk. verlaufen sehr schnell. Einsetzen der Rk. ohne Ggw. von Mn^{II} wurde nicht beobachtet. Quantitative kinet. Messungen liegen noch nicht vor. (J. Amer. chem. Soc. **74**. 2769—75. 5/6. 1952. New York, N. Y., Columbia Univ., Dep. of Chem.) KLAFFKE. 225

Georg-Maria Schwab, *Über Störzentren in Oberflächen.* Der Zusammenhang zwischen Halbleitung u. katalyt. Wrkg. von Festkörpern wird erörtert. Da Halbleitung ein Volumeneffekt, Katalyse dagegen ein Oberflächeneffekt ist, können bei der Katalyse nur an die Oberfläche diffundierte Störstellen wirksam werden. Um einen Überblick darüber zu bekommen, welche Störstellen in verschied. Kristallflächen in erheblicher Konz. zu erwarten sind, wird der Energieinhalt verschied. Störstellen in der Oberfläche berechnet. Es werden dabei 3 Arten von Fehlordnungen berücksichtigt: 1. Bei stöchiometr. Zus. Kationen auf Zwischengitterplätzen u. eine entsprechende Anzahl Kationenleerstellen; 2. Ein 1-1-wertiges Salz mit Kationenleerstellen u. 2wertigen Kationen auf Gitterplätzen; 3. Ersatz von Ni^{++} im NiO durch Li^+ u. eine entsprechende Anzahl von Ni^{+++} auf Ni^{++}-Plätzen. Alle Fehlordnungsbeispiele werden für das NaCl-Gitter unter zahlreichen vereinfachenden Angaben durchgerechnet. Die Ergebnisse zeigen, daß in den Würfelflächen, die hier vorwiegend interessieren, in erster Linie Stellen mit Elektronenüberschuß zu erwarten sind, so daß die katalyt. Wrkg. von Halbleitern sich auf solche Rkk. beschränken dürfte, die Elektronenüberschuß verlangen (Hydroperoxydspaltung,

NH_3-Synth.). In den Dodekaederflächen, die jedoch von geringerer Ausdehnung u. daher auch von geringerer Bedeutung sind, ist ein Überschuß an positiver Ladung zu erwarten. Da der überwiegende Teil der Fehlstellen jedoch auch in der Oberfläche in gepaarter Form auftritt, sind Voraussagen über die katalyt. Wrkg. eines Halbleiters überhaupt schwierig. (Z. Elektrochem., Ber. Bunsenges. physik. Chem. **56.** 297—302. 1952. München, Univ., Inst. für physikal. Chemie.) LEVI. 227

Charles P. Fenimore und John R. Kelso, *Die durch Ammoniak induzierte Zersetzung von Stickoxyd.* Vff. untersuchten die Katalyse der Zers. von NO durch NH_3 oder auch NH_2NH_2. Die Ausbeute an N_2 ist der Quadratwurzel aus der Anfangskonz. an NH_3 proportional. Die Halbwertszeit der N_2-Entw. ist von der NH_3-Konz. unabhängig. Bei 700 u. 900 mm Druck ändert sie sich etwa umgekehrt zur Wurzel aus der Anfangskonz. an NO. Die N_2-Ausbeute an einem bestimmten Punkt ist annähernd unabhängig von der anfänglichen NO-Konz., solange dies im Überschuß ist. Die Geschwindigkeitsgleichungen lauten $-d(NH_3)/dt = k_a \cdot (NH_3) \cdot (NO)^2$ u. $d(N_2)/dt = k_b \cdot (NH_3)^{1/2} \cdot (NO)^2$. Die Aktivierungsenergie für k_a beträgt 70 ± 5 kcal. Vff. halten es für möglich, daß NH_2-Radikale die katalyt. wirksamen Teilchen sind. Der Mechanismus der Rk. kann jedoch nicht endgültig geklärt werden. (J. Amer. chem. Soc. **74.** 1593—94. 20/3. 1952. Aberdeen Proving Ground, Ballistic Res. Labors.) J. MATTNER. 227

W. Ss. Tschessalowa und G. K. Boresskow, *Die spezifische katalytische Aktivität des metallischen Platins.* An Pt-Katalysatoren, die durch Tränken von SiO_2-Gel (1—2 mm) mit 0,2 u. 0,5% Pt aus $[Pt(NH_3)_4]Cl_2$-Lsg., Trocknen, Red. mit H_2 bei 500° u. Vakuumbehandlung bei 550 u. 600° bzw. nur bei 550° erhalten sind, wird die Pt-Oberfläche nach der Meth. der aktivierten H_2-Adsorption zu 30 bzw. 75 m²/g bestimmt. Im Vgl. damit wird Pt-Schwamm ($17 \cdot 10^{-2}$ m²/g), Pt-Draht ($9{,}3 \cdot 10^{-4}$), Pt-Drahtnetz ($20{,}7 \cdot 10^{-4}$) u. Pt-Blech ($4{,}7 \cdot 10^{-4}$) untersucht. Die Aktivität dieser Katalysatoren wird für die SO_2-Oxydation (3% SO_2 + 97% Luft) bei folgenden Tempp. bestimmt (Reihenfolge wie oben): 360—430°; 360—440°; 427—500°; 427—530°; 427—490°; 400—515°. Die auf 1 g Pt bezogenen Geschwindigkeitskonstanten sind $1{,}1 \cdot 10^{-3}$; $1{,}5 \cdot 10^{-3}$; $3{,}6(\cdot 10^{-3}?)$; $4{,}5 \cdot 10^{-2}$; $1{,}5 \cdot 10^{-1}$; $1{,}3 \cdot 10^{-1}$, die auf 1 cm² Pt-Oberfläche bezogenen ($\cdot 10^2$): 0,35; 0,21; 0,21; 0,32; 0,48; 1,80. Vff. schließen aus diesen Befunden, daß nicht die Qualität der Oberfläche des Pt, sondern die Größe der für die Reaktionsteilnehmer zugänglichen Oberfläche für die katalyt. Aktivität in der SO_2-Oxydation maßgebend ist. (Доклады Академии Наук СССР [Ber. Akad. Wiss. UdSSR] [N. S.] **85.** 377—79. 11/7. 1952.) R. K. MÜLLER. 227

Jean-Charles Pariaud et Pierre Archinard, Solubilité des métaux dans l'eau. Lyon: Editions des Laboratoires P. H. R. 1952. (39 S. m. Abb.)

B. Anorganische Chemie.

J. G. Schnizlein, J. L. Sheard, R. C. Toole und T. D. O'Brien, *Darstellung und Reinigung von OF_2 und Bestimmung seines Dampfdrucks. Sauerstoffdifluorid,* OF_2, wurde durch Einleiten von F_2 in eine eisgekühlte 3%ig. NaOH-Lsg. dargestellt. Das Gas wurde durch verschied. tief gekühlte Gasfallen geleitet u. das angereicherte u. mit fl. N_2 kondensierte Prod. durch Absaugen an der Wasserstrahlpumpe von den größten Verunreinigungen befreit. Das so erhaltene 96%ig. OF_2 wurde zu einem Reinprod. rektifiziert, das auf Grund des Ultrarotspektr. weniger als 0,1% SiF_4, 0,002% CF_4 als einzige Verunreinigungen enthielt. — Der zwischen —195 u. —145° gemessene Dampfdruck des reinen OF_2 gehorcht der Gleichung $\log P\,(\mathrm{mm}) = 7{,}2242 - (555{,}42/T)$. Hieraus ergibt sich der Kp. zu —145,3°. (J. physic. Chem. **56.** 233—34. Febr. 1952. Minneapolis, Minn., Univ. of Minnesota, School of Chem.) FORCHE. 246

R. Anderson, J. G. Schnizlein, R. C. Toole und T. D. O'Brien, *Viscosität, Dichte und kritische Daten von OF_2.* (Vgl. vorst. Ref.) Die Viscosität von OF_2 wurde im Temperaturbereich zwischen —145,8 u. —152,8° gemessen. Es besteht die Temperaturbeziehung $\log \eta = 131{,}5/T^0\,K - 1{,}5768$. Hieraus ergibt sich für die Viscosität beim Kp. (—145,3°) der Wert 0,2826 Centipoise. — Die D. wurde in der Nähe des Kp. dadurch bestimmt, daß diejenige Temp. ermittelt wurde, bei der ein Schwimmer aus Pyrexglas in der Fl. schwebt. Sie beträgt für das fl. OF_2 beim Kp. 1,521. — Die krit. Temp. (bestimmt durch Verschwinden des Flüssigkeitsmeniskus in einer Capillare) liegt bei $-58{,}0 \pm 0{,}1°$. Das krit. Vol. wurde zu 97,6 cm³/Mol, der krit. Druck zu 48,9 at berechnet. (J. physic. Chem. **56.** 473—74. April 1952.) FORCHE. 246

L. Csányi, *Über die Oxydation des Bromidions durch Chlor.* Vf. untersuchte den Mechanismus der Rk., um die Ursache der Abweichungen bei der Oxydation des Bromidions durch Cl_2 zu klären. Es zeigte sich, daß durch Einw. von Cl_2 bei p_H 6,5—7,5 positive Bromionen entstehen, welche mit überschüssigem Cl_2 übergangsweise ein hypothet.

$BrCl_5$ bilden, dessen hydrolyt. Zerfall zu BrO_3^- führt. In stärker alkal. Lsgg. (p_H 8,5 bis 9,5) wird die Bldg. von HBrO bevorzugt, dessen Disproportionierung zu Bromat führt. (Magyar Kémiai Folyóirat [Ung. Z. Chem.] **57**. 1—3. 1951. Szeged, Ungarn, Univ.) PLANK. 248

F. Körösy und **Gy. Székely**, *Positive Bromionen nachgewiesen?* Ausführliche Wiedergabe der C. **1952**. 3457 referierten Arbeit. Vgl. auch C. **1951**. II. 2007. (Magyar Kémiai Folyóirat [Ung. Z. Chem.] **57**. 110—12. 1951. Budapest, Techn. Univ., Inst. für Gewerbl. Theor. Chem.) PLANK. 248

Gy. Mann, *Einfache Herstellung von Jodtrichlorid.* In einem 1500 ml-ERLENMEYER-Kolben wird auf 250 g feingepulvertes $KClO_3$ eine Schicht von 500 g gepulvertem Jod gebreitet, 250 ml W. dazugegossen, u. binnen 45 Min. werden 950 ml konz. HCl unter ständigem Rühren in kleinen Anteilen zugegeben. Die Temp. soll unterhalb 40° bleiben. Die abgekühlte Lsg. wird durch eine Glasfritte filtriert, die JCl_3-Kristalle werden aus A. umkrist. u. über $CaCl_2$ im Vakuum getrocknet. Ausbeute (bezogen auf J): 75%. (Magyar Kémiai Folyóirat [Ung. Z. Chem.] **57**. 143. 1951. Budapest.) PLANK. 249

E. Schulek und **E. Körös**, *Untersuchungen über den Mechanismus der Bildung und Zersetzung der Sulfide, Polysulfide, Sulfite und Thiosulfate in wässeriger Lösung.* Die durch das Verf. der Vff. gebotene Möglichkeit, Sulfid (I), Polysulfid (II), Sulfit (III) u. Thiosulfat (IV) mit großer Genauigkeit zu bestimmen, benutzend, versuchten Vff., in deren Bldg. u. Zers. Einblick zu erlangen. Es konnte erwiesen werden, daß beim Auflösen von S in NaOH **I**, **II** u. **IV** gebildet werden; Sulfat u. **III** konnten nicht nachgewiesen werden. Mit zunehmender Konz. der NaOH nimmt die Menge des **II** zugunsten des **IV** ab. Wasserlösl. **I** wird auch beim umsichtigsten Lösen teilweise zu **III** u. **IV** oxydiert, u. darum ist nie eine 100 % Sulfid-S enthaltende Lsg. herstellbar. Ammoniumsulfidlsg. wird schon nach kurzem Stehen infolge Einw. von Luftsauerstoff **II** u. **IV** enthalten. Luftsauerstoff oxydiert **II** zu **IV**. Bei der Zers. von **IV** werden in simultanen Rkk. Tetrathionat, Sulfat, **III** u. **I** gebildet. Elementarer S wird von (infolge der Hydrolyse) alkal. Lsgg. von Borax u. Na_3PO_4 nur in geringer Menge gelöst, wobei **I**, **II** u. **IV** gebildet werden. Da die Hydrolyse der Salze von der Konz. der Lsgg. abhängt, kann man aus dem Lösungsvermögen auf den Grad der Hydrolyse schließen. (Magyar Kémiai Folyóirat [Z. Ung. Chem.] **56**. 426—31. 1950. Budapest, Univ., Anorgan. u. Analyt.-Chem. Inst.) PLANK. 253

Arthur F. Scott, *Untersuchung der Leichtmetallcarbonyle, die sich bei der Reaktion zwischen Kohlenmonoxyd und in flüssigem Ammoniak gelösten Leichtmetallen bilden.* Vf. erhält, indem er die bei der Rk. zwischen CO u. in fl. NH_3 gelöstem Na entstehenden Reaktionsprodd. vor dem Verdampfen des überschüssigen NH_3 mit NH_4Cl oder H_2S behandelt, ein verhältnismäßig beständiges Präp., das aus mehreren Verbb. besteht, von denen 3 identifiziert werden konnten: *Rhodizonsäure* in Form ihres NH_4- oder Na-Salzes, *Glykolsäureamid* u. *Glykolsäure.* Die gebildeten Mengen sind stark abhängig von den Darstellungsbedingungen. Das schon vorher gefärbte Reaktionsprod. erleidet beim Zusatz des NH_4Cl jeweils eine Farbänderung. Vf. kann zum ersten Male zeigen, daß es möglich ist, aus CO in fl. NH_3 Ringverbb. zu gewinnen. Bei Verwendung anderer Leichtmetalle (*Li*, *K*, *Ca* u. *Ba*) wurden zum Teil andere Reaktionsprodd. beobachtet. (Science [Washington] **115**. 118—19. 1/2. 1952. Portland, Oreg., Reed Coll., Dep. of Chem.) LEVI. 260

Jean de Postis und **Lucienne Linemann**, *Die katalytische Darstellung von Kaliumamid.* Vff. wiederholen die Darst. von KNH_2 nach RUFF u. GEISEL (C. **1906**. I. 1143) unter Verwendung von VAVONschem Platinschwarz (C. **1914**. I. 1504) in einem App., welcher die Durchführung der Rk. u. die Entfernung des Katalysators in einer völlig O_2- u. H_2O-freiem Atmosphäre gestattet. Die Analyse des erhaltenen Prod. erfolgt nach Zers. des Amids durch A. nach $C_2H_5OH + KNH_2 = C_2H_5OK + NH_3$ sowie darauffolgende Zers. durch W. nach $C_2H_5OK + H_2O = C_2H_5OH + KOH$ durch Best. des NH_3 u. KOH u. ergibt mindestens 99 % ig. KNH_2. Das Amid ist empfindlicher als Kalium, absorbiert augenblicklich die geringsten Spuren O_2 u. färbt sich dabei gelborange. An der Luft entzündet es sich. Wie jedoch zahlreiche Verss. unter verbesserten Bedingungen zeigen, rührt die hellgelbe Farbe der KNH_2-Lsgg. nicht von der Einw. des O_2 her. Die Diskrepanz wird weiter untersucht. (C.R. hebd. Séances Acad. Sci. **233**. 867—69. 15/10. 1951.) GEDSCHOLD. 275

H. H. Rowley und **Leonard N. Devonshire**, *Untersuchungen von nichtwässerigen Solvaten.* 6. Mitt. *Die Darstellung von Magnesiumamidbromid.* (5. vgl. C. **1951**. I. 1125.) Äthylmagnesiumbromid in Ae. oder benzol. Lsg., welche mit NH_3 gesätt. wird, ergibt $Mg(NH_2)Br$ (I). Die Rk. muß unter Feuchtigkeits- u. O_2-Abschluß durchgeführt werden. Der weiße Nd. wird abfiltriert u. mit Ae. gewaschen. Er enthält noch einen Überschuß an NH_3 entsprechend $Mg(NH_2)Br \cdot 2\,NH_3$. Es ist an trockener Luft beständig, geht bei vorsichtigem Erwärmen unter vermindertem Druck in $Mg(NH_2)Br \cdot NH_3$ über u. bei 180° im Vakuum in I, welches ein graues Pulver darstellt. Äthylätherate von I konnten nicht dargestellt werden. (J. Amer. chem. Soc. **74.** 1913—14. 20/4. 1952. Norman, Okla., Univ., Chem. Labor.) Ensslin. 282

I. A. Osstrowski, ***Kontakt einer synthetischen wässerigen Silicatschmelze mit Kalkstein.*** Bei der experimentellen Unters. der Kristallisationsprozesse von alkal. Fe-Silicatschmelzen bei hohen Tempp. u. Wasserdampfdruck wurde ein Vers. zur Ermittlung der Rk. einer solchen Schmelze mit Kalkstein durchgeführt. 1,98 g $Na_2Fe_2Si_4O_{11}$ wurden im Tiegel zusammen mit einem Stück Marmor von 1,28 g u. 1,35 g W. im Autoklaven bei 800° u. 700 kg/cm² Druck 4 Std. lang erhitzt. Der Kalkstein reagiert nur sehr wenig mit der Silicatschmelze, wird jedoch zu einem Teil entsäuert, unter Bldg. von Calcitkristallen. (Доклады Академии Наук СССР [Ber. Akad. Wiss. UdSSR] [N. S.] **79.** 141—43. 1/7. 1951.) v. Mickwitz. 283

Hatten S. Yoder jr., ***Beständigkeitsverhältnisse von Klinochlor und Cordierit in dem System $MgO—Al_2O_3—SiO_2—H_2O$.*** Ein Teil der Gleichgewichte in diesem Syst. wurde bei Tempp. von 450—900° u. Wasserdampfdrucken bis hinauf zu 30000 lbs./sq.in. untersucht. Die univariante Druck–Temp.-Kurve wurde für folgende Rkk. aufgenommen: Klinochlor ⇌ *Forsterit* + Cordierit + *Spinell* + Dampf u. *Talk* + Klinochlor ⇌ Forsterit + Cordierit + Dampf. Reiner Klinochlor hat eine obere Stabilitätsgrenze bei 680°, unterhalb 550° wurde eine neue Form der gleichen Zus. beobachtet, die möglicherweise die gleiche Struktur hat wie eine Form des *Serpentins*. Cordierit ist in Ggw. von Wasserdampf bis zu 510° herunter stabil. *Pyrop* wurde nicht synthetisiert, es wird angenommen, daß er in Ggw. von überschüssigem Wasserdampf bei den untersuchten Tempp. nicht stabil ist. *Amesit* u. *Mg-Chamosit* wurden nicht dargestellt. Es kann gezeigt werden, daß zahlreiche gewöhnliche hydrothermale Umwandlungen, die bisher als rückläufige Metamorphosen erklärt wurden, keiner Änderung der Druck- oder Temperaturbedingungen, sondern nur des Zutritts von Wasserdampf bedürfen. Die Ggw. eines Über- oder Unterschusses an Wasserdampf hat großen Einfl. auf die Mineralogie der metamorphen Gesteine. (Amer. Mineralogist **37.** 304. März/April 1952. Washington, D. C., Geophysical Labor.) Levi. 294

Victor R. Palmeri, ***Mullitbildung durch Zersetzung von Kaolinit.*** Röntgen- u. Elektronenstrahlenunters. zeigt, daß die Bldg. von Mullit durch Zers. von Kaolinit bei ca. 950° beginnt, jedoch bleibt die hexagonale Struktur des Kaolinits bis 1190° erhalten. Durch Zugabe von „Mineralisatoren" (in abnehmender Wrkg. geordnet: CaF_2, B_2O_3, CaO, $LiCl$, MnO_2, MgO) läßt sich auch schon bei kurzem Erhitzen auf 1000° eine Zerstörung des hexagonalen Gefüges erreichen. Die Gleichmäßigkeit der Kristallgröße hängt von der Dauer der Wärmebehandlung, der Zus., der Art der Wärmezufuhr u. der Probengröße ab. (An. Soc. ci. argent. **152.** 127—37. Sept. 1951.) R. K. Müller. 294

H. Blumenthal, ***Vanadiummonoborid.*** Bei 3000° F unter H_2 im Graphittiegel aus V_2O_5, B_2O_3 u. C dargestelltes Vanadiummonoborid, *VB*, ist orthorhomb. u. isomorph mit CrB; a = 3,10; b = 8,17; c = 2,98 Å; Z = 4; $D._{berechnet}$ 5,44 g/cm³. Spezif. elektr. Widerstand einer heiß gepreßten Probe von 65% der theoret. D. beträgt 65,5 $\mu\Omega$·cm. Eine dichte Probe von VB würde sich demnach wie ein metall. Leiter verhalten. (J. Amer. chem. Soc. **74.** 2942. 5/6. 1952. Yonkers, N. Y., Amer. Electro Metal Corp.) Gehlen-Keller. 330

M. E. Straumanis und **K. K. Irani,** ***Die Reaktion von Natrium-Wolfram-Bronze mit Molybdän(VI)-oxyd. Die Natrium-Molybdän-Bronze.*** Mischungen von Na-W-Bronze (mit 10% WO_3) mit 5, 10, 15, 20 u. 30 Gew.-% MoO_3 wurden 2 Std. auf 800° erhitzt. In den ersten 4 Fällen blieb das Gitter der Na–W-Bronze erhalten, jedoch nahm die Gitterkonstante mit steigendem MoO_3-Geh. von 3,8436 auf 3,8310 kX ab. In den Röntgendiagrammen dieser Prodd. traten Linien des MoO_3 auf. Der Reaktionsverlauf wird erörtert. Bei der Rk. mit 30% MoO_3 blieb nur wenig von der ursprünglichen Na–W-Bronze erhalten, die außerdem in die tetragonale Form übergeführt wurde. Die Bldg. von $Na_2Mo_2O_7$ u. einer wasserlösl. Verb. der Zus. $Na_2WO_4(MoO_3)_x$ ($x < 1$) wird in Erwägung gezogen. Es war nicht möglich, bei Tempp. von 800° u. darüber Mo-Bronzen zu erhalten, da bei diesen Tempp. 6- u. 5wertiges Mo nebeneinander nicht existenzfähig sind, was Voraussetzung für die Bldg. von Bronzen ist. Der Vers., durch längeres Erhitzen eines Gemisches von Na_2MoO_4, MoO_3 u. Mo auf 510 bzw. 450° Mo-Bronzen darzustellen, führte lediglich zu MoO_3 als einzigem wasserunlösl. Reaktionsprodukt. (J. Amer. chem. Soc. **74.** 2114—15. 20/4. 1952. Rolla, Mo., Univ. of Missouri, School of Mines and Metallurgy, Dep. of Metallurgy.) Levi. 337

Yves Letort, Les Minéralisateurs des transformations de la silice. Paris: Soc. française de céramique. 1950. (50 S. m. Abb.)

C. Mineralogische und geologische Chemie.

Carl A. Zapffe, Clee O. Worden und **Carl Zapffe,** *Fraktographie als eine mineralogische Arbeitsmethode.* Die Arbeit ist eine erste Anwendung der Fraktographie, einer in den letzten 10 Jahren in der Metallographie entwickelten mkr. Arbeitsmeth., auf mineralog. Objekte. Man beobachtet dabei unter dem Mikroskop zentrierte Bruchflächen im auffallenden Licht. Vff. unterscheiden dabei Typ I: Erscheinungen, die auf die Eigg. des beobachteten Kristalls selbst zurückzuführen sind, u. Typ II: Erscheinungen, die durch den gerichteten Druck beim Bruch verursacht werden. Typ I wird weiter unterteilt in a) Muster, die der Ausdruck der kristallograph. Gesetzmäßigkeiten des betreffenden Kristalls sind (Zwillingsstreifen, Spaltbarkeit, feinste Streifung usw.); b) Beobachtungen über Unvollkommenheiten beim Kristallwachstum (Mosaikstruktur, dendrit. Wachstum); u. c) Einschlüsse anderer Phasen. Die Meth. u. ihre Ergebnisse werden an folgenden Beispielen behandelt: *Wismut, Molybdän,* $(NH_4)H_2PO_4$, *Eisen, Plagioklas, Orthoklas, Glimmer, Flußspat, Dolomit, Kalkspat.* (Amer. Mineralogist **36.** 202—32. März/April 1951.) W. FABER. 372

M. L. Keith und **O. P. Tuttle,** *Geologische Bedeutung von Schwankungen des Umwandlungspunktes Hoch–Tief-Quarz.* 300 Proben natürlicher u. künstlicher Quarze werden auf die Temp. ihres Umwandlungspunktes untersucht. Bei künstlichen Quarzen, deren Bildungsbedingungen bekannt sind, ist die Umwandlungstemp. im wesentlichen der Bildungstemp. umgekehrt proportional. *Ge,* das für Si in das Gitter eintreten kann, verändert den Umwandlungspunkt wesentlich. Natürliche Quarze zeigen auch Unterschiede nach ihren Bildungsbedingungen. Quarze aus Rhyolithen, ähnlichen Gesteinen u. Tuffen haben einen Umwandlungspunkt von 572,7°, Quarze aus Graniten einen solchen von 573,2°. Gangquarze haben einen hohen Umwandlungspunkt, Pegmatitquarze, selbst aus ein u. demselben Pegmatit, sind wechselnd. (Amer. Mineralogist **36.** 319. März/April 1951. Washington, D. C., Geophys. Labor.) W. FABER. 378

Carlo Minguzzi, *Die heutigen Probleme der Geochemie.* Zusammenfassender Vortrag über die Entw. u. die neuesten Fortschritte der Geochemie. — 85 Literaturangaben. (Chimica [Milano] **6.** 179—86. Mai. 211—16. Juni 1951. Pavia, Univ.) R. K. MÜLLER. 378

Richard L. Burling, *Das Alter der Elemente.* Es werden krit. die verschied. Abschätzungen des Alters der Elemente besprochen. (Physic. Rev. [2] **84.** 839—40. 15/11. 1951. Honolulu, Hawai, Univ., Dep. of Phys.) GOTTFRIED. 378

Edward McCrady, *Die Verwendung von Bleiisotopenverhältnissen zur Abschätzung des Alters der Erde.* Unter der Annahme, daß das Alter des umgebenden Gesteins keine direkte Beziehung zum Alter der für die Best. benutzten Pb-Erze besitzt, wird eine Meth. vorgeschlagen, die das Alter von Graniten von der Ggw. bis zum Zeitpunkt der Entstehung zu bestimmen gestattet. Eine Analyse von verfügbaren Pb-Isotopenhäufigkeiten nach der Meth. der kleinsten Quadrate liefert für die Erdkruste ein maximales Alter von $5{,}07 \cdot 10^9$ Jahren. Es wird gezeigt, daß außer dem α-Zerfall andere Prozesse (natürliche Spaltung, Isotopenverschiebung bei der Kristallisation u. Rn-Verlust) auf die Isotopenzus. der Erze nur von geringem Einfl. sind. (Trans. Amer. geophysic. Union **33.** 156—70. April 1952. Oak Ridge, Tenn., AEC.) WEIGEL. 378

Brian Mason und Charles J. Vitaliano, *Byströmit, Magnesiumantimonat, ein neues Mineral.* Antimonerze von Antimonio, Sonora, Mexiko, enthalten ein neues Mineral, das nach Chemismus u. Struktur dem $MgSb_2O_6$ entspricht; im Mineral ist etwas O durch OH ersetzt, u. im Gitter fehlt etwas Sb. Das Mineral ist dicht, hell blaugrau, weißer Strich, D. 5,4 ± 0,1; Begleitmineral ist Quarz; ditetragonal pyramidal. a = 4,68, c = 9,21 Å, c/a = 1,968, Raumgruppe P4/mnm; das Mineral ist isomorph mit Tapiolit ($FeTa_2O_6$) u. mit vielen künstlichen Antimonaten u. Tantalaten. Für das Mineral wird der Name Byströmit vorgeschlagen, nach dem schwed. Kristallographen ANDERS BYSTRÖM, der die Struktur des synthet. Magnesiumantimonats 1941 ermittelte. (Amer. Mineralogist **36.** 320. März/April 1951. Bloomington, Ind., Indiana Univ.) W. FABER. 380

Brian H. Mason und **Charles J. Vitaliano,** *Weiterer Bericht über natürlichvorkommende Antimonoxyde.* Die Unters. von über 50 Proben von verschiedensten Vorkk. ergab, daß all diese Verwitterungsprodd. von Antimonerzen nur eine Phase enthielten, manchmal im Gemenge mit *Valentinit,* Sb_2O_3. Dieses eine Mineral ist kub., a = 10,27 Å, n = 1,66—1,9, D. 3,2—5,4, H_2O-Geh. 2—13%, CaO bis zu 22%. Wenn der CaO-Geh. niedrig ist, so ist Valentinit beigemengt. Dem Mineral wird die Formel $(Ca, Sb^{III})O$—$2(Sb^{V}\,2$—$X)O, OH, H_2O)_{6-7}$ gegeben, wobei X die Werte 0—0,5 annehmen kann. (Amer. Mineralogist **36.** 320—21. März/April 1951.) W. FABER. 380

D. Organische Chemie.

D_1. Allgemeine und theoretische organische Chemie.

Ernst D. Bergmann, Y. Hirshberg, S. Pinchas und E. Zimkin, *Reaktionsprodukte von primären β-Oxyaminen mit Carbonylverbindungen.* 3. Mitt. *UV-Spektren.* (2. vgl. C. **1953.** 192.) Die UV-Spektren von *Benzaldehyd-, o-, m-* u. *p-Brombenzaldehyd-, Benzophenon-,* α- u. *β-Naphthaldehyd-, o-Oxybenzaldehyd-* (I) u. *p-Fluoracetophenon-β-oxyäthylimin* besitzen Banden bei 2450 Å, die den C_6H_5-C=N-Syst. zuzuschreiben sind u. die die Richtigkeit der in der vorst. Mitt. ihnen zugeschriebenen Konst. beweisen. Ebenfalls in Übereinstimmung mit den früheren Ergebnissen stehen die Spektren von *2-p-Nitrophenyl-4.5.5-trimethyloxazolidin, Isophoron-β-oxyäthylimin* u. *-[3-oxy-3-methylbutyl-(2)]-imin.* Bei den *[3-Oxy-3-methylbutyl-(2)]-iminen* von *Benzaldehyd, 2-, 3-, 4-Brombenzaldehyd* u. *α-Naphthaldehyd* wird durch das UV-Spektr. zumindest die Ggw. der offenkettigen Form erwiesen. — Zum Vgl. sind die Spektren von *Cyclohexanon-, Benzaldehyd-, Acetophenon-* u. *o-Methylacetophenoncyclohexylimin,* sowie von *Benzaldehydäthylimin* u. *-[3-oxy-3-methylbutyl-(2)]-imin* angegeben. Auch hier, wie im Infrarotspektr., macht sich die intermol. Assoziation von Iminen mit Alkoholen durch Intensitätsschwächung bemerkbar. (Recueil Trav. chim. Pays-Bas **71.** 192—99. Febr. 1952. Rehovoth, Israel, Weizmann Inst. of Sci.) KRESSE. D 118

Ernst D. Bergmann, E. Meeron, Y. Hirshberg und S. Pinchas, *Reaktionsprodukte von primären β-Oxyaminen mit Carbonylverbindungen.* 4. Mitt. *Infrarot- und UV-Absorptionsspektren von Äthylendiaminderivaten.* (3. vgl. vorst. Ref.) Zum Vgl. mit den in vorst. Ref. untersuchten Verbb. haben Vff. die Kondensationsprodd. von Ketonen u. Äthylendiamin (I) dargestellt u. ihre Eigg. untersucht. Die N—C—N-Gruppe ist im Infrarotspektr. durch 3 Banden zwischen 1089—1170 cm^{-1} charakterisiert, die C=N-Doppelbindung durch Absorption bei 1640—1660 cm^{-1}, die Konst. der Verbb. läßt sich also spektroskop. bestimmen. Von den untersuchten Verbb. sind nur die Kondensationsprodd. von I mit Cyclohexanon, m- u. p-Methylcyclohexanon Imidazolidine, alle anderen Verbb. besitzen die Konst. doppelter SCHIFFscher Basen, auch bei Anwendung äquimol. Mengen an Ausgangsstoffen. Im einzelnen wurden außer *2.2-Pentamethylen-* ($C_8H_{16}N_2$, Kp.$_{0,01}$ 61—61,5°, F. 28,5—30°, n_D^{30} 1,4962; [61 g]), *2.2-p-* ($C_9H_{18}N_2$, Kp.$_{0,01}$ 70°, n_D^{30} 1,4849; [57 g]) u. *-m-Methylpentamethylenimidazolidin* (Kp.$_{0,01}$ 71 bis 73°, n_D^{30} 1,4862; [64 g]) untersucht: *N.N'-Bis-[pentyliden-(3)]-* ($C_{12}H_{24}N_2$, Kp.$_{25}$ 131 bis 133°, aus Diäthylketon, n_D^{30} 1,4596; [42 g]), *N.N'-Bis-[2.6-dimethylheptyliden-(4)]-* ($C_{20}H_{40}N_2$, Kp.$_{0,3}$ 123°, aus Diisobutylketon, n_D^{30} 1,4509), *N.N'-Bis-[cycloheptyliden]-* ($C_{16}H_{28}N_2$, Kp.$_{0,5}$ 129—132°, aus Cycloheptanon n_D^{30} 1,5090), *N.N'-Bis-[1-phenyläthyliden]-* ($C_{18}H_{20}N_2$, F. 112,5° [PAe.-Methylcyclohexan], aus Acetophenon), *N.N'-Bis-[1-p-fluorphenyläthyliden]-* ($C_{18}H_{18}N_2F_2$, F. 194° [PAe.-Methylcyclohexan], aus 4-Fluoracetophenon) u. *N.N'-Bis-[2-chlorbenzyliden]-äthylendiamin* (II, $C_{16}H_{14}N_2Cl_2$, F. 86,5° [PAe.], aus 2-Chlorbenzaldehyd) — in [] sind die Ausbeuten aus 0,5 Mol Ausgangsstoff angegeben. — Die Imidazolidine sind sehr unbeständig; mit Benzoylchlorid geben sie die Diacylderivv. von I, mit *Pikrinsäure* I-Pikrat. Auch bei Dest. tritt Zers. ein. Ihre Infrarotspektren ähneln denen der Dioxolane, Oxazolidine u. Thioxolane. Die Zuordnung der Konst. wird auch durch das UV-Spektr. bestätigt, das von II, der p-Chlorverb. (IV) u. *N.N'-Bis-benzylidenäthylendiamin* (III) gemessen wurde. Bei III konnten frühere Ergebnisse von KISS u. AUER (Z. physik. Chem., Abt. A **189.** [1941.] 344) nicht bestätigt werden, die Maxima liegen bei 2270 (log E_m 4,2) u. 2700—2800 Å (log E_m 3), bei **II** bei 2500 (4,7) u. 2900—3000 Å, bei **IV** bei 2910 Å. Vff. führen die leichte Bldg. der SCHIFFschen Basen u. ihre spektralen Eigg. auf Hyperkonjugation vom Benzyltyp zurück; sie diskutieren weiterhin die möglichen Konfigurationen an der C=N-Doppelbindung.

Versuche: Die Kondensationsprodd. wurden durch azeotrope Dest. dargestellt, *N.N'-Dibenzhydrylidenäthylendiamin,* $C_{28}H_{24}N_2$, F. 117,5°, aus den Komponenten während einer Std. am Rückfluß. — Keine definierten Prodd. konnten erhalten werden aus Cyclopentanon bzw. Dibenzylketon u. I. — Maxima im Infrarot sind angegeben für: *4-Methyl-2.2-pentamethylenimidazolidin,* $C_9H_{18}N_2$, Kp.$_{0,5}$ 68—70°, aus Cyclohexanon (**VI**) u. Propylendiamin, 78% (Ausbeute), n_D^{30} 1,4821; *N-Cyclohexyl-N'-cyclohexylidenäthylendiamin,* $C_{14}H_{26}N_2$, Kp.$_{0,03}$ 118—120°, aus **VI** u. N-Cyclohexyläthylendiamin (**V**), (72%), n_D^{30} 1,5004; *N-Cyclohexyl-N'-[pentyliden-(3)]-äthylendiamin,* $C_{13}H_{26}N_2$, Kp.$_{0,5}$ 89—93°, aus **V** u. Diäthylketon, (68%), n_D^{30} 1,4731; *2-Methyl-2-isobutylthioxolan,* $C_8H_{16}OS$, Kp.$_{20}$ 84—85°, analog den vorst. Verbb. aus β-Mercaptoäthanol u. Methylisobutylketon (**VII**) in Ggw. von p-Toluolsulfonsäure, (26%), n_D^{30} 1,470, D^{30}_4 0,965; *2-Methyl-2-isobutyl-5-mercaptomethylthioxolan,* $C_9H_{18}OS_2$, Kp.$_{31}$ 166°, analog aus 2.3-Dimercaptopropanol (BAL) u. **VII** (35 %), n_D^{30} 1,521; $D._4^{30}$ 1,075. — **III**, $C_{16}H_{16}N_2$, F. 58°, $Kp._{23}$ 210°, aus den Komponenten, nach der heftigen exothermen Rk. 30 Min. Erhitzen auf 120°; analog **IV**, $C_{16}H_{14}N_2Cl_2$, F. 144—145° (Isopropanol). *2.3-Diphenyl-5.6-dihydropyrazin*, F. 165°, besitzt UV-Maxima bei 3700 (2,7) u. 2240 Å (2,46). (Recueil Trav. chim. Pays-Bas **71**. 200—12. Febr. 1952.) KRESSE. D 120

A. N. Terenin und **W. L. Jermolajew**, ***Sensibilisierte Phosphorescenz organischer Moleküle bei niedriger Temperatur.*** *Intermolekulare Energieübertragung unter Anregung des Triplettniveaus.* Bestrahlt man eine auf —180° abgekühlte Mischung von *Benzaldehyd* (I) u. *Naphthalin* (II) mit monochromat. Licht der Wellenlänge 3663 Å, so ist Anregung von I, nicht aber von II zu erwarten, da das Absorptionsspektr. von II erst bei kürzeren Wellenlängen beginnt. Es wurde jedoch die Phosphorescenzstrahlung des II beobachtet, die von einem metastabilen (Triplett-) Niveau des II ausgeht. Dieses Niveau wird durch Energieübertragung der I- an die II-Moll. angeregt. Bei kleinen II-Konzz. von $5 \cdot 10^{-3}$—$8 \cdot 10^{-2}$ Mol/Liter ist die Intensität der Phosphorescenzstrahlung bei konstanter I-Konz. von $4 \cdot 10^{-2}$ Mol/Liter der II-Konz. proportional. Die Intensität der mit der Erregung der II-Phosphorescenz gleichzeitig eintretenden Phosphorescenztilgung von I (dessen Konz. konstant $4 \cdot 10^{-2}$ Mol/Liter) wird als Funktion der II-Konz. angegeben. Ferner die Intensitäten der Phosphorescenzstrahlungen von I u. II (letztere Konz. konstant 10^{-2} Mol/Liter) als Funktion der I-Konzentration. Ein ähnlicher Effekt wurde auch bei den Paaren I-*Diphenyl*, *Benzophenon*-II, *Benzophenon–Diphenyl* beobachtet. — Einer der Vff. (TERENIN) weist nachdrücklich darauf hin, daß ihm die Priorität bzgl. der Triplett–Biradikal-Theorie der sensibilisierten Phosphorescenzerregung gebührt. Die Darst. in TH. FÖRSTER, Fluorescenz Organischer Verbindungen, [1951.] S. 277, ist irrtümlich. (Доклады Академии Наук СССР [Ber. Akad. Wiss. UdSSR] [N. S.] **85**. 547—50. 21/7. 1952.) LENZ. D 125

Ernst D. Bergmann, Ernst Fischer, E. Zimkin und **S. Pinchas**, ***Reaktionsprodukte*** *von primären β-Oxyaminen mit Carbonylverbindungen.* 5. Mitt. *Dipolmomente von 1.3-diheterosubstituierten fünfgliedrigen Ringsystemen und einige verwandte Probleme.* (4. vgl. zweitvorst. Ref.) Die Dipolmomente μ verschied. Dioxolane, Imidazolidine u. Oxazolidine werden gemessen. Im einzelnen sind angegeben die μ für die cycl. Acetale: *2.2-Diäthyl-* (1,08 D), *2-Methyl-2-isobutyl-* (1,17 D), *2.4-Dimethyl-2-isobutyl-* (**I**, 1,17 D), *2-Methyl-2-tert.-butyl-* (1,06 D), *2.4-Dimethyl-2-tert.-butyl-* (1,16 D), *2.2-Diisobutyl-* (**II**, 1,27 D), *2.2-Diisobutyl-4-methyl-* (**III**, 1,46 D), *2.2-Tetramethylen-* (**IV**, 1,24 D), *4-Methyl-2.2-tetramethylen-* (**V**, 1,22 D), *2.2-Pentamethylen-* (1,07 D) u. *4-Methyl-2.2-pentamethylen-1.3-dioxolan* (**VI**, 1,06 D). Theoret. berechnet sich für den ebenen Ring 1,1 D, die Erhöhung bei **I**, **II**, **III**, **IV** u. **V** wird auf Vorliegen einer Ringspannung zurückgeführt. Ster. Gründe dafür sind unwahrscheinlich, da tert.-Butyl im Gegensatz zu Isobutyl keine Anomalien hervorruft. Auch das Infrarotspektr. von **I**, **II**, **III**, **IV**, **V**, sowie von *2-Methyl-* u. *2.4-Dimethyl-2-[β-phenyl-β-methylpropyl]-1.3-dioxolan* (**VII** u. **VIII**) ist anomal: die bei den übrigen Acetalen bei 1063—1098 cm^{-1} liegende Bande ist nach 1100—1107 cm^{-1} verschoben. Auch andere Derivv. von Cyclopentanon (**IX**) u. 4-Methyl-4-phenylpentanon-(2) (**X**) verhalten sich anomal im Vgl. zu denen von Pinakolin (**XI**); so haben die Reaktionsprodd. dieser Ketone mit Äthanolamin (**XII**) bzw. 3-Methyl-2-aminobutanol-(3) (**XIII**) nach ihren Infrarotspektren folgende Struktur: **IX** + **XII**: *Cyclopentanon-β-oxyäthylimin* (**XIV**), $Kp._2$ 66—66,5° (10 % [Ausbeute]), n_D^{30} 1,4887, $D._4^{30}$ 1,0130; **IX** + **XIII**: *2.2-Tetramethylen-4.5.5-trimethyloxazolidin*, $Kp._{26}$ 90—92° (70 %), n_D^{30} 1,4540; $D._4^{30}$ 0,9361; **XI** + **XIII**: *2.4.5.5-Tetramethyl-2-tert.-butyloxazolidin*, $Kp._{26}$ 83—83,5°, [54 %], n_D^{30} 1,4372, $D._4^{30}$ 0,8779; aus **X** mit **XII** u. **XIII** sowie aus **XI** + **XII** entstanden Gemische aus Imin u. Oxazolidin. **XIV** verharzt sehr leicht. — Bei den Imidazolidinen wurden untersucht: *2.2-Pentamethylen-* (μ = 1,34 D), *2.2-[2'-* (1,52 D) u. *-[3'-Methylpentamethylen]-imidazolidin* (1,51 D). Hier ist die Richtung der N—H-Bindung unsicher, bei pyramidaler Anordnung am N-Atom liegen die N—H-Bindungen zu 25 % in cis-, zu 75 % in trans-Stellung zueinander. Bei *1.3-Diphenyl-2-hexylimidazolidin* (**XV**, 1,16 D) ist durch Beteiligung polarer Resonanzformen die N-Pyramide wahrscheinlich abgeflacht. — Bei den Kondensationsprodd. aus Carbonylverbb. u. β-Oxyaminen kann auch durch Messung von μ zwischen der Imin- u. Oxazolidinform unterschieden werden, bestimmt wurden hier die μ für *2-[α-Äthylpentyl]-* (1,53 D), *2.4.5.5-Tetramethyl-2-isobutyl-* (1,63 D), *2.2-Tetramethylen-4.5.5-trimethyl-* (1,51 D) u. *3-Methyl-2.2-pentamethylenoxazolidin* (1,85 D) sowie von *Methylisobutylketon-* (2,5 D) u. *Diisobutylketon-β-oxyäthylimin* (2,8 D).

Versuche: Die Dioxolane wurden durch azeotrope Dest. der Komponenten in Bzl. bei Ggw. von p-Toluolsulfonsäure dargestellt, Daten [in () n_D^{30}, $D._4^{30}$, Ausbeute, Reaktionszeit in Std.]: **I**, $C_9H_{18}O_2$, $Kp._{757}$ 148—160° (Mischung aus Stereoisomeren), aus

Methylisobutylketon u. Propylenglykol (**XVI**) (1,4107, 0,879; 58%; 3½); **II**, $C_{11}H_{22}O_2$, Kp.$_{25}$ 56°, aus Diisobutylketon (**XVII**) u. Glykol (**XVIII**) (1,4151; 0,904; 55%; 3); **III**, $C_{12}H_{24}O_2$, Kp.$_{30}$ 65—66°, aus **XVII** u. **XVI** (1,4110; 0,882; 48%; 1); **IV**, $C_7H_{12}O_2$, Kp.$_{35}$ 54—55°, aus **IX** u. **XVIII** (1,4436; 1,024; 52,5%; 1); **V**, $C_8H_{14}O_2$, Kp.$_{757}$ 161—163°, aus **IX** u. **XVI** (1,4262; 0,978; 72%; 2); **VI**, $C_9H_{16}O_2$, Kp.$_{24}$ 82—83°, aus Cyclohexanon u. **XVI** (1,4468; 0,980; 65%; 1); **VII**, $C_{14}H_{20}O_2$, Kp.$_{27}$ 145°, aus **X** u. **XVIII** (1,5065; 1,016; 62%; 6) u. **VIII**, $C_{15}H_{22}O_2$, Kp.$_{28}$ 150°, aus **X** u. **XVI** (1,4957; 1,003; 62%; 6). — **XV**, $C_{21}H_{28}N_2$, F. 77,5° (PAe.-Methylcyclohexan), analog vorst. Verbb. aus N.N'-Diphenyläthylendiamin u. Heptaldehyd (97%). (Recueil Trav. chim. Pays-Bas **71.** 213—28. Febr. 1952. Rehovoth, Israel, Weizmann Inst. of Sci.) KRESSE. D 132

Eugene L. Colichman, William R. Vanderzanden und **Shih Kung Liu**, *Dissoziationskonstanten einiger substituierter Propylpyridiniumpikrate in Äthanol. Beziehung zu strukturellen Effekten.* Vff. beschreiben die Darst. folgender Halogen- u. Hydroxylsubstituierter Propylpyridiniumsalze: *n-Propyl-* (173°), *Isopropyl-* (195°), *β-Oxy-* (224—225°), *β-Brom-* (164—165°), *β-Chlor-* (227°), *γ-Oxy-* (267—269°), *γ-Jod-* (175 bis 176°), *γ-Brom-* (170—171°) u. *γ-Chlor-* (174—175°) *propylpyridiniumpikrat* (in Klammern FF.), sowie der entsprechenden Bromide u. bei den γ-Cl- bzw. γ-J-Verbb. der entsprechenden Chloride bzw. Jodide. Die Pikrate werden verwendet, um den Einfl. der Struktur auf die Ionenpaardissoziation zu untersuchen. Vff. benutzen die FUOSS- u. KRAUS-Leitfähigkeitsmeth. zur Ableitung der entsprechenden Dissoziationskonstanten. Es zeigt sich, daß A. ein gutes Lösungsm. ist für die Unters. struktureller Verschiedenheiten. Die Dissoziationskonstanten (in der obigen Reihenfolge, $K \cdot 10^3$: 2,0; 3,6; 3,7; 5,7; 58; 0,96, 0,36; 0,24; 0,41) werden zur Struktur in Beziehung gesetzt. (J. Amer. chem. Soc. **74.** 1953—56. 20/4. 1952. Portland, Ore., Univ., Chem. Dep.) NIEMITZ. D 139

I. Nitta, S. Seki, H. Chihara und **K. Suzuki**, *Dampfdruck kristalliner Molekülverbindungen.* Mit der Effusionsmeth. werden die Dampfdrucke der Molekülverb. (F. 151°) *Hexamethylbenzol* (I, F. 164,5—165,0°)-*Pikrylchlorid* (1 : 1) (II, F. 80,5°) von I, II, *Chinhydron* (III, F. 168°), α- u. β- (F. 164°) *Hydrochinon* sowie von festem u. fl. Chinon bestimmt. Zwischen 52,8 u. 74,5° ergibt sich für die krist. Molekülverbb. I–II: $\log p_{mm\,Hg} = -4893{,}4/T + 12{,}406$ u. für III zwischen 44,4 u. 60,4°: $\log p_{mm\,Hg} = -4656{,}8/T + 12{,}177$. Für die Verb. I–II wird das Phasendiagramm dargestellt mit dem Eutektikum zwischen I u. I–II bei 135° u. dem zwischen I–II u. II bei 77°. Die Zus. der Gasphase hängt von der sublimierten Menge ab, wobei die leichter flüchtige Komponente zu Beginn in höherer Konz. im Dampf vorhanden ist. Die Ergebnisse früherer Autoren der Konzentrationsmessungen in der Gasphase an III werden diskutiert u. angegeben, daß III teilweise in seine Komponenten dissoziiert. Aus den Differenzen der Sublimationswärmen der Molekülverbb. u. der Komponenten u. den mol. Konzz. im Dampf werden die ΔH-Werte der zwischenmol. Bindungen berechnet. Für I–II ergeben sich 2,7 kcal/Mol^{-1} u. für III 4,69 kcal/Mol^{-1}. Aus dem Dampfdruck für α- u. β-Hydrochinon werden Umwandlungspunkt u. -wärme bestimmt. (Sci. Pap. Osaka Univ. **1951.** Nr. 29. 1—8. Febr. Osaka, Univ.) W. KAUFMANN. D 150

J. B. O'Hara und **R. W. Fahien**, *Latente Verdampfungswärme einiger organischer Verbindungen.* Es wird über die Meth. der Berechnung der latenten Verdampfungswärme ΔH von 88 organ. Verbb. zwischen 1 mm Hg u. dem krit. Druck berichtet. ΔH wird dargestellt als Funktion des Mol.-Gew. M, des krit. Drucks P_k u. der krit. Temp. T_k sowie der Konstanten B u. C der ANTOINEschen Dampfdruckgleichung: $\Delta H = [2{,}3026\, R \cdot B \cdot T^2/M(t + C)^2] \cdot \sqrt{1 - (T_k^3/P_k) \cdot (P/T^3)}$. (Ind. Engng. Chem. **43.** 2924—25. 10/12. 1951. Rolla, Mo., Univ., School of Mines and Metallurgy.) W. KAUFMANN. D 155

J. R. Partington, R. F. Hudson und **K. W. Bagnall**, *Selbstdiffusion aliphatischer Alkohole.* Vff. bestimmten unter Verwendung von Deuterium die Selbstdiffusionskoeffizienten für *W.* u. folgende Alkohole: *Methyl-, Äthyl-, n-Propyl-, Isopropyl-, n-Butyl-* u. *tert.-Butyl-* bei verschied. Tempp. (15—55°) (bei 35° $D \cdot 10^5\, cm^2/sec = 2{,}98$; 2,65; 1,30; 0,814; 0,867; 0,649 u. 0,497) u. berechnen daraus Aktivierungsenergien. Im Fall des Methylalkohols wurde außerdem mit ^{14}C markiert, wobei die Werte in guter Übereinstimmung mit den anderen Daten liegen. Die Ergebnisse werden diskutiert, sie lassen vermuten, daß der Durchgang eines Mol. durch einen Potentialwall begünstigt wird durch eine Neuverteilung der Energie; diese andererseits ist um so vollständiger, je höher der Energiewall ist. (Nature [London] **169.** 583—84. 5/4. 1952. London, Queen Mary Coll., Chem. Dep.) NIEMITZ. D 171

Michel Vaillant, *Erklärung der Umwandlungen in der 2.2-Diphenylindanreihe.* **Die** früher (C. R. hebd. Séances Acad. Sci. **232.** [1951.] 1161) bei der Dehydratisierung von

2.2-Diphenylindanol-(1) (Ia) u. *1.2.2-Triphenylindanol-(1)* (Ib) beobachtete Umlagerung zu *2.3-Diphenylinden* + *1.2-Diphenylinden* (beide aus Ia) bzw. *1.1.2-Triphenylinden* (aus Ib) wird folgendermaßen erklärt: Das zunächst durch Abspaltung von OH^- gebildete Carbeniumion II stabilisiert sich durch Wanderung einer C_6H_5-Gruppe von $C_{(2)}$ nach $C_{(1)}$ zum Ion III, das dann ein H^+ abspaltet, was bei IIIa an $C_{(1)}$ u. $C_{(3)}$, bei IIIb nur an $C_{(3)}$ möglich ist.

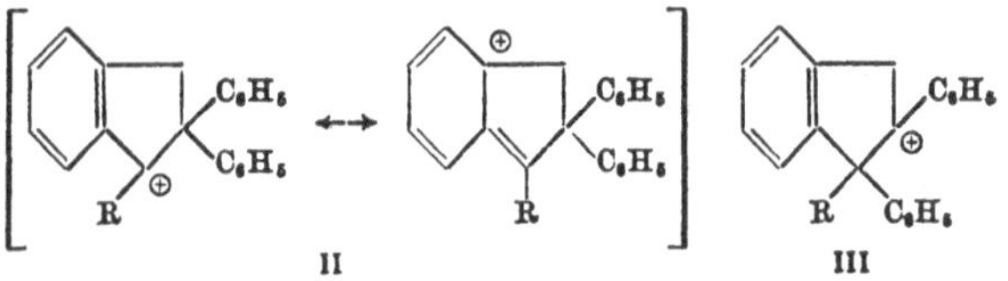

II III

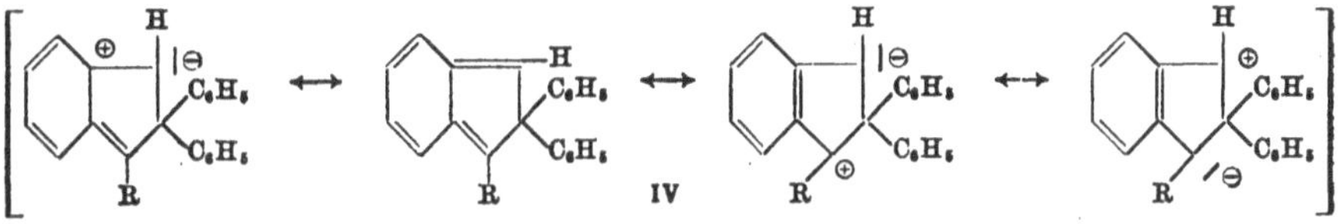

IV

a R = H b R = C_6H_5

Bei einem anderen in Betracht gezogenen Mechanismus würde sich II durch Abspaltung von H^+ von $C_{(3)}$ zum Isoinden IV stabilisieren, die nachfolgende Wanderung von C_6H_5 müßte in diesem Fall bei IVb 2 Prodd. u. bei IVa nur ein Prod. ergeben. Da dieses im Gegensatz zur Erfahrung steht, erscheint der 2. Mechanismus u. damit auch die transitor. Bldg. der orthochinoiden Isoindenstruktur ausgeschlossen. (C. R. hebd. Séances Acad. Sci. **232.** 1678—80. 30/4. 1951.) ROSDORFF. D 184

Tsutomu Oda, Kenzo Sakata und Seiichi Kondo, *Rotation des n-Butylradikals im kristallinen Zustand.* Röntgenograph. wurde *Bariumdicalcium-n-butyrat* untersucht. Die opt. isotropen Kristalle haben bei 28° eine D. von 1,49. LAUE-, Schwenk- u. Drehkristallaufnahmen lieferten ein kub. flächenzentriertes Gitter mit a = 18,6 Å u. z = 8; Raumgruppen sind entweder O_h^7 — F d 3 m oder O_4 — F 4_1 3. Die Kristallstruktur ist isomorph mit der von NITTA u. WATANABE (Sci. Pap. Inst. physic. chem. Res. [Tokyo] **26.** [1935.] 164) gefundenen Struktur des entsprechenden Propionates. Die β- u. γ-C-Atome besetzen keine festen Punktlagen, sondern rotieren oder haben Rotationsregellosigkeit um die C—C-Bindung zwischen den Carboxyl- u. α-C-Atomen. (J. chem. Physics **19.** 1314. Okt. 1951. Osaka, Liberal Arts Univ., Chem. Labor.) GOTTFRIED. D 195

Ralph J. Hach und R. E. Rundle, *Struktur des Tetramethylammoniumpentajodids.* $N(CH_3)_4J_5$ krist. in der monoklinen Raumgruppe C 2/c mit den Gitterkonstanten a = 13,34 Å, b = 13,59 Å, c = 8,90 Å. Die J-Atome bzw. -Ionen liegen auf einem nahezu quadrat. Netzsyst., innerhalb dessen sich V-förmige J_5^--Ionen unterscheiden lassen. Innerhalb dieser Ionen treten J—J-Abstände von 2,93 u. 3,14 Å auf, die übrigen J—J-Abstände innerhalb des Netzes sind 3,55 Å oder größer. Der Abstand der Netze voneinander beträgt 4,3 Å, die Unterschiede in den J—J-Abständen innerhalb des J_5^--Ions sind reell. Das Mol. läßt sich somit als Jodid mit 2 angelagerten J_2-Moll. deuten, allerdings ist der Atomabstand innerhalb des J_2-Mol. durch Polarisation von 2,67 Å auf 2,93 Å erhöht. — Das J_5^--Ion ist innerhalb von 0,12 Å eben, sein Winkel 94°, die Arme innerhalb 4° linear; es hat keine Ähnlichkeit mit dem quadrat. JCl_4^--Ion. Eine Erklärung der beobachteten Daten auf quantentheoret. Grundlage wird gegeben. (J. Amer. chem. Soc. **73.** 4321—24. Sept. 1951. Ames, Iowa, Inst. of Atomic Res., u. State Coll., Dep. of Chem.) DORNBERGER. D 195

Walter Strohmeier und Irmtraud Höhne, *Keto-Enol-Umwandlung des Acetylacetons im Gaszustand.* Es wird eine verbesserte u. vereinfachte App. beschrieben zur Messung der Keton (K)–Enol (E)-Gasgleichgewichte, die für *Acetylaceton* (I) im Bereich von 0—120° wiedergegeben werden. Es ist $\lg K_{K/E} = 388{,}511/T - 7{,}169 (\lg T + 118{,}628/T) + 20{,}437$. Daß I in dem gesamten Meßbereich einen größeren E-Geh. als *Acetessigester* (II) hat u. der E-Geh. mit steigender Temp. bei I weniger abnimmt als bei II, liegt an der unterschiedlichen Temperaturabhängigkeit der Enthalpie- u. Entropieänderung bei der Enolisierung der beiden Substanzen. (Z. Naturforsch. **7b.** 184—87. März 1952. Würzburg, Univ., Chem. Inst., Phys. Chem. Abt.) THEILE. D 221

G. W. Hodgson, H. G. V. Evans und C. A. Winkler, *Der Austausch von Jod zwischen anorganischen Jodiden und n-Butyljodid.* Es wird der Austausch von ^{131}J zwischen *LiJ*, *NaJ*, *CsJ*, *ZnJ_2*, *CdJ_2* u. *n-Butyljodid* (Kp. 128,4—128,5°) (I) in Acetonitril bei 25° untersucht. Das J' sowohl aus I als auch aus den Jodiden wurde als AgJ gefällt, dessen Aktivität bestimmt u. damit der Austausch kinet. verfolgt. Der Dissoziationsgrad der anorgan. Jodide in Acetonitril wurde durch Mol.-Gew.-Bestimmungen u. konduktometr. erhalten. Er ändert sich linear mit der Konz. an Jodid. Die Alkalijodide sind vollkommen dissoziiert, bei CdJ_2 u. ZnJ_2 zeigt sich Komplexbildung. — Beim Austausch zeigen die Alkalijodide eine Rk. 2. Ordnung, CdJ_2 neigt stark zu einer Rk. 3. Ordnung, ZnJ_2 steht dazwischen. Es ergaben sich folgende Geschwindigkeitskonstanten: LiJ [α k] 11,4, [E] 18,2 kcal; NaJ 10,2, 18,0 kcal; CsJ 11,1, 18,2 kcal; ZnJ_2 $4\cdot10^{-4}$, 21,9 kcal; CdJ_2 ($\alpha_1 \alpha_2$ k $4\cdot10^{-2}$), 20,6 kcal; J_2 $4\cdot10^{-3}$, 17,5 kcal, wobei α der Dissoziationsgrad des anorgan. Jodids u. E die Aktivierungsenergie ist. Da sich α mit der Temp. ändert, enthält E noch einen Faktor, der sich aus der Dissoziation ergibt. Der gleiche E-Wert für die Alkalijodide zeigt, daß hier eine Rk. zwischen I u. J′ vorliegt. Die Abweichung von der Rk. 2. Ordnung bei CdJ_2 u. ZnJ_2 läßt vermuten, daß Dissoziation nach $2\,ZnJ_2 \rightleftharpoons ZnJ^+ + ZnJ_3'$ u. beim CdJ_2 eine bimol. Bldg. von Cd^{++} u. CdJ_4'', ferner Gleichgewichtseinstellung nach $Cd^{++} + CdJ_4^{++} \rightleftharpoons CdCdJ_4$ erfolgt. (Canad. J. Chem. **29**. 60—69. Jan. 1951. Montreal, Can., McGill Univ., Phys. chem. Labor.) Kleinwächter. D 225

Sylvia F. Van Straten, R. V. V. Nicholls und C. A. Winkler, *Austauschreaktionen von alicyclischen Jodiden mit Natriumjodid.* Es wird der Austausch von ^{131}J aus NaJ mit *Cyclopentyl-* (I), *Cyclohexyl-* (II), *Cycloheptyl-* (III), *Cyclooctyl-* (IV), *Cyclopentadecyl-* (V) u. *2-Heptyljodid* (VI) zwischen 20 u. 30° untersucht. Der Grad des Austausches wurde durch Fällen des J′ aus den organ. Jodiden u. dem NaJ als AgJ u. Messung von dessen Aktivität bestimmt. Es ergaben sich folgende Werte für die Geschwindigkeitskonstanten 2. Ordnung bei 25°, die Aktivierungsenergien u. Stoßzahlfaktoren: **I** $0{,}88\cdot10^{-2}$, [E] 21,0 kcal, [log PZ] 13,4; **II** $0{,}0084\cdot10^{-2}$, 25,6 kcal, 14,7; **III** 1,2, 21,3 kcal, 13,7; **IV** 0,28, 22,0 kcal, 13,6; **V** 0,099, 20,1 kcal, 11,8; **VI** 0,77, 21,8 kcal, 13,9. Die anomalen Werte von **II** (k u. E) werden auf die geringe potentielle Energie des Cyclohexylringes zurückgeführt. log PZ wird als n. angesehen, da der Wert sich beim Auftragen gegen 1/N (N = Zahl der C-Atome) ohne Abweichung in die sich ergebende Gerade einreiht. (Canad. J. Chem. **29**. 372—76. Mai 1951. Montreal, Can., McGill Univ., Chem. Labor.) Kleinwächter. D 225

N. B. Chapman, R. E. Parker und P. W. Soanes, *Reaktionsfähigkeit von Halogennitrobenzolen und 1-Fluor-2.4-dinitrobenzol.* (Vgl. Berliner u. Mitarbeiter, C. **1952**. 1310.) Vff. untersuchten die Kinetik der Rk. von *o-* (**Ia**) u. *p-Chlor-* (**Ib**) u. *-Bromnitrobenzol* (**IIa, b**) mit *Pyridin* in 99,8% Äthylalkohol. Die Rk. ist unter diesen Bedingungen 2. Ordnung, die Geschwindigkeitskonstanten bei 70° $k^{70°}$, die Aktivierungsenergien E_A u. die Stoßzahlfaktoren (log A) betragen für **Ia** $6{,}91\cdot10^{-6}$ [Liter·Mol^{-1}·sec^{-1}], 18100 [cal], 6,4 [Liter·Mol^{-1}·sec^{-1}]; für **IIa** $2{,}79\cdot10^{-6}$, 17700, 5,7; für **Ib** $12{,}7\cdot10^{-6}$, 18300, 6,8 u. für **IIb** $3{,}83\cdot10^{-6}$, 17500, 5,7. Weiter wurde die Kinetik der nucleophilen Substitution von *1-Fluor-2.4-dinitrobenzol* (**III**) mit aromat. Aminen in 99,8% A. untersucht. *Anilin-HF* reagiert ebensoschnell mit **III** wie Anilin selbst. Die Rk. ist 2. Ordnung. $k^{30°}$, E_A u. log A sind bei Rk. mit *Anilin* $8{,}65\cdot10^{-3}$, 6340, 2,5, mit *m-Toluidin* $1{,}51\cdot10^{-2}$, 6200, 2,6, mit *p-Chloranilin* $1{,}02\cdot10^{-3}$, 7940, 2,7, mit *p-Bromanilin* $7{,}30\cdot10^{-4}$, 8460, 2,9, mit *m-Chloranilin* $2{,}28\cdot10^{-4}$, 8030, 2,1, mit *m-Bromanilin* $2{,}08\cdot10^{-4}$, 8350, 2,3. Es stellte sich heraus, daß **III** mit prim. Aminen ungefähr 50 bis 100 mal so schnell reagiert wie die entsprechende Chlorverbindung. Das beruht auf einer Verringerung der E_A um 4500—6500 cal. Eine relativ geringe Abnahme im nichtexponentiellen Teil der Arrhenius-Gleichung kann vernachlässigt werden. (Chem. and Ind. **1951**. 148. 24/2. Southampton, Univ., Coll., Dep. of Chem.) Paulig. D 225

G. Baddeley, G. Holt, N. H. P. Smith und F. A. Whittacker, *Eine neue Beziehung zwischen elektrostatischer Wechselwirkung und intramolekularer Konfiguration.* Bei der Unters. der Reaktivität verschied. cycl. Äther des Brenzcatechins (**I**) (vgl. Baddeley u. Smith, Nature [London] **164**. [1949.] 1014) wurde die leichtere Bromierbarkeit u. der bessere H-Austausch der cycl. *Brenzcatechinmethylen-* bzw. *-äthylenäther*, verglichen mit dem *-trimethylenäther*, mit der planen Struktur der ersteren u. der verbogenen des letzteren erklärt. Daß *Veratrol* (**II**) noch leichter reagiert, wird durch die Möglichkeit der Wechselwrkg. der freien Elektronenpaare beider O-Atome erklärt, sofern sie aufeinander zu gerichtet sind wie in **II** u. **III**, wo noch Oxoniumbindungen angedeutet sind. Ist diese Deutung richtig, so sollten sich *Chroman* u. *Cumaran* n. verhalten. Gefunden wurde, daß diese Verbb. sogar infolge ihrer planen Struktur leichter bromierbar sind als der *Methyl-* oder *Äthyläther* von *o-Kresol*. Wird der heterocycl. Ring in **I** so auseinandergebogen, daß die freien Elektronenpaare der O-Atome einander zu gerichtet sind, so sollte eine elektrophile Substitution erleichtert

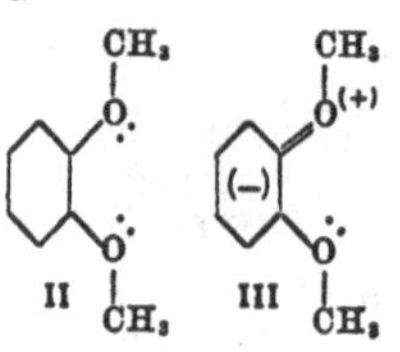

sein. In der Tat ist bei *3.9-Dioxa-1.2-benzcyclononen* die Bromierung leichter als bei **II**. (Nature [London] **168**. 386. 1/9. 1951. Manchester, Coll. of Technol.) DU MONT. D 225

Robert K. Steunenberg und George H. Cady, *Pyrolyse von Fluorkohlenstoffen.* Vff. untersuchten die pyrolyt. Zers. von *Hexafluoräthan* (**I**), *Oktafluorpropan* (**II**), *Dekafluor-n-butan* (**III**), *Dodekafluor-n-pentan* (**IV**), *Dekafluorcyclopentan* (**V**) u. *Tetrafluoräthylen* (**VI**) an einem elektr. geheizten Pt-Draht, der sich in einem auf der Innenseite goldplattierten Cu-Rohr befindet, bei verschied. Drucken (50—550 mm) u. Tempp. (1000—1450°). Der Reaktionsverlauf wurde durch Druck- u. Gasdichtemessungen verfolgt. — Die Fluorkohlenstoffe sind stabiler als die entsprechenden KW-stoffe, mit wachsender Kettenlänge erfolgt die Zers. leichter. Die Stabilität der untersuchten Verbb. nimmt in der Reihenfolge **I** > **V** > **II** > **III** > **VI** > **IV** ab. In allen Fällen ist neben der Bldg. gasförmiger Spaltprodd. C-Abscheidung auf dem Pt-Draht u. Abscheidung eines Polymerisats an der Rohrwandung zu beobachten. — Die Pyrolyse von **II** ist eine Rk. erster Ordnung mit einer Aktivierungsenergie von ca. 84 kcal/Mol u. liefert **I**, *Hexafluorpropylen* (**VII**), *Oktafluor-2-methylpropylen* (**VIII**), ein teflonähnliches Polymerisat u. eine Spur C in prakt. konstanten, von den Reaktionsbedingungen unabhängigen Mengenverhältnissen. — Die Zers. von **I** beginnt erst nach einer Induktionsperiode u. verläuft als Rk. erster Ordnung mit einer Aktivierungsenergie von ca. 51 kcal/Mol. Neben dem Hauptprod. CF_4 u. einem teflonähnlichen Polymerisat treten CO u. SiF_4 im konstanten Verhältnis 1 : 1,4 auf, deren Bildungsweise nicht geklärt ist. Der Pt-Draht wird angegriffen. — Bei der Pyrolyse von **III** u. **IV** entstehen **I**, **II**, **VII** u. **VIII**. — **V** ist auffallend hitzebeständig u. zers. sich bei 1000° überhaupt nicht, bei 1200° sehr langsam u. bei 1250° in 24 Std. nur zu 30% zu **I**, **VII**, **VIII**, CF_4 u. CO. Aus **VI** wurden nur **VII** u. **VIII** erhalten. Das aus **IV** entstehende Polymere enthält merkliche Mengen eines strohfarbenen teerartigen Produktes. Auch der größte Teil des aus **V** gebildeten Polymeren besteht aus einem strohfarbenen teerigen Material, welches in fl. Tetradekafluormethylcyclohexan lösl. ist u. nur ein Atom F pro C-Atom enthält. — Aus den Versuchsergebnissen ist zu schließen, daß die Pyrolyse eine katalyt. Rk. ist, daß die erste Spaltung des Mol. an einer C—C-Bindung erfolgt u. daß sich die entstandenen ungesätt. Moll. oder Radikale zu Polymeren vereinigen. (J. Amer. chem. Soc. **74**. 4165—68. 20/8. 1952. Seattle, Wash., Univ. of Washington, Dep. of Chem. and Chem. Engng.) FORCHE. D 225

L. A. Krol, *Die mesomeren und induktiven Effekte einiger Substituenten im aromatischen Kern.* (Vortrag.) Die I- u. M-Effekte der NO_2-, CN-, CH_3CO- u. Methoxycarbonylgruppe werden mit dem katalyt. Deacylierungsverf. für aromat. Acylaminoverbb. gemessen. Die Geschwindigkeit der Abspaltung der Acylgruppe durch OCH_3^- in alkoh. Lsg. wird bestimmt durch die Größe der partiellen positiven Ladung der Acylaminogruppe. In den m-substituierten Verbb. ist diese positive Ladung u. damit die Deacylierungskonstante nur abhängig vom I-Effekt des Substituenten; in p-Verbb. spielen der I- u. der M-Effekt eine Rolle. Aus den Ergebnissen bei m- u. p-substituierten Acetylaminobenzolderivv., sowie den p-substituierten Formylverbb. des Anilins u. den Acetyl- u. Formylverbb. des 1-Naphthylamins kann man mit Hilfe der σ- u. ϱ-Konstanten von HAMMETT die Reihenfolge aufstellen: I-Effekt: Nitro > Cyan > Acetyl > Methoxycarbonyl. M-Effekt: Nitro > Cyan = Acetyl- > Methoxycarbonyl. Zu diesen Messungen sind o-Verbb. ungeeignet; einzelne o-Verbb. geben als Neben-Rk. Ringschluß, so entstehen aus *o-Cyan-N-acylanilinen* mit Methylat *1-Methoxy-3-alkylchinazoline*. (Chem. Weekbl. **48**. 58. 26/1. 1952.) WESLY. D 225

B. Atkinson, *Die durch Quecksilber photosensibilisierten Umsetzungen des Tetrafluoräthylens.* Wenn $CF_2{=}CF_2$ in Ggw. von Hg bei 29,8° mit dem Licht einer Hg-Lampe bestrahlt wird, tritt Druckabfall ein, u. es entstehen *Polytetrafluoräthylen* (**I**), *Hexafluorcyclopropan* (**II**, Kp. $-33 \pm 1°$, F. $-80°$, Dampfdruckgleichung $\log_{10} p$ (mm) $= 7{,}746 - 1168/T$) u. geringe Mengen nicht näher untersuchter höherer Fluorkohlenstoffe. Der Einfl. des Anfangsdrucks u. der Lichtintensität auf die Reaktionsgeschwindigkeit wurde untersucht. Höhere Drucke haben eine höhere Anfangsgeschwindigkeit zur Folge. Niedrige Drucke u. lange Reaktionszeiten begünstigen die **I**-Bildung. Bei geringer Lichtintensität ist die Reaktionsgeschwindigkeit konstant, bei größerer Lichtintensität nimmt die Geschwindigkeit der **I**-Bldg. mit der Zeit zu, wenn der Anfangsdruck 35 oder 8 cm beträgt, aber nicht bei einem Anfangsdruck von 18 cm. Die Quantenausbeute der **II**-Bldg. nimmt mit erhöhtem Druck zu u. mit steigender Lichtintensität ab. — Auf Grund der experimentellen Befunde wird ein Reaktionsschema aufgestellt, dessen erste Stufe in der Spaltung des $CF_2{=}CF_2$ in Difluormethylen besteht, an welche sich die Anlagerung der freien Radikale an $CF_2{=}CF_2$ unter Bldg. von **II** oder Einleitung der Polymerisation anschließt. Dieser Reaktionsmechanismus unterscheidet sich grundlegend von der durch Hg photosensibilisierten Rk. des $CH_2=CH_2$, bei der keine Spaltung der C=C-Bindung eintritt, sondern $CH\equiv CH$ u. H_2 entstehen. (J. chem. Soc. [London] **1952**. 2684—94. Juli. London, Imp. Coll. of Sci. and Technol., Dep. of Inorg. and Phys. Chem.) FORCHE. D 226

Lewis Friedman und John Turkevich, *Untersuchungen zur katalytischen Reduktion von Aceton.* Vff. untersuchen die katalyt. Red. von *Aceton* mit D_2 in der Gasphase u. in fl. Phase mit dem Ziel, Methoden zu entwickeln, Indicatordeuterium lokalisiert in organ. Moll. einzuführen u. den Mechanismus des Reduktionsvorganges zu studieren. Die Hydrierung in der Gasphase wird über einem 10%ig. Pt-Katalysator auf Aktivkohle, Volumenverhältnis D_2 : Aceton = 2 : 1, Gesamtdruck 150 mm, Strömungsgeschwindigkeit 30 cm^3 bei Tempp. von —77 bis 25° durchgeführt, sowohl in strömendem als auch in stat. Systemen. Das Reaktionsprod. *Propan* wird im Massenspektrometer untersucht, wobei gefunden wird, daß die Hydrierung von einem H_2/D_2-Austausch begleitet ist; es entstehen in wechselnden Mengen verschied. polydeuterierte Propane bis zu C_3D_8. Eine lokalisierte Einführung von D_2 in Propan ist also auf diesem Wege nicht möglich. Vff. nehmen an, daß die Hydrierung über ein aktiviertes Intermediärprod. erfolgt, das schneller als jede Rk. des Ausgangs- oder Endprod. eine Austausch-Rk. eingeht. Zwischen Propan u. D_2 wird bei 25°, Volumenverhältnis 1 : 1, nach 5 Min. kein Austausch beobachtet; bei nicht umgesetztem Aceton werden unter Reduktionsbedingungen nur ca. 5% einer C—H-Bindung in eine C—D-Bindung übergeführt, während 2 C—D-Bindungen in einem Mol. nicht auftreten. *Isopropylalkohol* reagiert über dem Katalysator langsam zu Propan; das nicht umgesetzte Prod. zeigt bei Zimmertemp. den Austausch eines H-Atoms, wahrscheinlich an der OH-Gruppe. In fl. Phase liefert der Pt-Katalysator nach ADAMS nur geringe Mengen von Polydeuteropropan. Dagegen wird mit einem mit Fe versetzten Pt-Katalysator bei 2 at u. Zimmertemp. in glatter Red. als Hauptprod. $(CH_3)_2CDOD$ erhalten. In fl. Phase liegen die relativen Geschwindigkeiten der Hydrierung u. des Austausches so, daß eine Trennung beider Vorgänge möglich ist; nach Meinung der Vff. könnten Austauschvorgänge hier auf ein Minimum beschränkt werden durch eine höhere Konz. an Acceptormolekülen. Als Mechanismus für beide Fälle wird eine direkte Addition von D_2 an die Carbonylbindung angenommen. (J. Amer. chem. Soc. **74**. 1669—71. 5/4. 1952. Upton, Long Island, N. Y., Brookhaven Nat. Labor.) G. WINKLER. D 227

D_2. Präparative organische Chemie. Naturstoffe.

Maurice Métayer, *Die Leuckart-Reaktion.* 3. Mitt. *Einwirkung von Methylformamid auf Cyclohexanon.* (2. vgl. Bull. Soc. chim. France, Mém. [5] **15**. [1948.] 1097.) Die Rk. von Cyclohexanon (III) mit Formamid u. Ameisensäure führt in anomaler Weise zum freien *Dicyclohexylamin* (I) u. zum Formiat (l. c.); ebenso liefert **III** mit Methylformamid (**IV**) nicht das erwartete sek. Amin, sondern *N-Methyldicyclohexylamin* (**II**). I reagiert mit CH_3J unter Bldg. von I-Hydrojodid u. II-Methojodid; es ist wahrscheinlich, daß sich CH_3J zuerst an den N zu II-*Hydrojodid* addiert, das mit einem weiteren CH_3J das quaternäre Ammoniumjodid u. freie HJ liefert, die sich an ein I addiert. C_2H_5J führt nur zum I-Hydrojodid.

V e r s u c h e : *N-Methyldicyclohexylamin* (II), $C_{13}H_{25}N$, aus 14 g **IV**, 3 g Ameisensäure u. 5 g **III** durch 8std. Erhitzen von 130 auf 180°, $Kp._{15}$ 123—124°, $Kp._{20}$ 141°, n_D^{18} 1,4810; 1 g (Ausbeute); *Pikrat*, aus A.–Ae., F. 139,5°; *Hydrochlorid*, F. 193—194°; *Hydrojodid*, F. 182°; *Methojodid*, aus A.–Ae., F. 229°; *Äthojodid*, F. 162°. — Synth. von II: 15 g I-Formiat, 12 g HCOOH u. 20 cm^3 30%ig. HCHO werden im Ölbad 4 Std. auf 100° erhitzt; nach Ansäuern mit HCl, Konz. im Vakuum usw. 30% (Ausbeute). — *Dicyclohexylamin* (I) gibt folgende Additionsverbb.: *Pikrat*, F. 173°; *Hydrochlorid*, F. > 350°; *Hydrojodid*, $C_{12}H_{24}NJ$, aus I in Methanol u. CH_3J oder C_2H_5J unter starkem Erwärmen, sublimiert bei 280°, F. > 310°. Aus dem Filtrat wird das *Methojodid*, aus Methanol, F. 229°, gewonnen. (Bull. Soc. chim. France, Mém. [5] **17**. 1050—51. Nov./Dez. 1950. Paris, Inst. Cathol., Labor. de Chim. Organ.) ROTTER. 450

M. Métayer, P. Mastagli und H. Larramona, *Die Leuckart-Reaktion.* 4. Mitt. *Einwirkung von Formamid und Ameisensäure auf einige Cyclanone.* (3. vgl. vorst. Ref.) Alle untersuchten *Cyclanone* führen durch Einw. von Formamid u. Ameisensäure zu dem erwarteten prim. Amin; einzige Ausnahme ist Cyclohexanon. Die LEUCKART-Rk. kann also auf die Cyclanone ausgedehnt werden. Die Ausbeuten an prim. Aminen liegen für Ketone von C_7—C_9 zwischen 40 u. 60%, beim Cyclopentanon (I) um 12,5%. Hingegen sind die Ausbeuten an Aminen beim α-Tetralon u. 2-Cyclohexylcyclohexanon (II) sehr gering. Wird zur Reaktionsmasse HCl hinzugefügt, dann ändert sich der Charakter der Rk., u. man erhält andere Prodd., die noch untersucht werden. Wie bekannt, kann Formamid die Kondensation der Carbonylverbb. untereinander begünstigen. Dies zeigt sich bei I, wo als Nebenprod. *Cyclopentenylcyclopentanon* neben einem Öl, vermutlich aus 3 Mol I bestehend, entsteht.

Versuche: Die Herst. der Ketone erfolgt durch CrO_3-Oxydation der entsprechenden Alkohole. — *Cyclohexenylcyclohexanon* (III), durch Kondensation von Cyclohexanon mit sich selbst nach WALLACH [1907]. — *2-Cyclohexylcyclohexanon* (II), durch Hydrierung von III mit RANEY-Ni bei 100° u. 80 at u. Oxydation der teilweise red. Carbonylgruppe mit $Na_2Cr_2O_7$; 53% (Ausbeute); *Semicarbazon*, F. 200°. — LEUCKART-Rk.: 20 g Keton, bei 4-Methylcyclohexanon nur 15 g, werden mit $HCONH_2$ u. HCOOH (im Molverhältnis 1 : 4 : 1) 7 Std. unter Rückfluß auf 150—160° erhitzt. Nach Abkühlen u. Dekantieren der oberen Schicht, die die Amine in Form der substituierten Formamide enthält, wird mit halbkonz. HCl hydrolysiert (0,5—1,0 Std.). Man nimmt in Ae. auf, um Neutralprodd. zu entfernen, macht die HCl-Lsg. mit NaOH alkal., extrahiert die freien Amine mit Ae. u. destilliert. — *Cyclopentylamin*, aus I, $Kp._{760}$ 108°; 12,5%; daneben *Cyclopentenylcyclopentanon*, $Kp._{12}$ 120°; 17%; *Oxim*, F. 122°; *Semicarbazon*, F. 217°; daneben ein *Öl*, $Kp._{10}$ 171°; 12%. — *2-Methylcyclohexylamin*, aus 2-Methylcyclohexanon, $Kp._{760}$ 150°; 60%; *Hydrochlorid*, F. 272°; *Pikrat*, F. 177°. Daneben *Bis-[2-methylcyclohexyl]-amin*, $Kp._{20}$ 125°; 15%; *Hydrochlorid*, F. > 300°. — *3-Methylcyclohexylamin*, aus 3-Methylcyclohexanon, $Kp._{760}$ 155°, n_D^{17} 1,4599; 40%; *Hydrochlorid*, F. 175°; *Pikrat*, F. > 300°. Daneben *Bis-[3-methylcyclohexyl]-amin*, $Kp._{20}$ 135°, n_D^{17} 1,4734; 20%; *Pikrat*, F. > 300°. Daneben ein *neutrales Prod.*, $Kp._{15}$ 185°; 10%. — *4-Methylcyclohexylamin*, aus 4-Methylcyclohexanon, $Kp._{760}$ 155°; 40%; *Hydrochlorid*, F. 260°; *Pikrat*, F. > 300°. — *2.4-Dimethylcyclohexylamin*, aus 2.4-Dimethylcyclohexanon, $Kp._{25}$ 71°, n_D^{18} 1,4562; 40%; *Hydrochlorid*, F. 234°; *Acetylderiv.*, F. 136°. Daneben *Bis-[2.4-dimethylcyclohexyl]-amin*, $Kp._{25}$ 168°, n_D^{16} 1,4642; 11%; *Hydrochlorid*, F. > 300°. — *3.3.5-Trimethylcyclohexylamin*, aus 3.3.5-Trimethylcyclohexanon, $Kp._{760}$ 176°, n_D^{17} 1,4533; 47%; *Hydrochlorid*, F. 297 bis 300°. Daneben *Bis-[3.3.5-trimethylcyclohexyl]-amin*, $Kp._{22}$ 168°, n_D^{17} 1,4683; 40%; *Hydrochlorid*, F. ca. 270° (Zers.). Daneben ein *neutrales Prod.*, $Kp._{15}$ 180°. — *2-Cyclohexylcyclohexylamin*, aus II, $Kp._{760}$ 260°; 11,5%; *Hydrochlorid*, F. 262°. — *1.2.3.4-Tetrahydro-α-naphthylamin*, aus α-Tetralon, $Kp._{760}$ 230°; 11%; daneben 50% unverbrauchtes Tetralon. (Bull. Soc. chim. France, Mém. [5] **17**. 1052—54. Nov./Dez. 1950.)

ROTTER. 450

Maurice Métayer, Pierre Mastagli und Aleth Bricard, *Die Leuckart-Reaktion.* 5. Mitt. *Einwirkung von Formamid und Ameisensäure auf einige Ketone mit Phenylradikal.* (4. vgl. vorst. Ref.) Es werden arylaliphat. Ketone des Typs $C_6H_5 \cdot CO \cdot R$ (Typ I) der LEUCKART-Rk. unterworfen. Die Reaktivität der Ketone nimmt mit steigendem Mol.-Gew. ab, die Rk. mit HCOOH u. Formamid ist jedoch bis C_{14} anwendbar. — Während einige Ketone des Typs $C_6H_5 \cdot CH_2 \cdot CH_2 \cdot CO \cdot R$ (Typ II) mit guten Ausbeuten in Amine übergeführt werden konnten (MÉTAYER, Ann. Chimie **4**. [1949.] 196), liefern die hier angeführten (R = iso-C_4H_9, C_5H_{11}) nur Spuren.

Versuche (FF. im MAQUENNE-Block): Die Ketone des Typs I mit R = CH_3 (III), C_2H_5 (IV), C_3H_7 (V), C_5H_{11} (VI), C_7H_{15} (VII), $C_{11}H_{23}$ (VIII) werden nach FRIEDEL-CRAFTS hergestellt. Die FF. der *2.4-Dinitrophenylhydrazone*, aus A., sind: III-, $C_{14}H_{12}O_4N_4$, F. 234°; IV-, $C_{15}H_{14}O_4N_4$, F. 188°; V-, $C_{16}H_{16}O_4N_4$, F. 184°; VI-, $C_{18}H_{20}O_4N_4$, F. 158°; VII-, $C_{20}H_{24}O_4N_4$, F. 116°; VIII-, $C_{24}H_{32}O_4N_4$, F. 103°. — LEUCKART-Rk. mit den Ketonen vom Typ I: 1 Mol Keton, 4 Mol Formamid, 1 Mol HCOOH werden erhitzt, dann die obere Schicht dekantiert, das Formylderiv. durch 0,5std. Erhitzen mit halbkonz. HCl hydrolysiert (bei VI u. VII mit konz. HCl 8—9 Std.). — Konstanten der *Formylderivv.* C_6H_5—*CH(NH—CHO)R*, R = : CH_3, $C_9H_{11}ON$, $Kp._{15}$ 174—178°; C_2H_5, $C_{10}H_{13}ON$, $Kp._{19}$ 193°; C_3H_7, $C_{11}H_{15}ON$, $Kp._{23}$ 196—197°; C_5H_{11}, $C_{13}H_{19}ON$, $Kp._{18}$ 218°. *[Phenyläthyl]-amin*, $C_8H_{11}N$, aus III, 21 Std. (Erhitzungsdauer) auf 145°, $Kp._{760}$ 181—184°, n_D^{20} 1,5455; 70—80% (Ausbeute). — *[α-Phenylpropyl]-amin*, $C_9H_{13}N$, aus IV, 7 Std. auf 145°, $Kp._{20}$ 105°, n_D^{18} 1,526; 50—55%. — *[α-Phenylbutyl]-amin*, $C_{10}H_{15}N$, aus V, 7 Std. auf 145°, $Kp._{20}$ 110—111°, n_D^{16} 1,5105; 40%. — *[α-Phenylhexyl]-amin*, $C_{12}H_{19}N$, aus VI, 16 Std. auf 160—170°, $Kp._{14}$ 135—136°, n_D^{15} 1,5088; 32 bzw. 48% (bei Rückgewinnung des Ketons). — *[α-Phenyloctyl]-amin*, $C_{14}H_{23}N$, aus VII, $Kp._{15}$ 157°, n_D^{14} 1,5036; 10 bzw. 41%. — VIII reagiert unter diesen Bedingungen nicht. — LEUCKART-Rk. mit Ketonen des Typs II: Meth. wie vorher. Es konnte nur das *6-Phenyl-2-methyl-4-aminohexan*, $C_{13}H_{21}N$, gewonnen werden, Kp. 145—148°; 5%; *Hydrochlorid*, F. 135°; *Acetylderiv.*, $C_{15}H_{23}O_2N$, aus A.-W., F. 82—83°. — LEUCKART-Rk. mit HCHO: Nach Org. Syntheses **25**. 89. *Dimethylcyclohexylamin*, $C_8H_{17}N$, $Kp._{760}$ 156 bis 157°; *Methojodid*, $C_9H_{20}NJ$, aus A., F. 293°; *Äthojodid*, $C_{10}H_{22}NJ$, aus A., F. 251°; 55%. — *3-Phenyl-1-dimethylaminopropan*, $C_{11}H_{17}N$, $Kp._{760}$ 216—220°; *Methojodid*,

$C_{12}H_{20}NJ$, aus A., F. 178—179°; 70%. — *1-Phenyl-3-dimethylaminobutan*, $C_{12}H_{19}N$, Kp.$_{760}$ 228°; *Methojodid*, $C_{13}H_{22}NJ$, aus A., F. 128°; 60%. — *6-Phenyl-2-dimethylaminohexan*, $C_{14}H_{23}N$, Kp.$_{16}$ 145°; *Methojodid*, $C_{15}H_{26}NJ$, aus A., F. 148—149°; 40%. (Bull. Soc. chim. France, Mém. [5] **17.** 1054—55. Nov./Dez. 1950.) ROTTER. 450

E. C. Kooyman, E. Farenhorst und E. G. G. Werner, *Die Nitrosierung von Methallylchlorid.* Vff. stellen fest, daß bei Einw. von wss. HNO_2 auf 2-Chlormethylpropen-(1) (I; Methallylchlorid) ein instabiles Additionsprod. (Nitrosonitrit II oder Nitronitrit III) gebildet wird, das bei Einw. von Alkali in *1-Chlor-2-methyl-3-nitropropen-(1)* (IV; *Nitroisocrotylchlorid*) übergeht, wobei folgender Reaktionsmechanismus angenommen wird: $ClCH_2 \cdot C(CH_3){=}CH_2$ (I) $+ NO_2^+ \rightarrow ClCH_2 \cdot \overset{+}{C}(CH_3) \cdot CH_2NO_2$ (**A**); **A** $+ NO^- \rightarrow ClCH_2 \cdot C(CH_3)(NO) \cdot CH_2NO_2$(II) $\xrightarrow{NaOH} ClCH{=}C(CH_3) \cdot CH_2NO_2$ (IV) $+ \frac{1}{2} N_2O_2H_2$; **A** $+ ONO^- \rightarrow ClCH_2 \cdot C(CH_3)(ONO) \cdot CH_2NO_2$ (III) $\xrightarrow{NaOH}$ IV $+ HNO_2$. **IV** gibt bei der Ozonolyse hauptsächlich *Nitroaceton* (**V**) neben wenig CH_3CHO, der vermutlich durch weiteren Abbau der prim. Ozonolyseprodd. entsteht. Reines N_2O_4 reagiert unter O_2-Ausschluß (vgl. LEVY u. SCAIFE, J. chem. Soc. [London] **1946.** 1093) mit **I** unter Bldg. von **III**, das bei Einw. von CH_3OH unter CH_3ONO-Austritt vermutlich in *2-Chlormethyl-1-nitropropanol-(2)* (**VI**) übergeht. **VI** bildet mit CH_3COCl ein *Acetat*, das beim Erhitzen mit wasserfreiem Na-Acetat vermutlich **IV** gibt. Es gelingt nicht, **VI** mit J_2 oder $KHSO_4$ zu dehydratisieren.

Versuche: *Nitroisocrotylchlorid* (**IV**), $C_4H_6O_2NCl$, Kp.$_{18}$ 86°, beim Versetzen von 3 Mol **I** u. 5 Mol 96%ig. H_2SO_4 in W. mit einer wss. Lsg. von 9 Mol $NaNO_2$ im Verlauf von 2 Std. unter Rühren bei 25—30°, ½std. Stehen, Ae.-Extraktion, Versetzen mit der theoret. Menge n NaOH bei 0° unter Rühren, Ansäuern der alkal. Lsg. mit CH_3COOH u. Dest., hellgelbes Öl, n_D^{20} 1,4745, $D.^{20}_4$ 1,243, Mol.-Refr. 30,70; 25% (Ausbeute) neben 50% **I**. — *Nitroaceton* (**V**), F. 49—50°, beim Einleiten von elektrolyt. erzeugtem O_3 in eine Lsg. von **IV** in trockenem Chlf. bei —40° u. Zers. mit W., oder durch alkal. Kondensation von CH_3NO_2 mit CH_3CHO u. Oxydation des erhaltenen *1-Nitropropanols-(2)* mit $K_2Cr_2O_7$ + H_2SO_4. *2.4-Dinitrophenylhydrazon*, $C_9H_9O_6N_5$, F. 137—138°, beim Versetzen der vorst. Lsg. mit einer schwefelsauren alkoh. 2.4-Dinitrophenylhydrazinlsg., 3std. Stehen, Chloroformextraktion, Eindampfen unter vermindertem Druck, Chromatographie an Silicagel u. Eluieren mit Ae.-Pentan, Kristalle aus CH_3OH, neben *Acetaldehyd-2.4-dinitrophenylhydrazon*, F. 155°. — *2-Chlormethyl-1-nitropropanol-(2)* (**VI**), $C_4H_8O_3NCl$, Kp.$_{0,25}$ 71—74°, Kp.$_{12}$ 116—119°, durch Einleiten von N_2O_4 in eine absol. äther. **I**-Lsg. unter Rühren bei ca. 5°, langsames Gießen in absol. CH_3OH bei 20° u. Dest.; 60%. *Acetat*, $C_6H_{10}O_4NCl$, Kp.$_{0,2}$ 61—62°, beim tropfenweisen Versetzen von 0,1 Mol **VI** mit 0,26 Mol CH_3COCl, 30 Min. langes Kochen u. Dest.; n_D^{20} 1,4608; 95%. Gibt beim Erhitzen mit gleicher Menge wasserfreiem Na-Acetat auf 150° unter CO_2 u. Dest. vermutlich **IV**, Kp.$_{15}$ 88—92°, n_D^{20} 1,4735. (Recueil Trav. chim. Pays-Bas **70.** 689—95. Sept./Okt. 1951. Amsterdam, Koninklijke/Shell Labor.) REISNER. 520

J. D. Park, E. Halpern und J. R. Lacher, *Die Umsetzung zwischen Alkanolen und 1.1.2-Trichlor-3.3.3-trifluorpropen-(1).* Aliphat. Alkohole lagern sich unter dem katalyt. Einfl. von Alkali an *1.1.2-Trichlor-3.3.3-trifluorpropen-(1)* (I) (Darst. nach HENNE, WHALEY u. STEVENSON, J. Amer. chem. Soc. **63.** [1941.] 3478) an, wobei 1-Alkoxy-1.2-dichlor-3.3.3-trifluorpropene-(1), $CF_3—CCl{=}CCl(OR)$, entstehen. Die Methyl-, Äthyl-, Propyl- u. Butylverbb. wurden mit ca. 50%ig. Ausbeuten dargestellt u. ihre Ultrarotspektren aufgenommen. Für die Umsetzung wird der folgende Reaktionsverlauf angenommen: $ROH + OH^- \rightarrow OR^+ + H_2O$; $CF_3—CCl{=}CCl_2 + (OR)^- \rightarrow CF_3—\overset{-}{C}Cl—CCl_2(OR)$; $CF_3—\overset{-}{C}Cl—CCl_2(OR) + ROH \rightarrow CF_3—CHCl—CCl_2(OR) + OR^-$; $CF_3—CHCl—CCl_2(OR)$ + Alkali $\rightarrow CF_3—CCl{=}CCl(OR)$.

Versuche: $CF_3—CCl{=}CCl(OCH_3)$, Kp.$_{630}$ 112°, $D.^{20}$ 1,4716, $n^{18,5}$ 1,3919, Molekularsusceptibilität $\chi_m = —91,10 \cdot 10^{-6}$; durch langsames Einrühren von 36 g I in ca. 200 cm³ 10%ig. methanol. KOH, 3—4std. Kochen am Rückflußkühler, nach Erkalten Waschen mit W., Trocknen über $CaCl_2$ u. Dest.; Ausbeute 17,4 g. — Auf analoge Weise wurden dargestellt: $CF_3—CCl{=}CCl(OC_2H_5)$, Kp.$_{630}$ 126°, $D.^{16}$ 1,3774, $n^{18,5}$ 1,3980, $\chi_m = —105,0 \cdot 10^{-6}$. — $CF_3—CCl{=}CCl(OC_3H_7)$, Kp.$_{630}$ 146°, $D.^{22}$ 1,3091, $n^{18,5}$ 1,4098, $\chi_m = —117,0 \cdot 10^{-6}$. — $CF_3—CCl{=}CCl(OC_4H_9)$, Kp.$_{630}$ 166°, $D.^{22}$ 1,2473, $n^{18,5}$ 1,4140, $\chi_m = —128,6 \cdot 10^{-6}$. (J. Amer. chem. Soc. **74.** 4104—05. 20/8. 1952. Boulder, Colo., Univ. of Colorado.) FORCHE. 560

René Heilman und René Glénat, *Einwirkung von 2.4-Dinitrophenylhydrazin auf tert.-α-Acetylenalkohole.* Werden tert.-α-Acetylenalkohole mit schwefelsaurem 2.4-Dinitrophenylhydrazin behandelt, so entstehen 2.4-Dinitrophenylhydrazone α.β-ungesätt.

Ketone, die sich von den ursprünglichen Alkoholen durch Dehydratisierung–Hydratisierung ableiten. Die Dinitrophenylhydrazone wurden durch Darst. aus den authent. Ketonen identifiziert, sie zeigen alle λ_{max} 377 mμ ($\varepsilon \cdot 10^{-3}$ ~ 260 in A.).

Versuche (FF. korr.): Nachst. *2.4-Dinitrophenylhydrazone* durch 1—6std. Rk. von 0,02 Mol tert. Äthinylcarbinol mit einer Lsg. aus 2 g 2.4-Dinitrophenylhydrazin, 20 cm³ H_2SO_4, 25 cm³ H_2O u. 50 cm³ Alkohol bzw. aus dem Keton: *3-Methylpenten-(3)-on-(2)-*, rote Kristalle, F. 198,5°, aus Methyläthyläthinylcarbinol; 70% (Ausbeute). — *3-Äthylpenten-(3)-on-(2)-*, F. 157°, aus Diäthyläthinylcarbinol; seidige gelborangefarbene Nadeln; 50%. — *3.5-Dimethylhexen-(3)-on-(2)-*, F. 161°, aus Methylisobutyläthinylcarbinol; filzige ziegelrote Kristalle; 50%. — *1-Acetylcyclohexen-*, F. 204°, aus Äthinylcyclohexanol-(1); orangegelbe Nadeln aus Essigester; 30%. — *3-Methylnonen-(3)-on-(2)-*, F. 94°, aus Methyl-n-hexyläthinylcarbinol; gelborangefarbene Nadeln aus A.; 20%. *Freies Keton*, n_D^{20} 1,4582, $D.^{20}_4$ 0,855, Mol.-Refr. 48,7. *Semicarbazon*, F. 149° (unkorr.). (C. R. hebd. Séances Acad. Sci. **234**. 1557—59. 7/4. 1952.) LEHWALD. 710

James Cason, Norman L. Allinger, Gene Sumrell und David E. Williams, *Verzweigtkettige Fettsäuren.* 17. Mitt. *Synthese zweier Trimethylalkansäuren. Einige Beziehungen von Siedepunkt und Brechungsindex zur Struktur.* (16. vgl. C. **1951**. II. 662.) Vff. haben die Abhängigkeit des Kp. u. der Brechungsindices bei Estern verzweigter Fettsäuren untersucht. Die Säuren wurden in früheren Arbeiten hergestellt, außer *2.3.4-Trimethylhexadecansäure* (I) u. *4.8.12-Trimethyloctadecansäure* (II). Es wird eine Tabelle mit den Kpp.$_{3,5}$ der Methyl- u. Äthylester verzweigter Fettsäuren C_{16}—C_{27} (Gesamt-C) gegeben. Der Unterschied in den Kpp. der Methyl- u. Äthylester ist ab C_{17} vernachlässigbar. Allg. Gesetzmäßigkeiten beim Kp.: Eine Methylverzweigung erniedrigt den Kp. um ca. 5° unter den des n-Isomeren. Eine Verzweigung in der Mitte der Kette verursacht eine etwas größere Kp.-Erniedrigung als an einem der Kettenenden. Eine größere Verzweigung (n-Hexyl) erniedrigt den Kp. um 7°, also wenig mehr als Methyl. 3 Methylverzweigungen erniedrigen den Kp. um den ca. 2fachen Betrag einer Methylgruppe. Ob die Methylgruppen in der Nähe von ·COOH kumuliert oder über die Kette verteilt sind, ist ohne Einfluß. Die größte Kp.-Erniedrigung bringt Ggw. eines quartären C-Atoms (22—23°). Der Effekt durch ein α- oder γ-quartäres C ist etwa derselbe. Diese Verallgemeinerungen stimmen nur mäßig mit dem Postulat überein, daß kompaktere Moll. den tieferen Kp. haben. — Alle Kpp. sind auf ±0,5° genau, die Drucke auf ±0,05 mm angegeben. Es wurde eine 1,5 m PODBIELNIAK-Kolonne mit partiellem Durchfluß verwendet. Die Daten erlauben Rückschlüsse auf die Anwendbarkeit der fraktionierten Dest. zur Trennung von Fettsäuren. — Allg. Gesetzmäßigkeiten bei den Brechungsindices (Tabelle für C_{16}—C_{27}): Zahl der Verzweigungen u. Größe der verzweigenden Gruppen ist von geringem oder keinem Einfl. auf den Brechungsindex, außer bei einem quartären C. Die Stellung des Zweigs hat keinen Einfl., außer am Ende der Kette. Verzweigungen, die 2 oder 3 C-Atome vom Kettenende entfernt sind, erniedrigen den Brechungsindex etwas. Quartäre C-Atome mit Substituenten, die größer als CH_3— sind, haben den größten Effekt. Er wird kleiner, wenn das quartäre C am Kettenende steht. Eine 4-n-Butyl-4-äthyl-Substitution erhöht den Brechungsindex um 0,01.

Versuche (Alle FF. korr., alle Kpp. unkorr., Dest. mit einer 2 Fuß-PODBIELNIAK-Kolonne): *α.β.γ-Trimethyl-γ-palmitolacton* (III), $C_{19}H_{36}O_2$: Das GRIGNARD-Reagens aus 0,3 Mol Mg u. CH_3Br wurde zum Cd-Reagens umgesetzt u. dieses mit dem Esterchlorid aus 0,15 Mol symm.-Dimethylsuccinanhydrid zur Rk. gebracht (vgl. CASON, J. Amer. chem. Soc. **68**. [1946.] 2078) → 54% *2.3-Dimethyl-4-ketopentansäuremethylester* (IV), Kp.$_{15}$ 86,5—88,5°; aus 0,081 Mol **IV** in 70 cm³ Bzl. bei 0° mit dem GRIGNARD-Reagens aus 0,105 Mol n-Dodecylbromid entstanden 52,5% halbfestes **III**, Kp.$_{5,5}$ 203°. — *2.3.4-Trimethylhexadecensäureäthylester*, Kp.$_{5,5}$ 184—187°, aus 0,04 Mol **III** in Bzl. mit 0,12 Mol $SOCl_2$ u. Gießen in absol. A. (60%). Da sich der ungesätt. Ester in A. + PtO_2 nicht vollständig hydrieren ließ, wurde verseift u. die freie Säure mittels Amberlite IRA-400 gemessen; deren Hydrierung in Eisessig/PtO_2 führte zu *2.3.4-Trimethylhexadecansäure* (I), $C_{19}H_{38}O_2$, Kp.$_{3,5}$ 194,5—196° (75%). — *Methylester*, Kp.$_{3,5}$ 179,5—180°, n_D^{25} 1,4448 (87%); *Amid*, $C_{19}H_{39}ON$, aus Aceton, F. 55—60°. — *4.8-Dimethyl-1.4-tetradecanolid* (V), $C_{16}H_{30}O_2$, Kp.$_1$ 150—151°, aus 4-Methyl-1-decyl-MgBr u. Lävulinsäureäthylester nach CASON u. Mitarbeiter (C. **1945**. II. 992) (88%), n_D^{25} 1,4523. — *4.8-Dimethyltetradecanol-(1)* (VI), $C_{16}H_{34}O$, Kp.$_{1,5}$ 133—134,5°, durch Hydrierung von **V** in Ggw. von 2,5 g Cu-Chromit/Mol **V** (81%), n_D^{23} 1,4496. — *1-Brom-4.8-dimethyltetradecan* (VII), $C_{16}H_{33}Br$, Kp.$_2$ 141—142°, aus **VI** mit wasserfreiem HBr (89,3%), n_D^{25} 1,4618. — *4.8.12-Trimethyl-1.4-octadecanolid* (VIII), $C_{21}H_{40}O_2$, Kp.$_1$ 188—190°, wie **V** aus der GRIGNARD-Verb. von **VII** (73,5%), n_D^{23}

1,4604; daneben *7.11.18.22-Tetramethyloctakosan*, $C_{32}H_{66}$, Kp.$_3$ 256—257°, n_D^{27} 1,4523 (8,1%). — *4.8.12-Trimethyloctadecensäure* (IX), Kp.$_4$ 218,5—219°; *Äthylester* (X), Kp.$_3$ 200—204°, aus **VIII** mit $SOCl_2$ u. Eingießen in A. (86%), schäumt bei Dest., läßt sich nicht mit A.–PtO_2 hydrieren. Das Hydrierungsprod. von **IX** wurde mit Methanol–H_2SO_4 zur Entfernung vom Nebenprod. **VIII** verestert (85%); *4.8.12-Trimethyloctadecansäuremethylester*, $C_{22}H_{44}O_2$, Kp. 193,5—194° [Druck im Original nicht angegeben], n_D^{25} 1,4461; **II**, $C_{21}H_{42}O_2$, Kp.$_5$ 220—220,5°, n_D^{20} 1,4450. — Zur Darst. des reinen *Methylesters* wurde *2-n-Butyl-2-äthylnonansäure* mit CH_2N_2 verestert, zur Hälfte mit 0,5n propanol. KOH verseift u. die Mischung fraktioniert destilliert. (J. org. Chemistry **16**. 1170—76. Aug. 1951. Berkeley, Calif., Univ. of California, Chem. Labor.)

HECKER. 810

James Cason und Gene Sumrell, *Verzweigtkettige Fettsäuren*. 18. Mitt. *UV-Absorptionsspektren gesättigter, verzweigter Säuren.* (17. vgl. vorst. Ref.) Vff. zeigen, daß Alkylsubstitution neben dem Carboxyl einen bedeutenden Effekt auf die Absorption der —COOH-Gruppe hat, für die früher eine breite Bande bei 210 mμ mit einem ε von ca. 50 gefunden worden war. Die Gestalt der Kurve ist für alle Methyloctadecansäuren dieselbe u. im wesentlichen ident. mit der der Palmitinsäure. 2-Methylsubstitution läßt ε beträchtlich ansteigen, 3-Methyl hat einen geringeren Effekt. Zwei Methylgruppen in 2- u. 3-Stellung steigern ε wesentlich mehr als ein Methyl. Der Effekt einer Gruppe, die größer als CH_3— ist, ist nur unwesentlich größer. Diese Beobachtungen weisen darauf hin, daß es sich bei dem Einfl. um den induktiven Effekt der Alkylgruppen handelt. Überraschend ist, daß Methylsubstitution in 4- oder 5-Stellung nahezu denselben Effekt wie 3-Methylsubstitution besitzt, während Methylsubstitution in 6-Stellung keinen Einfl. mehr hat. Da Vff. dies in zahlreichen Fällen gefunden haben, betrachten sie den Effekt als reell u. schreiben ihn einer quasi-Ringform (**A**) zu, den ein Teil der Moll. ausbilden soll. Diese Ringstruktur erlaubt die induktive Beeinflussung von —COOH auch durch CH_3 in 5-Stellung. Sie ist früher schon durch SMITH u. MCREYNOLDS (J. Amer. chem. Soc. **61**. [1939.] 1963) zur Erklärung von Unterschieden von Säuren in Dissoziationskonstanten, Verseifungs- u. Veresterungsgeschwindigkeiten herangezogen worden. — Alle Spektren wurden in 95%ig. A. bei Konzz. annähernd $5 \cdot 10^{-3}$ mol. aufgenommen, untersucht wurden *Stearinsäure* (λ_{max} =) 210, (ε_{max} =) 48,5; *Palmitinsäure* 210, 50,2; *6-Methyl-* 210,49,5; *5-Methyl-* 209, 53,3; *4-Methyl-* 209, 54,5; *3-Methyl-* 211, 53,8; *3.3-Dimethyl-* 213, 56,5; *2-Methyl-* 213, 67,2; *2.3-Dimethyl-* 213, 144; *2.2-Dimethyloctadecansäure* 213, 85,5; *4-n-Butyl-4-äthylnonansäure* 209, 70,5 (steigt wahrscheinlich bei 208 mμ noch an); *2-n-Butyl-2-äthylnonansäure* 214, 90,5 u. *2.3.4-Trimethylhexadecansäure* ohne Maximum, bei 210 mμ ε = 120. (J. org. Chemistry **16**. 1177—80. Aug. 1951.)

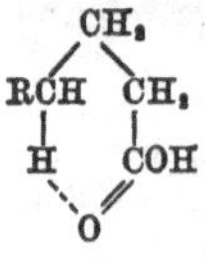

A

HECKER. 810

James Cason und Gene Sumrell, *Verzweigtkettige Fettsäuren*. 19. Mitt. *Chemische Eigenschaften und Absorptionsspektren der 2- und 3-Alkensäuren und ihrer Ester.* (18. vgl. vorst. Ref.) Vff. zeigen, daß $\alpha.\beta$- u. $\beta.\gamma$-ungesätt. Ester durch fraktionierte Dest. getrennt werden können. Das UV-Spektr. ist eine bequeme u. genaue Meth., die Reinheit der Verbb. zu kontrollieren — ε_{219} ist 14000 bzw. 1100. Verseifung mit 15% alkoh. KOH verursacht ziemlich schnelle Gleichgewichtseinstellung der Doppelbindung zwischen der $\alpha.\beta$- u. $\beta.\gamma$-Stellung. Bei Erhitzen der ungesätt., freien Säuren auf 170 bis 190° stellt sich ebenfalls ein Gleichgewicht ein, das aber mehr auf der Seite der $\alpha.\beta$-Isomeren liegt, als bei Erhitzen mit alkoh. KOH. Erhitzen von *2.3.4-Trimethylhexadecensäure* gab keine Gleichgewichtseinstellung mit der 2-Alkensäure, da die Lactonbldg. schneller verläuft. In Abwesenheit des 4-Alkylsubstituenten findet wenig oder gar keine Lactonbldg. statt.

Versuche (alle Kpp. korr., Dest. mit 1,5 m PODKIELNIAK-Kolonne): *3-Methyl-3-oxynonansäureäthylester* (I), Kp.$_5$ 115—115,5°, n_D^{25} 1,4343, konnte nach Dest. nicht mit Jod dehydratisiert werden wie der rohe Ester, jedoch mit $SOCl_2$ in Pyridin; zu 77% (Ausbeute) entstand dabei eine Mischung der ungesätt. Ester von ähnlicher Zus. wie bei Dehydratation des rohen Esters. — Das Estergemisch (60 g) wurde in folgende Fraktionen zerlegt: a) 3,1 g, Kp.$_5$ 93—94°; b) 14,8 g *3-Methylnonen-(3)-säureäthylester* (II), Kp.$_5$ 94—95°; c) 19,6 g, Kp.$_5$ 94,5—97°; d) 9,4 g, Kp.$_5$ 97—104°; e) 12 g *3-Methylnonen-(2)-säureäthylester* (III), Kp.$_5$ 104—105°. **II**, n_D^{25} 1,4357, ε_{219} 1140; **III**, n_D^{25} 1,4490, λ_{max} 219 mμ, ε_{max} 14500. — *3-Methylnonen-(3)-säure* (IV), Gleichgewichtsgemisch, durch einstd. Kochen von **II** mit 5% alkoh. KOH, Kp.$_{1,5}$ 109—111°, n_D^{25} 1,4522, ε_{219} 3420. *3-Methylnonen-(2)-säure* (V), Kp.$_1$ 113—114°; aus dem Ester analog **IV**, rein durch partielle Veresterung mit A., n_D^{25} 1,4648, λ_{max} 219 mμ, ε_{max} 12070. *3-Oxynonansäureäthylester* (VI), aus Bromessigester, Zn u. Heptaldehyd im Molverhältnis 1:1,2:1,4. Der 3-Chlorester, aus **VI** mit $SOCl_2$ in Pyridin, wurde unter Rückfluß mit Pyridin nicht dehydrohalogeniert, jedoch nach 2std. Kochen mit 5 Mol 2.4.6-Kollidin: *Nonen-(2)-säureäthylester*, Kp.$_5$ 102°, n_D^{25} 1,4404, λ_{max} 210 mμ, ε_{max} 14250, (20%); *Nonen-(2)-säure*, Kp.$_5$ 136—139°, n_D^{25} 1,4526, λ_{max} 210 mμ, ε_{max} 9550, wahrscheinlich unrein. (J. org. Chemistry **16**. 1181—86. Aug. 1951.) HECKER. 810

James Cason, Phyllis B. Taylor und **David E. Williams**, *Verzweigtkettige Fettsäuren* 20. Mitt. *Synthese von Verbindungen zur Klärung der Beziehungen zwischen Schmelzpunkt und Struktur.* (19. vgl. vorst. Ref.) Vff. berichten über die Synth. von *15-Methylheptadecansäure* (**X**), *14-Methylhexadecansäure* (**XI**), *21-Methyltrikosansäure* (**XII**), *(+)-21-Methyltrikosansäure* (**XIIa**) u. *18-Methyltetrakosansäure* (**XIV**). Sie weisen darauf hin, daß in allen bekannten Fällen das opt. Isomere einer verzweigten Säure tiefer als das Racemat schm., u. zeigen, daß **X** anomal tief schmilzt. Es werden die FF. der Reihe der Methyltetrakosansäuren u. ihrer Amide diskutiert u. ähnliche Gesetzmäßigkeiten wie bei der C_{19}-Reihe (vgl. C. **1950**. II. 2183) gefunden. Die Säuren **X—XIV**, $R\cdot CH(CH_3)\cdot(CH_2)_n\cdot COOH$, wurden durch Red. der Ketoester, $RCH(CH_3)\cdot(CH_2)_m\cdot CO(CH_2)_nCOOR'$ (**V—IX**) erhalten u. diese durch Rk. von Dialkyl-Cd-Reagentien mit passenden Estersäurechloriden in üblicher Weise. Die Bromide, $R\cdot CH(CH_3)\cdot(CH_2)_nBr$ (**I—IV**) zur Darst. der Cd-Verbb. wurden aus den entsprechenden Alkoholen erhalten, deren Synth. früher beschrieben wurde (CASON u. Mitarbeiter, C. **1949**. I. 876). Die nötigen Bicarbonsäuren waren Handelsprodd., *Undecan-1.11-dicarbonsäure* (**XV**) zur Darst. von **V** wurde durch Red. von 6-Ketoundecan-1.11-dicarbonsäure (**XVI**) hergestellt. —

V e r s u c h e (alle FF. korr., alle Kpp. unkorr., Dest. in einer 2-Fuß-PODBIELNIAK-Kolonne): **XVI**, F. 109—111°, nach SAUER (C. **1947**. E. 38) mit Vereinfachungen (58—63% [Ausbeute]). **XV**, F. 109—110°, durch Red. von **XVI**, nach HUANG-MINLON (97%); *Dimethylester*, aus **XV**, 20 Mol Methanol u. H_2SO_4, (98%), daraus durch Verseifung mit $Ba(OH)_2$ u. schnelle Dest. durch eine Kolonne der *Halbester*, Kp.$_{2,5}$ 170 bis 174°, F. 44—46°, 71%). — *14-Methyl-1-hexadecanol*, $C_{17}H_{36}O$, durch Red. von 14-Methylhexadecansäureäthylester (**XVII**) mit Na u. A., (86%), Kp.$_3$ 163—165°, F. 13,0 bis 13,4°, n_D^{22} 1,4520. *8-Methyltetradecanol*, $C_{15}H_{32}O$, Kp.$_4$ 145—147°, wie vorst. (87%), n_D^{25} 1,4469. — *Bromide* **I—IV** in 82—90% Ausbeute mit wasserfreier HBr aus dem zugehörigen Alkohol: *1-Brom-4-methylhexan* (**I**), Kp.$_{28}$ 74—75°, n_D^{22} 1,4515; *1-Brom-14-methylhexadecan* (**II**), Kp.$_{2,5}$ 163—165°, n_D^{22} 1,4640; *1-Brom-4-methyldecan* (**III**), Kp.$_{15}$ 120—123°, n_D^{22} 1,4575; *1-Brom-8-methyltetradecan* (**IV**), Kp.$_3$ 141—143°, n_D^{22} 1,4611. — *Verzweigtkettige Ketoester* **V—IX** in 64—88% Ausbeute: *11-Keto-15-methylheptadecansäuremethylester* (**V**), Kp.$_{4,5}$ 197—198°, n_D^{22} 1,4495; *10-Keto-14-methylhexadecansäureäthylester* (**VI**), Kp.$_4$ 196—200°, n_D^{22} 1,4478; *7-Keto-21-methyltrikosansäureäthylester* (**VII**), Kp.$_{0,5}$ 225—250°, wachsig, F. 31°; *4-Keto-8-methyltetradecansäuremethylester* (**VIII**), Kp.$_{1,5}$ 143—145°, n_D^{22} 1,4458; *10-Keto-18-methyltetrakosansäureäthylester* (**IX**), Kp.$_{0,3-0,5}$ 220—225°, F. 12°, n_D^{22} 1,4535. — Durch Verseifen wurden aus den Ketoestern folgende Säuren erhalten: *11-Keto-15-methylheptadecansäure*, F. 48,7 bis 49,7° (Hexan); *10-Keto-14-methylhexadecansäure*, F. 45,0—45,4° (Hexan); *7-Keto-21-methyltrikosansäure*, F. 73,2—73,8° (Aceton); *10-Keto-18-methyltetrakosansäure*, F. 60,4—61,0° (Aceton). — Red. der Ketoester in 64—84% Ausbeute nach HUANG-MINLON, außer **VI**, dieses nach der modifizierten CLEMMENSEN-Red. in 90% Ausbeute. — **XII**, F. 66,5—67,5°; *Amid*, F. 97,8—98,0°; *-p-Bromanilid*, F. 94,4—95,0°; **XIV**, F. 55,5—55,8°; *-Amid*, F. 86,5—87,5°; *-p-Bromanilid*, 81,6—82,3°; **X**, aus Aceton F. 43,5—44,3°. — **XVII**, $C_{19}H_{38}O_2$, Kp.$_{2-3}$ 169—174°; n_D^{22} 1,4417; daraus **XI**, $C_{17}H_{34}O_2$, aus Aceton F. 39,2—39,7°. — *8-Methyltetradecansäureäthylester*, $C_{17}H_{34}O_2$, Kp.$_3$ 143 bis 145°, durch Veresterung der fl. Säure (**XIII**) aus der WOLFF-KISHNER-Red., n_D^{20} 1,4392. — **XIIa**, $C_{24}H_{48}O_2$, F. 64,7—65,7°, aus *(+)-20-Methyldokosansäure* durch ARNDT-EISTERT-Rk., bestes Verf.: Zugabe des Säurechlorids (F. 62,0—62,3°; 1 g) zu einer getrockneten Lsg. von 3 Mol CH_2N_2 in CH_2Cl_2, Entfernung des Lösungsm. im Vakuum u. üblicher Umlagerung des rohen Diazoketons in das Amid, Reinigen über Amberlite IRA 400, Verseifung des Amids, Reinigen der Säure über Amberlite IRA 400 u. 4maliger Umkristallisation aus Aceton (260 mg), $[\alpha]_D^{25}$ $+2,95\pm0,25°$. (c = 3,96, in Chlf.), Misch-F. von **XIIa** mit dem DL-Isomeren ist 62,6—66,7°, woraus Vff. schließen, daß das DL-Isomere eine Molekülverb. ist. (J. org. Chemistry **16**. 1187 bis 1192. Aug. 1951.) HECKER. 810

James Cason und **Gene Sumrell**, *Verzweigtkettige Fettsäuren.* 21. Mitt. *Über Methoden zur Reinigung und Trennung.* (20. vgl. vorst. Ref.) Vff. beschreiben Unterss. über die Trennung von Estern verzweigter Fettsäuren mittels Ölverdünnungsdest. u. über die Löslichkeit der Bleisalze verschied. verzweigter Säuren. Die Ölverdünnungsdest. nach WEITKAMP (J. Amer. chem. Soc. **67**. [1945.] 447 u. J. Amer. Oil Chemists'

Soc. **24.** [1947.] 236) erfolgt unter Zusatz von Paraffinöl zum Estergemisch u. erlaubt, auch kleine Estermengen durch fraktionierte Dest. zu trennen. Sie hat sich bei Vff. nicht bewährt, da der Kp. der Ester durch Ggw. von Neutralöl unkontrollierbar verändert wird, die Wirksamkeit der Kolonne abnimmt u. es außerdem Schwierigkeiten bereitet, eine Paraffinölfraktion zu finden, die mit beiden Komponenten übergeht. — Die Löslichkeit der Bleisalze verzweigter Fettsäuren in Ae. könnte zu ihrer Trennung von n-Fettsäuren benutzt werden. Vff. geben als Löslichkeit der Bleisalze verschied. verzweigter Fettsäuren bei 20—25° in absol. Ae. u. absol. A. in g/100 cm³ an: *Hendecansäure*, 0,004 (Ae.), 0,018 (A.); *2-n-Butyl-2-äthylnonansäure* >36, >36; *4-Methyl-* >15, 0,09; *8-Methyl-* >17, 0,34; *3.3-Dimethyl-* >19, 0,20; *12-n-Hexyl-* >20, 0,16; *11-Methyl-* >25, 0,30; *14-Methyl-* 0,40, 0,02; *16-Methyloctadecansäure* 0,10, —; *15-Äthylheptadecansäure* >28, 0,12; *6-Methyltetrakosansäure* 0,34, 0,04; *10-Methyltetrakosansäure* >22, 0,09. — Obwohl die Pb-Salze der n-Fettsäuren sowohl in Ae. als auch in A. nahezu unlösl. sind, kann darauf kein zuverlässiger Streuungsgang aufgebaut werden, da nicht alle Pb-Salze der verzweigten Fettsäuren in Ae. leicht lösl. sind. Es läßt sich keine einfache Beziehung zwischen dem F. der Säure u. der Löslichkeit ihres Pb-Salzes aufstellen. (J. org. Chemistry **16.** 1193—97. Aug. 1951.)
HECKER. 810

James Cason und Gene Sumrell, *Verzweigtkettige Fettsäuren.* 22. Mitt. *Untersuchung einer Säurefraktion vom Phthionsäuretyp aus Tuberkelbacillen.* (21. vgl. vorst. Ref.) Vff. haben rohen *Phthionsäuremethylester* durch fraktionierte Dest. in 39 Fraktionen zerlegt, die mindestens 12 Komponenten (C_{23}—C_{31}) enthalten. Rein isoliert wurde eine *C_{27}-Phthiensäure* (I) mit der Doppelbindung in 2-Stellung u. Verzweigungen an $C_{(2)}$ u. $C_{(4)}$ oder $C_{(5)}$ u. einem weiteren Substituenten. Das Säuregemisch enthält noch weitere Säuren ähnlicher Struktur, aber mit anderem Mol.-Gew.; nach Hydrierung wurde eine gesätt. *C_{29}-Phthiansäure* mit verzweigter Kette isoliert. Tabelle der Fraktionen mit Kpp., Mol.-Refr. u. Drehwerten vgl. Original. Die UV-Spektren von I, ihrem *Methylester*, *3-Methylnonen-(2)-säure* u. ihres *Äthylesters*, *Phthionsäure*, *C_{27}-Phthiansäure* u. zweier Esterfraktionen aus der fraktionierten Dest. werden angegeben.

V e r s u c h e: *C_{27}-Phthiensäuremethylester*, $C_{28}H_{54}O_2$, 2 Formen, Gemisch F. 13 bis 15° [Fraktion $Kp._{2,0}$ 231,7—232°]; $[\alpha]_D^{25}$ +14,7°; n_D^{25} 1,4600; λ_{max} 218 mμ [ε = 12230]; daraus nach mehrmonatigem Stehen beim Reiben Kristalle, F. 30—32,5° (hochschm. Form, läßt sich nicht in die niedrigschm. überführen). CH_3-Best.: 3,19; 2,68 Mol Essigsäure pro Mol Ester, entsprechend 4 CH_3 oder 3 Verzweigungen. — *C_{27}-Phthiensäure* (I), $C_{27}H_{52}O_2$, 2 Formen, F. 26—27° (Aceton), nach mehrtägigem Stehen bei 30°, die andere Form mit F. 39—41°; beim raschen Abkühlen einer Schmelze auf 15° krist. die niedrigschm. Form; Darst. aus vorst. Verb. durch Kochen mit alkoh. KOH; die Säure zeigt direkt nach der Verseifung $[\alpha]_D^{25}$ +17,34±0,2°; n_D^{25} 1,4666; krist. Anteil $[\alpha]_D^{25}$ +17,8±0,2°; n_D^{25} 1,4666; λ_{max} 216 mμ [ε = 11140]; halbkrist. Gemisch, fester Anteil $[\alpha]_D^{25}$ +17,68±0,2°, fl. Anteil $[\alpha]_D^{25}$ +18,02±0,2°. CH_3-Best.: 3,13; 3,30 Mol Essigsäure pro Mol ungesätt. Säure, entsprechend wie vorst.; Äquivalentgewicht 423,7; 426,8. — *C_{27}-Phthiansäure*, polymorph, F. 22,5—23,5° u. 30—32°; aus vorst. Verb. mit Pt/H_2 bei 20° in Eisessig, dann Chromatographie mit Amberlit IRA 400 u. Molekulardest.; $Kp._{0,3}$ 200°; die niedrigschm. Form krist. rasch bei 15°, die hochschm. sehr langsam bei 25°; $[\alpha]_D^{25}$ +2,85°; n_D^{25} 1,4565. Äquivalentgewicht 413,5; 414,8 (berechnet 410,7); CH_3-Best.: 2,82 Mol Essigsäure pro Mol Säure. — *Phthionsäure* von SPIELMAN u. ANDERSON (vgl. C. **1938.** I. 2199) nimmt bei Hydrierung wie vorst. 74% der für eine C_{26}-Säure mit 1 Doppelbindung berechneten H_2-Menge auf; dies stimmt überein mit Ergebnissen aus dem UV-Spektr. (α.β-ungesätt.): λ_{max} 216 mμ [ε = 7920] (70% des Wertes von I); hydrierte Säure $[\alpha]_D^{25}$ +2,10 ±0,7°. — *C_{29}-Phthiansäureamid*, $C_{29}H_{59}ON$, F. 51—52,8° (mehrmals aus Aceton), aus der Fraktion $Kp._{2,0}$ 245,5—246,5° [F. 20—23°; λ_{max} 218 mμ (ε = 2050)] durch Hydrierung, dann Verseifung u. Reinigung wie vorst., [Molekulardest.: $Kp._{0,3}$ 220°; F. 29,5—31°], Chlorierung mit $SOCl_2$ in Bzl. u. Umsetzung des Säurechlorids in absol. Dioxan mit eiskaltem konz. wss. NH_4OH. — *C_{29}-Phthiansäure*, $C_{29}H_{58}O_2$, F. 31—33,5°, aus vorst. Verb. mit KOH in Diäthylenglykol (12 Std. 170°), Reinigung mit Amberlit; Kristalle aus Aceton; $[\alpha]_D^{25}$ —2,24±0,2°; wahrscheinlich Gemisch von Diastereoisomeren, die bei der Hydrierung entstanden sind; polymorphe Formen konnten nicht isoliert werden. (J. biol. Chemistry **192.** 405—13. Sept. 1951.) GOEBEL. 810

James Cason, N. K. Freeman und Gene Sumrell, *Verzweigtkettige Fettsäuren.* 23. Mitt. *Der grundsätzliche strukturelle Aufbau der C_{27}-Phthiensäure.* (22. vgl. vorst. Ref.) In Fortsetzung früherer Unterss. (vgl. vorst. Ref.), wonach die *C_{27}-Phthiensäure* (I) eine α.β-ungesätt. Säure mit 3 Verzweigungen darstellt, werden an Hand chem. u. infraroter Prüfungen weitere Verss. zur Aufklärung der Struktur bes. hinsichtlich der Lage der Verzweigungen ausgeführt. Die infrarote Transmission des I-*Methylesters* wird mittels eines BAIRD-Infrarotspektrometers (Lsg. der Säure in CS_2) gemessen; im Bereich 6,2—7,2 μ maskiert CS_2 die Absorption; Auswertung der Spektren (5—16 μ) durch Vgl. mit denen von *Stearin-*, I u. *C_{27}-Phthiansäure* (Kurven vgl. Original). Bei I treten Absorptionsbänder bei 6,08; 8,56; 10,06; 12,50; 13,26 u. 14,92 μ auf, die bei gesätt. Säuren nicht vorhanden sind. Die Bande 6,08 sowie diejenigen über 10 μ zeigen die C=C-Bindung an (Bestätigung durch Hydrierung); nach dem UV-Spektr. liegt die Lückenbindung in $\alpha.\beta$-Stellung. Die Banden der I im längeren Bereich (über 10 μ) werden als Ausdruck dafür gedeutet, daß an den ungesätt. C-Atomen wenigstens 1 H-Atom vorhanden ist. Aus dem Vgl. der Spektren von *3-Methylnonen-(3)-* sowie *3-Methylnonen-(2)-säure* u. ihren Estern mit I u. I-Ester bei 5,5 bis 6,5 μ wird geschlossen, daß in I die eine Methylverzweigung in α-Stellung liegt. Deduktive Betrachtungen über die Art der Verzweigung in I an Hand der Spektra von verzweigtkettigen aliphat. KW-stoffen (vgl. Original) mit dem Schluß, daß ein Methyl in α-Stellung, ein zweites höchstens in δ-Stellung eingefügt ist. Aus der Intensität der Bande $\mu = 7{,}3$ (opt. D. 0,35) wird auf die Ggw. von 4 Methylgruppen geschlossen. — Durch Erhitzen von I ($[\alpha]_D^{25}$ +17,72) 6 Std. auf 225° wird bei der Vakuumdest. bei 0,4 mm u. 180° ein Prod. erhalten mit $[\alpha]_D^{25}$ +13,73; λ_{max} 216 mμ (ε = 10300); Äquivalentgewicht 447. Unter Hinweis auf das Schrifttum (CASON u. SUMRELL, viertvorst. Ref.) wird hierin wieder ein Hinweis für die Lage der Lückenbindung in $\alpha.\beta$-Stellung erblickt. — 250 mg I werden in einer Lsg. von 1 ml Thionylchlorid in 5 ml Bzl. über Nacht stehengelassen; Abdampfen des Gemisches von Thionylchlorid u. Bzl. im Vakuum; das hinterbleibende Säurechlorid wird in 10 ml trockenem Dioxan gelöst u. tropfenweise unter Rühren in eiskaltes konz. NH_4OH gegeben; das entstandene I-*Amid* (F. 40—46,5°) erweist sich als ca. 84,8%ig. rein. Auf Grund der ermittelten Geschwindigkeitskonstante der Verseifung des I-Amides (J. org. Chemistry **14.** [1949.] 155) im Vgl. mit denjenigen von 2-Methyloctadecenamid, 2.3-Dimethyloctadecenamid u. 2.3.4-Trimethylhexadecenamid wird abgeleitet, daß eine Methylgruppe in α-, aber nicht in β-Stellung vorhanden ist. Der I wird vorläufig nebenst. Struktur zuerkannt. 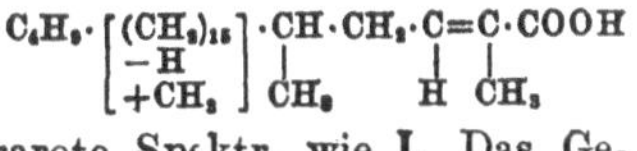 Die *C_{29}-Phthiansäure*, die linksdrehend ist, ist ebenfalls α-methylsubstituiert u. hat das gleiche infrarote Spektr. wie I. Das Gemisch der Säuren vom Phthiontyp dürfte aus strukturell ähnlichen Komponenten des vorgenannten Baues bestehen. (J. biol. Chemistry **192.** 415—24. Sept. 1951.)

TÄUFEL. 810

Sidney W. Fox und **Frederick N. Minard**, *Untersuchungen über Antipoden.* 8. Mitt. *Synthese einer Reihe von Valinderivaten.* (7. vgl. C. **1951.** II. 3325.) Durch Umsetzung der entsprechenden Säureanhydride mit *Valin* wurden *Maleyl-* u. *Itaconoylvalin* sowie *Fumaryldivalin* dargestellt. Weiterhin wurden Verbb. nebenst. u. ähnlicher Strukturen des Norcamphantyps synthetisiert. Keine der neuen Verbb. zeigte gegenüber *Escherichia coli* oder *Lactobacillus arabinosus* antibakterielle Wrkg. oder Antipodenspezifität in den Fällen, in denen die opt. Formen dargestellt u. verglichen wurden.

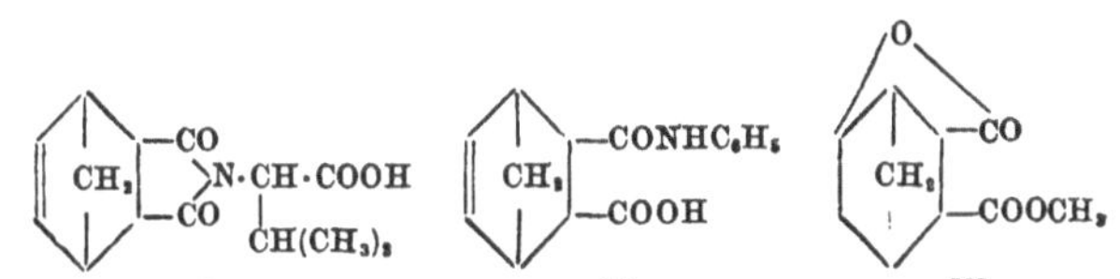

I II III

Versuche: *Maleyl-DL-valin*, $C_9H_{13}O_5N$, durch ³/₄std. Erhitzen von 0,11 Mol Maleinsäureanhydrid u. 0,10 Mol DL-Valin auf 100°; aus A.–W. (1:2), F. 166—167°; 69% (Ausbeute). — *Maleyl-D-valin*, aus Maleinsäureanhydrid u. D-Valin bei 70° (15 bis 20 Min.), Lösen in heißem Essigester u. Zugabe von CCl_4; F. 132—133°, $[\alpha]_D^{25}$ +1,6 ± 0,1° (3%ig. in A.), $[\alpha]_D^{21}$ —26,2 ± 0,3° (3%ig. in Essigester); 75%. — *Maleyl-L-valin*, ebenso aus L-Valin, F. 132—133°, $[\alpha]_D^{21}$ +25,5 ± 0,5° (3%ig. in Essigester). — *Fumaryl-di-DL-valin*, $C_{14}H_{22}O_6N_2$, aus 0,1 Mol DL-Valin in 100 ml nNaOH u. 0,05 Mol Fumarylchlorid in 50 ml Ae. u. 100 ml nNaOH; aus W., F. 282—283°; 64%. — *Itaconoyl-DL-valinäthylester*, $C_{12}H_{19}O_5N$, aus Itaconsäureanhydrid u. DL-Valinäthylester in Ae. (3 Tage bei Raumtemp.); aus W., F. 88—89°; 70%. — *Itaconoyl-DL-valin*, $C_{10}H_{15}O_5N$, durch Verseifung vorst. Verb. mit nNaOH bei Raumtemp. (5 Std.); aus W., F. 139 bis 140°. — *endo-cis-3.6-Endomethylen-Δ^4-tetrahydrophthaloyl-DL-valin* (I), $C_{14}H_{17}O_4N$, durch Verschmelzen von endo-cis-3.6-Endomethylen-Δ^4-tetrahydrophthalsäureanhydrid (IV) u. DL-Valin bei 150°; aus CCl_4-Hexan, F. 118—119°. — *endo-cis-3.6-Endomethylen-Δ^4-tetrahydrophthaloyl-D-valin*, $C_{14}H_{17}O_4N$, aus Bzl.–Cyclohexan, F. 116 bis

117°, $[\alpha]_D^{24}$ +60,4 ±0,5° (3%ig. in A.). — *endo-cis-3.6-Endomethylen-Δ^4-tetrahydrophthalanilsäure* (II), $C_{15}H_{15}O_3N$, aus IV in Bzl. u. Anilin in Bzl. bei Raumtemp.; aus Essigester–Hexan, F. 135—145°; geht in wss. Lsg. in das Imid über. — *2-Carboxy-4-oxy-cis-3.6-endomethylenhexahydrobenzanilid-γ-lacton*, $C_{15}H_{15}O_3N$. 0,5 g 4-Oxy-cis-3.6-endomethylenhexahydrophthalsäure-γ-lacton (V; ALDER u. STEIN, Liebigs Ann. Chem. **514**. [1934.] 22) u. 0,7 g PCl_5 werden in Bzl. gelöst; zur Entfernung des HCl wird Luft durch die Lsg. geleitet u. eine Lsg. von 2 ml Anilin in Bzl. hinzugegeben (15 Min. bei Raumtemp.); aus Butanol, F. 232—233°; oder durch Verschmelzen von V mit Anilin bei 200° (2 Std.). — *DL-Valinmethylesterhydrochlorid* (VI), $C_6H_{14}O_2NCl$, durch 2std. Erhitzen von DL-Valin in mit HCl gesätt. CH_3OH, nochmals Sättigung mit HCl u. 15 Min. Erhitzen; aus Aceton + Chlf. u. Fällung mit Hexan, F. 90—97.° — *DL-Valin-n-butylestersulfat*, $C_{18}H_{38}O_4N_2 \cdot H_2SO_4$, aus Aceton–Ae., F. 140—141,5°. — *2-Carboxy-4-oxy-cis-3.6-endomethylenhexahydrobenzoyl-DL-valin-γ-lactonmethylester*, $C_{15} \cdot H_{21}O_5N$, aus dem Säurechlorid von V (aus V u. PCl_5 in Bzl.) u. VI in Bzl. (einige Std. bei Raumtemp.); aus Chlf.–Hexan, F. 168—169°; 73%. — *2-Carboxy-4-oxy-cis-3.6-endomethylenhexahydrobenzoyl-DL-valin-γ-lacton*, $C_{14}H_{19}O_5N$, durch Erwärmen vorst. Verb. mit 1,95nNaOH (einige Min.); aus W., F. 191,5—192,5°; 89%. — *2-Carboxy-4-oxy-cis-3.6-endomethylenhexahydrobenzoesäure-γ-lactonmethylester* (III), durch Veresterung von V in mit HCl gesätt. CH_3OH (1 Std. am Rückfluß); aus Essigester–Hexan, F. 82 bis 83°; 86%. — *2-Carboxy-4-oxy-trans-3.6-endomethylenhexahydrobenzoyl-DL-valin-γ-lacton*, $C_{14}H_{10}O_5N$, durch Verseifung von III, Überführung ins Säurechlorid mit PCl_5 in Bzl. u. Zugabe des von $POCl_3$ befreiten Säurechlorids zu einer kalten Lsg. vom DL-Valin in $2nK_2CO_3$-Lsg., aus absol. A. u. Essigester u. Fällung mit Hexan, F. 230 bis 231°. (J. Amer. chem. Soc. **74**. 2085—87. 20/4. 1952. Ames, Io., State Coll., Chem. Labor.) K. F. MÜLLER. 950

Henry Gilman und **H. Smith Broadbent**, *Thalliumsalze als Derivate von Sulfonsäuren*. 2. Mitt. (1. vgl. C. **1945**. II. 1001.) Tl-Salze von Sulfonsäuren erwiesen sich als bes. geeignet zur Trennung u. Charakterisierung von Isomeren. Ihre Darst. erfolgt durch Lösen der Sulfonsäuren (I) in wenig W. u. Titration mit TlOH, durch Zugabe der berechneten Menge Base zu I, oder durch Lösen von I-Na in wenig W. u. Zugabe der berechneten Menge Tl-Formiat oder -Malonat in einigen Tropfen Wasser. Wenn nötig, so wurde die Lsg. eingeengt u. die Salze aus W. oder A.–W. umkristallisiert. Die FF. bis 345° wurden im elektr. geheizten Block, die darüber im BERL-KULLMANN-Block bestimmt. Nachst. *Tl-Salze substituierter Benzolsulfonsäuren* wurden dargestellt: *2.5-Dimethyl-*, $C_8H_9O_3STl$, F. 217—219°, aus der freien Säure. — *3-Biphenylyl-*, $C_{18}H_{13}O_3STl$, F. 454 bis 457° (Zers.) aus dem Na-Salz der Säure. — *4-Biphenylyl-*, F. >532°, aus dem Na-Salz. — *4-Chlor-*, $C_6H_4O_3ClSTl$, F. 258—260°, aus dem Na-Salz. — *2.5-Dichlor-*, $C_6H_3O_3 \cdot Cl_2STl$, F. 326—328°, aus der freien Sulfonsäure. — *3.4-Dichlor-*, F. 273—275°, aus dem Na-Salz der Säure. — *3-Chlor-4-methyl-*, $C_7H_6O_3ClSTl$, F. 198—200°, aus dem Na-Salz. — *4-Chlor-3-methyl-*, F. 227—229°, aus dem Na-Salz. — *4-Oxy-*, $C_6H_5O_4STl$, F. 266°, aus dem Na-Salz. — *4-Oxy-5-isopropyl-2-methyl-* (*Tl-Thymolsulfonat*), $C_{10}H_{13}O_4STl$, F. 243—244°, aus der Sulfonsäure (F. 114—115°). — *2-Oxy-3.4-dichlor-*, $C_6H_3O_4Cl_2STl$, F. 270—272°, aus dem Na-Salz. — *2-Nitro-*, $C_6H_4O_5NSTl$, F. 226—228°, aus der freien Säure. — *4-Nitro-*, F. 284—285°, aus der freien Säure. — *2.4-Dinitro-*, $C_6H_3O_7N_2STl$, F. 241°, aus der freien Säure. — *2-Methyl-5-nitro-*, $C_7H_6O_5NSTl$, F. 305—308° (Zers.), aus dem Na-Salz. — *2-Chlor-5-nitro-*, $C_6H_3O_5NClSTl$, F. 323—324° (Zers.), aus der freien Säure. — *4-Brom-3-nitro-*, $C_6H_3O_5NBrSTl$, F. 308—309°, aus der freien Säure. — *4-Chlor-3-methyl-5-nitro-*, $C_7H_5O_5NClSTl$, F. 363—364°, aus dem Na-Salz. — *2-Amino-*, $C_6H_6O_3NSTl$, F. 169—171°, aus der freien Säure. — *5-Amino-2-methyl-*, $C_7H_8O_3NSTl$, F. 187—188°, aus der freien Säure. — *4-Amino-3-methyl-*, $C_7H_8O_3NSTl$, F. 212—213°, aus der freien Säure. — *2-Amino-5-[4-aminophenyl]-* (*Tl-Benzidin-3-sulfonat*), $C_{12}H_{11}O_3N_2STl$, F. 269—271°, aus der freien Säure. — *2-Anilino-5-nitro-* (*Tl-4-Nitrodiphenylamin-2-sulfonat*), $C_{12}H_9O_5N_2STl$, F. 277—280° (Zers.), aus dem Na-Salz. — *4-Hydrazino-*, $C_6H_7O_3N_2STl$, Zers. bei ca. 245°, aus der freien Säure. — *4-[4-Aminonaphthylazo]-*, $C_{16}H_{12}O_3N_3STl$, Zers. bei 275—280°. — *Tl-Salze* anderer Sulfonsäuren: *4-Methyl-1.3-benzoldisulfonat*, $C_7H_6O_6S_2Tl_2$, aus dem Na-Salz, F. 272—276° u. 295—297°. — *Benzidin-3.3'-disulfonat*, $C_{12}H_{10}O_6N_2S_2Tl_2$, Verkohlen über 350°, aus der freien Säure. — *DL-Campher-β-sulfonat*, $C_{10}H_{15}O_4STl$, F. 259—260° (absol. A.), aus der freien Säure. — *D-Campher-β-sulfonat*, $C_{10}H_{15}O_4STl$, F. 259—260° (absol. A.), aus der freien Säure, $[\alpha]_D^{25}$ 11,8 ±0,2° in 5—8%ig. wss. Lösung. — *4-Amino-1-naphthalinsulfonat*, $C_{10}H_8O_3NSTl$, F. 240—241°, aus der Säure. — *8-Oxy-5.7-dinitro-2-naphthalinsulfonat* (Di-Tl-Salz), $C_{10}H_4O_8N_2STl_2$, Zers. bei ca. 376° unter Explosion, aus der Säure. — *1-Anthrachinonsulfonat*, $C_{14}H_7O_5STl$, F. 475—480° (Zers.), gelbe Nadeln. — *2-Anthrachinonsulfonat*, F. 384—386°, aus dem Na-Salz. — *5-Nitro-1-anthrachinonsulfonat*, $C_{14}H_6O_7NSTl$,

F. 348—350°, aus der Säure. — *8-Nitro-1-anthrachinonsulfonat*, $C_{14}H_6O_7NSTl$, F. 339 bis 341°, aus der Säure. — *8-Oxy-5-chinolinsulfonat*: *Mono-Tl-Salz*, $C_9H_6O_4NSTl$, F. 292 bis 295°, aus der Säure. *Di-Tl-Salz*, $C_9H_5O_4NSTl_2$, Zers. bei 425°, aus der Säure. — *8-Oxy-7-jod-5-chinolinsulfonat*, $C_9H_4O_4NJSTl_2$, Zers. bei ca. 300°, aus der Säure. (J. Amer. chem. Soc. **74**. 264—66. 5/1. 1952. Provo, Utah, Brigham Young Univ., and Ames, Iowa, State Coll., Dep. of Chem.) HILDEGARD BAGANZ. 1090

Robert V. Christian jr., *Kondensation von Lactonen mit Benzol.* Vff. kondensierten aliphat. Lactone mit Bzl. + $AlCl_3$ nach EIJKMAN [1907.] u. erhielten durch Austausch der OH-Gruppe durch die Phenylgruppe die entsprechenden *Phenylfettsäuren*. Lactide kondensierten nicht mit Bzl., ebenfalls nicht das β-Propiolacton infolge Zerstörung durch $AlCl_3$.

Versuche: *γ-Phenylbuttersäure*, $Kp._1$ 120—125°, F. 48—49° (Methanol), durch langsames Zufügen von $AlCl_3$ zu γ-Butyrolacton in Bzl. unter Rühren; nach 12std. Stehen u. 1std Erwärmen auf dem Wasserbad Zers. mit Eis + HCl u. Rektifikation der organ. Schicht; 44% (Ausbeute). — *γ-Phenylvaleriansäure*, $Kp._{0,5}$ 123—126°; analog; 61%. *p-Bromphenylacylester*, $C_{19}H_{19}O_3Br$, F. 76° (verd. A.). Aus dem Rückstand durch Veresterung mit A. *γ.γ'-Phenylendivaleriansäurediäthylester* (?), $C_{20}H_{30}O_4$, $Kp._{0,5}$ 165 bis 169°; $D.^{25}_4$ 1,0212; n_D^{25} 1,4914; Mol.-Refr. 94,84. — *δ-Phenylvaleriansäure*, $Kp._2$ 130 bis 140°, Kristalle aus PAe., F. 58—59°; analog vorst. Verb.; 51%. (J. Amer. chem. Soc. **74**. 1591—92. 20/3. 1952. Wichita, Kans., Univ., Dep. of Chem.) LEHWALD. 1210

Irène Elphimoff-Felkin, Hugh Felkin und Zoltan Welvart, *Darstellung und gegenseitige Umwandlung von erythro- und threo-Derivaten des β-[p-Nitrophenyl]-serins.* 1. Mitt. *Bildungsmechanismus des erythro-Derivates.* Erhitzt man threo-β-[p-Nitrophenyl]-serinäthylester in A., so bildet sich *erythro-N-[p-Nitrobenzyliden]-β-[p-nitrophenyl]-serinäthylester* (II). Nach Ansicht der Vff. verläuft die Rk. wie folgt: Es tritt zunächst Spaltung in *p-Nitrobenzaldehyd* (I) u. *Glykokolläthylester* ein. Hieraus bildet sich *N-[α-Oxy p-nitrobenzyl]-glykokolläthylester*, der instabil ist u. sich unter H_2O-Abspaltung in *N-[p-Nitrobenzyliden]-glykokolläthylester* (III) umwandelt. Analog der KNÖVENAGELschen Rk. tritt nun Kondensation mit I zu II ein, wobei die Funktion des dort verwendeten alkal. Katalysators (Triäthylamin) hier durch Glykokollester ausgeübt wird. Da der 2. Teil der Rk. ebenfalls bereits durch sd. A. eingeleitet wird, kann angenommen werden, daß es sich um ein reversibles Gleichgewicht von II u. III handelt.

Versuche: *N-[α-Oxy-p-nitrobenzyl]-glykokolläthylester*, $C_{11}H_{14}O_5N_2$, F. 64—65° (Ae.), aus I u. Glykokolläthylester. — *N-[p-Nitrobenzyliden]-glykokolläthylester* (III), $C_{11}H_{12}O_4N_2$, F. 87° (absol. A. + Ae.), durch 48std. Rk. von 1,1 (Mol) I u. 1 Glykokolläthylester; bei Einw. von HCl tritt Spaltung ein. (C. R. hebd. Séances Acad. Sci. **234**. 1564—66. 7/4. 1952.) LEHWALD. 1350

J. H. Burckhalter und Sam H. Johnson jr., *Mannichbasen aus Benzalacetonen.* Verschied. Substitutionsprodd. von *5-Dimethylamino-1-phenylpenten-(1)-on-(3)* (I) wurden durch MANNICH-Rk. aus einem Benzalaceton, Paraformaldehyd u. einem sek. Amin dargestellt. Die Einführung von Nitro-, Chlor- u. Methoxygruppen führte jedoch zu keiner Erhöhung der bei I beobachteten antibakteriellen Wirksamkeit. Die Chlor- u. Dimethoxybenzalacetone wurden nach CLAISEN-SCHMIDT, die Nitrobenzalacetone durch Nitrierung dargestellt. Katalyt. Red. von 5-Diäthylamino-1-[2.3-dimethoxyphenyl]-penten-(1)-on-(3)-hydrochlorid lieferte das Pentanon.

Versuche: *2.3-Dimethoxybenzalaceton*, $C_{12}H_{14}O_3$, $Kp._{1,5}$ 142—145°, aus 0,5 Mol 2.3-Dimethoxybenzaldehyd, 3 Mol Aceton u. 10%ig. NaOH nach DRAKE u. ALLEN (Org. Syntheses, Coll. Vol. I. [1941.] 77); gelbes viscoses Öl, n^{20} 1,5854; 73% (Ausbeute). *2.4-Dinitrophenylhydrazon*, $C_{18}H_{18}O_6N_4$, F. 217° (A.–Chlf.). — *o-Nitrobenzalaceton*, F. 53°, aus dem alkoh. Filtrat von p-Nitrobenzalaceton bei der Darst. nach BAEYER u. DREWSEN [1882.] durch Aufnehmen in Ae., Waschen mit W. u. Aufarbeitung der äther. Lsg.; $Kp._{0,3}$ 148—152°; 18%. — *1-[p-Nitrophenyl]-penten-(1)-on-(3)*, $C_{11}H_{11}$·O_3N, F. 107°, durch Zugabe von 1-Phenylpenten-(1)-on-(3) [aus Benzaldehyd u. Methyläthylketon nach CLAISEN-SCHMIDT (66%)] zu konz. H_2SO_4 bei 0°, Zugabe von konz. HNO_3 u. konz. H_2SO_4 bei —20° u. Gießen auf Eis; hellgelber Nd. aus A.; 50%. *o-Nitroisomeres*, F. ~42°, durch Zugabe von W. zum Filtrat. — *2-Methyl-1-[p-nitrophenyl]-buten-(1)-on-(3)*, $C_{11}H_{11}O_3N$, F. 109° (A.), durch Nitrierung von 2-Methyl-1-phenylbuten-(1)-on-(3) [durch Einleiten von HCl in Benzaldehyd u. Methyläthylketon (51%)]; 70%; gibt mit alkal. $KMnO_4$ *p-Nitrobenzoesäure*, F. 238°. — Die Darst. nachst. *Penten-(1)-on-(3)-Hydrochloride* erfolgte durch Kochen des Benzalacetons mit Paraformaldehyd u. dem entsprechenden Aminhydrochlorid, Zugabe von 2 Tropfen HCl nach 30 Min. u. Eingießen in Aceton nach 2 Std.: *5-Dimethylamino-1-[2.3-dimethoxyphenyl]-*,

$C_{15}H_{21}O_3N \cdot HCl$, F. 140° (A.); 43%. — *5-Diäthylamino-1-[2.3-dimethoxyphenyl]-*, $C_{17}H_{25}O_3N \cdot HCl$, F. 110° (Isopropylalkohol–Aceton–Ae.); 53%. — *5-Morpholino-1-[2.3-dimethoxyphenyl]*, $C_{17}H_{23}O_4N \cdot HCl$, F. 154° (A.–Aceton); 33%. — *5-Dimethylamino-1-[p-nitrophenyl]-*, $C_{13}H_{16}O_3N_2 \cdot HCl$, F. 187° (Aceton–Ae.); 68%. — *5-Diäthylamino-1-[p-nitrophenyl]-*, $C_{15}H_{20}O_3N_2 \cdot HCl$, F. 150° (A.–Ae.); 50%. — *5-Morpholino-1-[p-nitrophenyl]-*, $C_{15}H_{18}O_4N_2 \cdot HCl$, F. 219° (A.); 63%. — *5-Piperidino-1-[p-nitrophenyl]-*, $C_{16}H_{20}O_3N_2 \cdot HCl$, F. 209° (A.); 62%. — *5-Dimethylamino-1-[o-nitrophenyl]-*, $C_{13}H_{16}O_3N_2 \cdot HCl$, F. 167° (A.–Ae.); 34%. — *5-Morpholino-1-[o-nitrophenyl]-*, $C_{15}H_{18}O_4N_2 \cdot HCl$, F. 172° (A.–Ae.); 35%. — *5-Piperidino-1-[o-nitrophenyl]-*, $C_{16}H_{20}O_3N_2 \cdot HCl$, F. 178° (A.–Ae.); 47%. — *5-Dimethylamino-1-[o-chlorphenyl]-*, $C_{13}H_{16}ONCl \cdot HCl$, F. 168° (A.); 20%. — *5-Morpholino-1-[o-chlorphenyl]-*, $C_{15}H_{18}O_2NCl \cdot HCl$, F. 161° (A.–Ae.); 36%. — *5-Piperidino-1-[o-chlorphenyl]-*, $C_{16}H_{20}ONCl \cdot HCl$, F. 168° (A.–Ae.); 46%. — *5-Dimethylamino-4-methyl-1-[p-nitrophenyl]-penten-(1)-on-(3)-hydrochlorid*, $C_{14}H_{18}O_3N_2 \cdot HCl$, F. 161°, Kristalle aus Isopropylalkohol u. dann Aceton; 61%. — *5-Dimethylamino-2-methyl-1-[p-nitrophenyl]-penten-(1)-on-(3)-hydrochlorid*, F. 189° (absol. A.); 65%. — *5-Diäthylamino-1-[2.3-dimethoxyphenyl]-pentanon-(3)-hydrochlorid*, $C_{17}H_{27}O_3N \cdot HCl$, F. 106° (Aceton–Isopropylalkohol), durch Hydrierung des entsprechenden Pentenons in Ggw. von ADAMS-Katalysator; 67%. (J. Amer. chem. Soc. **73**. 4835—36. Okt. 1951.)

HORST BAGANZ. 1740

A. N. Nessmejanow, K. A. Petscherskaja und **G. Ja. Uretzkaja**, *Die Einführung der Trichlormethylgruppe in den aromatischen Kern durch Decarboxylierung der Trichloressigsäure in Gegenwart aromatischer Kohlenwasserstoffe.* (Magyar Kémiai Folyóirat [Ung. Z. Chem.] **56**. 210—12. Mai 1950. — C. **1950**. II. 2796.) PLANK. 2600

V. Burckhardt, W. Kündig und **P. Sieber**, *Über die Herstellung von N-Methyl-N-[1.2.3.4-tetrahydronaphthyl-(2)]-β-aminopropionsäure-[2′-oxyisopropyl]-amid und N-Methyl-N-[1.2.3.4-tetrahydronaphthyl-(2)]-β-aminopropionsäure-[2′-aminoisopropyl]-esterdihydrochlorid.* Vff. modifizieren das von MARINI-BETTÒLO u. Mitarbeitern (vgl. C. **1952**. 2994) angegebene Verf. zur Darst. von *N-Methyl-N-[1.2.3.4-tetrahydronaphthyl-(2)]-β-aminopropionsäure-[2′-oxyisopropyl]-amid* (**I**), das wegen seiner oxytoc. Wrkg. interessiert. Sie gewinnen durch Umsetzung von *2-Aminopropanol-(1)-benzyläther* mit β-Chlorpropionsäurechlorid u. Triäthylamin *Acrylsäure-[2-benzyloxyisopropyl]-amid.* Dieses addiert N-Methyl-[1.2.3.4-tetrahydronaphthyl-(2)-amin] zum Benzyläther von **I**. Durch hydrierende Abspaltung des Benzylrestes wird hieraus **I** vom F. 115 bis 120° erhalten. Da dieses seinen physikal. Eigg. nach nicht mit dem Prod. von MARINI-BETTÒLO ident. ist, vermuten Vff. Stereoisomerie beider Verbindungen. **I** liefert mit absol. alkoh. HCl 2 neue Derivv. der *N-Methyl-N-[1.2.3.4-tetrahydronaphthyl-(2)]-β-aminopropionsäure* (**II**): das *Hydrochlorid des Äthylesters* (**III**) u. das *2′-Chlorisopropylamidhydrochlorid* (**IVa**) ⟨oder das isomere *Dihydrochlorid des N-Methyl-N-[1.2.3.4-tetrahydronaphthyl-(2)]-α-amino-β-4′-methyloxazolinyl-(2′)-äthans* (**IVb**)⟩. **IV** (**a** oder **b**) geht beim Kochen mit W. in das *Dihydrochlorid des 2′-Aminopropylesters von* **II** (**V**) (im Original als *2′-Aminoisopropylester* bezeichnet; der Referent) über, welches sich seinerseits bei p_H 10 wieder in **I** umlagert. Von **I**, **III**, **IV** u. **V** werden Infrarotspektren im Gebiet von 2—16 μ gemessen u. diskutiert.

Versuche (FF. KOFLER-Block, korr.): *2-Amino-1-benzyloxypropan*, $C_{10}H_{15}ON$, $Kp._{13}$ 114—115°, $Kp._{22}$ 128—132°, durch 8std. Erhitzen von 2-Aminopropanol-(1) mit Na in Xylol auf 130° u. anschließende Umsetzung mit Benzylchlorid (10 Std., 130°); n_D^{20} 1,5092; 72% (Ausbeute). — *Acrylsäure-[2-benzyloxyisopropyl]-amid*, $C_{13}H_{17}O_2N$, F. 27—30°, $Kp._{0,08}$ 138—140° (analysenrein), aus vorst. Verb. mit 3-Chlorpropionsäurechlorid u. überschüssigem Triäthylamin in absol. Bzl. (3/4 Std. bei —10°, 1 Std. bei 20°, 1 Std. Kochen); n_D^{20} 1,5372; 81%. — *N-Methyl-N-[1.2.3.4-tetrahydronaphthyl-(2)]-β-aminopropionsäure-[2′-benzyloxyisopropyl]-amidhydrochlorid*, $C_{24}H_{33}O_2N_2Cl$, F. 214 bis 215°, aus vorst. Verb. mit N-Methyl-N-[1.2.3.4-tetrahydronaphthyl-(2)]-amin u. einer Spur Triton B (16 Std., 100°), krist. aus W. oder A.; 60%. — *N-Methyl-N-[1.2.3.4-tetrahydronaphthyl-(2)]-β-aminopropionsäure-[2′-oxyisopropyl]-amid* (**I**), $C_{17}H_{26}O_2N_2$, F. 115—120°, durch Hydrieren der vorst. Verb. mit Pd-Kohle; krist. aus Essigester; 92%. *Hydrochlorid*, $C_{17}H_{27}O_2N_2Cl$; F. 199—200°, krist. aus A.; *Chloroplatinat*, $C_{34}H_{54}O_4N_4Cl_6Pt$, F. 175—177°, krist. aus A. u. wenig H_2PtCl_6. Die gleiche Verb. (**I**) auch aus **V** durch Umlagerung mit wss. NaOH (2 Min., p_H 10), vorsichtiges Neutralisieren u. Eindampfen im Vakuum; 75%. — *N-Methyl-N-[1.2.3.4-tetrahydronaphthyl-(2)]-β-aminopropionsäureäthylester* (**III**), $C_{16}H_{23}O_2N$, $Kp._{0,03}$ 110—114°, aus N-Methyl-[1.2.3.4-tetrahydronaphthyl-(2)-amin] u. β-Brompropionsäureäthylester mit Triäthylamin in absol. Bzl. (5 Std. Kochen); n_D^{20} 1,5224; 63%. *Hydrochlorid*, $C_{16}H_{24}O_2NCl$, F. 158—159°; aus **III** mit trocknem HCl in Chlf. u. Ausfällen mit Ae., krist. aus Methylisobutylketon. — *N-Methyl-N-[1.2.3.4-tetrahydronaphthyl-(2)]-β-aminopropionsäure* (**II**), $C_{14}H_{19}O_2N$,

F. 181—183°, aus III durch 1½ Std. Schütteln mit wss. NaOH; krist. aus Chlf./Bzl. oder Dioxan; 26%. — *N-Methyl-N-[1.2.3.4-tetrahydronaphthyl-(2)]-β-aminopropionsäure-[2'-chlorisopropylamid]-hydrochlorid* oder *N-Methyl-N-[1.2.3.4-tetrahydronaphthyl-(2)]-α-amino-β-[4'-methyloxazolinyl-(2')]-äthandihydrochlorid* (IVa oder b), $C_{17}H_{26}O \cdot N_2Cl_2$, F. 228—233° (Zers., Umlagerung bei 200°), durch 2std. Kochen von I mit absol. alkoh. HCl u. Absaugen des Reaktionsprod.; krist. aus Methanol/A.; 50%. — *N-Methyl-N-[1.2.3.4-tetrahydronaphthyl-(2)]-β-aminopropionsäure-[2'-aminopropyl]-esterdihydrochlorid* (V), $C_{17}H_{28}O_2N_2Cl_2$, F. 204—205°, durch 1std. Kochen von IV mit W.; krist. aus Methanol/A./Ae.; 76%. — III-*Hydrochlorid*, F. 156—158°, aus der salzsauren Mutterlauge von IV; 34% ident. mit dem Prod. aus β-Brompropionsäureäthylester. (Helv. chim. Acta **35**. 1437—43. 1/8. 1952. Schaffhausen, Labors. der Cilag A. G.) PRACEJUS. 2700

W. K. Detweiler und E. D. Amstutz, *Einige heterocyclische sekundäre Amine.* Durch Umsetzung des Na-Salzes eines heterocycl. prim. Amins mit einem akt. heterocycl. Halogenid werden einige *asymm. heterocycl. sek. Amine* dargestellt. Die Verwendung der Na-Salze ist erforderlich, da die freien Amine auch mit dem Ring-N-Atom in der Iminoform reagieren können, so liefert 2-Chlorpyrimidin mit 2-Aminopyridin (I) während 42 Std. bei 100° eine ionisierbares Halogen enthaltende Verb., die nach Behandlung mit Basen eine bei 182—183° schm. Verb. liefert, während *Pyridyl-(2)-pyrimidyl-(2')-amin* (F. 150—152°) aus der Na-Verb. von I (II) erhältlich ist. Die Reaktionsbedingungen mußten für die einzelnen Fälle bes. ausgearbeitet werden.

Versuche (FF. korr.): *Na-Salz von 2-Aminopyrimidin* (III), durch Zufügen des Amins während 10 Min. zu einer Lsg. von $NaNH_2$ in fl. NH_3, 2std. Rühren, Eindampfen, Pulverisieren, Extrahieren mit Bzl. u. Trocknen über P_2O_5; 85% (Ausbeute). — *Na-Salz von* I (II), analog, aber ohne Extraktion; dunkelblau. — *Pyridyl-(2)-thiazolyl-(2')-amin*, $C_8H_7N_3S$, F. 195,8—196,6°, durch ½std. Kochen von II in Bzl. unter Rühren, Zufügen von 2-Chlorthiazol (IV) in Bzl. während 10 Min. zu der warmen Suspension unter Kühlung mit W., 10std. Kochen u. Rühren, Extraktion mit HCl–W. (1 : 1) u. Einstellen des sauren Extrakts auf p_H 10 mit 48%ig. NaOH; aus A. Nadeln; 40,3%. — *Pyridyl-(2)-pyrimidyl-(2')-amin*, $C_9H_8N_4$, F. 150,2—152,1°, durch 45 Min. Erhitzen von III u. 2-Brompyridin auf 150—170°, Ausschütteln der Reaktionsmischung mit kaltem W. u. Zufügen von A. + Ae. (1 : 1) als cremefarbenes Pulver; aus A. u. nach Sublimation unter 2 mm farblose Kristalle; 27,2%. — *Pyrimidyl-(2)-thiazolyl-(2')-amin*, $C_7H_6N_4S$, F. 212,1—212,6°, durch 2¾std. Erwärmen von III u. IV auf 95°, Kühlen zur Mäßigung der exothermen Rk., weiteres 6std. Erwärmen auf 95°, Wasserdampfdest. zur Entfernung von unverbrauchtem IV u. Filtration; aus A. u. nach Sublimation bei 6 mm Kristalle; 9,5%. — *2-Anilinopyrimidin*, F. 114,3—115,2°, durch 3¼std. Erwärmen von Anilin u. $NaNH_2$ in Bzl. auf 92° unter N_2, Eintragen von 2-Chlorpyrimidin nach dem Kühlen, 4½std. Kochen unter Rühren, Wasserdampfdest., Ausschütteln des Destillats mit konz. HCl u. Einstellen des sauren Auszugs auf p_H 10; aus W. Nadeln; 22%. (J. Amer. chem. Soc. **74**. 829—30. 5/2. 1952. Bethlehem, Pa., Lehigh Univ., Wm. H. Chandler Chem. Labor.) SPAETH. 3000

E. T. McBee und Theodore M. Burton, *Die Darstellung und Eigenschaften von 3.3.3-Trifluor-1.2-epoxypropan.* Trotz der starken Reaktionsfähigkeit seines Br-Atoms gelingt es, *3-Brom-1.1.1-trifluorpropanon* (I) mit Al-Isopropylat nach dem MEERWEIN-PONNDORF-Verf. mit 48,8%ig. Ausbeute zu *3-Brom-1.1.1-trifluorpropanol-(2)* (II) zu red.; jedoch ist die Rektifizierung des Reaktionsprod. außerordentlich zeitraubend. Dieselben Ausbeuten erhält man mit Na-Borhydrid. Am zweckmäßigsten red. man mit $LiAlH_4$, welches eine ca. 75%ig. Ausbeute liefert, ohne daß ein übermäßiger Austausch des Br erfolgt. II geht bei der Behandlung mit wss. NaOH bei niederer Temp. unter Hydrolyse des Br-Atoms in *3.3.3-Trifluorpropandiol-(1.2)* über. Bei höherer Temp. erfolgt HBr-Abspaltung unter Bldg. von *3.3.3-Trifluor-1.2-epoxypropan* (III). — III ist weniger reaktionsfähig als das unfluorierte 1.2-Epoxypropan. Sein Ring läßt sich durch Kochen mit verd. Säure oder leichter mit verd. Lauge öffnen.

Versuche: *3-Brom-1.1.1-trifluorpropanol-(2)* (II), $C_3H_4OBrF_3$, $Kp._{743,3}$ 124,5°, F. —3,0°, $D.^{20}_{20}$ 1,8608, n_D^{20} 1,4009, Mol.-Refr. 25,19; durch Einrühren einer Lsg. von 191 g I in wasserfreiem Ae. in eine Ätherlsg. von 11,9 g $LiAlH_4$ u. Weiterverarbeitung nach dem Verf. von NYSTROM u. BROWN (C. **1948**. II. 819); 74,8% (Ausbeute). *α-Naphthylurethan*, $C_{14}H_{11}O_2NBrF_3$, F. 134,2—134,7°. — *3.3.3-Trifluor-1.2-epoxypropan* (III), $C_3H_3OF_3$, $Kp._{748,3}$ 39,1—39,3°, F. <—80°, $D.^{20}_{20}$ 1,3068, n_D^{20} 1,2997, Mol.-Refr. 16,02; aus II mit 57%ig. NaOH bei 100°; 87,5%. — *3.3.3-Trifluorpropandiol-(1.2)*, $C_3H_5O_2F_3$, $Kp._{10}$ 69,5—70,1°, F. 25,3°, $D.^{20}_{20}$ 1,5051, n_D^{20} 1,3617, Mol.-Refr. 19,15; aus dem mit H_2SO_4 angesäuerten Rückstand der III-Herst. durch Extraktion mit Ae. oder durch

12std. Kochen von 11,2 g III mit 50 cm^3 1%ig. H_2SO_4 am Rückfluß u. Extraktion mit Ae.; 26,2%. *α-Naphthylurethan*, $C_{25}H_{19}O_4N_2F_3$, F. 198—199°. (J. Amer. chem. Soc. **74**. 3022—23. 20/6. 1952. Lafayette, Ind., Purdue Univ., Dep. of Chem.) Forche. 3030

J. Ramonczai und **L. Vargha**, *Untersuchungen über Furanverbindungen.* 3. Mitt. *Eine neue Synthese von Furylketonen.* (2. vgl. J. Amer. chem. Soc. **71**. [1949.] 2652.) Durch Einw. von Diazomethan u. Diazoäthan auf substituierte Furfurole entstehen als einheitliche Verbb. *Furylmethyl-* u. *Furyläthylketone.* 5-Methylfurfurol läßt sich jedoch mit CH_2N_2 nicht zur Rk. bringen.

V e r s u c h e : Nachst. *Furylketone* wurden durch mehrtägiges Stehen von 1 Mol des entsprechend substituierten Furfurols mit 1,5 Mol der Diazoverb. in Ae. bis zur Beendigung der N_2-Entw. bzw. Beendigung positiver Aldehyd-Rk. [Reaktionszeit in Tagen in ( )] erhalten: *2-Acetofuran*, Kp. 169—173°; (12); 70—75%. *Semicarbazon*, F. 148°. — *2-Propiofuran*, Kp. 182—183°; F. 28—30°; (2—3); 100%. *Semicarbazon*, F. 189°. — *5-Methyl-2-propiofuran*, Kp.$_{14}$ 94—96°; (2—3); 100%. *Semicarbazon*, $C_9H_{13}O_2N_3$, F. 162—164° (A.). *Oxim*, $C_8H_{11}O_2N$, F. 110°. — *5-Oxymethyl-2-acetofuran*, Kp.$_3$ 130°; (14); 40%. *Semicarbazon*, $C_8H_{11}O_3N_3$, F. 194° (A.). (J. Amer. chem. Soc. **72**. 2737. Juni 1950. Cluj-Kolozsvàr, Rumänien.) Lehwald. 3061

L. Vargha und **F. Gönczy**, *Untersuchungen über Furanverbindungen.* 4. Mitt. *Reaktionen der p-Toluolsulfonylderivate verschiedener Furylketoxime mit Alkoholen.* (3. vgl. vorst. Ref.) Aliphat. p-Toluolsulfonylfurylketoxime reagieren mit Alkoholen unter Ringöffnung u. Acetalbldg. u. Abspaltung der Sulfonylestergruppe als Ammonium-p-toluolsulfonat (I) nach Schema 1. Demgegenüber erleiden die aromat. Verbb. während der Rk. eine Beckmannsche Umlagerung u. es entstehen neben p-Toluolsulfonsäure *N-substituierte Säureamide* (Schema 2). Trichloracetyl- u. Benzoyl-2-acetylfuranoxim gehen in dieser Weise mit Alkoholen keine Rk. ein.

1.
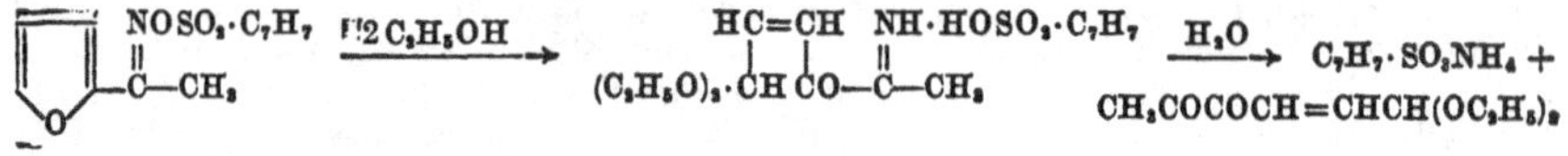

2.
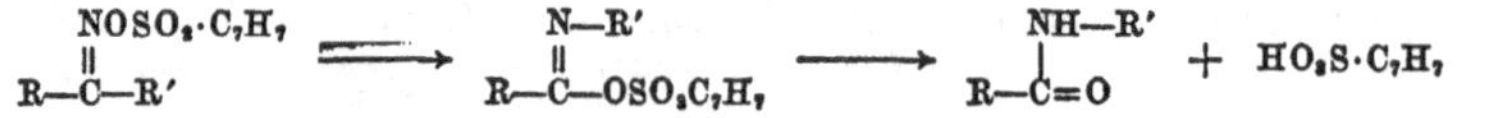

V e r s u c h e : *4.5-Diketohexen-(2)-aldoxim*, F. 235°; durch 7tägiges Stehen von p-Toluolsulfonyl-2-acetylfuranoxim mit absol. A. unter H_2O-Ausschluß, Abfiltrieren des gebildeten I u. Rk. mit Hydroxylaminhydrochlorid (II). *Trichloracetyl-2-acetylfuranoxim*, $C_8H_6O_3NCl_3$, F. 98° (Bzl.); durch langsames Zufügen von Trichloracetylchlorid in Pyridin zu 2-Acetylfuranoxim in Pyridin + Chlf. bei —10°, Gießen in Eiswasser u. Abdampfen der Chloroformschicht; 54% (Ausbeute). — Nachst. *Oxime*, durch 5std. Rückflußkochen der entsprechenden Ketone bei Ggw. von Na-Acetat mit überschüssigem II in A., Filtrieren, Einengen u. Rekristallisation aus Wasser. *5-Methyl-2-acetylfuranoxim*, $C_7H_9O_2N$, weiße Platten aus PAe., F. 78—79°; 80%. — *2-Propionylfuranoxim*, $C_7H_9O_2N$, Nadeln (W.), F. 77°; 82%. — *2-Oxyacetylfuranoxim*, $C_6H_7O_3N$, F. 132—134° (W.); 78%. — *2-[p-Methoxybenzoyl]-furanoxim*, $C_{12}H_{11}O_3N$, F. 135—137°; 75%. — Nachst. *p-Toluolsulfonylester* der *Oxime* durch Rk. vorst. Oxime mit der äquimol. Menge p-Toluolsulfonylchlorid in Pyridin bei —10° unter Rühren u. Gießen auf Eis. *p-Toluolsulfonyl-5-methyl-2-acetylfuranoxim*, $C_{14}H_{15}O_4NS$, Nadeln aus Bzl. + PAe., F. 111° (Zers.); 85%; reagiert nicht mit 95%ig. Alkohol. — *p-Toluolsulfonyl-2-propionylfuranoxim*, $C_{14}H_{15}O_4NS$, Nadeln aus PAe., F. 68°; 83%. — *p-Toluolsulfonyl-2-oxyacetylfuranoxim* (III), $C_{13}H_{13}O_5NS$, F. 86—87° (Zers.); 80%. — *p-Toluolsulfonyl-2-benzoylfuranoxim* (IV), $C_{18}H_{15}O_4NS$, F. 118° (A.); 50%. — *p-Toluolsulfonyl-2-[p-methoxybenzoyl]-furanoxim*, $C_{19}H_{17}O_5NS$, Platten aus Bzl. + PAe., F. 119—120°; 72%. — *p-Toluolsulfonyl-2-benzoylbenzofuranoxim*, $C_{22}H_{17}O_4NS$, F. 118° (Methanol); 50%. — *Acetal des 4.5-Diketohexen-(2)-als*, Kp.$_2$ 71—73°; durch 24std. Stehen von **III** mit A. bei 30°; *Aldoxim*, F. 235°. — *Furancarbonsäure-(2)-anilid*, $C_{11}H_9O_2N$, F. + Misch-F. 124°; aus **IV** u. A. 10 Tage bei 30° wie vorstehend. — *Furancarbonsäure-(2)-[p-methoxyanilid]*, $C_{12}H_{11}O_3N$, Nadeln aus W., F. 105—106°; a) analog vorst. Verb.; 60%. b) Durch 1tägiges Stehen von Furancarbonsäure-(2)-chlorid u. p-Methoxyanilin in Benzol. — *Benzofurancarbonsäure-(2)-anilid*, $C_{15}H_{11}O_2N$, F. 158°; analog vorst. Verb.; 84%. (J. Amer. chem. Soc. **72**. 2738—40. Juni 1950.) Lehwald. 3061

Reedus Ray Estes und **Peter Panzera**, *Darstellung von N-Acetylphenylthienyl-(2)-amin. N-Acetylphenylthienyl-(2)-amin*, $C_{12}H_{11}ONS$, F. 100—101° (W. + A.), wird dargestellt durch 25std. Rühren von Acetanilid, 2-Bromthiophen (I), K_2CO_3, KJ, Cu-Pulver, einem J_2-Kristall u. Nitrobenzol unter N_2 bei 160—170°, Neutralisation der dunklen Mischung, Wasserdampfdest. u. Extraktion der öligen Schicht des Rückstands mit Ae.; 14% (Ausbeute); mit 2-Jodthiophen an Stelle von I 31% (roh); 2-Chlorthiophen reagiert nicht; aus N-Acetyl-2-aminothiophen (II) u. Jodbenzol wurde das Prod. nur in geringer Ausbeute erhalten. Die Darst. von Acetyl-bis-[thienyl-(2)]-amin aus II u. I gelang nicht. (J. Amer. chem. Soc. **74.** 853. 5/2. 1952. Lexington, Ky., Univ., Dep. of Chem.) SPAETH. 3071

Robert K. Brown, Norman A. Nelson und J. Charles Wood, *Nitro- und Aminoderivate von Dibenzothiophen.* Das durch Nitrierung von Dibenzothiophen-5-oxyd (I) erhältliche *3-Nitrodibenzothiophen-5-oxyd* (II) gibt durch weitere Nitrierung *3.7-Dinitrodibenzothiophen-5-oxyd* (III). III kann mit $SnCl_2$ zu *3.7-Diaminodibenzothiophen* red. werden, bei II kann diese Red. so geleitet werden, daß prim. *3-Nitrodibenzothiophen* entsteht, das aus II besser durch Behandlung mit konz. HBr u. Eisessig erhältlich ist; mit dieser Meth. gelingt auch die Red. von III zu *3.7-Dinitrodibenzothiophen.* Verss. zur Darst. des asymm. 2.7-Dinitrodibenzothiophens durch Nitrierung von 2-Nitrodibenzothiophen-5-oxyd unter Ausnutzung der m-dirigierenden Wrkg. der SO-Gruppe u. Red. scheiterten daran, daß 2-Nitrodibenzothiophen (IV) weder mit der theoret. Menge H_2O_2 noch mit der theoret. Menge Cl_2 u. Hydrolyse noch durch Jodosobenzol zum Sulfoxyd oxydiert werden konnte, während die Oxydation mit überschüssigem H_2O_2 in üblicher Weise *2-Nitrodibenzothiophen-5-dioxyd* lieferte. 2.8-Dinitrodibenzothiophen ließ sich weder zum Sulfoxyd noch zum Sulfon oxydieren. Durch den induktiven Effekt der Nitrogruppen in p-Stellung zum S wird die Verfügbarkeit über die Elektronen um das S-Atom vermindert.

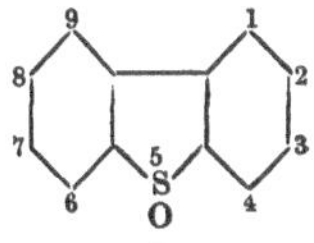

I

V e r s u c h e (FF. korr.): *3-Nitrodibenzothiophen,* $C_{12}H_7O_2NS$, F. 153—154° (verd. A.), a) durch Rühren von II in Eisessig mit $SnCl_2 \cdot 2H_2O$ in konz. HCl bei 30—40° u. nach Beendigung der Wärmeentw. 1 Std. bei Raumtemp., Abfiltrieren, Suspendieren in verd. NaOH u. Absaugen; 35% (Ausbeute); b) durch Red. von II in Eisessig mit konz. HBr (D. 1,38) während 30 Min. bei 40°; 89%. — *3.7-Dinitrodibenzothiophen-5-oxyd* (III), $C_{12}H_6O_5N_2S$, F. 267—268° (Aceton), a) durch Versetzen von II in konz. H_2SO_4 mit 100%ig. HNO_3 bei 10—15° u. Aufgießen auf Eis nach ½std. Stehen unter Kühlung u. langsamer Erwärmung auf Raumtemp.; 91%; b) ebenso aus I; 73%. — *3.7-Dinitrodibenzothiophen-5-dioxyd,* F. 283—285°, durch Oxydation von III mit $Na_2Cr_2O_7$ in CH_3COOH. — *3.7-Diaminodibenzothiophen-5-dioxyd,* F. 330—332°, durch Red. vorst. Verb. in CH_3COOH mit $SnCl_2$ u. konz. HCl. — *3.7-Dinitrodibenzothiophen,* $C_{12}H_6O_4N_2S$, F. 354—356° (Bzl.), durch Red. von III in CH_3COOH mit konz. HBr bei 80° während 30 Min.; 100%. — *3.7-Diaminodibenzothiophen,* $C_{12}H_{10}N_2S$, F. 172—173° (verd. A.), durch 2std. Stehen von III in Eisessig mit $SnCl_2 \cdot 2H_2O$ in konz. HCl u. 2std. Erwärmen auf dem Wasserbad; 83%. — *2-Nitrodibenzothiophen-5-dioxyd,* $C_{12}H_7O_4NS$, F. 257 bis 258° (Aceton), durch Kochen von IV in CH_3COOH mit überschüssigem 30%ig. H_2O_2 während 50 Min.; 95%. — *2-Aminodibenzothiophen-5-dioxyd,* $C_{12}H_9O_2NS$, F. 278—279° (A.), durch Red. vorst. Verb. in Eisessig mit $SnCl_2 \cdot 2H_2O$ in konz. HCl während 1 Std. bei 100°. — *2-Acetamidodibenzothiophen-5-dioxyd,* $C_{14}H_{11}O_3NS$, F. 273—274° ($CH_3 \cdot COOH$), aus vorst. Verb. mit Acetanhydrid in Eisessig während 2 Std. bei Raumtemp.; 90%. (J. Amer. chem. Soc. **74.** 1165—67. 5/3. 1952. Alberta, Can., Univ., Dep. of Chem.) SPAETH. 3071

Salvatore Capuano und Lorenzo Giammanco, *Die Einwirkung von alkoholischem Ammoniak auf Isonitrosotriphenylpyrrol.* Bei der Einw. von alkoh. NH_3 auf Isonitrosotriphenylpyrrol konnten als Reaktionsprodd. *2.4.6-Triphenyltriazin-(1.3.5), 2.4.5-Triphenylimidazol, benzoesaures Salz des Benzamidins* u. *Harnstoffs* isoliert werden.

V e r s u c h e: Eine Lsg. von 17,5 g Isonitrosotriphenylpyrrol in 1000 ml A. wird bei 20° mit NH_3 gesätt. u. im verschlossenen Gefäß 2—4 Monate dem Sonnenlicht ausgesetzt. Folgende Prodd. können aus der so behandelten Lsg. isoliert werden: *2.4.6-Triphenyltriazin-(1.3.5)* (*Kyaphenin*), $C_{21}H_{15}N_3$, F. 235°, aus dem gelben Bodensatz, Kristalle aus Essigsäure u. dann aus A.; gibt mit einem nach PINNER u. KLEIN [1878.] dargestellten Vergleichspräp. keine F.-Depression. — *2.4.5-Triphenylimidazol,* $C_{21}H_{16}N_2$, F. 273—274°, aus den essigsauren Mutterlaugen von vorst. Verb. durch Konzentrieren, Verdünnen mit W. u. Zugeben von NH_3, aus A. Kristalle. Gibt mit einem nach RADZISZEWSKI [1882.] dargestellten Präp. keine F.-Depression. *Benzoesaures Salz des Benzamidins,* $C_{14}H_{14}O_2N_2$, F. 234°, aus den ammoniakal. Mutterlaugen von vorst. Verb., Kristalle aus Äthylacetat u. dann aus Dioxan. Das zum Vgl. aus Benzamidinhydrochlorid u. Na-Benzoat in W. dargestellte Präp. gibt damit keine F.-Depression. — *Harnstoff,* aus den Äthylacetatmutterlaugen von vorst. Verb., aus A. Kristalle. *Nitrat,* F. 163°. (Gazz. chim. ital. **82.** 183—90. März 1952. Palermo, Univ., Ist. di Chim. farm.) K. FABER. 3081

Henry Gilman, Kenneth E. Lentz und **John A. Beel**, *Die Wirkung einiger organischer Säuren auf heterocyclische Alkyläther.* Im Anschluß an die Beobachtung von ILLUMINATI u. GILMAN (C. **1950.** II. 1344), wonach 2-Alkoxychinoline u. 2-Alkoxybenzothiazole durch Arylmercaptane zu den entsprechenden 2-Oxyderivv. u. Alkylarylsulfiden gespalten werden, untersuchen Vff. die Einw. verschied. saurer organ. Substanzen auf *2-Äthoxy-* (**I**) u. *2-Benzyloxybenzothiazol* (**II**). Essigsäure (**III**) u. Benzoesäure (**IV**) spalten **I** u. **II** unter Bldg. von *2-Oxybenzothiazol* (**V**), Phenol (**VI**), p-Kresol (**VII**) u. β-Naphthol (**VIII**) dagegen nicht; bei der Rk. von **VIII** mit **II** konnten weder Spaltprodd. noch unverändertes Ausgangsmaterial isoliert werden; auch mit p-Nitrophenol (**IX**) fand keine Spaltung statt, die Ausbeute an zurückgewonnenem Ausgangsmaterial war gering. — Die in der Literatur angegebenen p_{Ka}-Werte für die verwendeten sauren Substanzen werden aufgeführt, ein Zusammenhang zwischen diesen Werten u. dem beschriebenen Verh. läßt sich nicht erkennen.

Versuche: *2-Äthoxybenzothiazol* (I) $Kp._{0,2}$ 80—81°, durch Zutropfen von 2-Chlorbenzothiazol zur äquimol. Menge Na in A. bei 0°, ½std. Kochen, Abdest. des A. unter vermindertem Druck, Zugabe von W. u. Ae. u. Aufarbeiten der äther. Schicht; 93% (Ausbeute). — *2-Benzyloxybenzothiazol* (II), $C_{14}H_{11}ONS$, F. 64,5—65° (PAe.), wie vorst. mit Benzylalkohol; 91%. — Die Spaltungs-Rkk. wurden in N_2-Atmosphäre ausgeführt. *2-Äthoxychinolin* (**X**) gab nach 48std. Erhitzen mit Thiophenol auf 170° 68% *2-Oxychinolin* u. 53% *Äthylphenylsulfid* ($Kp._{743}$ 202—204°). — **X** u. **VIII**, 48 Std. bei 250°: 53% **X** ($Kp._{745}$ 264—266°) zurück. — **X** u. **VI**, 49 Std. bei 180°: 63% **X** zurück. — **I** u. *Barbitursäure* (**XI**), 28 Std. bei 100°: 95% **XI** u. 64% **I** zurück. — **I** u. **IV**, 24 Std. bei 170°: 85% *2-Oxybenzothiazol* (**V**) u. 77% *Äthylbenzoat.* — **I** u. **III**, 24 Std. bei 118°: 36% **V** u. Spuren *Äthylacetat.* — **I** u. **IX**, 26 Std. bei 170°: geringe Menge einer nicht identifizierten viscosen roten Flüssigkeit. — **I** u. **VIII**, 22 Std. bei 100°: je 81% **I** u. **VIII** zurück. — **I** u. *Fluoren* (**XII**), 18,5 Std. bei 158°: 79% **XII** u. 51% **I** zurück. — **I** u. *1.3-Diphenylpropandion-(1.3)* (**XIII**), 25 Std. bei 100°: 89% **XIII** u. 54% **I** zurück. — **II** u. **IV**, 20 Std. bei 143°: 64% **V** u. Spuren *Benzylbenzoat.* — **II** u. **III**, 22 Std. bei 100°: 26% **V** u. 32% *Benzylacetat* ($Kp._{745}$ 211—212°, n_D^{14} 1,5016). — **II** u. **IX**, 24 Std. bei 100°: 23% **II** u. 96% **IX** zurück. — **II** u. *p-Thiokresol*, 15 Std. bei 105°: 66% **V** u. 47% *Benzyl-p-tolylsulfid.* — **II** u. **VIII**, 72 Std. bei 100°: nichts zurückgewonnen. — **II** u. **VII**, 27 Std. bei 105°: 93% **II** zurück. (J. Amer. chem. Soc. **74.** 1081—82. 20/2. 1952. Ames, Iowa, State Coll., Dep. of Chem.) SPAETH. 3142

Oscar Heuberger und **L. N. Owen**, *Tetrahydropyran-3.4-diol und Tetrahydro-2.2.5.5-tetramethylfuran-3.4-diol.* Im *p-Toluolsulfonat des Tetrahydropyranols-(4)* läßt sich die Sulfogruppe viel leichter durch Jod, Acetyl usw. ersetzen, als in der alicycl. Reihe. Vff. geben eine auf dieser Umsetzung beruhende neue Synth. des *Tetrahydropyran-3.4-diols* (**VII**) an, dessen trans-Form von PAUL u. TSCHELITCHEFF (C. **1947.** 1463) dargestellt u. irrtümlich mit „2.3-Dioxytetrahydropyran" bezeichnet worden ist. Eine weitere Synth. von **VII** geht von *Butin-(3)-ol-(1)* (**III**) aus, das durch Rk. mit Formaldehyd in *Pentin-(2)-diol-(1.5)* (**IV**) übergeführt wird. Das hieraus durch Red. mit Pd-Kohle erhaltene *Penten-(2)-diol-(1.5)* (**VI**) gibt beim Erhitzen mit H_2SO_4 unter vermindertem Druck *5.6-Dihydro-2-pyran* (**V**), dessen Oxydation mit neutralem Permanganat u. Perameisensäure zu *cis-* u. *trans-Tetrahydropyrandiol-(3.4)* (**VIIa** u. **b**) führt. — Die Oxydation von *2.5-Dihydro-2.2.5.5-tetramethylfuran* (**VIII**) mit neutralem Permanganat ergibt *cis-Tetrahydro-2.5.5.5-tetramethylfurandiol-(3.4)* (**Xa**), mit Perameisensäure aber nicht nur das *trans-Diol* (**Xb**), sondern auch das *Epoxyd* (**IX**), das durch Erhitzen mit H_2SO_4 in wss. Dioxan zu **Xb** hydrolysiert wird. **IX** reagiert leicht mit Methansulfonsäure u. p-Toluolsulfonsäure zu fl. Monosulfonaten, die durch Umwandlung in die krist. Verbb. *trans-Dimethansulfonat* u. *trans-p-Toluolsulfonatbenzoat* charakterisiert werden können.

Versuche: *Tetrahydropyranol-(4)* (I), $Kp._{12}$ 84—85°, durch 8std. Hydrieren von *γ-Pyron* ($Kp._{12}$ 97°, durch Decarboxylieren von Chelidonsäure) in Äthanol bei 100° u. 60 at mit RANEY-Ni, n_D^{20} 1,4580; 79% (Ausbeute). *p-Toluolsulfonat* (II), $C_{12}H_{16}O_4S$, F. 56° (wss. A.); 63%. — *Methansulfonat*, $C_6H_{12}O_4S$, F. 49—50° (A.); 35%. — *Umsetzungen des p-Toluolsulfonats*: a) 2std. Kochen mit 5%ig. wss. KOH: *5.6-Dihydro-2-pyran* (**V**) Kp. 92—100°, n_D^{24} 1,4438; 28,6%, u. I, $Kp._{14}$ 88—90°, n_D^{24} 1,4553; 27,8%; b) durch 24std. Kochen mit NaJ in Aceton: *Tetrahydro-4-jodpyran*, C_5H_9OJ, $Kp._{12}$ 79—80°, n_D^{21} 1,5471; 67%; c) 20std. Kochen mit K-Aacetat in A.: *Acetat von* **I**, $C_7H_{12}O_3$, $Kp._{12}$ 75 bis 76°, n_D^{22} 1,4368; 29%; d) 16std. Kochen mit LiCl in A.: Gemisch aus *4-Chlor-* u. *4-Äthoxytetrahydropyran.* — *Pentin-(2)-diol-(1.5)* (**IV**), $C_5H_8O_2$, $Kp._{0,03}$ 90—95°, $Kp._{0,5}$ 120°, n_D^{21} 1,4895, n_D^{24} 1,4890, aus **III**, 40%ig. Formaldehyd, W., $CaCO_3$ u. $Cu(OH)_2$-Katalysator (nach HEILBRON u. Mitarbeitern, C. **1949.** I. 186) durch 4tägiges Rühren auf dem Dampfbad unter N_2; 66%, oder durch Umsetzung von $CH_3 \cdot MgJ$ mit III in Bzl., Einleiten von CH_2O-Gas u. Zerlegung des Komplexes mit NH_4Cl-Lsg.; 18%. — *5.6-Dihydro-2-pyran* (**V**), Kp. 94—95°, n_D^{15} 1,4480, durch Hydrieren von **IV** in A. mit 5%ig. Pd-Kohle zu *Penten-(2)-diol-(1.5)* (**VI**) ($Kp._{0,5}$ 91—92°, n_D^{21} 1,4759) u. Erhitzen desselben mit H_2SO_4 in N_2-Atmosphäre auf 120°/12 mm; 34%. — *cis-Tetrahydropyran-diol-(3.4)* (**VIIa**), $Kp._{0,3}$ 84—87°, n_D^{21} 1,4875, durch 2½std. Zutropfen einer Lsg. von 10 g $KMnO_4$ u. 7,5 g $MgSO_4$ in W. unter lebhaftem Rühren bei —15 bis —20° zu 6,6 g **V** in 150 cm³ A.; 1,6 g. *cis-Di-p-toluolsulfonat*, $C_{19}H_{22}O_7S_2$, F. 131—132° (A.). — *trans-Tetrahydropyrandiol-(3.4)* (**VIIb**), $Kp._{0,5}$ 100—102°, n_D^{23} 1,4861, durch Hinzufügen von 6,9 g **V** zu 90 g Ameisensäure u. 11 g 30%ig. H_2O_2 unter 4std. Rühren bei 45°; 5,95 g. *trans-Di-p-toluolsulfonat*, F. 161—162° (A.). — *Umsetzung des 2.5-Dihydro-2.2.5.5-tetramethylfurans* (**VIII**) *mit Perameisensäure*: 3½std. Rühren von 7,9 g **VIII**, 68 g Ameisensäure u. 8,4 g 30%ig. H_2O_2 bei 40°, Abdest. der Ameisensäure, Alkalischmachen mit NaOH, Kochen u. Dest. unter vermindertem Druck ergab *3.4-Epoxytetrahydro-2.2.5.5-tetramethylfuran* (**IX**), $C_8H_{14}O_2$, $Kp._{100}$ 90—91°, n_D^{32} 1,4190; 2,3 g = 25%, u. durch Lösen des alkal. Destillationsrückstandes in W. u. Ausäthern *trans-Tetrahydro-2.2.5.5-tetramethylfurandiol-(3.4)* (**Xb**), $C_8H_{16}O_3$, F. 158—159° (PAe.); 0,6 g. *trans-Dimethansulfonat*, $C_{10}H_{20}O_7S_2$, F. 104° (Methanol). 1½std. Erhitzen von 0,15 g **IX** mit Dioxan u. 3 cm³ n-H_2SO_4 auf 100° ergab **Xb**; 0,1 g. — *p-Toluolsulfonatbenzoat von* **Xb**, $C_{22}H_{26}O_6S$, F. 141—142° (A.); aus **IX** mit p-Toluolsulfonsäure in absol. Ae. bei 0° u. Rk. des entstandenen Mono-p-toluolsulfonats mit Benzoylchlorid in Pyridin bei 0°. — *cis-Tetrahydro-2.2.5.5-tetramethylfurandiol-(3.4)* (**Xa**), $C_8H_{16}O_3$, F. 93—94° (PAe.), durch Zutropfen von 6,25 g $KMnO_4$ u. 4,7 g $MgSO_4$ in W. bei 0° unter Rühren zu 6,3 g rohem Dihydrotetramethylfuran (Kp. 84—100°) in A.; 0,6 g. *Di-p-toluolsulfonat*, $C_{22}H_{28}O_7S_2$, F. 131—132° (Methanol). (J. chem. Soc. [London] **1952**. 910—14. März. London, Imp. Coll. of Sci. and Technol.) G. DRECHSLER. 3211

A. Wayne Ruddy und **Howard W. Bishop**, *Antispasmodica*. 3. Mitt. *N-Methyl-2(4)-[ω-R-ω-phenylalkyl]-piperidine und 2-R-2-Phenyl-4(5)-[N-methylpiperidyl-(4)]-alkannitrile*. (2. vgl. C. **1952**. 5245.) In Fortführung ihrer Arbeiten über Antispasmodica stellten Vff. aus Pyridyl-(2)- u. -(4)-alkanolen die entsprechenden *N-Methylpiperidyl-alkanole* dar, die mit $SOCl_2$ in *N-Methylpiperidyl-(2)*- u. *-(4)-äthylchlorid* u. *-propyl-chlorid* verwandelt wurden. Diese Verbb. wurden mit Diphenyl-, Cyclohexylphenyl- u. Isobutylphenylacetonitril bei Ggw. von $NaNH_2$ kondensiert; anschließend wurde, soweit nicht bereits von selbst erfolgt, die CN-Gruppe mit $NaNH_2$ durch H ersetzt. Bei Verwendung von *N-Methylpiperidyl-(2)-propylchlorid* zur Kondensation entstanden keine bas. Nitrile, sondern durch innere Kondensation *N-Methyloktahydropyrrocolinium-chlorid*. Unter den gewonnenen Prodd. mit 2 Asymmetriezentren konnte von *2-[3-Cyclo-hexyl-3-phenylpropyl]-N-methylpiperidinhydrochlorid* nur ein Racemat kristallin erhalten werden, von *2-Cyclohexyl-2-phenyl-4-[N-methylpiperidyl-(2)]-butannitril*, *2-Isobutyl-2-phenyl-4-[N-methylpiperidyl-(2)]-butannitril* u. *N-Methyl-2-[5-methyl-3-phenyl-hexyl]-piperidin* wurden überhaupt keine festen Derivv. erhalten. — Die größte antispasmod. Aktivität zeigte *2-[3.3-Diphenylpropyl]-N-methylpiperidin*, dessen Wrkg. bei Kaninchen ca. 50% der des Atropinsulfats betrug.

V e r s u c h e (FF. korr.): Nachst. substituierte *N-Methylpiperidinhydrochloride* durch Rk. der N-Methylpiperidyl-2- (oder 4)-äthanole oder -propanole mit $SOCl_2$ in Chlf. u. Rekristallisation aus Essigester + A. in 90—92%ig. Ausbeute: *2-[2-Chloräthyl]-*, $C_8H_{16}NCl \cdot HCl$, F. 137,5—139°. — *4-[2-Chloräthyl]-*, $C_8H_{16}NCl \cdot HCl$, F. 121—121,5°. — *2-[3-Chlorpropyl]-*, $C_9H_{18}NCl \cdot HCl$, F. 120,5—121,2°. — *4-[3-Chlorpropyl]-* (**I**), $C_9H_{18}NCl \cdot HCl$, F. 134,8—135,2°. — *2-Cyclohexyl-2-phenyl-5-[N-methylpiperidyl-(4)]-pentannitril* (**II**), $Kp._{0,05}$ 179—186°, durch langsames Erwärmen von Cyclohexylphenylacetonitril u. **I** mit $NaNH_2$ unter Rühren auf 65°, 2std. Erwärmen auf 70° nach erfolgter Rk., Zers. durch Zutropfen von W., Ausziehen mit verd. Säure, Alkalisieren u. Ausäthern; n_D^{25} 1,5275; 92% (Ausbeute). *Hydrochlorid*, $C_{23}H_{34}N_2 \cdot HCl$, F. 181—182,5°. *Methojodid*, $C_{24}H_{37}N_2J$, F. 244—245,1°. — *2-Cyclohexyl-2-phenyl-4-[N-methylpiperidyl-(2)]-butan-nitril*, $C_{22}H_{32}N_2$, $Kp._{0,2}$ 170—178°, analog **II**; n_D^{25} 1,5327; 63%. — *2-Isobutyl-2-phenyl-5-[N-methylpiperidyl-(4)]-pentannitril*, $Kp._{0,05}$ 139—140°, n_D^{25} 1,5091; 92%. *Hydro-chlorid*, $C_{21}H_{32}N_2 \cdot HCl$, F. 165,6—167,6°. *Methojodid*, $C_{22}H_{35}N_2J$, F. 232,5—233,8°. — *4-[4-Cyclohexyl-4-phenylbutyl]-N-methylpiperidin*, $Kp._{0,1}$ 158—163°, durch 10std. Kochen von **II** mit $NaNH_2$ in Xylol unter Rühren, Extraktion mit 10%ig. HCl, Alkalisieren u. Ausäthern; n_D^{25} 1,5210; 93%. *Hydrochlorid*, $C_{22}H_{35}N \cdot HCl$, F. 219—220,8°. *Methojodid*, $C_{23}H_{38}NJ$, F. 198,1—199,2°. — Analog nachst. *N-Methylpiperidine*: *2-[3.3-Diphenylpropyl]-*, $Kp._{1,5}$ 173—178°, n_D^{25} 1,5567; 74%. *Hydrochlorid*, $C_{21}H_{27}N \cdot HCl$, F. 187,3—188,5°. *Methojodid*, $C_{22}H_{30}NJ$, F. 203,2—205°. — *2-[3-Cyclohexyl-*

3-phenylpropyl]-, F. 46—47,5°, Kp.$_{0,15}$ 140—145°, n_D^{25} 1,5280; 71%. *Hydrochlorid*, $C_{21}H_{33}N \cdot HCl$, F. 177,6—178,4°. — *4-[3.3-Diphenylpropyl]-*, Kp.$_{0,1}$ 144—147°, n_D^{25} 1,5566; 86%. *Hydrochlorid*, $C_{21}H_{27}N \cdot HCl$, F. 160—162°. *Methojodid*, $C_{22}H_{30}NJ$, F. 210,8 bis 211,8°. — *4-[4.4-Diphenylbutyl]-*, Kp.$_{0,3}$ 163—176°, n_D^{25} 1,5527; 76%. *Hydrochlorid*, $C_{22}H_{29}N \cdot HCl$, F. 191,8—194°. *Methojodid*, $C_{23}H_{32}NJ$, F. 226—227,5°. — *4-[4-Phenyl-6-methylheptyl]-*, Kp.$_{0,5}$ 130—135°, n_D^{25} 1,5007; 90%. *Hydrochlorid*, $C_{20}H_{33}N \cdot HCl$, F. 149—149,8°. *Methojodid*, $C_{21}H_{36}NJ$, F. 205—206,1°. (J. Amer. chem. Soc. **74.** 1919—21. 20/4. 1952. Morris Plains. N. J. Sterling-Winthrop Res. Inst.) LEHWALD. 3231

David Shapiro, *Benzylisochinolinuntersuchungen.* 2. Mitt. (1. vgl. C. **1951.** I. **2728.**) Vf. beschreibt Verss. zur Darst. pharmakol. wirksamer *4-Benzylisochinoline* aus Aminoalkoholen. *β.γ-Bis-[3.4-dimethoxyphenyl]-β-oxypropylamin* (**I**)*-hydrochlorid* ergab beim Kochen mit HCOOH *β.γ-Bis-[3.4-dimethoxyphenyl]-allylamin* (**II**) u. nicht das erwartete N-Formylderivat. **II** wurde hydriert zu *β.γ-Bis-[3.4-dimethoxyphenyl]-propylamin* (**III**). **II** wurde auch beim Erhitzen von **I** mit $KHSO_4$ in geringem Maße neben einem neutralen Hauptprod. erhalten. Mit CH_3CHO u. HCl entstand aus **I** kein Isochinolinderivat. — Ein besserer Weg zu **III** führt über die katalyt. Red. von *α-[3'.4'-Dimethoxyphenyl]-3.4-dimethoxyzimtsäurenitril*; aus der N-Acetylverb. von **III** entsteht mit $POCl_3$ in kochendem Xylol *4-[3'.4'-Dimethoxybenzyl]-1-methyl-6.7-dimethoxy-3.4-dihydroisochinolin* (**VI**), das dehydriert wurde zum Isochinolinderivat.

V e r s u c h e: *β.γ-Bis-[3.4-dimethoxyphenyl]-β-oxypropylamin* (**I**), $C_{19}H_{25}O_5N$, F. 112°, aus 13 g 5-[3.4-Dimethoxyphenyl]-5-[3.4-dimethoxybenzyl]-oxazolidon-(2) (**IV**) durch Eintragen in kleinen Portionen in 30 cm³ konz. HCl, dann 30 Min. erhitzen; Kristalle aus absol.A.; 8 g (Ausbeute). *Hydrochlorid*, F. 220°. — *β.γ-Bis-[3.4-dimethoxyphenyl]-allylamin* (**II**), $C_{19}H_{23}O_4N$, F. 103°, aus 12 g **I** durch 10 min. Erhitzen mit derselben Menge $KHSO_4$ auf 150°/10 mm; Kristalle aus Bzl./PAe.; 0,2 g. *Hydrochlorid*, F. 260—262°. — Aus I-Hydrochlorid u. HCOOH wurde bei 5std. Kochen II-Hydrochlorid erhalten. — *α-[3.4-Dimethoxyphenyl]-3.4-dimethoxyzimtsäurenitril*, F. 155°, aus 23 g Homoveratronitril in A. mit 23 g Veratrumaldehyd u. 0,3 g $NaNH_2$ (5 Min. kochen); Kristalle aus Bzl.; 37 g. Daraus durch Hydrierung in methanol. NH_3 mit RANEY-Ni (100°/500 lbs./sq. in.) oder aus **II** mit RANEY-Ni/H_2 in Methanol (100°/500 lbs./sq. in.) *β.γ-Bis-[3.4-dimethoxyphenyl]-propylamin* (**III**), Kp.$_{0,4}$ 225—227°; F. 88—89° (Bzl.); 19,5 g. *Hydrochlorid*, $C_{19}H_{26}O_4NCl$, F. 223°; Kristalle aus A. mit etwas Wasser.— *N-Acetyl-β.γ-bis-[3.4-dimethoxyphenyl]-propylamin* (**V**), $C_{21}H_{27}O_5N$, F. 110—112°; aus 6,6 g **III** in Chlf. mit Pyridin/Acetylchlorid bei 8—10°; Kp.$_{0,3}$ 255°; Kristalle aus Essigester; 7,3 g. — *4-[3'.4'-Dimethoxybenzyl]-1-methyl-6.7-dimethoxy-3.4-dihydroisochinolin* (**VI**), $C_{21}H_{25}O_4N$, F. 123—124°, Kp.$_{0,3}$ 242—244°, aus 2,5 g **V** u. 7,5 cm³ $POCl_3$ in 15 cm³ Xylol (100°, 1 Std.); Kristalle aus Essigester; 2,1 g. *Hydrochlorid*, $C_{21}H_{26}O_4NCl$, F. 187° (Isopropanol). — *4-[3'.4'-Dimethoxybenzyl]-1-methyl-6.7-dimethoxyisochinolin* (**VII**), $C_{21}H_{23}O_4N$, F. 147—149°; Kp.$_{0,15}$ 230—235°, aus 1 g **VI** mit 0,2 g 10%ig. Pd-Kohle in CO_2-Atmosphäre; Kristalle aus Propanol-(2); 0,8 g. *Hydrochlorid*, F. 210 bis 211° (A./Aceton). — Die Verbb. **III, IV, V, VI, VII** u. das N-Methylderiv. von **IV** besitzen keine analget. Wirkung. (J. org. Chemistry **16.** 1247—49. Aug. 1951. Rehovoth, Israel, Weizmann Inst. of Sci.) GOEBEL. 3231

Peter A. S. Smith und **Tung-y n Yu,** *Einige Synthesen mit Julolidin erwandter Verbindungen.* Die Cyclisierung von *β*-Chlorpropionsäureaniliden durch Schmelzen mit $AlCl_3$ nach MAYER u. Mitarbeitern (Ber. dtsch. chem. Ges. **60.** [1927.] 858) u. STOLLÉ u. Mitarbeitern (J. prakt. Chem. **128.** [1930.] 1) liefert *Lactame*, die sich mit $LiAlH_4$ zu *Tetrahydrochinolinderivv.* reduzieren lassen. Ausgehend von Anilin (**IV**) entsteht *Tetrahydrochinolin* (**I**) selbst, ausgehend von **I** *Julolidin* (**II**), das Bis-*β*-chlorpropionylderiv. des p-Phenylendiamins liefert *1.2.3.4.5.6.7.8-Oktahydro-p-phenanthrolin* (**III**), für das der Name *p-Perylolin* vorgeschlagen wird. Das Bis-*β*-chlorpropionylderiv. des Benzidins läßt sich dagegen nicht cyclisieren. Aus **IV** u. Chloracetylchlorid bildet sich über *Oxindol Indolin.* Das als Zwischenprod. bei der Synth. von **II** erhaltene *3-Oxojulolidin* (**VI**) läßt sich, wahrscheinlich in 9-Stellung, mononitrieren u. reagiert mit Br_2. Durch Umsetzung von **III** mit Trimethylenchlorbromid entsteht ein neues Ringsyst., *1.2.3.3a.4.5.6.7.8.9.9a.10.11.12-Tetradekahydro-3a.9a-diazaperylen* (**V**). Verss. zur Cyclisierung von N-*β*-Cyanäthyltetrahydrochinolin u. N.N-Bis-[*β*-cyanäthyl]-anilin nach HOESCH waren erfolglos; 9.10-Dihydrophenanthridin wurde beim Vers. der Cyanäthylierung zu Phenanthridin dehydriert. Auch Carbazol-N-*β*-propionitril ließ sich im Gegensatz zu den Angaben des F. P. 806 715 nicht cyclisieren.

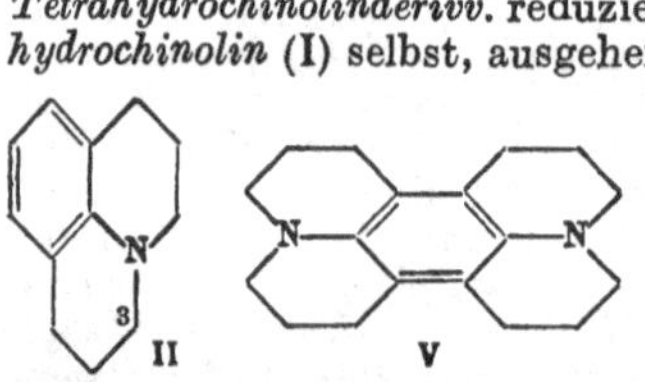

II V

V e r s u c h e: *3-Oxojulolidin* (VI), $C_{12}H_{13}ON$, F. 55°, durch 1std. Kochen von I mit β-Chlorpropionylchlorid in Aceton, Eingießen in verd. HCl, 1std. Erhitzen des erhaltenen öligen Prod. mit $AlCl_3$ über kleiner freier Flamme, Behandeln mit kalter verd. HCl u. Extraktion mit Ae.; $Kp._{0,6}$ 126—127,5°, Nadeln; 51% (Ausbeute). — *Julolidin* (II), durch 10std. Kochen von VI mit $LiAlH_4$ in Ae., Zugabe von W. u. Dest.; 97%. *Pikrat*, F. 174°. — *Oxindol*, F. 126—127°, aus IV u. Chloracetylchlorid analog VI; 55%. — *Indolin*, $Kp._{30}$ 150—152°; 61%. *Pikrat*, F. 174°. — *2.7-Dioxo-1.2.3.4.5.6.7.8-oktahydro-p-phenanthrolin*, aus dem Bis-β-chlorpropionylderiv. des p-Phenylendiamins analog VI. — *1.2.3.4.5.6.7.8-Oktahydro-p-phenanthrolin* (III; *p-Perylolin*), $C_{12}H_{16}N_2$, F. 161—162°, durch Red. vorst. Verb. mit $LiAlH_4$ analog II; 90%. — *1.2.3.3a.4.5.6.-7.8.9.9a.10.11.12-Tetradekahydro-3a.9a-diazaperylen* (V), $C_{18}H_{24}N_2$, F. 190—191°, durch 24std. Kochen von III mit Trimethylenchlorbromid, Zugabe von konz. HCl, Wasserdampfdest., Alkalisieren des Rückstandes mit NaOH u. Extraktion mit Ae.; Platten; 82%. *Pikrat*, $C_{24}H_{27}O_7N_5$, F. 205—210°, aus Ae. oder A. glänzende schwarze Nadeln. — *9-Nitro-3-oxojulolidin*, $C_{12}H_{12}O_3N_2$, F. 155—156,5° (W.), durch Zugabe von HNO_3 (D. 1,42) zu VI in Eisessig; nach 20 Min. bei Raumtemp. wird mit W. verd.; 73%. — Bromierung von VI in Eisessig liefert nach Verdünnen mit W. ein gelbes, Br-haltiges Prod., das nicht krist. erhalten werden konnte. — *Carbazol-N-β-propionsäure*, $C_{15}H_{13}O_2N$, F. 169—170°, durch 14std. Kochen von Carbazol-N-β-propionitril mit konz. HCl, Lösen des ausgefallenen Nd. in 10%ig. NaOH u. Wiederausfällen mit HCl; 86%. — *N.N-Bis-[β-cyanäthyl]-anilin*, $C_{12}H_{13}N_3$, F. 85°, durch 12std. Kochen von IV, Acrylonitril, Eisessig u. Cu_2Cl_2 u. Extraktion mit warmem Ae.; 75%; wurde nach Behandlung mit trockenem HCl u. $ZnCl_2$ in Ae. oder nach Schmelzen mit $AlCl_3$ unverändert zurückgewonnen. (J. Amer. chem. Soc. **74**. 1096—98. 20/2. 1952. Ann Arbor, Mich., Univ.) SPAETH. 3231

Edgar Schipper und Allan R. Day, *Untersuchungen über Imidazole.* 1. Mitt. *Imidazo-[b]-chinoxaline.* Als mögliche Antagonisten für Vitamine u. Wuchsstoffe mit Isalloxazinring stellen Vff. einige Imidazo-[b]-chinoxaline (I) her. Die Synth. der I aus 2.3-Diaminochinoxalin (II) geht glatt mit aromat. Aldehyden u. mit aliphat. Aldehyden, in denen die α-Stellung desaktiviert ist (2-Äthylhexanal u. 2-Äthylbutanal); n. aliphat. Aldehyde erleiden Polymerisation oder Selbstkondensation. Sie können durch Orthoester, Säureanhydride oder -halogenide ersetzt werden, wobei Säurechloride von Dicarbonsäuren mit II allerdings zu heftig unter

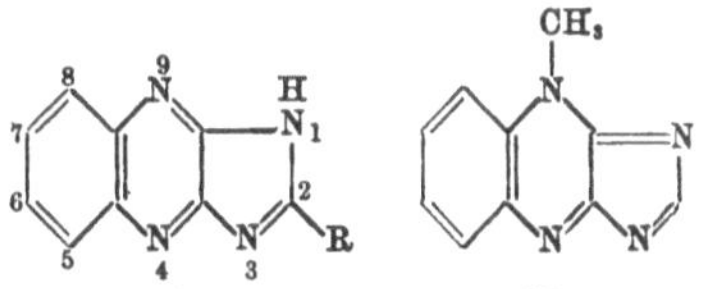

I VII

Bldg. von nicht identifizierbaren Harzen reagieren; nur Oxalylchlorid gibt *2-Oxyimidazo-[b]-chinoxalin*, das auch aus II u. Harnstoff entsteht, während Thioharnstoff nicht das entsprechende Mercaptoderiv. gibt. Aromat. Säurechloride, mit Ausnahme von Furoylchlorid, das eine kleine Menge *2-[2'-Furyl]-imidazo-[b]-chinoxalin* bildet, setzen sich mit II nicht zu den erwarteten I um. Durch Erhitzen von 1-Methyl-2-imino-3-amino-1.2-dihydrochinoxalin (III) mit Orthoameisensäureester bzw. Harnstoff entstehen als lumiriboflavinähnliche Substanzen *4-Methylisoimidazo-[b]-chinoxalin* (VII) u. *2-Oxy-4-methylisoimidazo-[b]-chinoxalin.* Mit Ausnahme der 2-Arylderivv. der I sind alle anderen Derivv. farblose, aus verd. HCl gut umkristallisierbare Substanzen. Ersatz des H-Atoms in 2-Stellung vermindert die Acidität, aber Verlängerung der Alkylkette vermindert die Acidität nicht entsprechend. Der Imidazolring ist leicht hydrolysierbar, mit heißer, verd. HCl bildet sich spontan *2-Oxy-3-aminochinoxalin*, mit verd. NaOH nach 1std. Kochen II, während Benzoylchlorid ohne Einw. bleibt. Theoret. sind zwei tautomere Formen der I, n. u. iso, möglich, es konnte jedoch kein Beweis für die iso-Form erbracht werden. Acetylierung von II gab dasselbe *N-Acetyl-2-methylimidazo-[b]-chinoxalin* (IV), das auch durch direkte Acetylierung von 2-Methylimidazo-[b]-chinoxalin (V) erhalten wurde. Wahrscheinlich reagieren die I nur in einer der beiden Formen. Gegen $KMnO_4$ sind die I bei Zimmertemp. beständig, mit Ausnahme des 2-[β-Phenylvinyl]-imidazo-[b]-chinoxalins.

V e r s u c h e (FF. korr.): *2.3-Diaminochinoxalin* (II), F. 331°, nach HINSBERG u. SCHWANTES [1903]; 48% (Ausbeute). — *2.3-Diamino-6-methylchinoxalin* (VIII), F. 249°, wie vorst. aus 1.2-Diamino-4-methylbenzol; 40%. — *2.3-Diamino-6-chlorchinoxalin* (IX), $C_8H_7N_4Cl$, F. 286° (Pyridin), aus 1.2-Diamino-4-chlorbenzol; 35%. — *1-Methyl-2-imino-3-amino-1.2-dihydrochinoxalin* (III), $C_9H_{10}N_4$, F. 203—204°, aus N-Methyl-o-phenylendiamin; 26%. — *Imidazo-[b]-chinoxalin* (VI), F. 286°, a) durch 4std. Erhitzen von II mit überschüssiger HCOOH; 41%; b) durch 6std. Erhitzen auf 140—145° von II mit überschüssigem Äthylorthoformiat; 86%. — Folgende substituierte I wurden hergestellt: *2-Methyl-* (V), F. 322°, A, aus Äthylorthoacetat; 30%;

B, durch 3std. Erhitzen auf 100° von **II** mit Acetylchlorid in Pyridin; 86%; **C**, durch 1std. Erhitzen von **II** mit überschüssigem Acetanhydrid, Hydrolyse des *1-Acetyl-2-methylimidazo-[b]-chinoxalins* (**IV**) ($C_{12}H_{10}ON_4$, F. 158—159°; 72%), mit verd. NaOH; 96%. — *2-Äthyl-*, F. 313°, **B**, aus Propionylchlorid; 77%; **C**, aus Propionsäureanhydrid; 61%. — *2-n-Propyl-*, F. 286°, **B**, aus Butyrylchlorid; 68%. — *2-n-Butyl-*, F. 250°, **B**, aus Valerylchlorid; 60%. — *2-n-Amyl-*, F. 242°, **B**, aus Caproylchlorid; 47%. — *2-[1-Äthylpropyl]-*, F. 246°, **B**, aus Diäthylacetylchlorid; 37%. — *2-Isoamyl-*, F. 223°, **B**, aus Isocaproylchlorid; 43%. — *2-[1-Äthylpentyl]-*, F. 221°, durch 5tägiges Stehen von **II** mit 2-Äthylhexanal in Pyridin in Ggw. von Triton B; 42%. — *2-Methoxymethyl-*, F. 233°, wie vorst. unter Hinzufügen eines Tropfens konz. H_2SO_4 aus Methoxyacetylchlorid; 56%. — *2-Cyclohexylmethyl-*, F. 324°, **B**, aus Cyclohexylacetylchlorid; 60%. — *2-Benzyl-*, F. 276°, **B**, aus Phenacetylchlorid in Xylol; 52%. — *2-[β-Phenylvinyl]-*, F. 311°, durch 3std. Erhitzen von **II** mit Zimtaldehyd in Pyridin in Ggw. von NaOH u. NH_4OH; 32%; oder nach **B** aus Zimtsäurechlorid; 65%; oder durch 2std. Kochen von **V** mit Benzaldehyd in Ggw. von Piperidin; 83%. Oxydation mit $KMnO_4$ in Pyridin u. Stehen über Nacht gab **VI**; 35%. — *2-Phenyl-*, F. 324°, wie vorst. aus Benzaldehyd; 58%. — *2-[β-Carboxyäthyl]-*, F. 284° (70%ig. A.), durch Erhitzen von **II** mit Bernsteinsäureanhydrid in Pyridin; 87%. — *2-Oxy-*, F. 447°, aus Oxalylchlorid; 65%; oder durch Erhitzen von **II** mit Harnstoff auf 180°; 86%. — *6-Methyl-*, F. 246°, aus **VIII** nach **A**; 74%. — *2.6-Dimethyl-*, F. 305°, **C**; 84%. — *2-Äthyl-6-methyl-*, F. 273°, **B**; 67%. — *2-n-Propyl-6-methyl-*, F. 271°, **B**; 88%. — *2-Isopropyl-6-methyl-*, F. 250°, **B**; 54%. — *2-n-Amyl-6-methyl-*, F. 224°, **D**; 55%. — *2-[1-Äthylpropyl]-6-methyl-*, F. 247°, **B**; 52%. — *2-[β-Carboxyäthyl]-6-methyl-*, F. 283°; 65%. — *2-Oxy-6-methyl-*, F. 400°; 96%. — *2-Methyl-6-chlor-*, F. 244°, aus **IX** nach **C**; 77%. — *2-Oxy-6-chlor-*, F. 362°, wie vorst. mit Harnstoff; 65%. — *4-Methylisoimidazo-[b]-chinoxalin* (**VII**), $C_{10}H_8N_4$, F. 210—213° (Zers.), durch Erhitzen von **III** mit Äthylorthoformiat; 66%. — *2-Oxy-4-methylisoimidazo-[b]-chinoxalin*, $C_{10}H_8ON_4$, F. 355°, durch Zusammenschmelzen von **III** u. Harnstoff bei 150—155°; 61%. — *2-Oxy-3-aminochinoxalin*, $C_8H_7ON_3$, durch Hydrolyse von **VI** mit 2,5nHCl. (J. Amer. chem. Soc. **73**. 5672—75. Dez. 1951. Philadelphia, Pa., Univ., Dep. of Chem. and Chem. Engng.) ROSDORFF. 3272

Edgar Schipper und Allan R. Day, *Untersuchungen über Imidazole.* 2. Mitt. *Imidazo-[b]-pyrazine.* (1. vgl. vorst. Ref.) Die Synth. von *5.6-Dimethylimidazo-[b]-pyrazinen* (**I**) erfolgte durch Umsetzung des 2.3-Diamino-5.6-dimethylpyrazins (**II**) mit Äthylorthoformiat bzw. Säurehalogeniden oder Harnstoff. Die **I** sind farblose Verbb., die sich mit Ausnahme der 2-Phenylverb. gut in W. lösen, sie lassen sich aus absol. A. umkristallisieren u. sind leicht sublimierbar. UV-Spektren von 5.6-Dimethylimidazo-[b]-pyrazin (**I**; R = H) u. vom 2-Äthylderiv. (**I**; R = C_2H_5) s. Original. Die Darst. des als Ausgangsmaterial für **II** benötigten Aminomalonamids (**III**) wurde verbessert. Durch Behandlung von **III** mit Äthylorthoformiat entstand *Imidazolon-(5)-carbonsäure-(4)-amid*. **I**, R = H, C_2H_5 u. OH zeigten weder Wachstumsverhinderung noch -anregung bei einer Konz. von 0,05—5 γ.

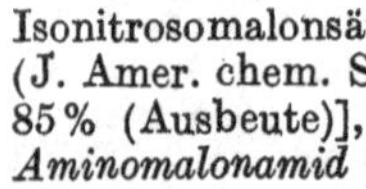

V e r s u c h e: *Aminomalonsäurediäthylester*, Kp.$_{0,4}$ 75—77°, durch Hydrierung von Isonitrosomalonsäureester [Herst. durch Modifizierung der Meth. von SNYDER u. SMITH (J. Amer. chem. Soc. **66**. [1944.] 350) durch Waschen mit 20%ig. Harnstofflsg.; 80 bis 85% (Ausbeute)], über Pd-Kohle oder Al_2O_3 in A. bei 40—45 lbs. Druck; 85%. — *Aminomalonamid* (**III**), F. 197°, nach CERCHEZ (Bull. Soc. chim. France **47**. [1930.] 1287); 86%. — *3-Oxy-5.6-dimethylpyrazincarbonsäure-(2)-amid*, F. 232—234°, nach JONES (C. **1949**. II. 1087), jedoch in Ggw. von NaOH; 75%. — *2-Oxy-3-amino-5.6-dimethylpyrazin*, $C_6H_9ON_3$, F. 300—303°, nach MCDONALD u. ELLINGSON (C. **1948**. I. 690); 86%. — *2-Chlor-3-amino-5.6-dimethylpyrazin*, $C_6H_8N_3Cl$, F. 98°, wie vorst., jedoch mit der doppelten Menge $POCl_3$; 70%. — *2.3-Diamino-5.6-dimethylpyrazin* (**II**), F. 215—216°, aus vorst. Verb.; 63%. *2-Acetylderiv.*, $C_8H_{12}ON_4$, F. 191—193°, aus **II** mit CH_3COCl in Pyridin; 25%. — *5.6-Dimethylimidazo-[b]-pyrazin* (**I**, R = H), $C_7H_8N_4$, F. 209°, durch 3std. Erhitzen von **II** mit Äthylorthoformiat; 52%. — Folgende 2-substituierte **I** wurden durch 6std. Erhitzen von **II** mit einem Überschuß des entsprechenden Acylhalogenids in Xylol hergestellt: *2-Methyl-*, $C_8H_{10}N_4$, F. 259°; 65%. — *2-Äthyl-*, $C_9H_{12}N_4$, F. 256°; 71%. — *2-n-Propyl-*, $C_{10}H_{14}N_4$, F. 227°; 42%. — *2-n-Butyl-*, $C_{11}H_{16}N_4$, F. 186°; 54%. — *2-Phenyl-*, $C_{13}H_{12}N_4$, F. 310°; 53%. — *2-Oxy-*, $C_7H_8ON_4$, F. 418°, durch 4std. Zusammenschmelzen von **II** mit Harnstoff bei 160° u. weiterem 4std. Schmelzen bei 200°. — *Imidazolon-(5)-carbonsäure-(4)-amid*, $C_4H_5O_2N_3$, Zers. bei 270 bis 275°, durch 2std. Erhitzen von **III** mit Äthylorthoformiat auf 145°; 78%. (J. Amer. chem. Soc. **74**. 350—53. 20/1. 1952.) ROSDORFF. 3272

Ju. A. Arbusow, *Reaktionen von Dienkohlenwasserstoffen mit Nitrosoverbindungen. Anlagerung von Butadien-(1.3) an Nitrosobenzol.* 1. Mitt. Die Unters. der Rk. von Butadien-(1.3) (I) mit Nitrosobenzol (II), die schon früher durchgeführt worden ist (Доклады Академии Наук СССР [Ber. Akad. Wiss. UdSSR] [N. S.] **60.** [1948.] 993; vgl. auch WICHTERLE u. VOGEL, C. **1950.** II. 2557), wurde wieder aufgenommen, um die Konst. des entstehenden 2-Phenyl-3.6-dihydroorthoxazins (III) weiter zu stützen. Mit Zn u. CH_3COOH entsteht *4-Phenylaminobuten-(2)-ol-(1)* (**IV**), dessen Diacetylderiv. bei der Oxydation *N-Acetyl-N-phenylglycin* liefert, während bei der katalyt. Hydrierung *2-Phenyltetrahydroorthoxazin* gebildet wird, das bei der Red. mit Zn u. CH_3COOH *4-Phenylaminobutanol-(1)* (**V**) gibt. Bei der katalyt. Red. von **IV** müßte **V** entstehen; es werden aber 1,8 Mol H_2/Mol **IV** verbraucht, das Reaktionsprod. stellt ein Gemisch von hauptsächlich *n-Butylalkohol* u. *Anilin*, wenig *n-Butylanilin*, u. nur 17 % **V** dar. V e r s u c h e: *2-Phenyl-3.6-dihydroorthoxazin* (III), $C_{10}H_{11}ON$, F. 50—51°; Kp.$_7$ 108—109°. Man leitet in die mit Eis gekühlte Lsg. von 107,1 g II in 1 Liter Chlf. 110 g I ein u. läßt bei 0° 24 Std. einwirken; 95 % (Ausbeute). Bei der Rk. ohne Lösungsm. im Gewichtsverhältnis I:II = 1:1 oder 2:1 wurden 61 bzw. 91 %, in A. oder Ae. bei etwa gleichen Gewichtsmengen I u. II 90 bzw. 91 % erhalten. Beim Arbeiten ohne Lösungsm. besteht Explosionsgefahr. Kristalle aus A. oder CH_3OH. — *4-Phenylaminobuten-(2)-ol-(1)* (**IV**), $C_{10}H_{13}ON$, Kp.$_2$ 151—152°. 16,1 g III in 200 ml Eisessig werden mit 40 g in 2 Anteilen zugesetztem Zn-Staub je 10 Min. geschüttelt; nach Verdünnen mit W. u. Zusatz von 200 g NaOH wird zur Entfernung von flüchtigen Prodd. mit Wasserdampf dest. u. **IV** aus dem Destillationsrückstand mit Bzl. extrahiert. Allmählich gelb werdendes Öl; $D.^{10}_4$ 1,0816; n_D^{20} 1,5867; Mol.-Refr. ($[MR]_D$) 50,69; 82 %. Wird in Ggw. von KOH (Spuren?) bei 155°/5 mm in Anilin u. Harz zersetzt. *Dibenzoylderiv.*, $C_{24}H_{21}O_3N$, F. 90—91° (A.). *Diacetylderiv.*, $C_{14}H_{17}O_3N$, Kp.$_1$ 160—161°; Öl; $D.^{20}_4$ 1,1053; n_D^{20} 1,5271. — *N-Acetyl-N-phenylglycin*, $C_{10}H_{11}O_3N$, F. 194—195°. 2,47 g vorst. Diacetylderiv. in 100 ml Aceton werden innerhalb 1 % Std. mit 4,7 g $KMnO_4$ in 350 ml Aceton oxydiert; aus heißem W. Kristalle; 62 %. — *2-Phenyltetrahydroorthoxazin*, $C_{10}H_{13}ON$, Kp.$_4$ 104—105°; durch Hydrieren von III (Cyclohexan; Pt-Kohle mit 10 % Pt); ziemlich bewegliche, schnell gelb werdende Fl.; $D.^{20}_4$ 1,0593; n_D^{20} 1,5550; $[MR]_D$ 49,45; 78 %. — *4-Phenylaminobutanol-(1)* (**V**), $C_{10}H_{15}ON$, Kp.$_3$ 154—155°; aus 16,3 g vorst. Verb. in 200 ml Eisessig u. 40 g Zn-Staub, anteilweise eingetragen; gelb werdendes Öl; $D.^{20}_4$ 1,0498; n_D^{20} 1,5636; $[MR]_D$ 51,15; 47 %. *Saures Oxalat*, $C_{12}H_{17}O_5N$, F. 124,5—125° (Zers.); Nadeln aus Methanol. — K a t a l y t. H y d r i e r u n g v o n **IV.** 8,16 g **IV** in 70 ml Ae. wurden in Ggw. von 2 g Pt-Kohle hydriert (5 % Pt). Die Hydrierungsprodd. aus 4 Ansätzen wurden vereinigt u. fraktioniert. Erhalten wurden *n-Butylalkohol*, 4,72 g (*α-Naphthylurethan*, $C_{15}H_{17}O_2N$, F. 70,5—71,5°), *Anilin*, 8,71 g (*Acetanilid*, F. 113—114°), *n-Butylanilin*, Kp.$_{4,5}$ 95—96°; $D.^{20}_4$ 0,9394; n_D^{20} 1,5393; 2,53 g (*Benzoylderiv.*, $C_{17}H_{19}ON$, F. 49—51°) u. **V**, 5,7 g. (Известия Академии Наук СССР, Отделение Химических Наук [Nachr. Akad. Wiss. UdSSR, Abt. chem. Wiss.] **1952.** 344—52. März/April. Moskau, Lomonossow-Univ., Inst. für organ. Chem. der Akad. der Wiss. der UdSSR.) H. FRÖHLICH. 3282

F. L. Scott und **J. Reilly,** *Oxytriazine aus Aminoguanidin.* Das von THIELE u. DRALLE [1898] durch Kondensation von Aminoguanidinnitrat (**IV**) u. α-Nitroso-β-naphthol (III) dargestellte *α-Oximino-β-naphthylidenaminoguanidinnitrat* (I) wandelt sich mit sd. W. in eine *Verb.* $C_{11}H_8ON_4$ um. Vff. stellen nun fest, daß die sich hierbei bildende Substanz die Struktur **II** hat. Sie ist amphoter, bildet mit Na^+, K^+, Li^+, Hg^{++} u. Ag^+ Salze, desgleichen ein Pikrat, Pikrolonat, Flavianat, Chloroaurat u. Chloroplatinat. Die sauren u. bas. Eigg. der Verb. sind ausgesprochen schwach. Die Monohydrohalide ähneln den Oxoniumsalzen der Flavone.

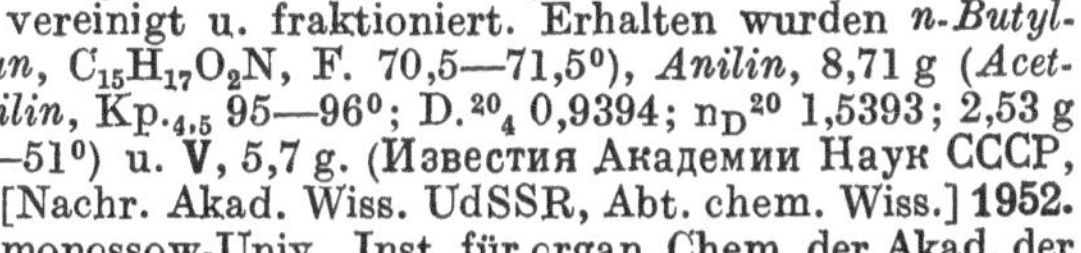

II VI V

Die Instabilität der Salze weist auf Abwesenheit einer stark bas. Guanidingruppierung hin. NH_2-Gruppen sind nicht vorhanden. Mit Br_2 + NaOH tritt keine Rk. ein, mit Br_2 allein ist ein *Tribromid* ($C_{11}H_5ON_4Br_3$) darstellbar. **II** zeigt auch keine Ketoreaktionen. Mit Dimethylsulfat u. Benzoylchlorid reagiert es nicht, läßt sich aber acetylieren. Die Oximinogruppe von **I** ist demnach an der inneren Kondensation zu **II** beteiligt. Als Beweis führen Vff. die Rk. des O-Methyläthers von **III** mit **IV** an, bei der *α-[O-Methyloximino]-β-naphthylidenaminoguanidin* entsteht, das mit sd. W. keine innere Kondensation erleidet. Die Iminogruppe in **II** kann durch Rk. mit Phenylisocyanat nachgewiesen werden. Red. von **II** führt zu **VI** ($C_{11}H_{10}N_4 \cdot HX$), das durch Oxydation **V** ($C_{11}H_8N_4$, F. 200—201°) bildet. Die Struktur von **V** wurde durch Synth.

nach DE (J. Indian chem. Soc. **4**. [1927.] 183) bewiesen. (Nature [London] **169**. 584—85. 5/4. 1952. Cork, Univ., Coll., Chem. Dep.) LEHWALD. 3313

Géza Zemplén und László Mester, *Darstellung der Formazane in der Zuckergruppe.* Bei Einw. von diazotiertem Anilin auf Zuckerphenylhydrazone bei —5° in wss. alkal. Lsg. wurde beim Einsatz von Mannose, Glucose u. Galaktose jeweils das *Benzolazoformazan* I, $C_6H_5 \cdot NH \cdot N:C(N:N \cdot C_6H_5)_2$, erhalten, das sich durch Oxydation mit Bleitetraacetat in *Benzolazodiphenyltetrazoliumchlorid* überführen ließ. Die Bldg. von I wird durch das intermediäre Entstehen von Zersetzungsprodd. der Zuckerphenylhydrazone erklärt. Arbeiten in Pyridin lieferte die wahren *Zuckerformazane* $C_6H_5NH \cdot N:C \cdot [(CHOH)_4CH_2OH] \cdot N:N \cdot C_6H_5$. Nur die aldehyd., nicht die cycl. Formen der Zuckerphenylhydrazone nehmen an der Rk. teil.

Versuche: *Benzolazoformazan* I, $C_{19}H_{16}N_6$, F. 158—160°, a) aus 5 g Mannosephenylhydrazon (II) in A. u. n-NaOH bei —10° mit Diazolsg. aus 1,85 g Anilin; 1,05 g (Ausbeute); b) aus 3,5 g Galaktosephenylhydrazon (III); 0,8 g; c) aus 5 g Glucosephenylhydrazon; 0,72 g. — *Benzolazodiphenyltetrazoliumchlorid*, $C_{19}H_{15}N_6Cl$, F. 250° (Zers.), durch Oxydation von 0,8 g I in Chlf. mit Bleitetraacetat; 0,5 g. — *Mannoseformazan*, $C_{18}H_{22}O_5N_4$, F. 174—175°, aus 5 g II in 30 ml A. u. 170 ml Pyridin, 5 g Natriumacetat u. 1,85 g diazotiertem Anilin bei —5°; rote Nädelchen aus Butanol; 3,0 g. — *Galaktoseformazan*, $C_{18}H_{22}O_5N_4$, F. 167—168°, aus 3,35 g III; aus Butanol bronzefarbene Kristalle; 2,84 g. — *Glucoseformazan*, $C_{18}H_{22}O_5N_4$, F. 177—178°, aus 3 g Glucosephenylhydrazon (F. 140—141°) in W. u. Pyridin u. 1,2 g diazotiertem Anilin; rote Nädelchen aus Butanol; 1,8 g. Glucosephenylhydrazon vom F. 155—156° lieferte unter obigen Bedingungen kein Formazan. (Acta chim. Acad. Sci. hung. **2**. 9—14. 1952. Budapest, TU, Organ. Chem. Inst.) POHLEMANN. 3400

Géza Zemplén, László Mester, András Messmer und Ede Eckhart, *Über die Konstitution der Formazane der Zuckerreihe.* (Vgl. vorst. Ref.) Es wird der Beweis erbracht, daß die im vorst. Ref. beschriebenen Verbb. echte Formazane sind. Bei Zuckerphenylhydrazonen, deren Imidgruppe substituiert ist (Galaktosemethylphenylhydrazon u. Arabinosediphenylhydrazon), blieb Formazanbldg. aus (vgl. BUSCH u. PFEIFFER, Ber. dtsch. chem. Ges. **59**. [1926.] 1162). Das p-Bromphenylhydrazon der Galaktose bildet mit diazotiertem Anilin ein *Formazan* (Kupplung in p-Stellung des Benzolkernes ausgeschlossen), das auch aus Galaktosephenylhydrazon u. diazotiertem p-Bromanilin erhalten wird. Acetylierung des Galaktoseformazans ergibt die Pentaacetylverb. (I), die mit dem durch Kupplung der Pentaacetylverb. des Galaktosephenylhydrazons mit diazotiertem Anilin gewonnenen Prod. ident. ist.

Versuche: *Galaktose-p-bromformazan*, $C_{18}H_{21}O_5N_4Br$, F. 161—162°, a) aus 2,3 g Galaktose-p-bromphenylhydrazon in A. u. Pyridin, Natriumacetat u. 0,7 g diazotiertem Anilin bei —5°; braunrote Nädelchen aus Butanol; 1,1 g (Ausbeute); b) aus 3,4 g diazotiertem p-Bromanilin u. 5 g Galaktosephenylhydrazon; 4,4 g. — *Pentaacetylgalaktoseformazan* (I), $C_{17}H_{17}O_5N_4(COCH_3)_5$, F. 142,5°, aus Galaktoseformazan in Pyridin mit Essigsäureanhydrid bei Zimmertemp.; 78%. — *Pentaacetylgalaktosephenylhydrazon*, $C_{12}H_{13}O_5N_2(COCH_3)_5$, F. 137°, aus Galaktosephenylhydrazon in Pyridin mit Essigsäureanhydrid; 35%; 1,5 g gaben mit diazotiertem Anilin 0,55 g I. (Acta chim. Acad. Sci. hung. **2**. 25—32. 1952.) POHLEMANN. 3400

G. Malyoth und H. W. Stein, *Zur Oxydation anomerer Zucker.* **Vff.** verfolgten colorimetr. die bei 20° mit Bromwasser durchgeführte Oxydation der verschied. *Lactose* (I)- u. *Galaktose* (II)-Modifikationen u. stellten dabei fest, daß die β-Modifikationen nach 1 Std. doppelt soviel Br_2 verbraucht hatten wie die α-Formen. Die Gleichgewichtskurven von I u. II verlaufen entsprechend dem Geh. der Gemische an α- u. β-Verbindungen. Insgesamt wird II schneller als I oxydiert. (Klin. Wschr. **30**. 14—15. 1/1. 1952. München, Univ., Kinderklinik.) KRUSEN. 3400

Ödön Kovács und Gábor Fodor, *Beitrag zur Synthese der Tetrahydroisochinolinalkaloide unter physiologischen Bedingungen.* β-[*3.4-Dioxyphenyl*]-*äthylamin* (I) u. dessen *4-Methyläther* (II) enthalten durch den positiven mesomeren Effekt der 3-Oxygruppe in p-Stellung ein nucleophiles C-Atom, das zu Kondensationen mit Acetaldehyd unter zellmöglichen Bedingungen befähigt ist. Aus I entstand so *Norsalsolin* u. aus II *dl-Salsolin*. Fehlt die 3-Oxygruppe dagegen oder ist sie veräthert, so tritt die Kondensation bei den gleichen Bedingungen nicht ein. Die erforderlichen β-Aryläthylamine wurden durch reduktive Aminierung von Oxyarylglyoxalen mit Benzylamin u. anschließende Hydrierung der ω-Benzylaminoacetophenone in Ggw. von $HClO_4$ dargestellt.

Versuche: *4-Oxy-3-methoxy-ω-benzylaminoacetophenonhydrochlorid*, $C_{16}H_{17}O_3N \cdot HCl$, F. 230° (W.), zu RANEY-Ni in 83%ig. A., mit H_2 bei 45° gesätt., wird ein Gemisch von [4-Oxy-3-methoxyphenyl]-glyoxal-$KHSO_3$ in W. u. Benzylamin in A. unter Rühren so zugetropft, daß die eingeführte Substanzmenge der Aufnahme von 1 Mol H_2 proportional ist. Die filtrierte Lsg. wird mit alkoh. HCl angesäuert u. im Vakuum konz.; 76% (Ausbeute). — *β-[4-Oxy-3-methoxyphenyl]-äthylamin* (III), *Hydrochlorid*, $C_9H_{13}O_2N \cdot HCl$, F. 203—204° (absol. A./Ae.), durch Hydrierung vorst. Verb. mit Pd-Kohle in 87%ig. Essigsäure bei 20° bis zur Aufnahme von 2 Mol H_2 u. dann in Ggw. von 70%ig. $HClO_4$ bei 85° bis zur Aufnahme der 3 Mol H_2; mit K-Acetat wird $KClO_4$ ausgefällt u. das Filtrat mit konz. HCl im Vakuum eingeengt; 94%. *Pikrat*, F. 197—198°, orangegelbe Kristalle. — *[3-Oxy-4-methoxyphenyl]-glyoxal*, F. 126°, durch Oxydation von 4-Methoxy-3-acetoxyacetophenon [nach SCHNEIDER u. KRAFT (Ber. dtsch. chem. Ges. **55.** [1922.] 1882), aber Extraktion des Ketons mit Bzl. u. Neutralisieren mit festem Na_2CO_3; 36%] mit SeO_2 in Dioxan + W. (6 Std. kochen) u. Verseifung mit W. auf dem Wasserbad; das Ende der Verseifung wird durch Best. des Glyoxalgeh. mit o-Phenylendiamin (*2-[3-Oxy-4-methoxyphenyl]-chinoxalin*, $C_{15}H_{12}O_2N_2$, F. 142—143°, aus verd. A. Kristalle) ermittelt; 60,5%. — *3-Oxy-4-methoxy-ω-benzylaminoacetophenonhydrochlorid*, $C_{16}H_{17}O_3N \cdot HCl$, F. 218°, durch reduktive Aminierung wie oben; 54%. — *β-[3-Oxy-4-methoxyphenyl]-äthylamin* (*Homoisovanillylamin*) (II), *Hydrochlorid*, $C_9H_{13}O_2N \cdot HCl$, F. 196 bis 197°, wie beschrieben. *Pikrat*, F. 202—203°, goldgelbe Blättchen. — Die Verss. unter zellmöglichen Bedingungen wurden so ausgeführt, daß 0,0125 Mol der Aryläthylamine (I-Hydrobromid, β-[3.4-Dimethoxyphenyl]-aminhydrochlorid, β-[4-Oxyphenyl]-äthylaminhydrochlorid, III-Hydrochlorid, II-Hydrochlorid) in 20 ml W. gelöst u. mit 25 ml n-CH_3CHO-Lsg. versetzt wurden u. die zu 50 ml ergänzte Lsg. 72 Std. bei 20° u. p_H 5 bis 4,5 aufbewahrt wurde. Von der nach Eindampfen im Vakuum erhaltenen Substanz wurde der F. bestimmt u. das Pikrat hergestellt. Aus I wurde so in 79%ig. Ausbeute *Norsalsolin* (*Hydrochlorid*, F. 181—183°; *Pikrat*, F. 254,5—205,5°) u. aus II *dl-Salsolin* (*Hydrochlorid*, F. 147—149°, *Pikrat*, $C_{17}H_{18}O_9N_4$, F. 189—191°; 89%) erhalten. Die anderen Verbb. bildeten den Isochinolinring nicht. (Chem. Ber. **84.** 795—801. 1951. Szeged, Univ., Inst. für Organ. Chem.) NEZEL. 3500

Marshall Gates und Gilg Tschudi, *Die Synthese von Morphin.* rac.-β-Δ^6-Dihydrodesoxykodeinmethyläther (rac.-I) gibt mit L(+)-Dibenzoylweinsäure nur das *Salz der d-Base* als *Monohydrat* [II, F. 162,5—163°, $[\alpha]_D^{27}$ +44,5° (c = 1,53 in Chlf.), Misch-F. mit dem Salz aus natürlichem d-I unverändert]. Mit D(—)-Dibenzoylweinsäure entsteht analog ausschließlich das *Salz der l-Base* {F. 161,5—162°, $[\alpha]_D^{27}$ —44° (c = 1,94 in Chlf.)}. Äquimol. Mengen von synth. l-Salz u. natürlichem II geben *inakt. I-Dibenzoyltartrat* (wasserfrei, F. 182°). — Aus II wird mit NH_3 *d-β-Δ^6-Dihydrodesoxykodeinmethyläther* (d-I), F. 43,5—44° u. 57,5—58°, dimorph, $[a]_D^{27}$ +80° (c = 1,24 in A.) erhalten. Die synthet. Base gibt mit natürlicher Base keine F-Depression. Die Derivv. aus synthet. u. natürlicher Base (*Methojodid*, F. 186,5—188°, *Pikrat*, F. 227,5—228,5°) zeigen ebenfalls keine F.-Depression. — *β-Dihydrothebainolmethyläther*, F. 152—153°, aus d-I durch Hydratisieren mit verd. H_2SO_4. *Methojodid*, F. u. Misch.-F. 243—244°. *β-Dihydrothebainol*, F. u. Misch-F. 165,5—166,5°, aus vorst. Verb. durch energ. Behandlung mit KOH in Diäthylenglykol. *Methojodid*, F. u. Misch-F. 266—268°. — *β-Dihydrothebainon* (**IV**), aus vorst. Verb. mit K-tert.-Butylat + Benzophenon. *Perchlorat*, F. u. Misch-F. 265—268°. *Oxim*, F. u. Misch-F. 223—226°. — Bei Bromierung von **IV** mit 2 Mol Br_2 u. anschließender Behandlung mit 2.4-Dinitrophenylhydrazin (**V**) entsteht ein 2.4-Dinitrophenylhydrazon (F. 207—208°, $[\alpha]_D^{27}$ —1307° (c = 1,63 in Chlf.) λ_{max} 379 mμ (log ε = 4,49 in Chlf.), das auch aus β-Thebainon oder Thebainon mit **V** u. dann mit Br_2 in Eisessig erhalten wird. Daß hier Epimerisierung am $C_{(14)}$ (trans → cis bei Ring II u. III) eingetreten ist, zeigt die Spaltung des Dinitrophenylhydrazons mit Aceton u. Säure zu *1-Bromthebainon* (III) (F. u. Misch-F. 198,5—199,5°, $[\alpha]_D^{32}$ —74° (c = 0,89 in Chlf.). **III** wird mit H_2/Pd auf $BaCO_3$ in *Dihydrothebainonhydrat* (F. 123—152°) umgewandelt u. dieses durch *Oxim* (F. 252—253,5°), *Oximhydrochlorid* (F. über 300°) u. *Hydrojodid* (F. 277—278,5°) charakterisiert. — *1-Bromkodeinon-2.4-dinitrophenylhydrazon*, F. 224—225°, durch Bromieren von **IV** mit Br_2 (3 Mol) in Eisessig u. anschließendes Umsetzen mit **V**, $[\alpha]_D^{27}$ —1940° (c = 1,81 in Chlf.), λ_{max} 377 mμ (log ε = 4,51 in Chlf.). — *1-Bromkodeinon*, F. 202,5—203,5°, aus vorst. Dinitrophenylhydrazon; $[\alpha]_D^{31}$ —164° (c = 1,23 in Chlf.), λ_{max} 288 mμ (log ε = 3,33 in alkal. Lsg.). — *Kodein*, F. 156,5—158°, aus vorst. Verb. mit $LiAlH_4$ in sd. Tetrahydrofuran. Daraus wird *Morphin* nach den Angaben von RAPAPORT u. Mitarbeitern (J. Amer. chem. Soc. **73.** [1951.] 5900) erhalten. (J. Amer. chem. Soc. **74.** 1109—10. 20/2. 1952. Rochester, N. Y., Univ. of Rochester, Dep. of Chem.) K. FABER. 3500

J. A. Barltrop und J. E. Saxton, *Synthesen in der Morphinreihe.* 3. Mitt. *Weitere Versuche mit β-Tetralon.* (2. vgl. C. **1952.** 3166.) *β-Tetralon* (Kp.$_{18}$ 139°, aus β-Naphthol durch Red. mit Na in fl. NH_3 + A.) kondensiert sich mit 2-Dimethylamino]-äthylchlorid bei Ggw. von reinstem $NaNH_2$ zu *1-[2'-(Dimethylamino)-äthyl]-2-keto-1.2.3.4-tetrahydronaphthalin* (I; $C_{14}H_{19}ON$, Kp.$_{0,05}$ 115—118°, n_D^{20} 1,5394). Aus der leichter zugänglichen analogen Diäthylaminoverb. (II) werden durch Umsetzung mit 1-[Diäthylamino]-butanon-(3)-jodmethylat (XI) u. KOC_2H_5 bei 0° nach der Meth. von GHOSH u. ROBINSON (C. **1947**. 854) *1-[2'-(Diäthylamino)-äthyl]-1-[3'-ketobutyl]-2-keto-1.2.3.4-tetrahydronaphthalin* (IV; $C_{20}H_{29}O_2N$, Kp.$_{0,06}$ 162—165°, $n_D^{15,5}$ 1,5416) u. *12-[2'-(Diäthylamino)-äthyl]-2-keto-2.3.4.9.10.12-hexahydrophenanthren* (V; $C_{20}H_{27}ON$, Kp.$_{0,2}$ 193—194°, $n_D^{15,5}$ 1,5572; *Pikrat*, F. 200° [Zers.]) erhalten, von denen das letztere mit N-Bromsuccinimid in sd. CCl_4, wahrscheinlich über das 10-Brom-Deriv., geringe Mengen *N-Äthyl-7-ketomorphinen-(8)-bromäthylat* (VII; $C_{20}H_{26}ONBr$, F. 182°; rotes

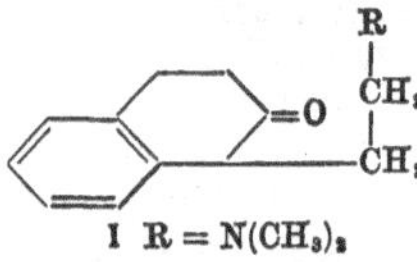

I R = $N(CH_3)_2$
II R = $N(C_2H_5)_2$
III R = OCH_3

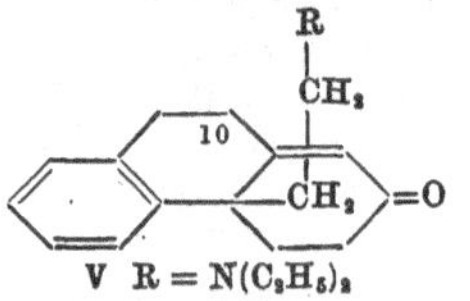

V R = $N(C_2H_5)_2$
VI R = OCH_3

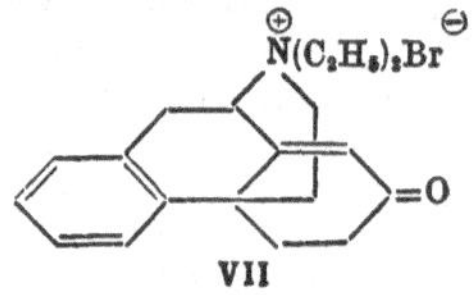

VII

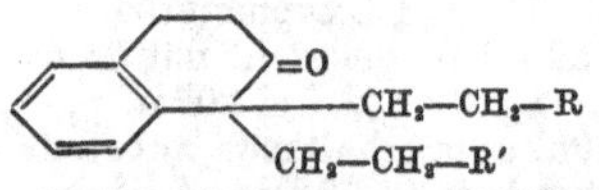

IV R = $N(C_2H_5)_2$; R' = $CO\cdot CH_3$
VIII R = OCH_3; R' = CN

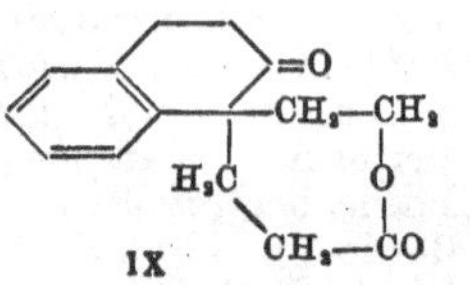

IX

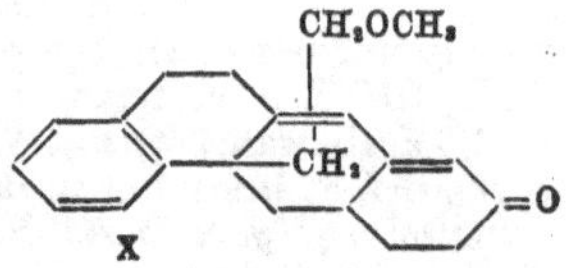

X

2.4-Dinitrophenylhydrazon bildend) liefert, dessen Konst. allerdings unbewiesen ist. — *1-[2'-Methoxyäthyl]-2-keto-1.2.3.4-tetrahydronaphthalin* (III; $C_{13}H_{16}O_2$, Kp.$_{0,1}$ 104 bis 108°, n_D^{17} 1,5390, aus β-Tetralon u. 2-Chloräthylmethyläther + $NaNH_2$ in Toluol bei 90°; *Semicarbazon*, $C_{14}H_{19}O_2N_3$, F. 150—151°) addiert Acrylnitril in Dioxan bei Ggw. von methanol. KOH zu *1-[2'-Cyanäthyl]-1-[2'-methoxyäthyl]-2-keto-1.2.3.4-tetrahydronaphthalin* (VIII; $C_{16}H_{19}O_2N$, Kp.$_{0,35}$ 176—178°, n_D^{21} 1,5404), welches eine ster. gehinderte CO-Gruppe enthält u. durch Kochen mit konz. HBr + Eisessig in das *Lacton des 1-[2'-Carboxyäthyl]-1-[2'-oxyäthyl]-2-keto-1.2.3.4-tetrahydronaphthalins* (IX; $C_{15}H_{16}O_3$, F. 153—155°) übergeführt wird. — Analog II setzt sich III mit XI um unter Bldg. von *12-[2'-Methoxyäthyl]-2-keto-2.3.4.9.10.12-hexahydrophenanthren* (VI; $C_{17}H_{20}O_2$, Kp.$_{0,1}$ 150—155°; *Semicarbazon*, $C_{18}H_{23}O_2N_3$, F. 200°) u. wenig *13-[2'-Methoxyäthyl]-6-keto-3.4.6.7.8.9.12.13-oktahydro-1.2-benzanthracen* (X; $C_{21}H_{24}O_2$, F. 122—124°; *2.4-Dinitrophenylhydrazon*, $C_{27}H_{28}O_5N_4$, tiefrot, F. 227—228°). (J. chem. Soc. [London] **1952**. 1038—41. März. Oxford, Dyson Perrins Labor.) BOIT. 3500

Morton Beroza, *Alkaloide von Trypterygium Wilfordii Hook: Wilforgin und Wilfortrin.* Nach der Abtrennung von *Wilforin* (III) u. *Wilfordin* (IV) (vgl. C. **1952**. 3494) verbleiben 2 Hauptfraktionen, aus denen durch Verteilungschromatographie 2 neue Alkaloide, *Wilforgin* (I) u. *Wilfortrin* (II), isoliert werden. I, $C_{41}H_{47}O_{19}N$, F. 211°, $[\alpha]_D^{25}$ +25° (Aceton), u. II, $C_{41}H_{47}O_{20}N$, F. 237,5—238°, $[\alpha]_D^{25}$ +10° (Aceton), deren Einheitlichkeit durch Gegenstromverteilung gesichert wird, enthalten keine OCH_3-, O_2CH_2- oder $(N)CH_3$-, wohl aber OH-Gruppen, von denen II wahrscheinlich eine mehr besitzt als I, wie aus den sonst sehr ähnlichen Infrarot (IR)-Spektren hervorgeht. Beide sind Esteralkaloide u. liefern bei der Verseifung mit KOH in Äthylenglykol 5 Mol. *Essigsäure*, 1 Mol. *Furan-3-carbonsäure* ($C_5H_4O_3$, F. 120—120,5°) sowie 2 Äquivalent nichtflüchtige Säure. Nach den IR-Spektren sind I u. II mit III u. IV strukturell nahe verwandt; Unterschiede in den UV-Spektren dürften vor allem auf die verschiedenartige Absorption des Benzoyl- u. des Furoylrestes zurückzuführen sein. I u. II sind lösl. in Chlf., Aceton, Bzl., CCl_4 u. HCl, wenig lösl. in Ae., CS_2, CH_3OH u. A., unlösl. in PAe. u. Wasser. Sie sind tox. für Kornkäferlarven (FF. korr.). (J. Amer. chem. Soc. **74**. 1585—88 20/3. 1952. Beltsville, Md., U. S. Dep. of Agricult., Agricult. Res. Administr., Bur. of Entomol. and Plant Quarantine.) BOIT. 3500

A. Brenner und H. Schinz, *Eine Modifikation der Synthese des Cyclolavundulols.* Das für die Synth. von *Cyclolavandulol* (VI) nach STEINER u. SCHINZ (C. **1952**. 1332) erforderliche *1.1-Dimethyl-4-oxymethylcyclohexanon-(3)*, das früher aus 1.1-Dimethylcyclohexanon-(3) (I) durch direkte Kondensation mit CH_2O nur mit schlechter Ausbeute erhalten worden war, wird aus I durch Kondensation mit Oxalsäureester zum *Äthoxalylketon* (II), Decarbonylierung zu *1.1-Dimethyl-4-carbäthoxycyclohexanon-(3)* (III),

Red. des daraus erhaltenen *Äthylenketals* (**IV**) zum *Ketalalkohol* (**V**) u. Hydrolyse mit besserer Ausbeute hergestellt; Schwierigkeiten bei dieser Reaktionsfolge bereitete nur die Acetalisierung von **III** infolge seiner starken Enolisation; durch mehrmalige Wiederholung der Operation wurde diese Schwierigkeit überwunden.

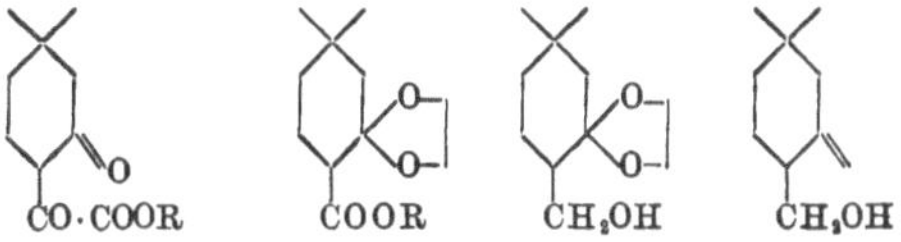

II R = C_2H_5 IV V VI

V e r s u c h e (mit **K. Schenker**): *1.1-Dimethyl-4-carbäthoxycyclohexanon-(3)* (III), $C_{11}H_{18}O_3$, Kp.$_{10}$ 115—116°. Zur Suspension von C_2H_5ONa in Ae. wurden unter Rühren u. Eiskühlung Oxalsäurediäthylester u. dann **I** zugetropft; nach weiterem 2std. Rühren u. 12std. Stehen wurde auf Eis gegossen, mit der berechneten Menge 2n HCl versetzt u. das rohe **II** [96% (Ausbeute)] durch Erhitzen mit mit Glas verschmolzener pulverisierter Borsäure auf 140—160°/11 mm decarbonyliert, wobei **III** abdest.; n_D^{20} 1,4728; 84%. *2.4-Dinitrophenylhydrazon*, $C_{17}H_{22}O_6N_4$, F. 76° (CH_3OH). — *Ketalester* **IV**, $C_{13}H_{22}O_4$, Kp.$_{0,2}$ 98°, durch mehrfache Acetalisierung von **III** in Bzl. mit überschüssigem Äthylenglykol in Ggw. von p-Toluolsulfonsäure; $D.^{20}{}_4$ 1,0672, n_D^{20} 1,4652, Mol.-Refr. 62,80; 65%. — *Ketalalkohol* **V**, $C_{11}H_{20}O_3$, Kp.$_{0,1}$ 82—83°, durch Red. von **IV** mit Na in A. bei 130—160° (Bad); $D.^{20}{}_4$ 1,0693, n_D^{20} 1,4765, Mol.-Refr. 52,87; 75%. *Allophanat*, $C_{13}H_{22}O_5N_2$, F. 152° (Bzl.-Hexan). — *1.1-Dimethyl-4-oxymethylcyclohexanon-(3)*, $C_9H_{16}O_2$, Kp.$_{0,13}$ 65—68°, durch Schütteln von **V** mit einer Mischung von gesätt. Weinsäurelsg., A. u. konz. HCl während 48 Std. bei Raumtemp., $^1/_2$ std. Erwärmen auf 50° u. Ae.-Extraktion; $D.^{20}{}_4$ 1,0064, n_D^{20} 1,4694, Mol.-Refr. 43,25; 82%. *Allophanat*, F. 154° (CH_3OH). *Phenylsemicarbazon*, $C_{16}H_{23}O_2N_3$, F. 170—171° (A.). — *1.1.3-Trimethyl-3-oxy-4-oxymethylcyclohexan*, Kp.$_{0,14}$ 78—88°, aus vorst. Verb. mit CH_3MgJ in Ae.; n_D^{20} 1,4740; 62%. — *Cyclolavandulylacetat*, $C_{12}H_{20}O_2$, Kp.$_{13}$ 105°, durch Diacetylierung vorst. Verb. mit Acetanhydrid + Pyridin bei 180—190° (Bad) u. Pyrolyse des Diacetats bei 280—290°/600 mm; $D.^{20}{}_4$ 0,9470, n_D^{20} 1,4618, Mol.-Refr. 57,00; 52%. — *Cyclolavandulol* (VI), $C_{10}H_{18}O$, Kp.$_{10}$ 96°, durch Verseifung vorst. Acetats; $D.^{20}{}_4$ 0,9205, n_D^{20} 1,4776, Mol.-Refr. 47,36; 84%. *Allophanat*, $C_{12}H_{20}O_3N_2$, F. 164—165° (Bzl.). (Helv. chim. Acta **35**. 1333—36. 16/6. 1952. Zürich, ETH, Organ.-chem. Labor.)

SPAETH. 3600

A. Brenner, U. Steiner und **H. Schinz**, *Eine weitere Synthese des Cyclolavandulols.* Das aus Methylheptenon über *Dimethylheptenol* (I) erhältliche *α-Cyclogeraniolen* (II) lieferte bei der Kondensation mit CH_2O in Ae.-Eisessig-H_2SO_4 ein uneinheitliches Reaktionsprod., das das *Mono-* oder *Diacetat des 1.1.3-Trimethyl-4-oxymethylcyclohexanols-(3)* u. wahrscheinlich auch *Cyclolavandulol* (III) bzw. dessen *Acetat* (**IIIa**) enthielt. Durch Pyrolyse des Gemisches nach Abdest. der leichterflüchtigen Anteile wurden weitere Mengen **III** bzw. **IIIa** erhalten; nach Verseifung ließ sich **III** über die Phthalestersäure oder das Borat von den nichtalkoh. Prodd. abtrennen. Die Meth. hat vor der im vorst. Ref. beschriebenen den Vorteil, daß sie weniger Zeit erfordert. Das so erhaltene **III** zeigte die gleichen Daten wie die früher (l. c. u. C. **1952**. 1332) gewonnenen Präpp., das **III**-*Allophanat* schmolz jedoch um 4° höher, was darauf zurückgeführt wird, daß **III** in bes. reiner γ-Form vorliegt u. daher der Geh. an α-**III** bes. gering ist. Das IR-Spektr. von **III** zeigt die für die γ-Form charakterist. Banden bei 895 u. 1650 cm^{-1}. Beim oxydativen Abbau von **III** entsteht eine *Carbonylverb.* $C_{10}H_{16}O_3$, deren Semicarbazon sich mit dem früher von SIMON u. SCHINZ (C. **1950**. I. 531) aus (+)-**III** erhaltenen Präp. bis auf α_D als ident. erwies. — Da das als Ausgangsmaterial benutzte **II** nach seinem IR-Spektr. noch etwas des γ-Isomeren enthielt, wäre auch die Bldg. von Allocyclogeraniol möglich gewesen, doch konnte seine Bldg. nicht nachgewiesen werden, so daß wohl zwischen **II** u. seinem γ-Isomeren ein Gleichgewicht herrscht, aus dem **II** wegen seiner größeren Reaktionsgeschwindigkeit verschwindet u. daher nachgebildet wird.

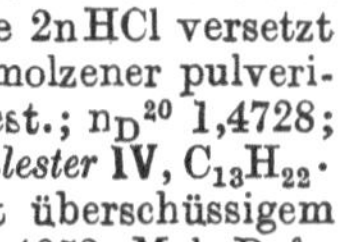

I II

V e r s u c h e: *Dimethylheptenol* (I), Kp.$_{11}$ 74—83°, aus Methylheptenon u. CH_3MgJ; 89% (Ausbeute). — *α-Cyclogeraniolen* (II), Kp.$_{200}$ 103—105°, aus I nach HARRIES u. WEIL [1904.] u. 4std. Kochen mit 60%ig. H_2SO_4; 80%. — *γ-Cyclolavandulol* (III), $C_{10}H_{18}O$, Kp.$_{11}$ 98°. Ein Gemisch von **II**, Eisessig u. Ae. wurde unter Rühren u. Kühlen in eine Suspension von Paraformaldehyd in Eisessig, Ae. u. konz. H_2SO_4 während ½ Std. eingetropft; nach 4½std. Rühren unter Kühlung wurde in die heftig gerührte Aufschlämmung von wasserfreiem Na_2CO_3 in W. eingegossen; die organ. Prodd. wurden mit Ae. extrahiert u. Ae. u. leichtflüchtige Prodd. bis Kp.$_{15}$ 80° abdest.; der Rückstand wurde bei 220—350°/600 mm pyrolysiert u. fraktioniert dest.; die bei 80—125°/12 mm erhaltene Fraktion wurde mit KOH in W. u. CH_3OH hydrolysiert u. aus dem Gemisch

III über die Phthalestersäure oder mit Borsäuretriäthylester abgetrennt; $D.^{20}{}_4$ 0,9202, n_D^{20} 1,4773, Mol.-Refr. 47,42; 18% bezogen auf verbrauchtes II. *Allophanat*, $C_{12}H_{20}O_3N_2$, F. 168—169° (CH_3OH). — *Dihydrocyclolavandulol*, $Kp._{11}$ 100°, durch Hydrierung von III in Eisessig in Ggw. von PtO_2. *Allophanat*, $C_{12}H_{22}O_3N_2$, F. 163—164°. — III-*Acetat* (IIIa), $C_{12}H_{20}O_2$, $Kp._{11}$ 100°, durch Acetylierung von 2,4 g III mit CH_3COCl in Pyridin–Ae.; 2,61 g. — *Carbonylverb.* $C_{10}H_{16}O_3$, $Kp._{0,1}$ 115—125°, durch Oxydation von 1,25 g III in PAe. bei 0° mit $KMnO_4$ (3 Äquivalente O) in W., Filtration, Ansäuern mit 2n HCl u. Ae.-Extraktion; 0,67 g. *Semicarbazon*, $C_{11}H_{19}O_3N_3$, F. 201—202° (CH_3OH). (Helv. chim. Acta **35**. 1336—41. 16/6. 1952. Zürich, ETH, Organ.-chem. Labor.) SPAETH. 3600

A. Brenner und H. Schinz, *Über einige β-Cyclolavandulylverbindungen.* Bei der Oxydation von γ-Cyclolavandulol (vgl. vorst. Reff.) nach LAUCHENAUER u. SCHINZ (C. **1950**. I. 2339) zur Aldehydstufe wandert gleichzeitig die Doppelbindung in die α.β-Stellung zur funktionellen Gruppe, u. es entsteht *β-Cyclolavandulal* (I), das sich unter milden Bedingungen mit Aceton zum *β-Cyclolavandulylidenaceton* (II) kondensieren läßt. Das UV-Spektr. von II ähnelt dem des β-Jonons, hat aber bei λ_{max} 295 mμ einen höheren Wert für log ε (4,2). II hat einen schwachen Reseda-, aber keinen Veilchengeruch. — Durch Kondensation von α-Cyclogeraniolen (**VI**) mit CH_3COCl in Ggw. von $SnCl_4$ entsteht *1.1.3-Trimethyl-4-acetylcyclohexan-(3)*, das durch Oxydation mit NaOBr *β-Cyclolavandulylsäure* (**III**) liefert, aus der durch Red. mit $LiAlH_4$ *β-Cyclolavandulol* (**IV**) u. daraus wieder **I** erhältlich ist. Das IR-Spektr. von **IV** zeigt gegenüber dem γ-Isomeren die für β-Verbb. charakterist. Bande bei 1680 cm^{-1}. Die Synth. von **III** wurde noch auf einem anderen Wege versucht, der aber nur bis zum III-*Amid* (**IIIa**) führte: *1.1.3-Trimethylcyclohexanon-(4)* (**V**) wurde in sein Cyanhydrin übergeführt, das zum Nitril **IIIb** von **III** dehydratisiert wurde; Verseifung von **IIIb** mit alkoh. H_2SO_4 lieferte nur **IIIa**. Zur Darst. von **V** wurden verschied. Wege beschritten: **VI** ließ sich mit Persäuren in sein Epoxyd verwandeln u. dieses, allerdings in geringer Ausbeute, zu **V** isomerisieren; in kleiner Ausbeute entstand **V** auch direkt aus **VI** durch Einw. von $SOCl_2$, HCOOH u. $SnCl_4$. Andererseits wurde 1.1-Dimethylcyclohexanon-(3) (**VII**) in 4-Stellung bromiert, das Br-Atom mit KOH gegen OH ausgetauscht u. das erhaltene *1.1-Dimethyl-4-oxycyclohexanon-(3)* (**VIII**) mit CH_3MgJ zu *1.1.3-Trimethylcyclohexandiol-(3.4)* (**IX**) umgesetzt, das nicht durch Hydroxylierung von **VI** mit H_2O_2 u. OsO_4 erhalten werden konnte. **VII** lieferte auch durch acetylierende Oxydation das *Acetat* (**VIIIa**) von **VIII**, das nach Verseifung zu **VIII** oder direkt mit CH_3MgJ **IX** ergab. Wasserabspaltung aus **IX** führte zu **V**. — Es wird ferner die Darst. von *β-Isocyclolavandulol* (**X**) u. *β-Apocyclolavandulol* (**XI**) beschrieben; als Ausgangsmaterial für **X** diente Dihydroisophoron, das in der im vorvorst. Ref. beschriebenen Weise über das *Äthoxalylketon* **XII**, den *Ketoester* **XIII** u. den *Oxyester* **XIV** zum *β-Isocyclolavandulylsäureester* umgesetzt wurde, aus dem **X** durch Verseifen u. Red. erhältlich ist. Analog wurde **XI** aus 1.1-Dimethylcyclohexanon-(3)-carbonsäure-(4)-äthylester (**XV**) über den *Oxyester* **XVI** u. den *β-Apocyclolavandulylsäureester* erhalten.

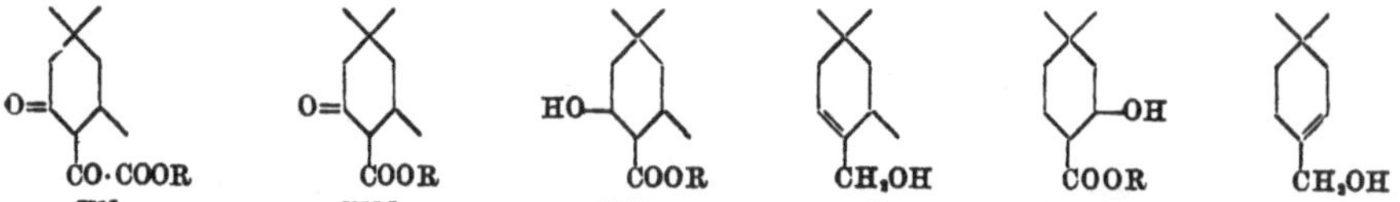

XII XIII XIV X XVI XI

$R = C_2H_5$

V e r s u c h e (unter teilweiser Mitarbeit von **K. Hutschneker**): *β-Cyclolavandulal* (I), $C_{10}H_{16}O$, $Kp._{15}$ 92—93°, durch Oxydation von γ-Cyclolavandulol mit Al-Isopropylat u. Anisaldehyd; $D.^{20}{}_4$ 0,9138, n_D^{20} 1,4728, Mol.-Refr. 46,71; 52,5% (Ausbeute). *2.4-Dinitrophenylhydrazon*, $C_{16}H_{20}O_4N_4$, F. 187—188°, rote Nadeln aus Chlf.–CH_3OH. I konnte mit Ag_2O nicht zu III oxydiert werden. — *β-Cyclolavandulylidenaceton* (II), $C_{13}H_{20}O$, $Kp._{0,1}$ 82—83°, durch 5tägiges Schütteln von I mit Aceton u. gesätt. wss. $Ba(OH)_2$-Lsg.; $D.^{20}{}_4$ 0,9376, n_D^{20} 1,5382, Mol.-Refr. 64,17; 52,5%. *Semicarbazon*, $C_{14}H_{23}ON_3$, F. 202—203° (Chlf.–CH_3OH); färbt sich an der Luft gelblich. *Phenylsemicarbazon*, $C_{20}H_{27}ON_3$, F. 183—184° (Chlf.–CH_3OH). *2.4-Dinitrophenylhydrazon*, $C_{19}H_{24}O_4N_4$, F. 198 bis 199°, aus Chlf.–CH_3OH rote Nadeln. — *1.1.3-Trimethyl-4-acetylcyclohexen-(3)*, $C_{11}H_{18}O$, $Kp._{11}$ 96—97°, aus VI u. Acetylchlorid mit $SnCl_4$ unter Rühren u. Kühlen, Eingießen in 10%ig. HCl, Extraktion mit Ae., Abdest. von unverbrauchtem **VI** bis $Kp._{200}$ 110°, Erhitzen des Rückstands mit Dimethylanilin u. fraktionierte Dest.; $D.^{20}{}_4$ 0,9093, n_D^{20} 1,4693, Mol.-Refr. 50,95; 62%. *Semicarbazon*, $C_{12}H_{21}ON_3$, F. 201 bis 203° (CH_3OH–W., CH_3OH–Bzl.). — *β-Cyclolavandulylsäure* (III), $C_{10}H_{16}O_2$, F. 110—111°, durch Versetzen der Lsg. vorst. Ketons mit NaOBr-Lsg. (bei 0° aus NaOH in W. mit

Br_2 hergestellt) unter Rühren, 1std. Rühren bei 25—30° u. 10 Min. Erwärmen auf 60°, Zerstörung von überschüssigem NaOBr mit $NaHSO_3$-Lsg., Ansäuern mit halbkonz. HCl, Extraktion mit Ae., Ausziehen der sauren Anteile aus der Ae.-Lsg. mit NaOH u. Ansäuern; aus wss. CH_3OH Nadeln; 39%. — *β-Cyclolavandulol* (**IV**), $C_{10}H_{18}O$, Kp.$_{15}$ 105 bis 106°, durch Einrühren einer Ae.-Lsg. von **III** in die Aufschlämmung von $LiAlH_4$ in Ae. unter Kühlung, Zers. des überschüssigen Hydrids mit W. u. Lösen des $Al(OH)_3$ mit HCl; $D.^{20}_4$ 0,9153, n_D^{20} 1,4814, Mol.-Refr. 47,99; 56%. *Allophanat*, $C_{12}H_{20}O_3N_2$, F. 163—164° (CH_3OH). Oxydation von **IV** wie oben lieferte **I**. — *α-Cyclogeraniolen-epoxyd*, $C_9H_{16}O$, Kp.$_{13}$ 49°, a) durch Stehen von **VI** mit Benzopersäurelsg. während 48 Std. bei —10° u. 17 Std. bei Raumtemp.; $D.^{20}_4$ 0,8858, n_D^{20} 1,4381, Mol.-Refr. 41,56; 50%; b) durch Eintragen von **VI** in äther. Phthalmonopersäurelsg. bei —10° u. Aufarbeitung am folgenden Tag; 57%. — *1.1.3-Trimethylcyclohexanon-(4)* (**V**), $C_9H_{16}O$, Kp. 65—67°, a) durch Eintragen vorst. Epoxyds in ein Gemisch von konz. H_2SO_4 u. CH_3OH unter Kühlung, 45 Min. Erwärmen auf 45—50° u. Abtrennen von **V** mittels der Hydrogensulfitverb.; $D.^{20}_4$ 0,8993, n_D^{20} 1,4498, Mol.-Refr. 41,89; b) durch Eintropfen von $SOCl_2$ in ein Gemisch von **VI**, 100%ig. HCOOH u. $SnCl_4$ unter Rühren u. Kühlen, Aufnehmen in Ae. u. Dest.; c) aus **IX** (s. unten) durch $2^3/_4$std. Erwärmen mit 25%ig. H_2SO_4 auf dem Wasserbad; 48%. *2.4-Dinitrophenylhydrazon*, $C_{15}H_{20}O_4N_4$, F. 150—151° (CH_3OH–Chlf. oder wss. A.). *Semicarbazon*, $C_{10}H_{19}ON_3$, F. 163—164° (wss. A.). — *1.1-Dimethyl-4-oxycyclohexanon-(3)* (**VIII**), Kp.$_{11}$ 83—85°, a) durch Bromierung von **VII** in CCl_4 unter Kühlung zur *4-Bromverb.* (Kp.$_{11}$ 101—103°, $D.^{17}_4$ 1,302, n_D^{17} 1,4987) u. deren Verseifung durch 2std. Schütteln mit 10%ig. KOH; $D.^{15}_4$ 1,0048, n_D^{15} 1,4676; 66%; b) durch Erwärmen von **VII** mit Hg(II)-Acetat (160—170° Bad), Ae.-Extraktion, fraktionierte Dest. u. Verseifung des erhaltenen **VIII**-*Acetats* (**VIIIa**) mit 6%ig. methanol. KOH; 25%. **VIII** gab mit Semicarbazidacetat eine Verb. vom F. 186—187° (CH_3OH–Chlf.), deren Analyse aber nicht mit der Formel des erwarteten Semicarbazons übereinstimmte. — *1.1.3-Trimethylcyclohexandiol-(3.4)* (**IX**), $C_9H_{18}O_2$, F. 113—114° (wss. A.), a) aus **VIII** mit äther. CH_3MgJ-Lsg. u. Zers. mit NH_4Cl; 90%; b) ebenso aus 2,4 g **VIIIa**; 2 g. — *β-Cyclolavandulylsäurenitril* (**IIIb**), $C_{10}H_{15}N$, durch Überführung der Hydrogensulfitverb. von **V** mit wss. KCN-Lsg. in das **V**-*Cyanhydrin* (sternförmige, hygroskop. Kristalle; 78%), das in Chlf. zur Lsg. von $SOCl_2$ in Pyridin–Chlf. unter Schütteln eingetropft wurde; nach $^1/_2$ Std. bei Zimmertemp. wurde das Chlf. abdest u. der Rückstand 20 Min. auf 110—115° erhitzt; Aufarbeitung mit Eis u. Ae.; $D.^{20}_4$ 0,9078, n_D^{20} 1,4710, Mol.-Refr. 45,94. — *β-Cyclolavandulylsäureamid* (**IIIa**), $C_{10}H_{17}ON$, F. 144° (Bzl.–PAe.), durch 4std. Kochen von 2,25 g **IIIb** mit 90%ig. A. u. konz. H_2SO_4 u. Aufgießen auf Eis; 1,8 g. — *Dihydroisophoron*, Kp.$_{10}$ 76—78°, durch Hydrierung von Isophoron in Ggw. von RANEY-Ni u. Reinigung über die Hydrogensulfitverb.; 80%. — *β-Ketoester* **XIII**, $C_{12}H_{20}O_3$, Kp.$_{10}$ 120—125°, durch Kondensation vorst. Verb. mit Oxalsäurediäthylester zum *Äthoxalylketon* **XII** u. dessen Decarbonylierung, wie früher (l. c.) beschrieben; $D.^{20}_4$ 0,9941, n_D^{20} 1,4567, Mol.-Refr. 58,12; 42%. *2.4-Dinitrophenylhydrazon*, $C_{18}H_{24}O_6N_4$, F. 174°, feine gelbe Nadeln aus Chlf.–CH_3OH. — *Oxyester* **XVI**, $C_{12}H_{22}O_3$, Kp.$_{10}$ 120°, durch Hydrierung von **XIII** in Feinsprit in Ggw. von RANEY-Ni; $D.^{20}_4$ 0,9864, n_D^{20} 1,4571, Mol.-Refr. 59,17; 85%. *Allophanat*, $C_{14}H_{24}O_5N_2$, F. 124—125° (wss. CH_3OH). — *β-Isocyclolavandulylsäureäthylester*, $C_{12}H_{20}O_2$, Kp.$_{11}$ 100°, durch Wasserabspaltung aus **XIV** mit $SOCl_2$–Pyridin; $D.^{20}_4$ 0,9292, n_D^{20} 1,4550, Mol.-Refr. 57,31; 67%. *Freie Säure*, $C_{10}H_{16}O_2$, F. 101°, durch Verseifung von 11 g Ester mit 10%ig. methanol. KOH während ½ Std. auf dem Wasserbad; aus wss. CH_3OH nadelige Kristalle; 9 g. — *β-Isocyclolavandulol* (**X**), $C_{10}H_{18}O$, Kp.$_{10}$ 97—101°, durch Red. der vorst. Säure in Ae. mit $LiAlH_4$; $D.^{20}_4$ 0,9112, n_D^{20} 1,4741, Mol.-Refr. 47,58; 75%. *Allophanat*, $C_{12}H_{20}O_3N_2$, F. 147° (wss. A.). — *Oxyester* **XVI**, $C_{11}H_{20}O_3$, Kp.$_{11}$ 118°, analog **XIV** durch katalyt. Red. von **XV**; $D.^{20}_4$ 1,0101, n_D^{20} 1,4570, Mol.-Refr. 54,00; 91,5%. *Allophanat*, $C_{13}H_{22}O_5N_2$, F. 153,5—154,5° (wss. CH_3OH). — *β-Apocyclolavandulylsäureäthylester*, $C_{11}H_{18}O_2$, Kp.$_{11}$ 96—102°, durch Dehydratisierung von **XVI** mit $SOCl_2$ u. Pyridin; $D.^{20}_4$ 0,9504, n_D^{20} 1,4607, Mol.-Refr. 52,60; 65%. *Freie Säure*, $C_9H_{14}O_2$, F. 123—124° (wss. CH_3OH), 1,7 g aus 2,05 g Ester. — *β-Apocyclolavandulol* (**XI**), Kp.$_{11}$ 94—95°. *Allophanat*, $C_{11}H_{18}O_3N_2$, F. 174° (CH_3OH). (Helv. chim. Acta **35**. 1615—26. 1/8. 1952. Zürich, ETH, Organ.-chem. Labor.) SPAETH. 3600

Siegfried Beckmann, *Notiz über die Einwirkung von Hypobromit auf α-Campholonsäure und Dioxydihydro-α-campholensäure.* Bei der Oxydation von α-Campholonsäure (I; vermeintliche Pinonsäure von TIEMANN [1895.], vgl. KOMPPA u. BECKMANN, Ber. dtsch. chem. Ges. **69**. [1936.] 2783) mit Hypobromit entsteht eine *Lactondicarbonsäure*, $C_{10}H_{14}O_6$ [II; F. 212—213° (Essigester); vermeintliche Pinsäure von TIEMANN], die sich nicht zur freien Oxysäure hydrolysieren ließ (beständiger γ-Lactonring), mindestens ein asymm. C-Atom enthält [aus opt.-akt. **I** (aus d-Campher) entsteht akt. **II**,

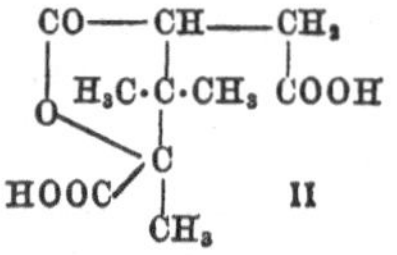

II

F. 229—230°] u. bei längerem Kochen mit CH_3COCl kein Anhydrid bildet, weswegen für **II** die Konst. des *4-Oxy-3.3-dimethylpentantricarbonsäure-(1.2.4)-γ-lactons* angenommen wird. Nebenprodd. der Oxydation von I sind ölige, nichtkrist. Reaktionsprodd. u. CBr_4. Die Muttersubstanz von I, Dioxydihydro-α-campholensäure, liefert bei der Hypobromitoxydation neben CBr_4 *Isocamphoronsäure*, $C_9H_{14}O_6$, F. 167—168° (Essigester–Bzl.). (Chem. Ber. **83**. 315—16. Mai 1950. Hohenheim, Landwirtschaftl. Hochschule, Chem. Inst.) SPAETH. 3600

William M. Stokes und **Werner Bergmann**, *Beziehungen zwischen dem optischen Drehungsvermögen und der Struktur mehrkerniger Naturprodukte.* 1. Mitt. *Steroidkohlenwasserstoffe.* Vff. diskutieren die Zusammenhänge zwischen der Stereochemie des Kohlenstoffgerüsts der Steroide u. dem opt. Drehungsvermögen. Die Konfiguration der Asymmetriezentren in der Seitenkette u. die wahrscheinlichen Partialdrehungen der Asymmetriezentren an $C_{(20)}$ u. $C_{(24)}$ sowie der meisten Kernzentren wurden abgeleitet u. die Einflüsse von Strukturänderungen auf diese Werte diskutiert. Es wird gezeigt, daß sich die auffallenden Drehungsänderungen zwischen gesätt. Steroiden u. ihren im Ring A oder B ungesätt. Derivv. erklären lassen, wenn man sich die ungesätt. Steroide von den enantiomorphen 9-Methyloktalinen abgeleitet denkt; da das hauptsächliche Drehvermögen der ungesätt. Derivv. den ersten beiden Ringen, die die Doppelbindung enthalten, zugeschrieben werden muß, u. ferner die z. B. den $\Delta^{4,5}$- bzw. den $\Delta^{5,6}$-Derivv. entsprechenden 9-Methyloktaline Antipoden sind, wird der Wechsel des Vorzeichens der Drehung beim Übergang vom $\Delta^{4,5}$- in das $\Delta^{5,6}$-Steroid verständlich. Die Abhängigkeit der Größe einer Vicinalwrkg. zwischen $C_{(5)}$ u. der Doppelbindung von der Entfernung beider Gruppen wurde untersucht; die wahrscheinliche Reichweite der Vicinalwrkg. zwischen den übrigen Asymmetriezentren u. der ungesätt. Gruppierung in den Ringen A u. B wurde daraus abgeleitet. (J. org. Chemistry **16**. 1817—28. Dez. 1951. New Haven, Conn., Yale Univ., Sterling Chem. Labor.) FRUHSTORFER. 3700

D. Perlman, Elwood Titus und **Josef Fried**, *Mikrobiologische Hydroxylierung von Progesteron.* Durch einen bis jetzt noch nicht identifizierten Actinomycetenstamm gelang den Vff. die Einführung von einer oder mehreren OH-Gruppen in den Steroidkern. *Progesteron* wurde in einem Medium, das Glycin, Glutamat, Sojabohnenöl u. anorgan. Salze enthielt, mit dem Stamm bebrütet (3 Tage bei 25°), abfiltriert, das Filtrat mit Chlf. extrahiert u. zwischen 80%ig. wss. Methanol u. Chlf. verteilt. Der kristalline Rückstand aus dem Methanol wurde an Mg-Silicat–Celit chromatographiert u. ergab 3 Substanzen: 1. *16α-Oxyprogesteron*, $C_{21}H_{30}O_3$, durch Elution mit Chlf.–Bzl. 1 : 1, F. 225—226°, $[\alpha]_D^{23}$ —158°(c = 0,65 in Chlf.), λ_{max} 239 mμ (ε = 17000 in A.), λ_{max} 3,04, 5,90, 6,02 u. 6,20 μ (Nujol); *Monoacetat*, F. 134—135°, $[\alpha]_D^{22}$ +107° (0,33 in Chlf.). Die Stellung der OH-Gruppe wurde bewiesen durch Überführung mit Al-Butylat in das bekannte *Δ^{16}-Dehydroprogesteron*, F. 190—191,5°, $[\alpha]_D^{23}$ +134,5° (c = 0,90 in Chlf.); λ_{max} 240 mμ (ε = 28400 in A.). Der Vgl. der mol. Rotationen der freien u. der acetylierten Verb. macht die 16α-Konfiguration sehr wahrscheinlich. — 2. *16α-Oxypregnandion-(3.20)*, $C_{21}H_{32}O_3$, F. 199—200°, $[\alpha]_D^{23}$ +90,5° (c = 0,82 in Chlf.), λ_{max} 284 mμ (ε = 65 in A.). Mit Al-Butylat entsteht daraus *Δ^{16}-Pregnendion-(3.20)*, F. 196 bis 198°, $[\alpha]_D$ +83°, λ_{max} 239 mμ (ε = 91 00 in A.). — 3. Ein *Dioxyprogesteron*, $C_{21}H_{30}O_4$, durch Elution mit Chlf.-Aceton 3 : 1, F. 215,5—216,5, $[\alpha]_D^{24}$ —39° (c = 0,76 in Chlf.), λ_{max} 243 mμ (ε = 14400 in A.). (J. Amer. chem. Soc. **74**. 2126. 20/4. 1952. New Brunswick, N. J., Squibb Inst. for Med. Res.) H. SCHEURLEN. 3750

Donald E. Wolf, William H. Jones, John Valiant und **Karl Folkers**, *Vitamin B_{12}.* 11. Mitt. *Abbau von Vitamin B_{12} zu D_g-1-aminopropanol-(2)* (10. vgl. C. **1951**. II. 3171.; 12. vgl. EMERSON u. Mitarbeiter, C. **1952**. 2870.) Saure Hydrolyse des *Vitamins B_{12}* führt zu *D_g-1-aminopropanol-(2)* (I). (Der Index g bezieht sich auf Glycerinaldehyd, auf den die Konfigurationen der Kohlenhydrate bezogen werden, vgl. VICKERY, J. biol. Chemistry **169**. [1947.] 237.) Dies konnte auf folgendem Wege sichergestellt werden: Das Spaltprod. wurde durch Lösungsmittelverteilung isoliert u. gereinigt, nachdem es benzoyliert war: *Dibenzoat*, $C_{17}H_{17}O_3N$, F. 73—74°; $[\alpha]_D^{24}$ —72° ± 1° (c = 0,83, A.). D_g-Milchsäure wurde über die Morphinsalze der dl-Milchsäure hergestellt u. aus deren Amid durch Red. die Verb. I, woraus sich das Dibenzoat mit den gleichen Kennzahlen herstellen ließ. (J. Amer. chem. Soc. **72**. 2820. Juni 1950. New Jersey, Merck & Co.) LOCH. 3800

Edward A. Kaczka, Donald E. Wolf, Frederick A. Kuehl jr. und **Karl Folkers**, *Vitamin B_{12}.* 15. Mitt. *Reaktionen von Cyanocobalamin- und verwandten Verbindungen.* (14. vgl. BRINK u. Mitarbeiter, C. **1951**. I. 1591.) In *Vitamin B_{12a}* (I; *Hydroxocobalamin*) ist die komplex gebundene CN-Gruppe durch OH ersetzt. Bei p_H 5—6 kann aus I durch Zufügen von KCN das *Vitamin* B_{12} (II; *Cyanocobalamin*) gewonnen werden. Ebenso kann die CN-Gruppe durch Cl (III; *Chlorocobalamin*) u. HSO_4 (IV; *Sulfatocobalamin*) ersetzt werden. Die biol. Aktivität des I beträgt je nach den Versuchsbedingungen 30—100% derjenigen von II. Die I-ähnlichen Verbb. zeichnen sich durch p_H-abhängige spektrale Verschiebungen aus. Die Brechungsindices der Verbb. betragen für III: n_α 1,620, n_β 1,628, n_γ 1,634; für I: n_α 1,580, n_β 1,640, n_γ 1,656; für IV: n_ε 1,606, n_ω 1,640; für das Reaktionsprod. von I mit H_2S: n_α 1,600, n_β 1,648, n_γ 1,674. (Science [New York] **112**. 354—55. 29/9. 1950. Rahway, N. J., Merck & Co., Res. Labor.) LOCH. 3800

Edward A. Kaczka, D. E. Wolf, Frederick A. Kuehl jr. und **Karl Folkers,** *Vitamin* B_{12}. 16. Mitt. *Modifikationen von Cyanocobalamin.* (15. vgl. vorst. Ref.) *Vitamin* B_{12} (I) ist eine Komplexverb. mit 3-wertigem Co, von dessen 6 Koordinationsstellen 1 durch ein CN^--Ion unter Neutralisierung einer positiven Ladung des Co besetzt ist, die übrigen 5 Stellen werden durch 3 Elektronenpaare, die rotleitenden 2 positiven Ladungen durch 2 negative Ladungen des Mol.-Restes besetzt, I kann also als $[R\bar{o}\bar{o}oCo^{+++}CN^-]$ charakterisiert werden. Vff. bezeichnen den Rest $[R\bar{o}\bar{o}oCo^{+++}]^+$ als *Cobalamin*, danach ist I *Cyanocobalamin.* Durch Behandeln von I mit H_2 in wss. Lsg. u. nachfolgende Einw. von Luft entsteht das schwachbas. *Vitamin* B_{12a} (*Hydroxocobalamin*; II), bei dem in wss. Lsg. das Gleichgewicht $[R\bar{o}\bar{o}oCo^{+++}OH^-] \xrightleftharpoons{H_2O} [R\bar{o}\bar{o}o \cdot Co^{+++}H_2O]^+ + OH^-$ besteht. Beim Durchleiten von H_2S bzw. SO_2 durch Lsgg. von I entstehen II-ähnliche Verbb., im ersten Falle wahrscheinlich unter Oxydation des Sulfidions, die sich jedoch nach Reinigung durch Brechungsindices u. Verteilungskoeffizienten unterscheiden. Durch Rk. von II mit HCl, HBr, $NaNO_2$, KOCN, H_2SO_4 u. von *Chlorocobalamin* mit KOCN mit anschließender Reinigung konnten die entsprechenden Komplexverbb. erhalten werden; Maxima ihrer Absorptionsspektren in W. u. die dazu gehörigen E_1-Werte $^{1\%}_{1\,cm}$ (in Klammern): II, 2700—2770 (137), 3525 (150), 5300 (56); *Chlorocobalamin*, 2740—2750 (142), 3520—3530 (174), 5250—5300 (59); *Bromocobalamin*, 2740—2750 (140), 3520 (168), 5200—5300 (59); Reaktionsprod. von I + H_2S, 2730—2750 (140), 3520 (170), 5250—5300 (58); *Sulfatocobalamin*, 2720—2750 (135), 3520 (163), 5200—5300 (55); *Nitrocobalamin*, 2550—2750 (187—180), 3540 (185), 5300 (75); *Cyanatocobalamin*, 2720—2780 (139), 3530 (140), 5200—5300 (54); I, 2780 (115), 3610 (204), 5500 (63). (J. Amer. chem. Soc. **73**. 3569—73. Aug. 1951.) LOCH. 3800

G. W. Moersch, M. C. Rebstock, A. C. Moore und **D. P. Hylander,** *Chloromycetin. Verwandte Verbindungen. Die β-p-Nitrophenylserine.* Bei der Nacharbeitung der Synthesen von *β-p-Nitrophenylserin* (I) durch Nitrieren von N-Acetyl-β-phenylserin nach WOOLLEY (C. **1951**. I. 1469) u. durch Kondensation von p-Nitrobenzaldehyd u. Glykokolläthylester in Ggw. von Na nach DALGLIESH (C. **1950**. I. 528) einerseits, oder ohne Katalysator in A. nach BERGMAN u. Mitarbeiter (C. **1951**. II. 824) andererseits entstehen die *threo-* bzw. *erythro*-Formen von I. Die isomeren Aminosäuren unterscheiden sich nur wenig im F., können aber nach Umwandlung in die Äthylester (II) leicht identifiziert werden. Der aus erythro-II durch Umsetzen mit Methyldichloracetat u. dann mit Acetanhydrid erhaltene *N-Dichloracetyl-O-acetyl-β-[p-nitrophenyl]-serinäthylester* (III) unterscheidet sich durch verschied. F. von dem analog aus threo-II erhaltenen Derivat. Beide geben aber bei alkal. Hydrolyse denselben *α-Dichloracetamido-p-nitrozimtsäureäthylester.*

V e r s u c h e: *β-[p-Nitrophenyl]-serinäthylester* (II), *threo*-Form, $C_{11}H_{14}O_5N_2$, F. 132—133°, aus threo-I mit absol. A. + HCl. *erythro-Form*, $C_{11}H_{14}O_5N_2$, F. 115 bis 116°, ebenso aus erythro-I. — Umlagerung von erythro-II durch Überführen in *erythro-N-Acetyl*-II ($C_{13}H_{16}O_6N_2$, F. 158—159°) mit Acetanhydrid, Versetzen dieser Verb. mit $SOCl_2$ in 10 Min., 40 Min. Stehenlassen bei 20°, Erhitzen mit W. (1,5 Std.) u. Verestern der Aminosäure zu *threo*-II. — *N-Dichloracetyl-O-acetyl-β-[p-nitrophenyl]-serinäthylester* (III), *threo-Form*, $C_{15}H_{16}O_7N_2Cl_2$, F. 126—127°, aus threo-II mit Methyldichloracetat in Methanol u. dann mit Acetanhydrid. *erythro-Form*, $C_{15}H_{16}O_7N_2Cl_2$, F. 86—87°, ebenso aus erythro-II, Kristalle aus verd. Äthanol. — *α-Dichloracetamido-p-nitrozimtsäureäthylester*, $C_{13}H_{12}O_5N_2Cl_2$, F. 183—184°, aus threo- u. erythro-III mit NaOH in Aceton bei 0°, λ_{max} 310 (ε = 16600 in W.), λ_{max} 362 (ε = 14800 in alkal. Lsg.). (J. Amer. chem. Soc. **74**. 565—66. 20/1. 1952. Detroit, Mich., Parke, Davis & Co., Res. Labors.) K. FABER. 3900

S. P. Ligthelm, H. M. Schwartz und **M. M. von Holdt,** *Die Chemie der Ximenynsäure.* Aus dem Kernöl von drei Ximeniaarten wurde *Ximenynsäure* (I) durch eine verbesserte Kombination von Tieftemperaturkristallisation u. Hochvakuumdest. isoliert. I von 90—95%ig. Reinheit wurde auch in guter Ausbeute durch Chromatographie der Säuren oder Methylester an Silicagel oder Tonerde gewonnen, wenn das Ausgangsmaterial mehr als 50 % Säuren oder Ester enthielt. Diese Konzentrierung kann über den Harnstoffkomplex der Gesamtsäuren oder der Methylester erreicht werden. Die Harnstoffverbb. von I, dem Methylester u. *Ximenynylalkohol* wurden dargestellt u. untersucht. Das UV-Spektr. von I zeigte bei 229 mμ eine Spitze, die für konjugierte Enine charakterist. ist. Die Inflexionen geringerer Intensität nahe 268 mμ zeigen Spuren einer konjugierten Triensäure an, die I während der Reinigung begleitet. Ozonolyse von I u. Zers. des Ozonids mit Zn u. Essigsäure gibt *n-Heptylaldehyd* u. *Azelainsäure* u. Spuren einer Verb., wahrscheinlich *Azelainhalbaldehyd*, aus der konjugierten Triensäure. I ist also *Heptadecen-(10)-in-(8)-carbonsäure-(1)*. Verss. einer cis-trans-Umlagerung durch Erhitzen mit Alkali auf 180—190° gaben eine konjugierte *Triencarbonsäure*, F. 60—61°, $E^{1\%}_{1\,cm}$ 1705 bei λ_{max} 268 mμ. $KMnO_4$-Oxydation dieser Säure führte zu Gemischen aus Mono- u. Dicarbonsäuren, so daß die Anwesenheit von isomerer *Heptadecatriencarbonsäure-(1)* angenommen wird. Verss. der partiellen Hydrierung von I zu dem entsprechenden konjugierten Dien mit einem mit Chinolin vergifteten Katalysator waren ergebnislos. Die Prodd. zeigten eine geringere Absorption zwischen 229—234 mμ. Red. mit Na u. A. gab ein Prod. von niedrigerer Intensität bei 229—234 mμ. I gab niedrige JZ. nach der WOBURN u. WIJS-Meth., aber nach einer modifizierten ROSENMUND-KUHNHENN-Meth. Werte, die ca. 2 Mol J_2 je Mol I entsprachen. I-Methylester oxydiert sich schneller an der Luft als die freie Säure. Die *Glycerin-*, *Pentaerythrit-* u. *Inositester* wurden dargestellt, sie eignen sich nicht als trocknende Öle.

Versuche ($E^{1\%}_{1\,cm}$ in Cyclohexan in [ ]): *Ximenynsäure* (I), F. 39—40° (korr. a) aus Ximenia caffra-Öl durch Kristallisation aus Aceton bei —25° 406 g Fettsäuren [148,3 bei λ = 229 mμ]. Die in PAe. lösl. Fraktion (226 g) wurde 5 Std. bei —22° gehalten. Die unlösl. Säuren (60 g; [447 bei 229 mμ]) wurden in die Methylester übergeführt u. im Hochvakuum fraktioniert destilliert. Die vereinigten Fraktionen mit VZ. 293—294 wurden vereinigt u. hydrolysiert; aus Aceton u. PAe. I, Platten [583 ± 2 bei 229 mμ; 2,5 bei 268 mμ]; Ausbeute 4—7 % der gesamten Fettsäuren. b) 10 g Methylester [148 bei 229 mμ] aus Ximenia caffra-Öl wurden mit mit Harnstoff gesätt. Methanol bei Zimmertemp. erhitzt u. dann 3 Std. bei 31° stehengelassen. Nach Aufarbeitung der einzelnen Fraktionen ergab sich als höchste Ausbeute 52,5 % I. — I-*Methylester*, $C_{19}H_{32}O_2$, Kp.$_{0,2}$ 148°, Kp.$_{0,4}$ 163—165°, Kp.$_{0,8}$ 172—174°, n_D^{25} 1,4700, $D.^{25}_{25}$ 0,9067 [549,2 bei 229 mμ]; 100 %; wird an der Luft gelb, nach 30 Min. Absorption von ca. 2 % O_2. I-*Äthylester*, $C_{20}H_{34}O_2$, Kp.$_{0,2}$ 168—169°, aus 5 g I; n_D^{25} 1,4680 [525 bei 229 mμ] 5,4 g. *Ximenynamid*, $C_{18}H_{31}ON$, F. 105—105,5°, gelbe Kristalle. I-*p-Bromphenacylester*, $C_{25}H_{35}O_3Br$, F. 53,8—54,2° (A.). — *Harnstoffverbb.*: mit I, F. 130,5—131,5° [132 bei 229 mμ]; mit I-*Methylester*, F. 133—135° [132,6 bei 229 mμ]; mit *Ximenynylalkohol*, F. 133—135° [150,4 bei 229 mμ]. — Ozonolyse von I u. Zers. des I-Ozonids mit Zn-Staub u. Essigsäure gab *Heptanaldehyd*; *Semicarbazon*, $C_8H_{17}ON_3$, F. 107—109° (A.); *Oxim*, F. 54,5°, u. *Azelainsäure*, $C_9H_{16}O_4$, F. 106—107°, aus Essigester u. Isoheptan. (J. chem. Soc. [London] **1952**. 1088—93. März. Pretoria, South Africa, Nat. Chem. Res. Labor.)
ROSDORFF. 3950

D₃. Makromolekulare Chemie.

H. Staudinger, *Makromolekulare Chemie.* 340. Mitt. *über makromolekulare Verbindungen.* (339. vgl. HUSEMANN u. LÖTTERLE, C. **1951**. I. 471.) Zusammenfasser der Überblick, in dem behandelt werden: Micellarstruktur oder Makromoll., wirtschaftliche Bedeutung der Kunststoffe, Unterschiede zwischen nieder- u. makromol. Verbb., Einteilung der makromol. Stoffe (Naturstoffe, Umwandlungsprodd. der Naturstoffe, synthet. Stoffe), Beweis für den makromol. Bau, Zahl der Isomeren, Darst. von Kunststoffen (Polymerisation u. Polykondensation, Zusammenhang zwischen physikal. Eigg. u. dem Polymerisationsgrad), Veränderlichkeit makromol. Verbb. (z. B. Einfl. von O_2), Einfl. der Mol.-Gestalt auf die physikal. Eigg. (Viscosität, Löslichkeit, Festigkeit), Vernetzungen, Inklusionserscheinungen. (Ber. Ges. Kohlentechn. 5. 347—74. Okt. 1950. Freiburg/Br., Forschungsinst. für makromol. Chem.) FUCHS. 4000

J. Heyboer, *Mechanische Eigenschaften und chemische Struktur.* Einige Beziehungen zwischen den mechan. Eigg. u. der chem. Struktur linearer Makromoll. sowie einige Verff. der mechan. Kennzeichnung solcher Verbb. werden erörtert. Die chem. Eigg., die Einw. von Strukturveränderungen auf die mechan. Eigg. (Kohäsionsenergie, innere Beweglichkeit der Hauptketten, Beweglichkeit großer Seitenketten, Kristallisation) u. die Einflüsse der chem. auf die mechan. Eigg. werden beschrieben. (Chem. Weekbl. **48**. 264—73. 19/4. 1952. Delft, Niederlande, Kunststoffeninstituut, T. N. O.)
WESLY. 4000

Edgar Ribi, *Submikroskopische Struktur von Fasern und ihre Bildung.* Chitin (I), synthet. Polyamidfasern (II) u. Polyäthylenkunstharze (III) wurden elektronenmkr. u. röntgenograph. auf ihren Feinbau untersucht. Das Strukturelement der Gewebe von Crustaceen sind ca. 100 Å dicke Fibrillen. Die Struktureinheit in II ist ein Syst. submkr. Fibrillen. In III wurden ebenfalls Fibrillenbündel festgestellt, die mit denen von Cellulose u. I morpholog. ident. sind. Die submkr. Fibrille ist demnach nicht für Cellulose spezif., sondern ein allg. morpholog. Element, welches sich bildet, wenn lineare Makromoll. sich zu einem Makromol.-Gitter vereinen. (Nature [London] **168.** 1082—83. 22/12. 1951. Uppsala, Inst. für Physikal. Chem. u. Biochem.) ZAHN. 4010

M. Frankel, M. Harnik und Y. Levin, *Die Synthese von Polyaminomalonsäure. Aminomalonsäurediäthylester* wird mit Chlorameisensäuremethylester in wss. Pyridinlsg. in *N-Carbomethoxyaminomalonsäurediäthylester* übergeführt, dessen Verseifung mit alkoh. KOH zum entsprechenden *Halbester* führt. Einw. von PCl_5 auf letzteren in PAe.-Suspension ergibt das *N-Carboxyanhydrid des Aminomalonsäuremonoäthylesters.* Aus diesem wird durch Erhitzen im Vakuum auf 90—120° oder Stehenlassen in Pyridin der *Polyaminomalonsäureester* mit endständiger freier COOH-Gruppe erhalten, dessen Verseifung mit kalter wss. n-KOH zur gesuchten freien *Polyaminomalonsäure* mit einem Polymerisationsgrad von 70—85 u. einem durchschnittlichen Mol.-Gew. von 7000—8500 führt. (Ohne Versuchsteil.) (Experientia [Basel] **8.** 98—99. 15/3. 1952. Jerusalem, Hebrew Univ., Dep. of Organ. Chem.) K. F. MÜLLER. 4010

W. Kast und R. Schwarz, *Über die Wasseraufnahme durch die Gitterbereiche der Cellulose II (Hydratcellulose).* Die Netzebenenabstände 101 wurden an nach dem Verf. von HERMANS (vgl. HERMANS u. WEIDINGER, J. Colloid Sci. **1.** [1946.] 185, u. HERMANS, Kontribution to the Physics of Cellulose Fibers, Elsevier Publ. Comp., Amsterdam 1946) getrockneter Cellulose II in guter Übereinstimmung mit dessen Ergebnissen zu 7,02 ± 0,02 Å bestimmt. Auch die von HERMANS gefundene Wiederaufweitung um 0,4 Å beim Befeuchten des trockenen Präp. konnte im Gegensatz zu Arbeiten von LEGRAND (C. **1949.** I. 1122), KIESSIG (C. **1951.** II. 2401) u. KRATKY u. TREIBER (C. **1952.** 5834) voll bestätigt werden. Die unterschiedlichen Ergebnisse der einzelnen Autoren werden durch verschied. Trocknungsgrad der Ausgangssubstanzen erklärt. Bei direkter Quellung von techn. Kunstseidefasern fanden Vff. einen noch größeren Netzebenenabstand als bei der Wiederquellung vorher getrockneter Faser. Durch vergleichende Betrachtung aller vorliegenden Meßergebnisse konnten 4 Hydratationsstufen aufgestellt werden, die zwischen der völlig wasserfreien Cellulose II u. der Wassercellulose liegen. Cellulose II geht in Berührung mit feuchter Luft in das Hydrat Ia mit 0,8 Moll. H_2O je Elementarzelle über. Bei voller Befeuchtung von Cellulose II bzw. Hydrat Ia bildet sich das Hydrat I, das in Übereinstimmung mit dem Ergebnis von HERMANS 1,3 Moll. H_2O je Elementarzelle enthält u. anscheinend bes. stabil ist. Danach folgen die Hydrate Ib mit 1,8 u. Ic mit 2,8 Moll. H_2O je Elementarzelle. Bei Wassercellulose wurden 68 Moll. H_2O je Elementarzelle gefunden. (Z. Elektrochem., Ber. Bunsenges. physik. Chem. **56.** 228—33. 1952. Dormagen, Farbenfabriken Bayer, Labor. Krefeld.) LEVI. 4050

F. E. Bartell und B. Roger Ray, *Charakteristika der Benetzbarkeit von Cellulosederivaten.* 1. Mitt. *Kontaktwinkel mit Wasser und organischen Flüssigkeiten.* Es wurden die Kontaktwinkel an Derivv. von *Cellulose* (I) u. ihre Hysterese nach 3 verschied. Methoden gemessen. Die Werte erwiesen sich als reproduzierbar. Die Meth. des Vertikalstabes u. die des konstanten Tropfenvol. (letztere bes. bei Platten u. Filmen) war der der geneigten Platte überlegen. Die Werte wurden durch Alter der Derivv. oder Konditionierung mit Luft nicht verändert, zeigten aber Unterschiede, je nachdem ob sich die Oberfläche eines Films an der Luft oder auf Glas- oder Metallunterlage gebildet hatte. — Von den organ. Fll. (angegeben *Methylenjodid* [II], *Acetylentetrabromid*, *α-Bromnaphthalin* u. *Brombenzol*) gaben nur wenige (solche mit hoher Oberflächenspannung) brauchbare Werte, z. B. II. In vielen Fällen trat Quellung u. Benetzung ein (*Heptan*, *Toluol*, CCl_4, *Bzl.*). Fll. mit hoher Oberflächenspannung zeigten beim Sättigen mit W. kaum veränderte Werte für die Kontaktwinkel; es wurden nur mit W. gesätt. organ. Fll. verwendet. — Der Kontaktwinkel nimmt mit dem Acetylierungsgrad zu. Er wächst ferner mit der Länge der mit I veresterten Säure, während reine I selbst von W. vollständig benetzt wird. Der Kontaktwinkel wird größer in der Reihenfolge der Substituenten: Hydroxyl-, Formyl-, Acetyl-, Hydrogenphthalyl-, Äthoxy-, Nitro-, Benzoyl-, Propionyl-, Phenylacetyl-, Butylgruppe, also in der Reihenfolge, in der bei mit obigen Radikalen substituierten niedermol. Verbb. der hydrophile Charakter abnimmt. Bei Filmen dürfte die Unterlage, auf der der Film gegossen ist, auf die Orientierung seiner Moll. Einfl. haben. — Die Benetzbarkeit von I-Derivv. ist prakt. unabhängig vom Mol.-Gew.; der cos des Kontaktwinkels ist direkt proportional zur

Bruchlast u. der D. des I-Derivates. — Bei Benetzungsverss. mit II stiegen zunächst mit wachsender Kettenlänge des substituierenden Säurerestes die Kontaktwinkel an, um nach dem Tripropionat wieder zu fallen. — Im Idealfall wird das Kräftegleichgewicht an den Zwischenflächen zwischen Luft, Fl. u. Festkörper durch die Gleichung von Young (vgl. Philos. Trans. Roy. Soc. London **65.** [1805.]) dargestellt. — Die Größe der Hysterese ist abhängig von der Substitution der I u. von der Art der Bldg. der Oberfläche. Sie ist bei organ. Fll. zum Teil größer als bei W., II gibt bei I-Tripropionat ein Maximum der Hysterese, während W. bei dieser Verb. ein Minimum zeigt. Die Hysterese ist an der „Glasseite" der I-Folien größer als an der „Luftseite". Dies liegt zumeist daran, daß die Entnetzungswinkel an der „Glasseite" — vermutlich wegen einer Orientierung der Oberfläche zur hydrophilen Glasoberfläche — ca. 20° niedriger sind als an der „Luftseite". (J. Amer. chem. Soc. **74.** 778—83. 5/2. 1952. Ann Arbor, Mich., Univ. of Michigan, Dep. of Chem.) Willenberg. 4050

R. Johnston und **E. G. V. Percival,** *Die Polysaccharide von Carragheen.* 3. Mitt. *Die Bestätigung der 1.3-Bindung im Carragheenin und die Isolierung von Derivaten der* *L-Galaktose aus einem widerstandsfähigen Bestandteil.* (2. vgl. Dewar, C. **1947.** E. 546.) Die durch die vorangegangenen Arbeiten gewonnenen Erkenntnisse, daß im *Carragheenin* (I) die Galaktosereste hauptsächlich durch 1.3-Bindungen verknüpft u. an $C_{(4)}$ mit H_2SO_4 verestert sind, werden bekräftigt. I wurde durch Oxalsäure teilweise abgebaut u. verlor dadurch 25% seines ursprünglichen Sulfatgeh. u. wurde dialysierbar. Nach Methylierung, Hydrolyse u. Bldg. der Methylglykoside ließen sich von den *2.6-Dimethylmethylgalaktosiden* ca. 12% *Tetramethylmethyl-D-galaktopyranosid* (III) u. 18% *2.4.6-Trimethylmethyl-D-galaktosid* abtrennen, was auf die frühere Besetzung von $C_{(3)}$ u. $C_{(4)}$ hinweist. Die untersuchten Verbb. waren schwer zu reinigen u. enthielten wahrscheinlich etwas von den entsprechenden L-Isomeren. I hinterläßt bei der Hydrolyse mit 1%ig. methanol. HCl bei Zimmertemp. ca. 15% eines in Methanol schwer lösl. Rückstandes (II) mit nur 1,5% SO_4, in dessen Hydrolysat 70% *Galaktose* u. ca. 7% *Xylose* nachgewiesen wurden. Der Rückstand wurde ferner nach Reinigung durch Acetylierung u. Hydrolyse methyliert u. bei der nachfolgenden Hydrolyse folgende Verbb. erhalten: *Tetramethylgalaktopyranose* (**V**), *2.4.6-Trimethylgalaktose* (**VI**), *2.4-Dimethylgalaktose* (**VII**), *Monomethylgalaktose* (wahrscheinlich an $C_{(2)}$ bzw. $C_{(4)}$ methyliert) u. *Trimethyl-D-xylopyranose* (**VIII**). **VIII** dürfte von einem I begleitenden Xylan stammen. Etwa 70% von **V** u. ca. 75% von **VI** lagen als L-Isomere vor. **VII** bestand nur aus der D-Form. Die Mengenverhältnisse betragen ca. 1 Teil **VIII**, 1 Teil D-**V**, 2 Teile D-**VI**, 4 Teile D-**VII**, 2 Teile L-**V** u. 6 Teile L-**VI**. Die Autoren nehmen an, daß I aus einem widerstandsfähigen Grundkörper aus Galaktoseeinheiten (mit relativ hohem Anteil des L-Isomeren) in 1.3-Bindung besteht, an dessen Verzweigungspunkten sich d-Galaktosereste in 1-, 3- u. 6-Bindung befinden. Mit diesem Grundkörper würden 1.3-verknüpfte, an $C_{(4)}$ mit H_2SO_4 veresterte d-Galaktoseketten verbunden sein. Es besteht aber auch die Möglichkeit, daß der schwer hydrolysierbare Anteil ein selbständiges Polysaccharid ist.

Versuche: Das aus Chondrus crispus gewonnene I (vgl. 1. Mitt., C. **1943.** II. 719) wurde 4 Std. bei 100° in einer an Oxalsäure 0,1n, Kaliumoxalat enthaltenden Lsg. unter N_2 erhitzt. Die beim Eingießen in A. entstehende Fällung wurde entfernt. Der glasige Rückstand der neutralisierten alkoh. Lsg. enthielt 5% freie Galaktose u. 17,9% gebundenes SO_4^{--} u. war zu 81% dialysierbar. Die Substanz wurde mit Dimethylsulfat u. NaOH methyliert. Der in Chlf. unlösl. Anteil des Reaktionsprod. bestand hauptsächlich aus **III**. Die in Chlf. gelösten Anteile wurden umgelöst u. mit Thallium (I)-äthylat in A./Bzl. behandelt u. der Komplex durch Abdampfen auf Hyflo Super Cel aufgebracht u. dann mit Methyljodid methyliert. Das Gemisch (mit 41,6% OCH_3 u. 20,4% SO_4) wurde 18 Std. mit 0,5n Oxalsäure bei 100° in Ggw. von Chlf. erhitzt u. das Hydrolysat mit 3%ig. methanol. HCl gekocht. Die erhaltenen Glykoside wurden in Ggw. von etwas $BaCO_3$ mit PAe. kontinuierlich extrahiert (Fraktion 1) u. danach mit Chlf. (Fraktion 2). Das in wss. Lsg. Verbliebene wurde mit n H_2SO_4 hydrolysiert u. im Hydrolysat *2.6-Dimethyl-D-galaktose* (**IX**) festgestellt. — Fraktion 1 wurde durch Dest. bei 0,01 mm u. 90—95° in Fraktion 1a u. 1b zerlegt. 1a wurde durch H_2SO_4 zu D-**V**, $C_{10}H_{20}O_6$, hydrolysiert. *Anilid*, F. 186—188° (A.). — Fraktion 1b wurde nach Hydrolyse als **VI** (mit einer Spur **V**) durch Papierchromatographie identifiziert. — Fraktion 2 wurde destilliert. In den Unterfraktionen ließ sich nach Hydrolyse nur **VI** nachweisen. Im Hydrolysat des Destillationsrückstandes wurden **IX** u. **VI** papierchromatograph. festgestellt. — *Resistenter Anteil von Carragheenin* (**II**), aus I (Ausgangspflanze Gigartina) durch 24std. Schütteln mit 1%ig. methanol. HCl, Waschen des ungelösten Anteils mit methanol. HCl u. Methanol, Lösen in W. in Ggw. von $BaCO_3$ u. Fällen in A.; $[\alpha]_D^{14}$ —5° (c = 1,3 in W.). Im Hydrolysat von **II** (mit 0,5n-H_2SO_4 18 Std. bei 100°) wurden 71% Galaktose u. 7% Xylose papierchromatograph.

festgestellt. In der bei der Herst. von **II** anfallenden methanol. sauren Lsg. wurde nach der Hydrolyse der Inhaltsstoffe mit H_2SO_4 außer Methylschwefelsäure nur Galaktose gefunden. — **II** wurde mittels Essigsäureanhydrids u. Pyridins acetyliert (ca. 10% blieben dabei ungelöst u. schwächer acetyliert). Die ca. 40% Acetyl enthaltenden lösl. Anteile wurden nach HAWORTH u. PERCIVAL (vgl. J. chem. Soc. [London] **1932.** 2279) mit Dimethylsulfat u. NaOH zugleich entacetyliert u. methyliert u. dann mehrmals mit Methyljodid u. Ag_2O bzw. Dimethylsulfat u. NaOH nachmethyliert [im Reaktionsprod. (**IV**) 40,9% OCH_3]. — Methylierung eines Thallium(I)-Komplexes von **II** mit Methyljodid ergab eine Substanz mit nur 35,3% OCH_3. — **IV** wurde 36 Std. mit 2%ig. methanol. HCl u. dann 7,5 Std. mit nH_2SO_4 unter N_2 gekocht; das Hydrolysat enthielt nach papierchromatograph. Analyse in mol. Verhältnissen ca. 1 Teil **V**, 2,4 Teile **VI**, 1,5 Teile **VII** u. geringere Anteile **VIII** u. Monomethylgalaktose. Das Hydrolysat wurde ferner nach HOUGH u. Mitarbeitern (C. **1950.** II. 1383) mittels einer Säule von gepulverter Cellulose unter Eluierung mit Butanol/W. getrennt: Fraktion 1 enthielt **VIII**; Fraktion 2 eine wachsartige Substanz; Fraktion 3 **V** (*Anilid* zeigte F.-Depression mit dem des reinen D-Isomeren); Fraktion 6 **VI** (*Anilid*, $C_{15}H_{23}O_5N$, F. 165°; aus F.-Depression u. spezif. Drehung Anteil von 80—85% an L-Isomerem geschätzt); Fraktion 8 *D*-**VII** (*Anilid*, $C_{14}H_{21}O_5N$, F. u. Misch-F. 208°). In den höheren Fraktionen wurde keine 6-Methylgalaktose gefunden. (J. chem. Soc. [London] **1950.** 1994—98. Aug. Edinburgh, Univ., King's Buildings.) WILLENBERG. 4050

E. Schauenstein und D. Stanke, *Die Ultraviolettabsorption von Sehnenkollagen.* 2. Mitt. (1. vgl. C. **1951.** II. 2052.) Spektrograph. Unterss. über die fermentative u. Säurehydrolyse von menschlichem Sehnenkollagen (**I**) zeigen, daß die Aminosäureabsorption nur einen kleinen Teil der Gesamtabsorption von **I** im Gebiet zwischen 2500 u. 4200 mm^{-1} ausmacht. Der größte Anteil wird H-gebundenen Peptidgruppen zugeschrieben, die je nach dem p_H des Quellungsmittels in der Keto- oder Enolform vorliegen können. Ähnliche Absorptionsbanden liefert auch N-Methylacetamid bei entsprechendem p_H. Auf Grund dieser Ergebnisse wird gezeigt, daß der Fermentabbau ebenso wie die Rk. mit Kupfer(II)-äthylendiamin im wesentlichen nur zu einer Sprengung der H-Brücken führt, die Säurehydrolyse dagegen auch zu einer beträchtlichen Protolyse. Die Absorption der Gelatine zeigt, daß hier weniger H-Brücken als beim nativen **I** vorliegen. (Makromolekulare Chem. **8.** 7—20. April 1952. Graz, Univ., Inst. für theoret. u. physikal. Chemie.) WESLY. 4070

W. G. Overend, A. R. Peacocke und M. Stacey, *Die Natur einiger Bindungen in Desoxypentosenucleinsäuren.* Wiedergabe eines im Sept. 1951 anläßlich des XII. Internationalen Kongresses über reine u. angewandte Chemie in New York gehaltenen zusammenfassenden Vortrags (mit zahlreichen Literaturangaben). (J. Sci. Food Agric. **3.** 105—11. März 1952. Birmingham, Univ., Chem. Dep.) K. F. MÜLLER. 4090

Erich Clar, Aromatische Kohlenwasserstoffe. Polycyclische Systeme. 2. verb. Aufl., Berlin, Göttingen, Heidelberg: Springer-Verl. 1952. (XXII + 481 S. m. 138 Abb.) gr. 8° = Organische Chemie in Einzeldarst. 2. DM 69,—.

Arthur E. Martell and Melvin Calvin, Chemistry of the metal chelate compounds. New York: Prentice-Hall. (624 S.) $ 13,50.

F. Savoia, Preparazione di composti di chimica organica. Metodi e norme con note bibliagrafiche e dati fisici e chimici. Milano: Hoepli. 1952. (XVI + 268 S.) 8° = Biblioteca tecnica. L. 1500,—.

E. Biologische Chemie. Physiologie. Medizin.

E_1. Allgemeine Biologie und Biochemie.

S. D. Warshaw, *Die Wirkung der Ploidie bei der Photoreaktivierung.* Es wurde die Zahl der überlebenden Zellen diploider u. haploider Stämme der Hefe *Saccharomyces cerevisiae* (*SC 6* u. *7*) nach UV-Bestrahlung (2537 Å) mit u. ohne folgende Photoreaktivierung bestimmt, wobei die erhaltenen Daten mit der Theorie der Reaktivierung von NOVICK u. SZILARD vereinbar sind. Die überlebende Fraktion der haploiden Zellen ist bei der gleichen Strahlungsdosis kleiner als die der diploiden. (Proc. Soc. exp. Biol. Med. **79.** 268—71. Febr. 1952. Chicago, Univ., Inst. of Radiobiol. and Biophysics.) K. MAIER. 4102

Henry S. Di Stefano, *Perchlorsäureextraktion von Ribosenucleinsäure aus cytologischen Präparaten.* Vf. konnte an Schnitten von Rattenpankreas durch photometr. Unterss. zeigen, daß durch 9 Min. dauernde Einw. von 10%ig. $HClO_4$ bei 25° *Ribosenucleinsäure* extrahiert wird, ohne daß *Desoxyribosenucleinsäure* (**I**) beeinflußt wird. Erst bei längerer Einw. von $HClO_4$ beginnt allmähliche Hydrolyse von **I**. (Science [Washington] **115.** 316—17. 21/3. 1952. Syracuse, State Univ. of New York, Coll. of Med., Dep. of Anat.) KRUSEN. 4150

I. N. Sweschnikowa, *Vergleichende Analyse der Centrosomen in der tierischen und pflanzlichen Zelle.* Durch vergleichende cytophysiol. Unters. der Zelle von Ascaris megalocephala, Liliaceae, Leguminosae, Compositae u. Gramineae wird die bisher strittige Ggw. von Centrosomen (CS) in der höheren Pflanze nachgewiesen. Die früheren negativen Befunde werden damit erklärt, daß sich das *Hämatoxylin* (I) mit der Reifung verändert. Die Zellfärbung wird nach dem neuen Verf. des Vf. mit I in der Pufferlsg. p_H 2,7 u. 2,8 durchgeführt. Das in A. aufgenommene I wird zu *Hämatein* oxydiert, von welchem 2 Tropfen in 10 ml Puffer gelöst werden. In diesem Puffer werden Chromosomen u. Plasma nicht gefärbt. Die tier. u. pflanzlichen CS sind verschieden voneinander. Auf Grund der Ggw. von CS in der höheren Pflanze wird eine neue Theorie der Mitose entwickelt. Danach sind die CS ein obligator. Merkmal der Mitose. Die CS sind als Koacervat der Zelle anzusehen. (Доклады Академии Наук СССР [Ber. Akad. Wiss. UdSSR] [N. S.] **84.** 797—800. 1/6. 1952.) LEBTAG. 4150

S. Rocchietta, *Triäthylenmelamin (TEM), eine neue anticanceröse Verbindung mit radiomimetischer Wirkung.* Kurze Übersicht über die Chemie des *Triäthylenmelamins* [*2.4.6-Tris-(äthylenimino)-1.3.5-triazin*] u. dessen Vorzüge gegenüber Stickstofflost. (Minerva med. [Torino]. **43.** I. 993. 10/3. 1952.) IPPEN. 4160

E. Poli, *Beitrag zur elektrophoretischen Serumanalyse: Über einen Fall von Dysproteinämie bei Systemanaplasie (Entdifferenzierung) des Reticulums.* Bei einem Patienten mit einem Reticulumsarkom wurde eine Dysproteinämie beobachtet, bei der die elektrophoret. Analyse des Serums bei einem Gesamteiweiß von 5,38% folgende %-Werte für die einzelnen Eiweißfraktionen ergab (in Klammern die vom Vf. angegebenen Normalwerte): Albumin 37,9 (65—70), α-Globulin 22,84 (2—6), β-Globulin 23,77 (9—13), γ-Globulin 15,5 (14—18). (Minerva med. [Torino]. **43.** I. 981—84. 10/3. 1952. Milano, Univ., Ist. di Patologia Medica e Metodologia Clinica.) IPPEN. 4160

A. W. Shelonkin, *Die Evolution der lebenden Substanz und die Theorie der Herkunft bösartiger Geschwülste.* Die Entstehung maligner Tumoren wird als biol. Prozeß dargestellt, der mit Veränderungen der physikal.-chem. Struktur der Eiweißmoll. beginnt u. zur Bldg. von lebender Substanz mit abgeändertem Chemismus führt, aus der sich dann die Geschwulstzelle entwickelt. (Успехи Современной Биологии [Fortschr. gegenwärt. Biol.] **33.** 338—64. Mai/Juni 1952.) RENTZ. 4160

W. C. Beaver, The science of biology. 4th rev. ed. London: H. Kimpton. 1952. (895 S. m. Abb.) s. 42.

Bernhard Fischer, Georg Frerichs und **Walter Awe,** Lehrbuch der Chemie für Pharmazeuten, Mediziner u. Biologen. 10., völlig umgearb. u. erw. Aufl. Stuttgart: Enke. 1952. (128 S. m. Abb. u. Tab.) gr. 8°. DM 16,40.

E_2. Enzymologie. Gärung.

W. I. Rosengart, Ss. A. Kibardin, Je. I. Bernardelli und **P. A. Finogenow,** *Die Gewinnung einer hochgereinigten Leberesterase.* Das Ausgangsprod. bildeten 50 g Acetontrockenpulver aus Schweineleber (50 g Fraktion a), das mehrmals mit insgesamt der 25fachen Menge 0,025 mol. NH_3-Lsg. ausgezogen wurde. Die abgeseihte Fl. wurde mit Essigsäure auf p_H 5,5—5,8 angesäuert, der Nd. abfiltriert, das Filtrat mit NH_3 neutralisiert u. mit festem $(NH_4)_2SO_4$ (30 g : 100 cm³) versetzt, der entstandene Nd. verworfen u. das Filtrat erneut mit $(NH_4)_2SO_4$ (7,5 g : 100 cm³) versetzt. Der nun entstandene Nd. enthält die Hauptmenge des Ferments, das beim p_H 7,0—7,3 wiederholt mit 45%ig. $(NH_4)_2SO_4$-Lsg. gewaschen u. dann in 10—12 cm³ dest. W. gelöst wird. Die Fl. (Fraktion b) wird 48 Std. gegen dest. W. dialysiert u. dann filtriert (Filtrat = c). Die Esteraseaktivität wurde nach Incubation der Lsgg. titrimetr. mit Äthylbutyrat, bei gepufferten Lsgg. stalagmometr. mit Tributyrin bestimmt: Fraktion a = 0,7, die verschied. Auszüge ansteigend, Fraktion b = 90, c = 210—220. Elektrophoret. wurden im Ferment zwei Komponenten festgestellt. Die Trennung gelang nicht. Das fermentative Optimum liegt bei p_H 8,0—8,5, was unter 8,5 mit Veronal-, über 8,5 mit Glykokollpuffer festgestellt wurde. (Доклады Академии Наук СССР [Ber. Akad. Wiss. UdSSR] [N. S.] **82.** 293—96. 11/1. 1952.) LINDNER. 4210

A. Imschenetzki und **K. Perowa,** *Die Bildung von Amylase durch faltenbildende Rassen von Aspergillus niger.* Aus Aspergillus niger-Stamm „glatt“, der große, glatte Kolonien bildet, die sich rasch mit einem schwarzen Konidienbelag bedecken, wurde der Stamm „faltig“ selektiert, der kleinere, gefaltete Kolonien mit Spätkonidien bildet, so daß er lange Zeit gelbliche Massen bildet. Die in Bierwürze-Stärke-Nährboden entwickelte Kahmhaut wurde mit W. zerrieben. Das Filtrat wurde zu einer Stärkeaufschwemmung gegeben. Durch viscosimetr. Messungen wurde festgestellt, daß die „faltige“ Kultur, vor allem im Anfang, mehr Amylase u., vor allem nach sechs Tagen, mehr Mycelmasse bildet als die „glatte“ Kultur. (Доклады Академии Наук СССР [Ber. Akad. Wiss. UdSSR] [N. S.] **81.** 685—87. 1/12. 1951. Inst. für Mikrobiol. der Akad. der Wiss. der UdSSR.) LINDNER. 4210

E. Latzko, *Einfluß von Cl^- und SO_4^{--} auf den Enzymgehalt einiger Kulturpflanzen.* Die Unterss. wurden an *Saccharase, Amylase* u. *β-Glucosidase* von Kartoffeln, Spinat, Sommergerste u. Buschbohnen gemacht. Düngung mit Cl^- hemmt, mit SO_4^{--} fördert die hydrolyt. Tätigkeit der Carbohydrasen, wodurch Menge u. Verhältnis der verschied. Kohlenhydrate u. damit die Qualität sowie die Erträge beeinflußt werden. (Naturwissenschaften **39.** 65. 1. Februarheft 1952. München-Weihenstephan, TH, Inst. für Agrikulturchem.) FRÜHWALD. 4230

G. W. Korting, B. Ostertag und **R. Schmitz,** *Über den Einfluß von Hyaluronidase auf die Blut–Liquor-Schranke. Hyaluronidase*-Zusätze zu subcutan gegebenem Trypanblau führten bei Ratten im Vgl. zu Kontrolltieren zu einer histolog. festgestellten stärkeren Anfärbung verschied. Gehirnpartien. Es wird angenommen, daß vor allem im Gebiet der Capillargefäße des Plexus eine Auflockerung der Blut–Liquor-Schranke stattgefunden habe. (Die Medizinische **1952.** 649—51. 10/5. Tübingen, Univ., Hautklinik, u. Nervenklinik, Neuropathol. Abt.) GIBIAN. 4230

C. Albert Kind und **Mary E. Macchi,** *Phosphataseaktivität in den Geweben des Frosches Rana pipiens.* Gewebe von Niere, Leber, Milz, Herz- u. Skelettmuskel wurde bei p_H 9,4 u. 5,0 auf Phosphataseaktivität an *β*-Glycerophosphat untersucht. Niere u. Leber zeigten große Aktivität. Co, Mg u. Mn wirkten aktivierend, Zn u. CN (F nicht) hemmend. Phosphoproteinphosphataseaktivität wurde nicht beobachtet. (J. cellular comparat. Physiol. **39.** 153—59. Febr. 1952. Connecticut, Univ., Dep. of Chem.) SCHWEIGER. 4230

A. N. Petrowa, *Untersuchung des enzymatischen Glykogenzerfalls in den Muskeln bei Alloxandiabetes von Kaninchen.* An Kaninchen wurde gezeigt, daß bei Alloxan(I)-Diabetes die Spaltung von *Glykogen* (II) im Muskelextrakt im Vgl. zur Kontrolle stark gehemmt wird, bedingt durch die Hemmung sowohl der phosphorolyt. als auch der hydrolyt. Spaltung. Der undialysierte Muskelextrakt besitzt bei I-Diabetes ein verringertes Aktivierungsvermögen für die phosphorolyt. u. hydrolyt. II-Spaltung im autolysierten Extrakt. Die Hemmung der II-Spaltung bei I-Diabetes hängt offenbar mit der schwächeren Wrkg. des Cofaktors zusammen, der den II-Zerfall im Muskel aktiviert. Das Ergebnis steht im Einklang mit der These, daß der Zuckerüberschuß bei Insulinmangel nicht durch erhöhte II-Spaltung im Organismus bedingt ist. (Биохимия [Biochemie] **17.** 469—75. Juli/Aug. 1952. Moskau, Labor. für physiol. Chem. der Akad. der Wiss. der UdSSR.) LEBTAG. 4230

A. Je. Braunstein und **R. M. Asarch,** *Die Rolle von Phosphopyridoxal bei der anaeroben Desaminierung von Homoserin und Serin.* Desaminierungsverss. mit *dl-Homoserin* (I) in Nierenextrakt von Ratten ergaben in der Kontrolle eine NH_3-N-Zunahme von 0,8—2,2 gegenüber höchstens 0,24 mg/g Nierengewebe bei B_6-Avitaminose (hier in den meisten Fällen überhaupt keine Zunahme). Durch Zugabe von Phosphopyridoxal (II) wird die Aktivität der *Homoserindesaminase* (III) bei B_6-Avitaminose nur wenig erhöht. Im n. Nierenextrakt nimmt die III-Aktivität bei der Dialyse gegen schwach saure Pufferlsg. stark ab. Durch II-Zugabe zu diesem Apoferment wird fast die ursprüngliche Aktivität erreicht. Demnach ist II das Coferment von III. Frische Zellen von Str. faecalis zeigen eine energ. anaerobe Desaminierung von dl-Serin (IV). Bei B_6-Avitaminose tritt fast keine Desaminierung von IV auf, die durch Zugabe von II oder Pyridoxal nicht verstärkt wird. Die Desaminierung von I u. *dl-Threonin* beträgt nur ca. $^1/_{10}$ der Desaminierung von IV. Die Wrkg. der Pyridoxalenzyme wird mit der Kondensation der Aminosäuren mit der Aldehydgruppe der Enzyme zu SCHIFFschen Basen u. mit der Änderung der Elektronendichte in den Zwischenprodd. erklärt. (Доклады Академии Наук СССР [Ber. Akad. Wiss. UdSSR] [N. S.] **85.** 385—88. 11/7. 1952. Inst. für biol. u. med. Chem. der Akad. der Med. Wiss. der UdSSR.) LEBTAG. 4230

F. T. Ssuchenko und **Je. Ss. Podgainaja,** *Die Spaltung von Eiweißstoffen durch die Fermente von Fusarium avenaceum.* Untersucht wurde die Spaltung des Proteins (I) von Erbse, Sommerweizen, Hühnerei u. Blut durch wss. Extrakte von Fusarium avenaceum, gezüchtet auf sterilem Weizenkorn. Durch die proteolyt. Fermente wurde bei Erbse in 48 Std. der Geh. an Rest-N um 93 mg-% erhöht gegen 18 mg-% der Kontrolle. Der Geh. an Aminosäure-N wurde in dieser Zeit von 34 auf 112 mg-% erhöht gegen 32 bzw. 48 mg-% der Kontrolle. Die Zunahme bei der Kontrolle wurde durch das Ferment des Korns selbst verursacht. Während bei der Kontrolle bei leichtem Anstieg der Anteil des Rest-N vom gesamtlösl. N mit ≈ 60% fast konstant blieb, stieg dieser beim Versuchsobjekt in 48 Std. von 55,5 auf 83,6%. Der Anteil von Amino-N stieg von 19,9 auf 50,4% an. Die I-Spaltung bis zu den Polypeptiden u. deren Spaltung bis zu den Aminosäuren verlief mit fast der gleichen Geschwindigkeit. Die Spaltung von I u. der gebildeten Polypeptide war innerhalb p_H 4,49—8,04 fast gleich. Bei Sommerweizen wurde durch das Ferment in 48 Std. der Geh. an Rest-N um 111 mg-% erhöht gegen 28 mg-% bei der Kontrolle. Der Geh. an Amino-N stieg von 14 auf 57 mg-% an gegen 12 bzw. 22 mg-% der Kontrolle. Gegenüber Weizen-I war die Proteinase aktiver, gegenüber Erbsen-I die Polypeptidase. Die Spaltung des nativen u. des mit A. denaturierten I aus Blutserum u. Eialbumin war sehr gering. Demnach ist das Ferment von Fusarium als spezif. gegenüber pflanzlichem I zu betrachten. Hieraus erklärt sich die Nichtanfälligkeit von Mensch u. Tier. (Биохимия [Biochimia] **16.** 528—36. Nov./Dez. 1951. Nowosibirsk, Med. Inst., Lehrstuhl für Biochemie.) LEBTAG. 4230

M. A. Ter-Karapetjan und Sch. A. Awakjan, *Einfluß des äußeren Mediums auf die Größe von Hefezellen, die sich unter aeroben Bedingungen vermehren.* Zur Klärung der Größenänderungen der Hefezellen bei period. u. kontinuierlicher Züchtung u. ihrer Ursachen wurde das Wachstum von Torulopsis auf synthet. Nährboden mit Glucose (I) unter Zusatz von $(NH_4)_2SO_4$, KH_2PO_4, $MgSO_4$ u. Malzkeimextrakt in Abhängigkeit von der Erschöpfung des Nährbodens, der Zahl der Zellen, der Konz. von I (0,1, 0,2, 1, 5, 10%) u. von den Prodd. der Lebenstätigkeit untersucht u., mit einigen Abweichungen, die Ergebnisse von HENRICI (Proc. Soc. exp. Biol. Med. **19.** [1921.] **4.** 435; **21.** [1923.] 215) bestätigt. Die Dauer bis zur Erreichung des Höchstvol. bleibt bei verschied. I-Konz. unverändert. Die Änderung des Vol. wird, unabhängig von der Zahl der Zellen, hauptsächlich durch die I-Konz. bewirkt. (Доклады Академии Наук СССР [Ber. Akad. Wiss. UdSSR] [N. S.] **84.** 809—11. 1/6. 1952. Jerewan, Inst. für Tierzucht des Minist. für Landw. der ArmSSR.) LEBTAG. 4270

A. Bourdet, *Gegenwärtiger Stand unserer Kenntnisse von den Hefenucleinsäuren.* Ausführlicher Überblick an Hand der Literatur (151 Hinweise). (Ind. agric. aliment. **69.** 471—76. 479—85. 487—89. Juni 1952. Paris, Labor. de Biochimie et Physico-Chimie des Céréales.) WINIKER. 4270

E₃. Mikrobiologie. Bakteriologie. Immunologie.

N. M. Mitjuschowa, *Über die Notwendigkeit der Kohlensäure für die Sorbit zu Sorbose oxydierenden Bakterien.* Verss. an Acetobacter suboxydans auf festem u. fl. Nährboden ergaben, daß *CO_2* zu dessen Entw. unbedingt notwendig ist. Auf verschied. Agarböden mit Zusatz von *Sorbit* (I) hörte das Wachstum bei Abwesenheit von CO_2 teilweise schon nach 4 Std. auf, bei anderen Kolonien erst nach 24 Stunden. Durch Fumarsäure, Bernsteinsäure oder Oxalsäure läßt sich CO_2 nicht ersetzen. Wie Ac. suboxydans verhielt sich auch ein ihm ähnlicher Stamm u. Ac. melanogenum. Bes. im 1. Entwicklungsstadium erwiesen sich die untersuchten Kulturen gegenüber CO_2-Mangel als empfindlich. Bei Verss. in fl. Medium unter Verwendung von Hefewasser, wobei CO_2-freie Luft durch die Fl. hindurchgeleitet wurde, tritt der Einfl. eines CO_2-Mangels auf die Entw. von Acetobacter noch deutlicher hervor. Während unter n. Verhältnissen in Ggw. von 10% I im Nährboden nach 24 Std. 99 mg/ml Sorbose nachzuweisen waren, fanden sich bei Abwesenheit von CO_2 nur 15 mg/ml. Je geringer die vorliegende Bakterienmenge ist, desto deutlicher macht sich ein CO_2-Mangel bemerkbar. Die Behinderung der Vermehrung von Acetobacter durch CO_2-Mangel ist jedoch nicht von einer Hinderung ihrer oxydierenden Tätigkeit begleitet. Außer als C-Lieferant ist CO_2 von einer noch ungeklärten Bedeutung für die Bakterien. (Микробиология [Mikrobiologie] **21.** 265—72. Mai/Juni 1952. Leningrad, Shdanow-Univ.) ULMANN. 4320

M. I. Goldin, *Silicatmikroben.* Bodenzers. Mikroben befinden sich im Darmtrakt des Regenwurms. Silicatzers. Mikroben wurden bis zu Höhen der Schneegrenze gefunden. Die Fruchtbarkeit mancher Grauerden des mittleren Asiens auch ohne Kalidüngung erklärt sich hierdurch. Bislang wurden zwei Arten dieser Mikroben gefunden, die von ALEXANDROFF u. SAK mit „Silicatmikroben" (I) bezeichnet wurden. Ihre Wrkg. wurde an Maiskulturverss. festgestellt: Die Kalidünger (II)- u. I-freie Kultur lieferte eine Ernte, die mit 100% angenommen wurde. Die II-haltige Kultur brachte entsprechend 118,7%, die I-haltige 134,2 bzw. 150,2% Ernte (Durchtränkung mit I-Aufschwemmung bzw. unmittelbare Zugabe von I). Bei Feldverss. mit I (1/4 kg je ha) ohne II wurden bei Baumwolle u. Sommerweizen um im Mittel 20% höhere Ernten erzielt. (Наука и Жизнь [Wiss. u. Leben] **19.** Nr. 1. 31—32. Jan. 1952.) LINDNER. 4350

Marie S. Slawson und Marshall L. Snyder, *Wirkungsmechanismus von Natriumazid auf die Gattung Candida.* Vff. konnten die Wrkg. von *NaN_3* als selektivem Hemmstoff für hefepilzähnliche Organismen des Speichels (*C. albicans*, *C. kruzei*, *C. parakruzei*

C. pseudotropicalis) in Verss. auf Tomatensaft–Pepton-Agar bei p_H 5 oder 7 bestätigen. Als Wirkungsmechanismus wird eine Einw. auf Eisen–Porphyrin-Pigmente, Cytochrom u. Cytochromoxydasen der lebenden Zellen diskutiert. (J. dental. Res. **31**. 47—52. Febr. 1952. Portland, Oreg., Univ., Dep. of Bacteriol.) RUTKOWSKI. 4330

Peter Dahr, *Eine Mikroschnellreaktion für Trockenblut und Serum mit einem Originalextrakt nach Chediak.* Es wird die Herst. einer haltbaren Extraktverdünnung (Ev.) beschrieben, bei der 1 Teil Original-CHEDIAK-Extrakt mit 10 Teilen 3,5%ig. NaCl-Lsg., die in 100 ml 0,05 ml akt. negatives Serum enthält, bei 56° gemischt u. 2 Min. bei dieser Temp. gehalten wird. Nach Zentrifugieren wird die Ev. in den Eisschrank verbracht, wo sie 2—3 Monate haltbar ist. Bei Durchführung der Schnell-Rk. mit Serum werden 0,05 ml akt. Serum mit 0,0125 ml Ev. gemischt u. nach 5 Min. beobachtet. Bei der Trockenblut-Rk. werden dem in 0,03 ml 3,5%ig. NaCl-Lsg. gelösten Blut 0,125 ml Ev. zugesetzt u. in bekannter Weise weiterbehandelt. Durch dieses Verf. wird schnellere Durchführung der serolog. Syphilisunters. u. größere Rentabilität dabei ermöglicht. (Dtsch. med. Wschr. **77**. 400—01. 28/3. 1952. Göttingen, Inst. für Blutgruppenforsch.) KRUSEN. 4370

I. Je. Skorin, *Über mikrobe Formen des Virus der Maul- und Klauenseuche.* Aus Filtraten mit Virus der Maul- u. Klauenseuche konnten plast. u. leicht veränderliche Kulturen gezüchtet werden, die Körner-, Kokken-, Stäbchen- u. Kristallform annehmen, so daß damit die Arbeiten von BOSCHJAN gestützt werden, wonach Virusformen in Mikrobenformen übergehen können. (Ветеринария [Tierheilkunde] **29**. Nr. 7. 20—24. Juli 1952. Allunions Inst. der exp. Veterinärkunde.) G. REICHARDT. 4374

W. L. Ryshkow, *Die Systematik der Viren in der gegenwärtigen Literatur.* Nach dem heutigen Stand der Virusforschung wird ein Syst. von 5 Klassen vorgeschlagen. Rickettsien werden nicht berücksichtigt. Das Syst. von HOLMES wird abgelehnt, da es sich nicht auf die Eigg. der Virusformen, sondern auf die auslösenden Krankheitssymptome gründet. (Микробиология [Mikrobiologie] **21**. 458—76. Juli/Aug. 1952. Moskau, Inst. für Mikrobiol. der Akad. der Wiss. der UdSSR.) G. REICHARDT. 4374

W. L. McRary, E. R. Noble und E. L. Tondevold, *Blutfaktoren für die Ernährung von Trypanosoma cruzi.* Vff. berichten über ein Nährmedium für *Trypanosoma cruzi*, das neben einem Basalmedium aus Glucose, NaCl u. Pepton koagulierte menschliche rote Blutkörperchen enthält. Das akt. Prinzip konnte nicht isoliert werden; die Verss. weisen jedoch darauf hin, daß der Wachstumsfaktor ein komplexes Hämoglobinderiv. ist. (Science [Washington] **115**. 288. 14/3. 1952. Univ. of California, Santa Barbara Coll.) GOEBEL. 4380

E_4. Pflanzenchemie. Pflanzenphysiologie. Pflanzenpathologie.

Frans E. Wickman, *Veränderungen in dem relativen Verhältnis der Kohlenstoffisotopen in Pflanzen.* Das Verhältnis $^{12}C/^{13}C$ in den Pflanzen zeigt im allg. keine charakterist. Schwankungen in bezug auf die Pflanzenarten, ist aber bis zu einem gewissen Grad von dem Standort u. dessen CO_2-Stoffwechsel abhängig. Eine Ausnahme machen die Gymnospermen, welche ein kleineres Verhältnis als die Angiospermen desselben Standorts zeigen. (Geochim. cosmochim. Acta [London] **2**. 243—54. 1952. Stockholm, Riksmuseet.) ENSSLIN. 4420

Igor Mouravieff, *Die Veränderung des Stärkegehaltes in den Stomata im Verlauf der durch das Licht induzierten Bewegungen.* Die Messungen an Stärkekörnern in den Schließzellen von *Aponogeton distachyus* zeigen kaum zahlenmäßige Schwankungen an Stärkekörnern (29 Körner in der geöffneten, 31 in der geschlossenen Zelle), wohl aber eine beachtlich größere Stärkemenge in der durch die Dunkelheit geschlossenen Schließzelle. (C. R. hebd. Séances Acad. Sci. **234**. 2637—39. 30/6. 1952.) ITZEROTT. 4450

A. H. G. C. Rijven, *Untersuchungen in vitro über den Embryo von Capsella bursa pastoris.* Die Züchtung der Embryonen von *Capsella bursa pastoris* gelingt mit herz- u. torpedoförmigen Embryonen, die nicht kleiner als 100 μ sind. Vf. untersucht den Einfl. des p_H-Wertes, des Lichtes u. der Temp. auf das Wachstum derselben. Weitere Züchtungsverss. ergaben folgendes: *Rohrzucker* erweist sich als beste C-Quelle; *Caseinhydrolysate* fördern das Wachstum erheblich; *Aminosäuren* beschränken es; *Ammoniumlactat* kann Aminosäuren nicht als Nährstoff ersetzen; *Glutamin* zeigt besseres Wachstum als eine an Stickstoff äquivalente Aminosäuremischung; *Asparagin* bewirkt extrem geringes Wachstum, aber eine anomal schnelle u. große Stärkebldg.; *Biosstoffe* u. *Purinderivv.* beeinflussen das Wachstum nicht; *β-Indolylessigsäure* zeigt einen schwachen Effekt; in einer Konz. von 0,001 p.p.m. regt es das Wachstum an, Konzz.

oberhalb 1 p.p.m. wirken wachstumshemmend. (Acta bot. neerl. **1.** 157—200. Juli 1952. Utrecht, Univ., Bot. Labor.) ERIKA HAAS. 4455

A. L. Kurssanow und **O. A. Pawlinowa,** *Zur Frage des Ortes der Synthese von Saccharose in Rübenpflanzen.* Durch Vakuuminfiltration von gleichen Teilen Glucose (I) u. Fructose (II) oder II u. Maltose (III) in verschied. Organe der Zuckerrübe wurde gezeigt, daß Wurzel, Blattstiel u. geköpfter Stengel nicht in der Lage sind, aus I u. II *Saccharose* (IV) zu synthetisieren. Diese Synth. erfolgt allein in der Blattspreite. Hierbei wird die Atmung der Blattspreite stark intensiviert u. von den Zellen zusätzliche Energie verbraucht. Die Atmung der Wurzeln, Stengel u. Blattstiele wird unter der Einw. von I u. II nicht intensiviert, ein Beweis für das Fehlen der IV-Synthese. Vff. nehmen an, daß die Assimilate aus den Blättern als fertige IV oder energiereiche Phosphorsäureester unbekannter Natur zur Wurzel wandern. Die Rolle der Wurzel besteht im letzteren Fall in der Umwandlung der genannten Ester in IV. Die Monosaccharide der Zuckerrübenwurzel entstehen demnach sek. durch teilweise Hydrolyse von IV. Das Unvermögen der Wurzel, aus I u. II IV zu synthetisieren, erklärt sich aus dem Fehlen der erforderlichen Enzymsysteme. (Биохимия [Biochemie] **17.** 446—55. Juli/Aug. 1952. Moskau, Bach-Inst. für Biochem. der Akad. der Wiss. der UdSSR.) LEBTAG. 4460

D. I. Lissitzyn, *Labile Glucoside bei Zerfallsprozessen in den Blättern.* Werden die Blätter von Syringa vulgaris verschieden lang der Dunkelheit ausgesetzt, dann nimmt der Geh. an labilen *Glucosiden* (I) viel stärker ab als der Geh. an *Saccharose* (II). Der Geh. an Monosen (III) nimmt hierbei in den meisten Fällen sogar zu, der an schwer hydrolysierbaren wasserlösl. Kohlenhydraten wenig ab, in einigen Fällen zu. Im Blatt von Fraxinus excelsior nimmt in der Dunkelheit der Geh. an III in den meisten Fällen zu, während der Geh. an I u. II zu- oder abnimmt. Bei der Atmung verbraucht das Blatt nicht die stabilen Formen von III, sondern die beim Zerfall von I, II u. Fructosiden gebildeten akt. Zucker. Am wichtigsten sind hierbei die I-Produkte. (Биохимия [Biochemie] **17.** 443—45. Juli/Aug. 1952. Moskau, Inst. für Felle u. Pelzwaren, Lehrstuhl für Chemie.) LEBTAG. 4460

D. Narayanamurti, J. George und **G. M. Verma,** *Studien zur Biochemie holzzerstörender Pilze.* 1. Mitt. *Säureproduktion der Pilze.* Vff. untersuchten die Säurebldg. durch verschied. holzzerstörende Pilze, wie *Polystictus sanguineus* (P. S.), *Fomes lamaoensis* u. *Lenzites saepiaria,* in Malzlsg., Malzagar (I), Peptonbrühe (II) oder Sägespänen (III) mit 75% Feuchtigkeitsgehalt. Die p_H-Werte der Nährböden nehmen anfangs deutlich ab (bis p_H 3,08 bei P. S. u. II als Nährlsg.), um nach einiger Zeit (1—3 Monaten) wieder langsam anzusteigen. Dies deutet darauf hin, daß die anfangs gebildeten organ. Säuren später von den Pilzen verwertet werden. Die Bldg. von *Essigsäure* u. *A.* in dem II-Nährboden u. von *Ameisensäure* u. *Buttersäure* im III-Nährboden konnte nachgewiesen werden. (Holz als Roh- u. Werkstoff **10.** 227—29. Juni 1952. Dehra, Dun. Forest Res. Inst.) v. PECHMANN. 4460

Georges Barbier und **Christiane Husson,** *Über die Verwendung des radioaktiven Isotops ^{32}P bei der Untersuchung der Phosphaternährung der Pflanzen.* Junge Maispflanzen wurden zunächst in Nährlsg. mit Geh. an 10 mg $^{32}P_2O_5$ (0,1 mC/g P_2O_5), anschließend in gleicher Lsg. mit inakt. P_2O_5 kultiviert. Gesamtmenge des aus der Lsg. aufgenommenen P 98,6 mg, in den geernteten Pflanzen 97,4 mg je 12 Maisstengel. Die Menge der von den Pflanzen ausgeschiedenen ^{32}P-Ionen beträgt je Tag ca. 0,5—1,5% der in ihnen jeweils enthaltenen ^{32}P-Menge. Die Ausscheidung erfolgt ununterbrochen bei Tag u. Nacht. — Gersten- u. Maiskulturen auf freiem Feld waren im Vgl. zu mit $^{31}P_2O_5$ gedüngten Kulturen in der Entw. nur leicht gehemmt. — Bei einem Düngungsvers. bei Gerste auf ind. Schlammboden büßten die Pflanzen während ihres Lebens ca. 60% des zugeführten P ein. Dieser Wert wurde an Hand von Kurven errechnet, ist daher nicht absol. feststehend, da die Verss. der Hydroponik wegen geringerer Wurzelentw. nicht ohne weiteres auf die Freilandverss. übertragen werden können. (C. R. hebd. Séances Acad. Sci. **234.** 126—28. 2/1. 1952.) RANG. 4470

François Nysterakis, *Aufhebung der Hemmwirkung starker Heteroauxindosen durch eine in der Baumwolle vorhandene Substanz.* Durch Zusatz von 20 cm³ (40 mg) wasserlösl. Extrakt aus gekämmter Baumwolle (30 Min. bei 130° autoklaviert) zu 1 Liter Nährlsg. (½ KNOPsche Lsg. + 30 g Glucose + 13 g Gelose) wird die Hemmwrkg. von 25—400 mg *β-Indolylessigsäure* (I) auf *Nectria galligena* aufgehoben. — Beispiel: In Ggw. von 400 mg I kein Pilzwachstum; nach Zusatz von 20 cm³ Extrakt Erhalt von 120 mg Trockenmasse. (C. R. hebd. Séances Acad. Sci. **234.** 124—26. 2/1. 1952.) RANG. 4485

Hermann von Guttenberg, Lehrbuch der allgemeinen Botanik. 2. Aufl. Berlin: Akademie-Verl. 1952. (XV + 641 S. m. 630 Abb. u. 7 Taf.) gr. 8°. DM 23,—.

E5. Tierchemie. Tierphysiologie. Tierpathologie.

E. Schauenstein und **G. Rumpf**, *Neue Beiträge zur Kenntnis des Hyalins. 1. Mitt. Physikochemische Befunde an bindegewebigem Hyalin.* (Vgl. C. **1952**. 2530.) Spektrograph. Unterss. im UV-Gebiet am bindegewebigem *Hyalin* (I) ergaben, daß dieser Eiweißkomplex im wesentlichen aus 2 Komponenten besteht. Die eine (ca. 75%) hat Fasereigg., wie *Kollagen*, u. ist resistent gegenüber *Trypsin* (II), während die andere Komponente (ca. 25%) teilweise lösl. in verd. Säuren u. Laugen ist, durch II gespalten wird u. eine beträchtliche Menge von *Ty osin* u. *Tryptophan* enthält. Ihr isoelektr. Punkt liegt bei 5,0 u. sie stellt höchstwahrscheinlich einen der *globulären Serumeiweißkörper* (III) dar. Bei der Entstehung des I dürfte der Übergang von prim. III in die Faserform eine wesentliche Rolle spielen. (Z. Biol. **105**. 117—33. 1952.) GIBIAN. 4525

Lewis K. Dahl und **Vincent P. Dole**, *Die biphasische Natur der Nierenverkalkung.* Mit Hilfe von Uranylnitrat wurde bei Ratten Verkalkung der Nierenrinde erzeugt. Die Verkalkung läuft in 2 Phasen ab: Anhäufung von Ca mit einem unbekannten Anion (weder Phosphat noch Chondroitinschwefelsäure) u. anschließend Bldg. eines Präcipitats von Calciumphosphat. (J. exp. Medicine **95**. 341—46. 1/4. 1952. Rockefeller Inst. for Med. Res.) SCHWEIGER. 4552

Jürgen Meyer-Arendt, *Bericht über einen Eiweißstein in der Gallenblase.* Es wird das Vork. eines Eiweißsteines in der Gallenblase u. seine Unters. durch Messung der Extinktion verschied. Schichten im UV-Licht beschrieben. Nach Ansicht des Autors hat sich das Konkrement wahrscheinlich aus einem stielgedrehten Polyp der Gallenblasenschleimhaut gebildet. (Zbl. allg. Pathol. pathol. Anatom. **89**. 29—32. 13/7. 1952.) GOHR. 4552

Curt H. Schwietzer, *Eiweißmangel als ätiologisches Moment der Hämochromatose.* An Hand des Schrifttums (22 Zitate) werden die bei Eisenresorption, -transport u. -deponierung stattfindenden Prozesse sowie die dabei beteiligten Proteide (ein Globulin für den Transport, das Apoferritin für Resorption u. Deponierung) ausführlich abgehandelt; Ablagerung des Depoteisens im Leberparenchym als Ferritin, das aus einer Eisenmicelle u. einem Protein (Schutzkoll.; Apoferritin) besteht u. in dieser Solform jederzeit mobilisierbar ist. Eiweißmangel führt zu übersteigerter Eisenresorption aus dem Darm u. zu ungeeigneter Deponierung (Mangel an Schutzkoll., Entblößung des vorhandenen Ferritins von seinem Schutzkolloid). Das unzulänglich geschützte Eisensol wird allmählich gröber dispers u. flockt schließlich als Eisenhydroxydgel aus. Dieses ist im frischen Zustand noch peptisierbar u. damit mobilisierbar, altert aber u. wird dadurch zum nicht mehr mobilisierbaren Hämosiderin. Wenn sich letzteres vergröbert, tritt Zerfall der Leberzellen ein; sie werden regeneriert, u. das Hämosiderin lagert sich im Zwischengewebe bzw. dem REG grobkörnig ab. Es wird festgestellt, daß die Hämochromatose in der Mehrzahl der Fälle ein Proteinmangelsymptom ist, u. daraus gefolgert, daß jede Eisenzufuhr in den Organismus mit einem überschüssigen Proteinangebot verbunden werden sollte. (Dtsch. med. Wschr. **77**. 17—20. 4/1. 1952. Uetersen, Nordmark-Werke GmbH., Wiss. Labor.) TÄUFEL. 4552

Frank E. Gruber, *Die endokrine Behandlung der Mastitis.* Vf. beschreibt kurz die Symptome der verschied. Arten von Mastitis. Bei Mastitis neonatorum ist keine Behandlung notwendig. Die bei chron. cyst. Mastitis häufig angewandte endokrine Therapie hat meist nur palliativen Charakter. Während *Östrogen* zwecks Vermeidung von Krebsentw. nur mit Vorsicht verabreicht werden soll, stellt bei Mastodynia u. Adenosis *Progesteron* gegenwärtig die beste hormonale Therapie dar. Andere Hormone, wie *Androgen*, *lactogenes Hypophysenvorderlappenhormon*, *Gonadotropin*, sind von nur zeitweiliger Wrkg., zeigen unerwünschte Nebeneffekte oder überhaupt keine Wirkung. Vf. bezeichnet die endokrine Behandlung der Mastitis als noch nicht zufriedenstellend. (J. Amer. osteopath. Assoc. **51**. 561—62. Juli 1952. Philadelphia.) KRUSEN. 4559

H.-P. Klotz, P. Borenstein und **Y. Rutschmann**, *Anomalien der psychischen Entwicklung und des Elektroencephalogramms beim eunuchoiden Jüngling. Wirkung des Testosterons.* Kurze Wiedergabe der Beobachtungen an drei 17—18 Jahre alten Jugendlichen u. an 9 Kindern mit Hypogenitalismus; die letzteren wurden mit *Testosteron* (*-propionat* oder *-acetat*) oder mit *Choriongonadotropin* behandelt. (Semaine Hôpitaux Paris **28**. 940—44. 22/3. 1952.) VINCKE. 4559

Ch. de Nogales Q., *ACTH und Cortison.* Krit. Betrachtungen der Anwendungsmöglichkeiten von *ACTH* u. *Cortison* bei den verschied. Erkrankungen. (Med. clin. [Barcelona] **18**. (**10**.) 78—97. Febr. 1952. Dep. de Endocrinología.) KRAFT. 4560

Samuel Dreizen, William Niedermeier, Ann I. Reed und **Tom D. Spies**, *Die Wirkung von ACTH und Cortison auf Natrium- und Kaliumgehalt von menschlichem Speichel.* An 5 Personen, die wegen rheumatoider Arthritis mit *ACTH* (I) bzw. *Cortison* (II) behandelt wurden, wurde vor, während u. nach der Behandlung der Na- u. K-Geh. des Morgen- u. Mittagspeichels flammenphotometr. bestimmt. Der Na-Geh. sank 4 Std. nach I- oder II-Injektion, während der K-Spiegel nicht wesentlich verändert wurde. Der K-Geh. des Speichels ist immer höher als der Na-Gehalt. Die K-Konz. des Speichels übersteigt diejenige des Blutes, während die Blut-Na-Konz. 3—15mal höher ist als die des Speichels. Vff. schließen daraus, daß der Speichel kein Ultrafiltrat des Blutes, sondern ein Prod. akt. Speicheldrüsentätigkeit ist. Die Ergebnisse sind in zahlreichen Kurven graph. dargestellt. (J. Dental. Res. **31**. 271—80. April 1952. Chicago, Ill., Northwestern Univ., Dep. of Nutr. and Metabolism.) KRUSEN. 4560

L. Justin-Besançon, Michel Lamotte, S. Lamotte-Barrillon und P. Barbier, *Regulation des Leberglykogens durch Hypophyse und Nebennierenrinde.* Literaturübersicht. (Semaine Hôpitaux Paris **28**. 969—79. 26/3. 1952.) VINCKE. 4561

L. Justin-Besançon, Michel Lamotte, S. Lamotte-Barrillon und P. Barbier, *Klinische Erforschung des Leberglykogens. Glykogenablagerung und Cortison.* Wiedergabe der Beobachtungen an Patienten mit ADDISONscher oder CUSHINGscher Krankheit, Magenresektion oder Hyperinsulinismus nach Glucosebelastung bzw. Adrenalinapplikation bzgl. Blutzuckerspiegel u. Glykogengeh. der Leber. Besprechung der histolog. Befunde bei den Leberbiopsien, zum Teil nach *Cortison*-Gaben. — Ausführliche Diskussion der Ergebnisse. 275 Literaturzitate für beide Arbeiten. (1. Teil vgl. vorst. Ref.) (Semaine Hôpitaux Paris **28**. 979—92. 26/3. 1952.) VINCKE. 4561

Joseph H. Holmes und S. C. Percefull, *Leberfunktionsproben während Cortisontherapie.* In 25 Fällen rief *Cortison*-Therapie (Dauer bis 3 Monate u. 10 g Gesamtdosis) keine bedeutenden Veränderungen der üblichen Leberfunktionsproben hervor, rief aber auch bei 2 Hepatitiden keine wesentliche Besserung hervor. (Ann. intern. Med. **35**. 608—14. Sept. 1951. Fort Logan, Colo., Veterans Administ. Hosp., u. Univ. of Colorado Med. Center.) BROSEMANN. 4561

J. Malméjac, G. Chardon, G. Neverre und A. Gross, *Ist das Noradrenalin ein normales Sekretionsprodukt der Nebenniere während der Reizung des Nervus splanchnicus?* Verss. an Hunden mit venöser Anastomose (V. suprarenalis → V. jugularis). Der Hund, welcher das Blut aus der Nebenniere des Hundes B erhielt, diente als Indicator (Blutdruck, Milz- u. Nierenvol.). Durch die Benutzung von *Regitin* als Adrenolyticum war es möglich, die Wirkungen des Adrenalins (I) aufzuheben, während die Wirkungen des Noradrenalins (II) weniger beeinflußt wurden (ausführliche Schilderung der Meth. usw.). Es ergab sich, daß die Dauersekretion (*physiol. Adrenalinämie*) durch O_2-Mangel, Abklemmung der Carotiden u. kurzzeitige Reizung des periph. N. splanchnic. keine Ausschüttung eines von I verschied. Sympathicomimeticum veranlassen. Reizung des zentrifugalen Splanchnicus dagegen führte zur Freisetzung eines weiteren Sympathicomimeticums im efferenten Blutstrom. Diese Verb. (welche noch nicht direkt analysiert wurde) wird als II angesehen. Hinweis auf die Schwankungen der II-Sekretion, ausführliche Diskussion der Literatur. (J. de Physiol. **44**. 77—94. 1952. Alger, Fac. de Med., Labor. de Physiol.) HOHENSEE. 4561

Gotthart Schettler, *Nebennierenrindenhypertrophie nach Salzfütterung.* Das Nebennierengewicht von Kaninchen läßt sich nach Unterss. des Vf. durch Fütterung mit Natriumacetat (I)-haltigem, Fett-, Cholesterin (II)- u. Kohlenhydrat-reichem, Eiweißarmem Futter gegenüber Kontrolltieren ohne I in 60 Tagen verdoppeln. Ähnliche Ergebnisse lieferten Verss. mit Mäusen. Es soll in weiteren Unterss. geprüft werden, ob die Hypertrophie der Nebennierenrinde eine vermehrte Steroidhormonproduktion bedeutet oder ob dieselbe lediglich die Folge vermehrter II-Stapelung nach dem sehr hohen Angebot ist. (Klin. Wschr. **30**. 229. 1/3. 1952. Marburg/Lahn, Med. Univ.-Klinik.) NEHRING. 4561

T. Reichstein, *Herzwirksame Heteroside und Nebennierenrindenhormone.* Wiedergabe eines Vortrages, der nach kurzer Schilderung der Physiologie der Nebenniere u. der Zusammenhänge zwischen Nebennierenrinde u. Hypophyse Vork. u. Darst. der Nebennierenrindenhormone bespricht. Unter den 6 akt. Hormonen, deren Wirksamkeit in den verschied. biol. Testen geschildert wird, ist nur das *Cortison* gegen Arthritis wirksam. (Produits pharmac. **7**. 13—17. Jan. 1952. Bâle, Univ., Inst. de Chim. organ.) VINCKE. 4561

Egmont J. Orbach, *Bursitis und Myofascitis. Behandlung mit lokalen Injektionen von Cortison. Vorläufiger Bericht. Cortison* (*Corton,* MERCK & CO., INC., Rahway, N. Y.; gelöst in 0,125—0,25% *Procain-HCl*) wurde direkt in das erkrankte Gewebe injiziert bei 21 Patienten mit Bursitis mit 57,2% Besserung, 28,5% günstigem u. 14,3% schlechtem Ergebnis u. bei 34 Patienten mit Myofascitis mit 50% Besserung 26,5% geringem u. 23,5% ohne Erfolg. Akute Fälle reagierten besser als chronische

Dosierung: 1—10 Injektionen von 12,5—25 mg in Abständen von 4—14 Tagen. (J. int. Coll. Surgeons **17.** 19—29. Jan. 1952. New Britain, Conn.) BROSEMANN. 4561

L. Laszt und F. Kreuzer, *Vergleichende Versuche an Hunden über die Kreislaufwirkungen von Adrenalin und Arterenol.* Verss. an Hunden (Morphin–Pernocton-Narkose, eröffneter Thorax, künstliche Atmung). Messung des Druckes im linken Ventrikel sowie zentral u. peripher im Kreislauf. Unters. der Dauer der Herzphasen, Frequenz u. Pulswellengeschwindigkeit (5 Abbildungen). Im Gegensatz zu anderen Autoren wurde gefunden, daß bei n. Ausgangsdruck zwischen *Adrenalin* (I) u. *Arterenol* (II) kein Unterschied bzgl. der Druckwrkg. besteht. Bei sinkendem Blutdruck wird die I-Wrkg. immer schwächer bis zur völligen Wirkungslosigkeit, während die II-Wrkg. fast unverändert, jedoch später auftretend, gemessen wurde. I u. II führen zu Tachycardie u. Erhöhung des totalen peripheren Widerstandes. (Arch. Kreislaufforsch. [Beih. zu: Z. Kreislaufforsch.] **18.** 176—84. Mai 1952. Fribourg/Schweiz, Univ., Physiol. Inst.) HOHENSEE. 4561

Piero Capra, *Das Verhalten des Grundumsatzes und des Eisenspiegels beim gesunden Menschen nach Behandlung mit synthetischen Antithyreoideaverbindungen und Thyroxin.* Bericht über Ergebnisse an 4 Fällen, bei denen nach Behandlung mit *Methylthiouracil* (36 g über 60 Tage verteilt) u. nach 40tägiger Pause mit *Thyroxin* (oral 52 mg über 13 Tage bzw. parenteral 15 mg über 10 Tage verteilt) eine deutliche Zunahme von Grundumsatz u. Eisenspiegel (allerdings nicht immer konform) beobachtet wurde. (Arch. Scienze med. **93.** (**77.**) 281—87. März 1952. Pavia, Univ., Ist. di Patol. Generale e Osped. S. Spir. di Casale Monferrato.) H. SCHEURLEN. 4562

Piero Capra, *Die Wirkung des Thyroxins auf den Harnsäuregehalt von Blut und Urin.* 4 Patienten erhielten intravenös *Harnsäure* (I), deren Konz. im Blut u. im Urin vor u. nach Gabe von 56 mg *Thyroxin* (II) (über 14 Tage verteilt) vom Vf. zeitlich verfolgt wurde. Er fand, daß sowohl im Blut als auch im Urin der Geh. an I durch II stark beeinflußt wird. Für diese Erscheinung sind, abgesehen von der Änderung der Nierenfunktion, verschied. Faktoren verantwortlich, die vom Vf. ausführlich diskutiert werden. (Arch. Scienze med. **93.** (**77.**) 353—62. April 1952. Pavia, Univ., Ist. di Patolog. Generale e Osped. S. Spirito di Casale Monferrato, Div. Med.) H. SCHEURLEN. 4562

C. D. de Langen, *Die Rolle des Histamins in der Pathologie.* Vf. gibt eine Methode an, mit deren Hilfe die Capillarkontraktion gemessen werden kann. Mittels dieser Meth. bewies Vf., daß nach *Histamin*(I)-Injektion die Kontraktivität u. der Druck in Capillaren erhöht ist. Aus den Unterss. läßt sich ersehen, daß Druck in den Capillaren zwischen 2 u. 70 mm schwankt. Da die Capillare sich nicht spontan erweitern kann, muß eine Verengung des venösen Schenkels postuliert werden. Dies wird nach Ansicht des Vf. durch I bewirkt, woraus auch seine Wrkg. in physiol. u. tox. Dosen erklärt werden kann (Capillarerweiterung, Vergrößerung der Prästase u. Plasmaaustritt). I wird durch *Histaminase* zerstört u. der venöse Abfluß freigegeben. *Adrenalin* (II) als Antagonist verengt nun die Capillaren, erhöht den Druck u. begünstigt den Rückfluß der Gewebslymphe in den venösen Teil. Nach dieser Theorie ist die Capillare eine kleine Pumpe, die mit Hilfe von I u. II arbeitet. (Semaine Hôpitaux Paris **28.** 1489—92. 14/5. 1952. Utrecht, Univ., Clin. Méd.) H. SCHEURLEN. 4569

F. Bertolani, E. Mari und G. Lusiani, *Die Wirkung einiger aromatischer Verbindungen der Benzolreihe auf die Sedimentationsgeschwindigkeit von Erythrocyten.* In ausgedehnten Verss. untersuchten Vff. die Wrkg. von *Benzoesäure* (I), *p-Aminobenzoesäure* (II), *Phenol* (III), *Hydrochinon, Brenzcatechin, Resorcin, Pyrogallol, Phloroglucin, o-, m-* u. *p-Aminophenol, o-, m-* u. *p-Oxybenzoesäure, Acetylsalicylsäure, β-Resorcylsäure, Hydrochinoncarbonsäure, Gallussäure, Phloroglucincarbonsäure, p-Aminosalicylsäure* (IV), *p-Acetaminosalicylsäure, p-Acetaminoacetylsalicylsäure, Chinon, Chinhydron* u. *Tannin* auf die Sedimentationsgeschwindigkeit von Erythrocyten. Die Verbb. wurden in neutralem Zustand mit Citratblut (4,75% Na-Citrat) vermischt. Zu 1,8 cm^3 Blut wurden 0,2 cm^3 der verschieden konz. (10—300 mg-%) Substanzlsg. gegeben u. nach 30 Min. in einer WESTERGREEN-Pipette die Sedimentation abgelesen. Als allg. Regel fanden Vff., daß die verzögernde Wrkg. von *Salicylsäure* auf der ortho-Stellung der Hydroxylgruppe beruht, denn die m-, p- oder acetylierten *Oxybenzoesäuren* sind ebenso wie I, II u. III wirkungslos, während man bei den 3 *Aminophenolen* eine schwache verzögernde Wrkg. findet. Die Einführung einer oder mehrerer Oxygruppen in das Benzoesäure- oder Phenolmol. erhöht die verzögernde Wirkung. Bei IV ist die Wrkg. der *Salicylsäure* verschwunden, die allerdings bei der Acetylaminoverb. wieder deutlich wird. (Arch. Scienze med. **93.** (**77.**) 303—24. April 1952. Modena, Univ., Ist. di Clin Med.) H. SCHEURLEN. 4573

Robert E. Sullivan und Frank G. Everett, *Untersuchungen am syrischen Hamster.* 2. Mitt. *Blutzucker, Methode und Resultate.* (1. vgl. J. Dental Res. **28.** [1948.] 653.)

Eine Meth. der Herzpunktion zur Blutentnahme bei syr. Hamstern (*Cricetus auratus*) u. anschließende Blutzuckerbest. unter Benutzung der SOMOGYIschen Modifikation der Mikrometh. von SHAFFER-HARTMANN (vgl. SHAFFER u. SOMOGYI, J. biol. Chemistry **100**. [1933.] 695) wird beschrieben. Der Blutzuckergeh. beträgt 89—97 mg-% bei n. bzw. zuckerreicher Diät. (J. Dental Res. **31**. 151—53. Febr. 1952. Portland, Oreg., Univ. of Oregon Dental School.) RUTKOWSKI. 4574

H. Möller, *Untersuchungen am Blutspender, insbesondere Serumeisen- und Serumeiweißbestimmungen.* Vf. berichtet ausführlich über Unterss. an 63 Blutspendern unter Heranziehung zahlreicher Ergebnisse anderer Autoren. Nach Angaben über Auswahl der Spender, Mengen u. Häufigkeit der Blutentnahmen u. Störungen bei den Blutspendern werden Beobachtungen über Veränderungen von Serum-Fe u. -Eiweiß mitgeteilt. Von 50 Personen hatten 19 anhaltend erniedrigte Fe-Spiegel, die durch perorale Fe-Gaben schnell wieder n. Höhe erreichten. Fe-Abnahme erfolgt erst, wenn die körpereigenen Fe-Depots erschöpft sind u. vor der Hämoglobinabnahme. Nur bei 7,5% von 40 Spendern war eine Herabsetzung des Gesamtserumeiweißes festzustellen, dagegen bei 67,5% Erniedrigung von Albumin u. α_1-Globulin, bei 70% Erniedrigung von α_2-Globulin, u. bei 87,5% Erhöhung der β-Globuline. Diese Befunde entsprechen denjenigen vom sogenannten „Eiweißmangeltyp". Fast alle Spender mit Fe-Mangel zeigten auch die typ. Serumeiweißänderungen. Da diese Beobachtungen an Personen vorgenommen wurden, die monatlich 500 ml Blut spendeten, erscheint es ratsam, nur alle 2 Monate 500 ml abzunehmen. Kurze Kasuistik der 63 Spender. — 77 Literaturangaben. (Z. ges. inn. Med. Grenzgebiete **7**. 341—51. 15/4. 1952. Berlin, Charité, I. Med. Klinik.) KRUSEN. 4574

G. Kuschinsky, U. Hille und H. Schimassek, *Über die Wirkung von Adrenochrom und Histamin auf die Blutungszeit.* (Vgl. C. **1953**. **411**.) *Adrenochrom u. Adrenoxyl* verkürzen die Blutungszeit wahrscheinlich durch Vermittlung von *Histamin.* Die Verkürzung wird durch vorherige Gabe von Antihistaminica, die selbst ohne Einfl. auf die Blutungszeit sind, aufgehoben. (Klin. Wschr. **30**. 421. 1/5. 1952. Mainz, Univ., Pharmakol. Inst.) DAUTZENBERG. 4574

F. Koller, A. Loeliger, F. Duckert und H. Hu-Wang, *Über einen neuen Gerinnungsfaktor (Faktor VII) und seine klinische Bedeutung.* Vff. berichten zusammenfassend von zum Teil schon von ihnen veröffentlichten Unterss. über die Gerinnungsverhältnisse im Serum, soweit sie zum Nachw. eines neuen Gerinnungsfaktors führten — Faktor VII (I) —, der auch im Plasma festzustellen ist, sich jedoch nur schwer (z. B. durch Adsorption an $BaSO_4$) vom *Prothrombin* (II) abtrennen läßt. Neben seiner Funktion als Accelerator der Umwandlung II → Thrombin, seiner Abtrennung bzw. Anreicherung u. der Nomenklaturfrage wird seine klin. Bedeutung behandelt. *Dicumarol* (III) u. seine Derivv. rufen in erster Linie eine Abnahme der I-Konz. u. erst in zweiter Linie die des II-Geh. hervor. Analog bewirkt das *Vitamin K* hauptsächlich einen I-Anstieg, begleitet von einer meist geringeren II-Zunahme. Dementsprechend ist die K-Avitaminose (z. B. bei Verschlußikterus) vor allem durch eine I-Verringerung gekennzeichnet, während die Abnahme des II-Geh. in den meisten Fällen weniger ausgesprochen ist. Die gesteigerte Gerinnungsfähigkeit des Blutes am Ende der Schwangerschaft u. im Wochenbett wird durch eine Zunahme der I-Konz. bedingt u., im Gegensatz zur bisherigen Annahme, nicht durch einen Anstieg des II-Spiegels. Das Verh. der beiden Gerinnungsfaktoren unter der III-Einw. muß bei der III-Dosierung berücksichtigt werden. Es wird eine einfache u. schnelle Meth. angegeben, die die Aktivität der beiden Faktoren gemeinsam zu bestimmen erlaubt u. die durch Heparin kaum beeinflußt wird. Dabei werden sämtliche Gerinnungsfaktoren mit Ausnahme von I u. II konstant gehalten, die Konstanz von Faktor V u. Fibrinogen wird durch Zusatz von Ochsenplasma, dessen I u. II an $Ca_3(PO_4)_2$ adsorbiert wurde, garantiert. (Dtsch. med. Wschr. **77**. 528—33. 25/4. 1952. Zürich, Med. Univ.-Klinik.) KÖNIGSDORFF. 4574

Stuart W. Cosgriff und Edgar Leifer, *Faktor-5-Mangel bei hämorrhagischer Diathese (Parahämophilie).* Bericht über einen Fall von hämorrhag. Diathese, bei dem der sogenannte „*Faktor 5*" (Accelerator-Globulin) einen Wert von weniger als 10% des n. zeigte. (J. Amer. med. Assoc. **148**. 462—63. 9/2. 1952. New York, Columbia Univ., Coll. of Phys. and Surg., Dep. of Med.; Presbyterian Hosp.) KRUSEN. 4574

H. Fleischhacker und H. Dittrich, *Die Bedeutung von Kobalt und seinen Verbindungen.* Die Chemie, Nachweismethoden, Physiologie u. Pharmakologie von *Kobalt* werden auf Grund der Literatur zusammenfassend geschildert. Kobalt ist in elementarer Form für verschied. Tiere, in komplexgebundener Form, wie in Vitamin B_{12}, auch für den Menschen ein essentielles Spurenelement. Seine Anwendung bei der Therapie des Menschen ist bei sonst therapieresistenten Anämien indiziert, bei sideropen. Anämien wird die günstige unterstützende Wrkg. betont. Die Wrkg. auf die Blutbldg. ist unspezif. u. eine Folge der relativen Anoxämie, die durch Blockierung des Redoxsyst. zustandekommt (Aredoxie nach WEISSBECKER). Dosierung ca. 40 mg Co•• peroral bzw. 5—15 mg Co•• parenteral pro Tag. — Ob Kobalt beim Menschen — abgesehen von Vitamin B_{12} — eine weitere Bedeutung als Spurenelement besitzt, kann noch nicht entschieden werden. (Wiener Arch. inn. Med. **33.** 180—91. Mai 1952. Wien, Ev. Krankenhaus für innere Erkrankungen.) WOLFGANG ALBRECHT. 4575

Carlo Cei, *Der Proteingehalt der Lymphe und des arteriellen und venösen Blutes beim Hund.* Am nüchternen u. narkotisierten Hund wurde der Proteingeh. der Lymphe aus den unteren Extremitäten, aus der PEQUETschen Zisterne u. aus dem Ductus thoracicus (an der Einmündung in die linke Subclavia) u. des arteriellen u. venösen Blutes aus dem Hauptkreislauf u. der Lebervene nach der Meth. von HOWE (getrennt nach *Albumin* u. *Globulin*) bestimmt. In der Lymphe der unteren Extremitäten wird am wenigsten Protein gefunden, während der Gesamtproteingeh. in der PEQUETschen Zisterne u. noch mehr im Ductus thoracicus wesentlich höher liegt. Der Proteingeh. des arteriellen u. venösen Blutes ist duchweg höher als der der Lymphe, am höchsten im Blut der Lebervene. Leitet man die Lymphe des Ductus thoracicus nach außen ab u. untersucht den zeitlichen Verlauf des Proteingeh. dieser Lymphe u. des Blutes der Vena cava inferiora, so findet man ein kontinuierliches Absinken des Proteingehaltes. (Arch. Scienze med. **93.** (**77.**) 363—78. April 1952. Pavia, Univ., Ist. di Patolog. Spec. Med. e Metodol. Clin.) H. SCHEURLEN. 4578

Werner Zabel, *Möglichkeiten und Grenzen der Vitamintherapie. Prof. Werner Kollath zu seinem 60. Geburtstag.* (Hippokrates **23.** 307—12. 15/6. 1952. Berchtesgaden.) VOGEL. 4587

Susan B. Merrow, R. F. Krause, J. H. Browe, C. A. Newhall und H. B. Pierce, *Die Beziehungen zwischen Aufnahme und Serumspiegel von Ascorbinsäure, Vitamin A und Carotin bei ausgewählten Gruppen von Kindern mit physischen Zeichen von Vitaminmangelzuständen.* Die vorliegenden Unterss. wurden durchgeführt, da vielfach die Nahrungsaufnahme oder der Serumspiegel als Kennzeichen des Ernährungszustandes festgestellt werden, ohne daß eine sichere Grundlage zur Auswertung dieser Faktoren vorliegt. Die als typ. für *Vitamin-A* (I)-, *Niacin-*, *Ascorbinsäure* (II)- u. *Riboflavin*mangel anzusehenden Veränderungen werden gekennzeichnet. Von 160 derartigen Fällen wurden bei denjenigen mit „höchstem" bzw. „niedrigstem" Serumspiegel vergleichende Unterss. mit der Art der Ernährung durchgeführt, die im allg. 3 Jahre dauerten (vgl. PIERCE u. Mitarbeiter, New England J. Med. **233.** [1945.] 612). Unter diesen Versuchsbedingungen u. den angegebenen Grenzwerten entsprachen die mit der Nahrung zugeführten Mengen an gesamtem I, *Carotin* u. II dem Spiegel dieser Verbb. im Serum u. umgekehrt. Eine Beziehung zwischen der Menge des mit der Nahrung aufgenommenem I u. dem I-Serumspiegel wurde dagegen nicht beobachtet. (J. Nutrit. **46.** 445—58. 10/4. 1952. Burlington, Univ. of Vermont, Coll. of Med., Dep. of Biochem. and Anatomy.) SCHWAIBOLD. 4587

Gertrud C. Reyersbach, Joseph Hanelin und Robert J. Joplin, *Vitamin-A-Vergiftung. Bericht eines Falles.* Vff. beschreiben einen Fall von *Vitamin-A* (I)-Vergiftung bei einem 3jährigen Kinde, hervorgerufen durch 1 Jahr lange Medikation von täglich 240000 E. I. Symptome: Anorexie, Empfindlichkeit, juckender Hautausschlag, Schmerzen in den Extremitäten, aufgesprungene, trockene Lippen, spärliches, stumpfes Haar, hoher I-Spiegel des Blutes; röntgenolog. wurden an Unterarm-, Zehen- u. Schlüsselbeinknochen corticale Hyperostosen festgestellt. Nach Entzug des Vitamins klangen sämtliche Krankheitserscheinungen ab. (New England J. Med. **246.** 978—80. 19/6. 1952. Boston, Massachusetts Gen. Hosp.) KRUSEN. 4587

K. Suvarnakich, G. V. Mann und F. J. Stare, *Riboflavin im menschlichen Serum.* Best. des Riboflavin(I)-Geh. im Serum von 141 n. Personen nach der Meth. von BURCH, BESSEY u. LOWRY (J. biol. Chemistry **175.** [1948.] 457). Der Gesamt-I-Geh. ergibt sich zu 3,16 γ-% (freies I: 0,84; Flavinadenindinucleotid: 2,32). Der I-Geh. ist unabhängig vom Alter, Geschlecht, N-Gleichgewicht sowie von der I-Aufnahme, wenn die Best. einige Std. nach I-Zufuhr vorgenommen wird. (J. Nutrit. **47.** 105—18. 10/5. 1952. Boston, Mass., Harvard School of Public Health, Dep. of Nutrit.) REISS. 4587

Harry P. Broquist, John A. Brockman jr., Marvin J. Fahrenbach, E. L. R. Stokstad und Thomas H. Jukes, *Vergleichende biologische Aktivität von Leukovorin und Pteroylglutaminsäure.* Vff. vergleichen die wachstumsfördernde Wrkg. von *Leukovorin* (*5-Formyl-5.6.7.8-tetrahydropteroylglutaminsäure*; I) u. *Pteroylglutaminsäure* (II). Zur Erzielung des gleichen Wachstums (halbmaximales Wachstum) muß bei Leuconostoc citrovorum 200000 mal soviel II wie I angewendet werden. Bei Streptococcus faecalis

Lactobacillus casei, folsäurearm ernährten Hühnern u. Truthähnen ist doppelt so viel I wie II notwendig. Bei diesen ist die Wrkg. nach Injektion größer als nach peroraler Applikation. Zur Herabsetzung des Wachstums von S. faecalis auf die Hälfte ist in Ggw. von I 8mal soviel *Aminopterin* (III) notwendig wie in Ggw. der äquimol. Menge II. Die Toxizität von III kann durch I bei gleichzeitiger Verabfolgung herabgesetzt werden. Wird III 1—2 Std. vor I gegeben, so sind wesentlich größere I-Mengen zur Verhinderung der Toxizität nötig. (J. Nutrit. **47**. 93—103. 10/5. 1952. Pearl River, N. Y., Amer. Cyanamid Co., Lederle Labor. Div.) REISS. 4587

Carlo Grassi, *Die Antagonisten der Chemotherapeutica und der Antibiotica.* Vf. gibt einen ausführlichen Überblick über das Verh. der *p-Aminobenzoesäure* (I) (neben den anderen Antagonisten *Methionin, Adenin, Guanin, Xanthin* usw.) als Antagonist von *Sulfanilamid* (II). Wenn man annimmt, daß eine wichtige Rolle von I bei der Zellvermehrung die Teilnahme an der Synth. von *Folsäure* (III) ist u. daß diese Funktion durch II gehemmt wird, so ergibt sich daraus, daß 1. Bakterien, die zum Wachstum III benötigen, gegen II nicht empfindlich sein dürfen, daß 2. III der antibakteriellen Wrkg. von II entgegenwirken muß u. daß 3. III bei solchen Bakterienstämmen I ersetzen kann, die sie nicht als Wachstumsfaktor benötigen. Für die Antibiotica im engeren Sinne liegen dagegen bisher keine experimentellen Befunde über Antagonisten vor. Man kennt nur viele Enzym-Rkk., die die Antibiotica hemmen, so z. B. die Existenz einer Penicillinase. Auch konnte, vor allem in der Leber, ein Ferment nachgewiesen werden, das *Terramycin* inaktiviert. Durch wiederholte Gaben von *Chloramphenicol* steigt die Fähigkeit des Organismus, die Nitrogruppe zur Aminogruppe zu reduzieren. (Athena [Rass. mens. Biol., Clin. Terap.] **18**. 105—13. März 1952. Milano, Univ., Ist. di Farmacol.) H. SCHEURLEN. 4587

Ingeborg Niemand-Anderssen, *Über eine neue Behandlungsmöglichkeit seborrhoischer Hautleiden.* 100 Patienten mit seborrhoischen Hautleiden wurden mit reinem krist. *Vitamin B_{12}* (*Cytobion*; MERCK, Darmstadt [I]) behandelt. Dosierung im allg. 2mal wöchentlich 1 Ampulle zu 1 cm^3 = 15 γ I oder einmal 1 cm^3 I-forte = 30 γ, insgesamt 10—12 Injektionen. Die Erfolge waren ermutigend, zum Teil befriedigend u. von anhaltender Dauer. Der Wirkungsmechanismus von I bedarf noch der Erklärung. (Dermatol. Wschr. **126**. 838—41. 1952. Berlin-Spandau, Städt. Krankenhaus.) DOSSMANN. 4587

J. M. Cooperman, B. Tabenkin und **R. Drucker**, *Wachstumsverhalten und Vitamin-B_{12}-Gewebespiegel bei Ratten und Hühnern mit Zufütterung von Riboflavin, 5.6-Dimethylbenzimidazol und verwandten Verbindungen.* Da sich *5.6-Dimethylbenzimidazol* (I) als Abbauprod. von *Vitamin B_{12}* (II) erwiesen hatte, wurde untersucht, ob diese Verb. sowie eine Reihe von anderen Verbb., die I in ihrem Mol. enthalten, u. auch *Riboflavin* (III), II bei II-Mangeltieren (Ersatz von Jodcasein in der Nahrung durch DL-Thyroxin) ersetzen können. Die II-Best. wurde mit *Lactobacillus lactis Dorner* nach Vff. (vgl. C. **1952**. 556) vorgenommen. Die beste Wachstumswrkg. hatte *1-α-D-Ribofuranosido-5.6-dimethylbenzimidazol.* Eine gewisse Wrkg. zeigten auch die entsprechende 1-β-Verb., III, *1-(1'-D-Ribityl)-5.6-dimethylbenzimidazol*, I u. einige andere ähnliche Verbindungen. Bei Verfütterung dieser Verbb. wurde außer bei II in keinem Fall eine II-Speicherung in Niere u. Leber festgestellt. Eine Beziehung zwischen Wachstum u. II-Speicherung in den Geweben wurde bei Verfütterung dieser synthet. Verbb. nicht beobachtet. Nach Verdauung der Gewebe mit Pankreatin oder Trypsin wurden bei der II-Best. erheblich höhere Werte erhalten, aber auch größere Mengen mikrobiol. akt. Stoffe, die durch Kochen in 0,2nNaOH nicht zerstört werden. (J. Nutrit. **46**. 467—78. 10/4. 1952. Nutley, N. J., Hoffmann-La Roche Inc., Dep. of Nutrit. and Microbiol.) SCHWAIBOLD. 4587

A. L. Morehouse und **N. B. Guerrant**, *Der Einfluß des Alters und des Geschlechtes der Albinoratte auf die Ascorbinsäure in der Leber.* Da schon verschied. Hinweise auf das Bestehen derartiger Zusammenhänge vorliegen, wurden systemat. Unterss. darüber durchgeführt, die folgende Ergebnisse hatten: Während der ersten drei Lebenswochen tritt eine Zunahme des Geh. der Leber an *Ascorbinsäure* (I) auf das Doppelte ein (von ca. 0,2 bis > 4,0 mg/g Organ). In der 4. Lebenswoche tritt dann wieder eine starke Abnahme auf etwa den Ausgangswert ein, möglicherweise im Zusammenhang mit der Entwöhnung. Die weitere Abnahme bis zum Alter von 42 Wochen ist nur geringfügig. Bei Tieren im Alter von > 6 Wochen ist die I-Konz. in der Leber von Männchen höher als bei Weibchen. Zwar nehmen erstere meist mehr Nahrung auf als letztere, doch scheint dies nicht die Ursache der Konzentrationsunterschiede von I in der Leber zu sein. Bei männlichen Tieren enthielt das Plasma mehr I als bei weiblichen. Der I-Geh. des Plasmas nimmt mit dem Alter ab. Mit dem Fortschreiten der Trächtigkeit nimmt die I-Konz. bis zu 75% gegenüber nicht trächtigen Tieren zu u. sinkt bis zum Ende der Lactation wieder auf n. Werte. (J. Nutrit. **46.** 551—64. 10/4. 1952. Pennsylvania State Coll., Dep. of Agricult. and Biol. Chem.) SCHWAIBOLD. 4587

Michele Mitolo, ***Die „essentiellen" Fettsäuren.*** **Zusammenfassender Überblick über** die lebensnotwendigen Fettsäuren, ihre verschied. Mangelerscheinungen u. ihre Beziehungen zu *Vitamin* B_6. Vf. unterscheidet einen akuten u. einen subakuten Verlauf der Mangelkrankheiten u. untersucht in diesen Zuständen makro- u. mikroskop. die Veränderungen der Leber, Niere u. Milz. (Athena [Rass. mens. Biol., Clin. Terap.] **18.** 97—103. März 1952. Bari, Univ., Ist. di Fisiol. umana.) H. SCHEURLEN. 4587

Werner Kollath, ***Die Mesotrophie als physiologisches und klinisches Problem.*** Vortrag. An Hand eigener Verss. werden durch Mesotrophie (Halbernährung) hervorgerufene Mangelkrankheiten krit. erörtert, wobei das Augenmerk auf das Fehlen von Wachstumsvitaminen (Auxonen) gelegt wird, die als Vitaminkomplex (T u. B_{12}) in Wechselwrkg. mit Eiweißkomponenten (APF) die Entw. der Symptome grundlegend beeinflussen. Eine vollwertige Pflanzenkost, bes. die Ernährung mit frischem, rohem Getreideschrot, erscheint als überragendes Mittel zur Vorbeugung u. Behandlung dieser Zivilisationskrankheit. (Hippokrates **23.** 292—300. 15/6. 1952.) C. VOGEL. 4589

Karlheinz Gernand, ***Einfluß der stoßweisen Fett-Eiweiß-Zufuhr bei gleichzeitiger calorischer Unterernährung.*** Vf. überprüft an Rattenverss. die Beobachtung aus der Zeit der Mangelernährung, daß sich Personen, welche ihre hochwertigen Lebensmittel, also Fett- u. Eiweißträger, auf einmal bzw. auf höchstens 2—3 Tage verteilt, verzehrten, in einem wesentlich besseren Allgemeinzustand befanden als jene, welche Fett u. Eiweiß gleichmäßig auf die ganze Dekade verteilten. Die Verss. des Vf. ergeben, daß bei gleichzeitiger calor. Unterernährung eine regelmäßige Zufuhr aller Hauptnahrungsmittel (bes. Fett u. Eiweiß) nach einiger Zeit unter ständiger Gewichtsabnahme zum Tod der Tiere führt. Werden die Fett- u. Eiweißträger jedoch stoßweise bei sonst gleicher qualitativer u. quantitativer Zus. des Futters gegeben, so wird die Gewichtsabnahme nicht nur verhindert, sondern es werden im Rahmen eines auffallend guten Allgemeinzustandes nicht unerhebliche Gewichtszunahmen erzielt. (Klin. Wschr. **30.** 199—201. 1/3. 1952. Halle/Saale, Univ., I. Med. Klinik.) NEHRING. 4589

Konrad Lang, ***Zur Wirkung von Methionin und Cystathionin.*** **Bei cholin- u. methioninarm** ernährten Ratten konnte zwar die lipotrope, aber nicht die wachstumsfördernde Wrkg. des *Methionins* durch *Cholin* ersetzt werden. Ein 50%ig. Ersatz von Methionin durch die äquimol. Menge Betain entlastete das Methionin von seiner lipotropen Funktion u. wirkte wachstumsfördernd. Cystathionin allein hatte keine lipotrope Wirkung. (Dtsch. Z. Verdauungs- u. Stoffwechselkrankh., Sonderband. 121—23, ausgegeben März 1952. Mainz, Univ., Physiol.-Chem. Inst.) SCHWEIGER. 4589

A. P. de Groot, ***Aminosäurebedarf für das Wachstum der Honigbiene (Apis mellifica L.).*** Vf. prüft mit vollsynthet. Nahrung (aus Saccharose u. einem Gemisch von Aminosäuren) durch Auslassung einzelner Aminosäuren, ob dieselben für die Entw. der jungen Arbeitsbiene essentiell sind. Die fortschreitende Entw. der Tiere wurde durch Best. von Trockensubstanz u. N verfolgt. Als essentiell wurden gefunden: Arginin, Histidin, Lysin, Phenylalanin, Tryptophan, Leucin, Isoleucin, Threonin, Valin, Methionin. Glykokoll, das für die Larvenentw. von Aedes aegypti essentiell ist, kann von der jungen Biene entbehrt werden. (Experientia [Basel] **8.** 192—93. 15/5. 1952. Utrecht, Univ., Labor. of Comparative Physiol.) NEHRING. 4589

Y. M. Feuillen und M. Plumier, ***Eisenstoffwechsel bei Kindern.*** **1. Mitt.** ***Die Eisenaufnahme bei Brust- und künstlicher Ernährung (Milch- und Milchprodukte).*** Brustmilch enthält 50 γ-%, Kuhmilch direkt vom Euter 45 γ-%, Kuhmilch nach Transport 122 γ-%, in der Klinik übliche Ernährung (²/₃ Milch, Buttermilch, saure Milch usw.) 135—490 γ-% Eisen. Künstlich ernährte Kinder nehmen also ca. 3—4 mal soviel Eisen zu sich als brustgenährte. Die Anämie bei künstlich ernährten Kindern kann nicht auf Eisenmangel beruhen. (Acta paediatrica [Uppsala] **41.** 138—44. März 1952. Liège, Univ., Clin. des Maladies de l'enfance.) SCHWEIGER. 4589

Honoré Anciaux, ***Beitrag zum Stoffwechsel der Lipoide bei Fröschen mit Hilfe von*** ^{14}C. Fröschen wird eine Lsg. von radioakt. Acetat (mit ^{14}C in der Carboxylgruppe) injiziert; aus Leber u. Muskeln der getöteten Frösche werden Gesamtlipoide, Fettsäuren (I) u. Cholesterin (II) isoliert u. mit einem selbsttätigen Zählregistriergerät auf Radioaktivität untersucht. Die Verss. zeigen, daß der Stoffwechsel der Lipoide im Froschkörper ähnlich wie im Körper von Säugetieren (Ratten, Mäusen, Kaninchen) verläuft, wobei CH_3COOH Vorstufe für die Fettsynth. u. die Biosynth. von II ist. Die gefundene Halbwertzeit der Aktivität der I ist viel kürzer als die von anderen Forschern ermittelte. Aus dem Auftreten mehrerer Maxima der Radioaktivität wird geschlossen, daß der Stoffwechsel der Lipoide im Froschkörper rhythm. u. cycl. verläuft. (Verh. Kon.

vlaamse Acad. Wetensch., Letteren schone Kunsten Belgie, Kl. Wetensch. **14.** Nr. 37. 1—46. 1952. Gent, Rijksuniv., Pharmaceut. Inst. en Labor. voor Phys. Biochemie.) WESLY. 4596

Elio Belsasso, *Untersuchungen mit histochemischen Methoden über den Eisengehalt der cirrhotischen Leber.* Bei 25 Patienten mit Lebercirrhose wurden vom Vf. die Hämosiderinablagerungen in der Leber histochem. untersucht u. festgestellt, daß diese Ablagerungen gegenüber der n. Leber u. auch in anderen Organen, vor allem in Milz u. Pankreas, deutlich vermehrt sind. Als Ursache für diese hämosider. Infiltrationen nimmt Vf. die Veränderung des Fe-Stoffwechsels u. des mesenchymalen App. durch die Cirrhose an. (Arch. Scienze med. **93.** (**77.**) 288—95. März 1952. Triest, Osped. Riuniti e Osped. Maggiore, Ist. di Anatomia Patol.) H. SCHEURLEN. 4597

F. Meythaler, *Kohlenhydratstoffwechselstörungen bei Parenchymerkrankungen der Leber.* Verss. mit ECK-Fistel, umgekehrter ECK-Fistel u. differenzierter ECK-Fistel (Einmündung der V. portae in die V. cava caudalis mit Ausnahme der V. pancreaticoduodenalis) führen zu dem Schluß, daß Blutzuckerregulation u. Galaktoseassimilation in der Leber von *Insulin* beeinflußt werden. (Dtsch. Z. Verdauungs- u. Stoffwechselkrankh., Sonderband. 223—27, ausgegeben März 1952. Nürnberg.) SCHWEIGER. 4597

Norbert Gerlich und Rudolf Remy, *Glykogenanlagerung und -abbau der Leber unter besonderen Bedingungen.* Bei Ratten war Glykogenanlagerung nach Invertzucker- bzw. Fructose- oder Glucosegabe in der Leber mit n. Glykogengeh. größer als nach 2 Hungertagen. Verminderung des Leberglykogens durch *Tetrachlorkohlenstoff* führte zum gleichen Ergebnis. Gleichzeitige kleine Gaben von *Methionin* förderten den Glykogenanbau. (Dtsch. Z. Verdauungs- u. Stoffwechselkrankh., Sonderband. 67—69, ausgegeben März 1952. Bielefeld, Städt. Krankenhaus.) SCHWEIGER. 4597

Ching-Tseng Teng, F. Marott Sinex, Helen W. Deane und **A. Baird Hastings,** *Faktoren, die die Glykogensynthese durch Rattenleberschnitte in vitro beeinflussen.* Glykogenbldg. in Leberschnitten (LS) aus Glucose (I) u. Pyruvat (II) war bei n. (N) u. adrenalektomierten (A) Ratten gleich, bei diabet. adrenalektomierten (DA) Ratten für II doppelt so hoch wie für I. Glykogensynth. aus I u. II war bei N- u. A-Tieren wesentlich größer als aus I oder II, bei DA-Tieren genau so groß wie aus II. Zusatz von Nebennierenrindenextrakt führt bei LS von N- u. A-Ratten zu verminderter Glykogensynth. aus I, II sowie I + II. Hinweis auf die Übereinstimmung dieser Ergebnisse mit der Hypothese, daß Insulin u. NNR-Hormon antagonist. Wrkg. auf das Hexokinasesyst. haben. (J. cellular comparat. Physiol. **39.** 73—88. Febr. 1952. Boston, Harvard Med. School, Dep. of Biol. Chem.) SCHWEIGER. 4597

Vittorio Ferrari, *Die Beziehungen zwischen der Fettverteilung und den Mitosen in den Parenchymzellen von Leberregeneraten.* Vf. fand, daß die Gesamtfettkonz. bei Leberregeneraten von teilhepatektomierten Ratten das 3—4fache des n. Wertes beträgt. Obwohl Mitosen in Zellen mit hohem oder sehr hohem Fettgeh. auftreten können, werden sie doch bei Zellen mit niedrigerem Fettgeh. in relativ größerer Frequenz beobachtet. (Arch. Scienze med. **93.** (**77.**) 345—52. April 1952. Pavia, Univ., Ist. di Patol. Med.) H. SCHEURLEN. 4597

N. K. Chanda, *Über einige Probleme der Lebercirrhose.* Die Ätiologie der Lebercirrhose (LAENNEC) wird besprochen. Alkoholismus wirkt durch mangelhafte Resorption essentieller Aminosäuren cirrhosefördernd. Auch Toxine bakterieller, chem. oder virusbedingter Herkunft können zur Cirrhose führen. Ferner kann durch Fehlernährung u. den Mangel lipotroper Faktoren, wie Cholin, eine Leberverfettung mit nachfolgender Cirrhose ausgelöst werden. Im Tierexperiment mit Ratten führte Cystinmangel zu akuter massiver Hepatitis. Endlich wird die Rolle des Rh-Faktors bei der Entstehung kindlicher Cirrhosen diskutiert. (Calcutta med. J. **49.** 206—10. Mai 1952.) WOLFGANG ALBRECHT. 4597

Guy Clément, Jacqueline Clément und **Éliane le Breton,** *Untersuchung über die an Cholesterin reiche Leber bei der weißen Ratte in Hinblick auf die Zellstrukturen.* Die Vermehrung der Fette in der an Cholesterin reichen Leber ist ganz an die freien Lipide gebunden, nicht an die an verschied. Zellsubstanzen gebundenen Lipide. Der Zuwachs an Proteinen beruht auf der Mikrosomenfraktion. Die Unterss. wurden an cirrhot. Rattenlebern durchgeführt. (C. R. hebd. Séances Acad. Sci. **234.** 2006—08. 12/5. 1952.) PATZSCH. 4597

Joachim Kühnau, *Neuere Erkenntnisse von den Wirkstoffen der Leber.* Hinweis auf die Bedeutung des Cyclophorasesyst. u. der Selbstregulation im Pfortadergebiet durch Ferritin u. Hypoxielienin. (Dtsch. Z. Verdauungs- u. Stoffwechselkrankh., Sonderband. 104—13, ausgegeben März 1952. Hamburg, Univ., Physiol.-Chem. Inst.) SCHWEIGER. 4597

F. Martignoni und S. Drovanti, *Die Änderungen der Nierenfunktion durch Natriumthiosulfat.* Vff. beobachteten, daß sich die *Kreatinin*-Ausscheidung nach intravenöser Injektion von $Na_2S_2O_3$ (I) so stark vermehrt, daß sie nicht mehr durch Filtration durch die Glomeruli erklärt werden kann. Vff. nehmen daher an, daß sich nach intravenöser Gabe von I der Ausscheidungsmechanismus des *Kreatinins* nicht nur quantitativ, sondern auch qualitativ ändert u. daß sich dabei die Permeabilität der Tubuli sehr stark vergrößert. (Arch. Scienze med. **93.** (**77.**) 152—60. Febr. 1952. Pavia, Univ., Ist. di Patol. Med. e Metodol. Clin.) H. SCHEURLEN. 4597

Samuel Soskin and Rachmiel Levine, Carbohydrate metabolism; correlation of physiological, biochemical and clinical aspects. Rev. ed. Chicago: Univ. of Chic. Press. 1952. (356 S. m. Diagr.) $ 8,50.

E₆. Pharmakologie. Therapie. Toxikologie. Hygiene.

Franz Baumgartl und Jörn Gleiss, *Über Veränderungen der Serumproteine durch Ultraschall.* Verss. in vitro zur Feststellung der Veränderungen von Serumproteinen durch Ultraschall (US). Meth. wird angegeben u. auf die Wichtigkeit der Einhaltung exakter Versuchsbedingungen hingewiesen. Untersucht wurde: *Gesamteiweiß* (I), *Albumin* (II), Gesamt-*Globulin* (III), sowie die α-, β- u. γ-III-Fraktionen. Auffällig war der Unterschied zwischen n. u. hochgradig dysproteinäm. Seren; diese weisen verminderte Stabilität ihrer Eiweißkörper auf. Nach US blieb I unverändert, II kann zu- u. abnehmen, stärkste Änderungen in den III-Unterfraktionen. Effekt ist abhängig von Beschallungszeit, Schallintensität, Wärme, Schallgeber. Die reine Wärmewrkg. ließ sich von der spezif. US-Wrkg. trennen. Vff. schließen, daß es durch US gleichzeitig zu Dispersion u. Koagulation kommt. Durch Dispersion der α-III entsteht eine im II-Bereich nachweisbare Teilchengröße, durch Koagulation von β-III bilden sich Teilchen, die im γ-III-Bereich nachweisbar werden. (Aerztl. Wschr. **7.** 574—78. 20/6. 1952. Düsseldorf, Med. Akademie, Chirurg. Klinik.) DOSSMANN. 4601

E. F. Everitt, *Vinyläther.* **Übersicht über Geschichte, Chemie, Pharmakologie u.** Klinik des *Vinyläthers.* — 182 Literaturangaben. (Brit. J. Anaesthesia **24.** 201—17. Juli 1952. Newcastle-upon-Tyne, Royal Victoria Infirmary.) DAUTZENBERG. 4607

Philip Manson-Bahr, *Die Wirkung von Hetrazan bei Filariasis pacifica.* Die Routinedosis von *Hetrazan* (I) beträgt im allg. 150 mg täglich, Verabreichung fortlaufend über 3 u. mehr Wochen. Besprechung von 7 Fällen. Die Erfolge bestätigen die I-Wrkg. auf den Erreger Wuchereria pacifica; er wird in den peripheren Blutcapillaren intensiver erfaßt als im venösen Kreislauf. Um alle Erreger zu bekämpfen, ist Fortsetzung der I-Therapie über 2 Monate erforderlich. An 2 Beispielen wird auch der prophylakt. Wert von I diskutiert. (J. trop. Med. Hyg. **55.** 169—73. Aug. 1952.) DOSSMANN. 4610

Neil Hamilton Fairley, *Chemotherapeutische Fortschritte bei für Australien wichtigen Tropenkrankheiten.* Literaturübersicht. Besprochen werden a) Viruskrankheiten; Behandlung mit *Chloramphenicol* (I), *Aureomycin* (II), *Terramycin* (III). b) Rickettsia-Infektionen; bevorzugt wird I-Behandlung, aber auch II u. III. Für Prophylaxe fehlt geeignetes Serum. c) Bakterielle Krankheiten, wie Dysenterie, Typhus, Paratyphus; durch I sank die Sterblichkeitsziffer unter 2 %; indiziert ist I in Kombination mit phenolhaltiger „*T.A.B.*“-*Vaccine.* Der Wert der *Sulfonamide* u. *Antibiotica* wird gegeneinander abgewogen; Brucellosis, II Mittel der Wahl; Granuloma inguinale, I bevorzugtes Mittel; Lepra, *Sulfone,* bes. *Diaminodiphenylsulfon* (*DDS*). d) Spirochäteninfektionen; Behandlung mit antileptospirem Serum u. II. e) Protozoenkrankheiten: Malaria, Behandlung mit *Proguanil, Chloroquine* (V), *Isopentaquine, Primaquine*; Amöbiasis, *Bacitracin,* II, III, V. f) Helminthiasis, *Hetrazan*; Schistosomiasis, *K- oder Na-Antimonyltartrat, Miracil D* (*Nilodin*). Die Dosierungen werden zum Teil besprochen, die Aussichten mit den verschied. Präpp. diskutiert. — Schrifttum. (Med. J. Australia **39.** I. 625—33. 10/5. 1952. London, Hosp. for Tropical Diseases.) DOSSMANN. 4610

Adolf Bürgstein, *Zur Chemotherapie in der Hals-, Nasen- und Ohrenpraxis.* Nach allg. Besprechung der Therapie mit *Sulfanilamiden* (I) wird über Erfolge in 365 Fällen mit *Elkosin* berichtet, die beweisen, daß ein Aufgeben von I zugunsten der Antibiotica bei den besprochenen Krankheitsbildern unangebracht ist. (Aerztl. Wschr. **7.** 1—3. 4/1. 1952. Siegburg, Städt. Krankenhaus.) DOSSMANN. 4610

H. Kreitner, *Die Pyocyaneusinfektion und ihre Behandlung.* Auf Grund eigener Erfahrungen u. der Literatur kommt Vf. zu dem Ergebnis, daß die erfolgreichste Therapie der Pyocyaneusinfektion gegenwärtig in der Medikation von *Supronal,* kombiniert mit einem Antibioticum, liegt. Dabei sind Penicillin u. Aureomycin wegen ihrer Wirkungslosigkeit gegenüber B. pyocyaneus auszuschließen. — 53 Literaturangaben. (Wiener klin. Wschr. [N. F. 7.] **64.** 369—75. 23/5. 1952. Wien, Städt. Allg. Poliklinik.) KRUSEN. 4610

Horst Dietel, *Beobachtung eines papulösen und eines vesiculösen Exanthems nach Prontosil rubrum.* Vf. berichtet über 2 Fälle von papulösem bzw. vesiculösem Exanthem nach Aufnahme von 3 bzw. 6 Tabletten *Prontosil*, die in dieser Form nach seiner Angabe noch nicht beschrieben sind. (Dermatol. Wschr. **125.** 585—87. 1952.) GOHR. 4610

Pier Luigi Tira, *Untersuchungen über die Wirkung des „Marbadal" bei experimenteller septischer Peritonitis.* Mäusen mit experimenteller Peritonitis durch Stämme von Staphylococcus pyogenus aureus, Streptococcus viridans, B. coli, B. pyocyaneus u. B. proteus wurde intraperitoneal *Marbadal* (I; *4-Aminobenzolsulfothiocarbamid* + *4-Aminomethylbenzolsulfonamid*) auf 4 verschied. Arten gegeben u. dann jeweils der Prozentsatz der überlebenden Tiere bestimmt: 1. Nur eine einzige Dosis I im Augenblick der Infektion; 2. 5 Tage lang 2 Dosen/Tag; 3. Beginn der Behandlung mit I 3 Std. nach der Infektion u. 4. Beginn der Behandlung 6—7 Std. nach der Infektion. Die Peritonitis führte bei allen unbehandelten Kontrolltieren zum Tod, u. es gelang bei sämtlichen Infektionen durch die Behandlung mit I die Sterblichkeitsquote stark zu senken. Die 2. u. die 3. Behandlungsmeth. hatte dabei die besten Erfolge. (Arch. Scienze med. **93. (77.)** 379—89. April 1952. Pavia, Univ., Ist. di Patol. Spec. Chirurg. e Propedeut. Clin.) H. SCHEURLEN. 4610

Ernst Franz und Peter Stoll, *Sulfonamide, Penicillin und Streptomycin in der Behandlung des Ulcus molle.* Die Zunahme des Auftretens von Ulcus molle veranlaßte Vff., die moderne Therapie dieser Erkrankung zu untersuchen. Nach einer Darst. der Diagnostik werden die in der bisherigen Literatur erschienenen Behandlungsmethoden geschildert u. die eigenen Erfahrungen dargelegt. Die Sulfonamidbehandlung ist im allg. ausreichend. Nur bei Versagern oder Unverträglichkeit sollte auf *Streptomycin* übergegangen werden. *Penicillin* wird abgelehnt, da dadurch leicht eine Mischinfektion mit Lues verschleiert werden kann. Wenn aber aus zwingenden Gründen doch *Penicillin* gegeben werden muß, dann soviel, daß es ausreicht, auch eine gegebenenfalls vorhandene Lues zu heilen. Das Behandlungsschema: 7 Tage täglich 6,0 g eines guten Sulfonamidpräp. oder 10—15 g *Streptomycin* über 5—9 Tage verteilt. (Die Medizinische **1952.** 822—23. 14/6. Bremerhaven.) BERGER. 4610

W. Rothmund, *Therapeutische und toxische Wirkungen des Conteben und seine Dosierung.* Unter Heranziehung der einschlägigen Literatur unternimmt Vf. eine krit. Wertung des *Conteben* (I) im Hinblick auf therapeut. u. tox. Wirkungen. Als das eigentliche Feld der Behandlung mit I wird der einzelne, gut durchblutete, noch frische Herd angesehen, während jeder massive Käseherd, altes Narbengewebe usw. den Effekt verhindern. Für die Dauermedikation beim Kind wird eine durchschnittliche Dosis von 2,5 mg/kg Körpergewicht empfohlen (Gesamtmenge: 0,05—0,15 g). I hat sich bei den Pubertätstuberkulosen bes. bewährt. (Tuberkulosearzt **6.** 400—04. Juli 1952. Wangen/Allgäu, Kinderheilstätte.) R. KÖNIG. 4610

R. Reymond und P. Del Maschio, *Das osmotische Verhalten von Erythrocyten gegenüber verschiedenen Konzentrationen von 4-Succinylaminobenzaldehydthiosemicarbazon (Hydrothiobicin).* Vff. untersuchten die hämolyt. Anämie, die häufig im Verlauf der Thiosemicarbazonbehandlung der Tuberkulose auftritt. Sie fanden, daß ganz unerwartet die Widerstandskraft der roten Blutkörperchen, die in verschied. konz. Lsgg. von *Hydrothiobicin* suspendiert waren, wesentlich verstärkt ist. Für die Pathogenese der „Anämie durch Thiosemicarbazon" ist die Hypothese einer erythrolyt. Wrkg. von *TbI* demnach nicht zutreffend. (Arch. Scienze med. **93. (77.)** 111—22. Febr. 1952. Padova, Univ., Clin. Med. Generale.) H. SCHEURLEN. 4610

M. Delattre, *Wirkung von Pyrazinamid (oder Aldinamid) auf die experimentelle und klinische Tuberkulose.* Vf. untersuchte ein neues Deriv. der Isonicotinsäure, *Pyrazinamid* (I), u. stellte fest, daß dieses nicht nur bei der experimentellen Mäuse- u. Meerschweinchentuberkulose, sondern auch bei der menschlichen Lungentuberkulose (Beobachtung von 43 Fällen) deutliche Wrkg. zeigt. Die Medikation von 4 × 350 mg I am ersten Tage, dann 42 Tage lang täglich 4 × 700 mg wirkt fiebersenkend, husten- u. expektorationsmindernd u. bessert den Allgemeinzustand. Die Wrkg. tritt zuweilen schneller ein als bei *PAS* oder *Streptomycin* (II), während in radiolog. u. bakteriolog. Hinsicht der Effekt weniger deutlich ist. Vf. empfiehlt I bei II-resistenten, langsam evolutiven u. mittelschweren Tuberkulosen. Die Wrkg. des I ist eingeschränkt infolge rascher Resistenzentw., bes. bei alter Tuberkulose, wo häufig Rückfälle zu beobachten sind. Einzelne tox. Nebenwirkungen waren Gelenkschmerzen, Nervosität u. Herzklopfen. (Presse méd. **60.** 1007—08. 5/7. 1952. Paris.) KRUSEN. 4610

K. L. Radenbach, *Erste Erfahrungen mit dem Isonicotinsäurehydrazid Neoteben.* (Kurzreferat bei der XIX. Tagung der „Wissenschaftlichen Gesellschaft Südwestdeutscher Tuberkuloseärzte", Wildbad, 16/17. 5. 1952.) Bei einer Dosierung unter

10 mg *Neoteben* „BAYER" (I) (= *Isonicotinsäurehydrazid*)/kg Körpergewicht/Tag wurden keine Nebenerscheinungen beobachtet, erst bei Mengen zwischen 15 u. 20 mg/kg kam es in einigen Fällen zu akuten Magenbeschwerden u. Übelkeit. Für I scheint die gleiche Applikationsweise wie für Conteben gültig zu sein (Anfangsdosis: 2—5 mg/kg, dann steigern auf 10 bis maximal 15 mg/kg, aufgeteilt in 3—4 Einzeldosen). I wird im wesentlichen gut vertragen, scheint aber nicht tuberkulocid zu wirken. In der kurzen Beobachtungszeit (1/4 Jahr) war zwar eine Besserung des klin. Bildes, nicht aber des Röntgenbefundes festzustellen. Bei lokal endobronchial behandelten Fällen wurden Kavernenverkleinerungen beobachtet. (Tuberkulosearzt 6. 420—22. Juli 1952. Frankfurt/M., Univ., II. Med. Klinik.) R. KÖNIG. 4610

Harald Malluche, ***Vorläufige klinische Ergebnisse der Tuberkulosebehandlung mit Isonicotinsäurehydrazid.*** Bericht über 75 Kranke, die *Isonicotinsäurehydrazid* (I) 2 bis 4 Monate erhielten. Verabreicht wurde ca. 5 mg/kg, also durchschnittliche Tagesdosis 0,2—0,5 g. Lokal wurde I in 2%ig. Lsg. intrakavernös in 10—20%ig. Suspension verabreicht. Bei Empyemen wurde eine 4,8%ige Lsg. mit Einzelgaben von 0,2 g verwandt. Auffallend ist die Hebung des Allgemeinbefindens u. des Appetits durch I. Besprochen wird der Einfl. von I auf Temp., Gewicht, Blutsenkung, Blutbild, Urin, Serumeiweißwerte, Sputum u. Röntgenbefund. Die beiden I-Präpp. *Neoteben* u. *Rimifon* zeigten noch in einer Verdünnung von 0,1 pro cm³ eine Hemmung des Tuberkelbacillenwachstums. Mit einer steigenden Resistenz der Tuberkelbacillen bei I-Behandlung ist zu rechnen. Chirurg. Eingriffe können durch I-Behandlung nicht ersetzt werden. (Med. Klin. 47. 961—64. 18/7. 1952. Falkenstein/Taunus, Landesheilstätte.) DOSSMANN. 4610

H. Niemsch und W. Sitt, ***Klinische Erfahrungen mit dem neuen Tuberkulosemittel Paratebin.*** (*Vorläufige Mitteilung.*) Von 55 weiblichen Tuberkulösen, die 80—150 Tage lang täglich 2 mal je ½ Ampulle *Paratebin* [I; 1 Ampulle = 0,5 g *Dihydrostreptomycinsulfat* (II) + 500000 E. *Oxyprocain–Penicillin* (III)] intramuskulär erhalten hatten, konnte bei 40 eine wesentliche Besserung des Krankheitszustandes erzielt werden. Bei 30 wurde eine deutliche Besserung der röntgenolog. Befunde erzielt, 18 wurden TB-negativ. Bei Empyemen konnten durch intrapleurale I-Applikation gute Erfolge erzielt werden. Auch die I-Inhalation zeigte sich bei Lungentuberkulose sehr wirksam. An Nebenerfolgen wurde meist eine Normalisierung des Blutbildes erzielt, die eine zusätzliche antianäm. Behandlung überflüssig machte. Deutlich waren weiterhin Normalisierung der Körpertemp. u. der Blutsenkung, Sputumverminderung u. Gewichtszunahme. Verss. ließen keine Resistenzentw. der Tuberkelbakterien erkennen. Vereinzelte Nebenerscheinungen waren Überempfindlichkeit u. schockartige Symptome, zu deren Vermeidung die Dosierung auf 1,0 g II u. 400000 E. III geändert wurde. Vff. empfehlen I-Medikation in allen Formen der Lungentuberkulose u. deren Mischinfektionen, bes. in Fällen von prim. oder sek. Streptomycinresistenz. (Münchener med. Wschr. 94. 1418—26. 11/7. 1952. München-Gladbach-Helm, Städt. Heilstätte u. Entbindungsheim Hardter Wald der LVA. Rheinprovinz.) KRUSEN. 4611

Louis Ravreby, Gerald H. Caron und Vasilios A. Georgantas, ***Die Antibioticatherapie der tuberkulösen Meningitis.*** Es wird ausführlich über 40 Fälle tuberkulöser Meningitis bei Kindern berichtet, wobei sich *Streptomycin* ganz bes. bewährt hat (Dosis: 100 mg/kg Körpergewicht, intramuskulär oder 50 mg/kg intrathekal, 4 mal/Tag im Abstand von 2 Tagen, 6 Wochen lang; Mindestzahl der Injektionen: 65). Zusätzliche Verabreichung von *PAS* (0,2 g/kg in mehreren Dosen) ist vor allem günstig bei Patienten mit gleichzeitiger Miliartuberkulose, während die Wrkg. von *Promizol* (1—6 g/Tag) nicht eindeutig war. Die Prognose bei Kindern unter 2 Jahren sowie bei Patienten mit Lungenschädigungen ist sehr schlecht. Das Auftreten schwerer neurolog. Störungen ist sehr häufig, so daß frühe Diagnose u. sofortige wirksame Behandlung notwendig erscheinen. 25% der geschilderten Fälle kamen ad exitum. (New England J. Med. 246. 883—90. 5/6. 1952. North Wilmington, Mass., North Reading State Sanat.) R. KÖNIG. 4611

W. Andrew Dale und Chester A. Haug, ***Behandlung von Karbunkeln mit lokalen Penicillininjektionen.*** Die lokale *Penicillin*-Behandlung von Karbunkeln mit 300 bis 500000 I.E., neben allg. Therapie, hat den Vorteil der rascheren Abheilung, meist ohne Komplikationen, des Fortfalls der Incision u. der Verkürzung des Klinikaufenthaltes. (J. Amer. med. Assoc. 149. 527—30. 7/6. 1952. Birmingham, Ala., u. Rochester, N. Y.) REICHLE. 4611

M. G. Moustardier, ***Die gegenwärtigen Behandlungsweisen der Brucellosen.*** In einem Übersichtsbericht gibt Vf. eine Zusammenstellung der augenblicklichen Möglichkeiten einer wirksamen Behandlung der Brucellosen. Es kommen in Frage: chemotherapeut. wirksame Substanzen, wie *Acridinsalze*, *Arsenobenzole*, *Bi-Salze*; unspezif. u. spezif. Schockbehandlung; Antibiotica (I), wie *Aureomycin*, *Chloromycetin*, *Terramycin*, allein oder in Kombination mit Sulfonamiden; Kurzwellen- u. Röntgenbestrahlung. Als augenblicklich beste Meth. wird eine Kombination von I mit einer intravenösen Antigentherapie angesehen. Der Verlauf der Behandlung bei der septikäm. u. chron. Form der Erkrankung wird kurz beschrieben, wobei mit Hilfe der I bei ersterer in 75% der Fälle eine Heilung erzielt werden kann. (J. Méd. Bordeaux Sud-Ouest 129. 393—400. Mai 1952. Fac. de Méd.) R. KÖNIG. 4611

Louis I. Grossman und **Constance K. Christian**, *Untersuchung über den Grenzpunkt der bakterieiden Wirkung von Antibioticis bei der Wurzelbehandlung. Penicillin* war baktericid in kleinen Konzz. gegen *α-Streptokokken* (I), in mittleren gegen *Streptococcus faecalis* (II) u. in hohen Konzz. gegen *Escherichia coli* (III) wirksam, unwirksam gegen *Candida albicans* (IV). *Bacitracin* zeigte baktericide Wrkg. gegen *Staphylokokken* (V) u. II, geringe baktericide Wrkg. gegen α- u. β-I, keine gegen III u. IV. *Streptomycin* war wirksam gegen III, I u. V, unwirksam gegen II u. IV. *Na-Caprylat* war baktericid gegen IV u. α-I, schwach gegen alle anderen Bakterien. Alle untersuchten Mikroorganismen wurden aus infizierten Zahnwurzelkanälen isoliert. (J. Dental Res. 31. 42—46. Febr. 1952. Philadelphia, Pa., Univ., Oral Med. Dep., School of Dent.) RUTKOWSKI. 4611

Elias Bengtsson und **Gunnar Birke**, *Komplikationen bei penicillinbehandelten akuten Racheninfektionen und bei hämolytischen Streptokokkenträgern durch β-hämolytische Streptokokken.* Überblick über a) 1100 Tonsillitisfälle u. b) 704 Bacillenträger während einer Scharlachepidemie. Die Mehrzahl der Fälle erhielt eine Woche lang *Procain-Penicillin*-Injektionen, $3 \cdot 10^5$ E. innerhalb 24 Std. für Erwachsene, Kinder entsprechend weniger, Behandlung eine Woche, Beobachtung mindestens 4 Wochen. Bei der a-Gruppe traten in 27,9% der Fälle Komplikationen auf: Peritonsillitis, Adenitis, Myocarditis, Nephritis, Synovitis, rheumat. Fieber, Otitis u. Sinusitis, wobei die cervicalen u. otopharyngealen Infektionen überwogen. Bei der b-Gruppe wurden nur 4 Fälle mit Impetigo beobachtet. (Acta med. scand. 143. 120—28. 1952. Stockholm. Hosp. for Infection Diseases.) DOSSMANN. 4611

L. W. Slanetz und **Harriet Reynolds**, *Die baktericide Wirkung gewisser Antiseptica auf die Mundbakterien.* Täglicher Gebrauch von *Cepacol*(I)-Lsg., I-Tabletten (WM. S. MERRELL CO., Cincinnati, O.), *Penicillin*(II)-Tabletten u. I–II-Tabletten bewirkte eine merkliche Verminderung der Mundbakterien, einschließlich *α-Streptokokken, Lactobacillen* u. *fusiformen* Bakterien. Bei Benutzung von II traten manchmal nach einiger Zeit zahlreiche II-resistente Bakterien u. Hefepilze auf, deren Entw. durch kombinierte Verabreichung von *Ceeprynchlorid* (WM. S. MERRELL CO., Cincinnati, O.) u. II verhindert werden konnte. (J. Dental Res. 31. 35—41. Febr. 1952. Durham, N. H., Univ. of New Hampshire, Dep. of Bacteriol.) RUTKOWSKI. 4611

Kurt Stucke, *Zur örtlichen Penicillinbehandlung in der Mundhöhle.* Durch Verwendung von *Penicillin*(I)-Kautabletten konnten in der n. Mundflora Streptokokken u. Staphylokokken beseitigt u. infektiöse Munderkrankungen, wie Gingivitis, Stomatitis u. Angina, günstig beeinflußt werden. Speichel enthält keine Penicillinase, sondern sogar die I-Wrkg. steigernde Substanzen. (Münchener med. Wschr. 94. 1570—72. 1/8. 1952. Göttingen, Univ., Chirurg. Klinik.) KRUSEN. 4611

Robert J. Fitzgerald und **Edward G. Hampp**, *Hemmung von Spirochäten des Mundes in vitro durch antibiotische Stoffe. Penicillin, Bacitracin, Chloromycetin, Aureomycin, Streptomycin* (I) u. *Tyrothricin* hemmten das Wachstum von aus der Mundhöhle isolierten Stämmen von *Treponema* u. *Borrelia vincentii.* Ebenfalls waren *Sulfarsphenamin*, H_2O_2 u. *Lupolon* wirksam, während *Notatin* inakt. war. Resistenz konnte nur in 1 Fall gegen I festgestellt werden. (J. Dental Res. 31. 20—24. Febr. 1952. Bethesda, Md., Nat. Inst. of Dental Res. u. Nat. Inst. of Publ. Health Serv.) RUTKOWSKI. 4611

Fritz Pein, *Über arterielle Penicillintherapie bei fortschreitenden Gliedmaßeneiterungen.* Nach Besprechung des Wesens der arteriellen Therapie u. der Injektionstechnik wird u. a. über 20 Fälle mit fortschreitenden Sehnenscheiden- u. Weichteilphlegmonen berichtet, bei denen mit gezielten interarteriellen *Penicillin* (I)-Stößen in Kombination mit chirurg. Maßnahmen eindrucksvolle Erfolge erzielt werden konnten. Dosierung in der Mehrzahl der Fälle 1—2mal $2 \cdot 10^5$ E. I. (Zbl. Chirurg. 77. 1282—86. 1952. Arnstadt, Thür., Städt. Krankenhaus.) DOSSMANN. 4611

A. Wolinetz, *Betrachtungen über die akute Epiduritis. Bericht über einen Monstrefall, der ohne Eingriff durch allgemeine und lokale Penicillintherapie genas.* Bericht über einen schweren Fall von akutem vereitertem Epidural-Hämatom, der durch Verabreichung von insgesamt 30 Millionen E. *Penicillin* (I), davon täglich an 3 epiduralen Punktionsstellen 50000 E., u. insgesamt 100 g Jodsulfamid geheilt werden konnte. Vf. bespricht ausführlich die Diagnose dieser Erkrankung sowie Möglichkeiten der Behandlung u. Heilung mit I u. anderen Antibioticis. (Presse méd. 60. 1010. 5/7. 1952. Paris.) KRUSEN. 4611

Arthur Vernes, Jean Lacapère und Paul Filhol, *Untersuchung über die Wirkung des Penicillin–Procain-Aluminiummonostearats auf die Syphilis.* Vff. berichten über Verss. an 181 Syphiliskranken mit Penicillin–Procain-Al-Monostearat, *Flocilline 96* (Gesamtdosis: 4800000 E. intramuskulär innerhalb von 15 Tagen bzw. 9000000 E. in 30 Tagen bei Syphilis, die das Nervensyst. bereits ergriffen hatte). Die Behandlungsergebnisse werden in Form von Kurven veranschaulicht. Es wurden durchgeführt Blutunterss. u. quantitative serolog. Unterss. nach VERNES mit *Péréthynol A* u. *B*. Frisch erworbene Syphilis (110 Fälle) konnte zu 100% geheilt werden. Bei der Syphilis des Nervensyst. waren die Ergebnisse ungleichmäßig, während bei einer schon länger bestehenden Erkrankung die von VERNES vorgeschlagene Meth. einer ununterbrochenen Behandlung angezeigt ist. Nach Ansicht der Vff. ist die mitgeteilte quantitative Untersuchungsmeth. allein in der Lage, über die Wrkg. der Behandlung erschöpfend Auskunft zu geben. (Presse méd. **60.** 1093—95. 2/8. 1952. Paris.) R. KÖNIG. 4611

H. Ellegast, G. Gumpesberger und F. Wewalka, *Zur Penicillintherapie der cardiovasculären Syphilis.* Vff. berichten über 10 Fälle von cardiovasculärer Syphilis, die mit *Penicillin* behandelt wurden. 1 Patient starb während, 3 Patienten im Verlaufe von 8 Wochen nach der Penicillinkur. Bei 2 Patienten kam eine Myocardschädigung auf vasculärer Basis als alleinige Todesursache in Frage, bei 2 weiteren Patienten dürfte sie wesentlich zum Tode beigetragen haben. Die Gefahren der Penicillintherapie liegen in der Veränderung der tert. luet. Granulationen, mit Bldg. von Thrombosen u. Zirkulationsstörungen. Während der Kur sollen die Patienten nur mit Strophanthin behandelt werden, damit bei akutem Herzversagen wirksam eingegriffen werden kann. Dekompensierte Patienten u. solche mit Coronarbeschwerden oder mit überstandenem Coronarinfarkt sollten von einer antiluet. Behandlung ausgeschlossen werden. (Wiener klin. Wschr. **64.** (N. F. 7.) 549—52. 1/8. 1952. Wien, Univ., Med. Klinik u. Hautklinik.) REICHLE. 4611

Frederick Kalz und Hope Prichard, *Untersuchungen über einige bei mit Penicillin behandelten syphilitischen Patienten beobachtete Nebenwirkungen.* 100 nicht bes. ausgewählte Patienten unter Behandlung mit *Penicillin* (I) wurden auf Nebenwirkungen von I untersucht. Das Alter der Patienten (48 männliche, 52 weibliche) lag zwischen 12 u. 76 Jahren. Neben einer allg. in allen Fällen festgestellten Eosinophilie u. Linksverschiebung der neutrophilen Leukocyten wurde bes. den Rkk. von Seiten der Haut u. Schleimhäute Beachtung geschenkt. Unter der Behandlung trat in 80% der Fälle Dermographie auf, die in 10% auch nach Behandlungsschluß noch bestehen blieb. Seborrhöe, Acne rosacea u. andere bereits bestehende Hauterkrankungen verschlimmerten sich unter der Anwendung von I. Als Haut- u. Schleimhauterscheinungen kamen verschied. Typen von Urticaria, Kontaktdermatitis, Rhinitis usw. vor. Ohne Berücksichtigung von JARISCH-HERXHEIMERschen Rkk. u. der Dermographie traten insgesamt bei 55% der Patienten Nebenerscheinungen auf, u. zwar bei 41% solche von Seiten der Haut u. in 14% allg. Reaktionen. Beziehungen dieser Rkk. zum Geschlecht oder Alter der Patienten oder zu mykot. Infektionen konnten nicht festgestellt werden. Anscheinend kommt dem *Histamin* (II) in der Pathogenese der Nebenwirkungen eine gewisse Rolle zu, da verschied. Patienten mit Urticaria u. anderen Rkk. durch I auf Anti-II gut ansprachen. Weiterhin wird die Wrkg. von I auf das autonome Nervensyst. besprochen. Einige dieser Neben-Rkk. sind anscheinend mehr auf eine cholinerg. Stimulisierung als auf eine spezif. Sensibilisierung zurückzuführen. (A. M. A. Arch. Dermatol. Syphilol. **65.** 568—80. Mai 1952. Montreal, Can., McGill Univ., Dep. of Pathol., u. Royal Victoria Hosp.) ERDMANN. 4611

Giorgio Bogi und Eliano Ferrari, *Die Koagulation des Blutes beim Kaninchen nach Applikation hoher Penicillindosen.* Durch parenterale Verabfolgung hoher Dosen von *Penicillin* (I) gelingt es beim Kaninchen, die Koagulationsgeschwindigkeit des Blutes deutlich herabzusetzen. Die Tiere bekamen I (3 g) 3 Tage lang, wobei sich die Koagulationsgeschwindigkeit auf 83% des Anfangswertes senkte, nach einer Ruhewoche noch durchschnittlich 72% u. nach einer erneuten 3tägigen Behandlung mit den gleichen Dosen von I noch ca. 85% betrug. (Arch. Scienze med. **93.** (**77.**) 275—80. März 1952. Pisa, Univ. degli Studi, Clin. Chir. Generale.) H. SCHEURLEN. 4611

Raymond C. V. Robinson, *Neuere Antibiotica bei der Behandlung von Geschlechtskrankheiten.* Überblick nach den Erfahrungen der letzten 2 Jahre. Besprochen wird der Einfl. von *Cortison* (I), *ACTH*, *Aureomycin* (II), *Chloramphenicol* (III) u. *Terramycin* (IV) auf die 5 Geschlechtskrankheiten. Da I die Läsionen bei der frühen Syphilis beeinflußt, ist I-Therapie bei Syphiliskranken nur dann indiziert, wenn gleichzeitig die Treponemen spezif. bekämpft werden. Aus dem vorliegenden Schrifttum geht nicht hervor, daß II, III u. IV bei den verschied. Formen der Syphilis dem *Penicillin* (V) gegenüber besser oder gleichwertig sind, sie sind indiziert bei V-Überempfindlichkeit. Bei Gonorrhöe bleibt V das Mittel der Wahl. Bei Granuloma inguinale sind *Streptomycin*, II, III u. IV bei intramuskulärer Verabreichung erfolgreich, oral wirken die Präpp. unbefriedigend. Bei Schanker sind keine Fortschritte zu erzielen, Mittel der Wahl bleiben die *Sulfonamide*. Bzgl. Lymphogranuloma venerum sind die Ergebnisse widersprechend. (Brit. J. vener. Diseases **28**. 80—88. Juni 1952. Baltimore, Md., Johns Hopkins Univ., u. Hosp. Med. Clinic.) DOSSMANN. 4611

J. Caffarena Solá und Gutiérrez Mata, *Eine Typhusepidemie in Malaga. Therapeutische Erfolge bei 232 Fällen, die mit Chloromycetin oder Medikamenten, in denen dieses Antibioticum die Hauptkomponente ist, behandelt wurden.* Durch die Behandlung mit *Chloromycetin* bzw. *Sinactin* gelang es, die Mortalität u. Komplikationen beim Typhus abdominalis wesentlich zu senken. (Rev. clín. españ. **45**. 158—77. 15/5. 1952. Malaga, Servic. de Enf. Infecciosas.) GERBER. 4611

H. Gohr, Th. Görges und A. Bolte, *Untersuchungen über den Einfluß von Terramycin, Aureomycin und Resulfon auf die bakterielle Reduktion des Bilirubins im Darm, zugleich ein Beitrag zur Frage der Urobilinogenentstehung.* Nach Darlegung der heutigen Ansichten über den Gallenfarbstoffwechsel berichten Vff. über Unterss. über die Ausscheidung von Gallenfarbstoffen mit Faeces u. Harn. Im Harn wurden die Rkk. nach EHRLICH u. SCHLESINGER sowie die Mesobiliviolin- u. die Pentdyopent-Rkk. durchgeführt. Aus den Faeces wurden die Farbstoffe extrahiert, chromatograph. fraktioniert u. identifiziert. Bei Gesunden wurden in den Faeces vorwiegend *Sterkobilinogen* (I), geringe Mengen *Urobilinogen* (II) u. kein *Bilirubin* (III), im Harn I gefunden. Nach peroraler Zufuhr von bakteriostat. u. bactericiden Substanzen (*Terramycin, Aureomycin, Resulfon, Taleudron*), die die physiol. Darmflora ausschalten, kam es in den Faeces zu Abnahme u. Verschwinden von I u. Auftreten von III u. im Harn zum Verschwinden von I. Bei Kranken mit chron. Hepatopathie blieb die Harn-II-Ausscheidung auch bei bakterienfreiem Darm erhalten, während bei perniciöser Anämie die I-Ausscheidung mit dem Harn ausblieb. In Hinsicht auf die erhaltenen Ergebnisse werden der Gallenfarbstoffwechsel im n. Zustand, bei gesteigerter Erythrocytolyse u. bei gestörter Leberfunktion u. mechan. Behinderung des Galleabflusses besprochen u. die Ansicht von BAUMGÄRTEL bestätigt, wonach II präenteral fermentativ u. I enteral durch Bakterien aus III gebildet werden. — 20 Literaturangaben. (Z. ges. inn. Med. Grenzgebiete **7**. 372—78. 15/4. 1952. Köln, Univ., Klinik Lindenburg.) KRUSEN. 4611

J. A. Grönroos, *Über die Wirksamkeit von Chloramphenicol gegen Haemophilus influenzae mit besonderer Berücksichtigung der Influenza-Meningitis.* Die 22 gegen *Chloramphenicol* (I) getesteten Stämme von *Haemophilus influenzae* wiesen alle eine Empfindlichkeit auf, die bei 2 Stämmen 0,25 γ, bei 7 Stämmen 0,5 γ, bei 12 Stämmen 1 γ u. bei 1 Stamm 5 γ betrug. Mit einer peroralen Tagesdosis von ca. 100 mg I/kg Körpergewicht läßt sich im Liquor ein 20—60mal höherer I-Spiegel erreichen, als der Empfindlichkeit der Erreger entspricht. Die Behandlung von 13 Kindern im Alter von 3—47 Monaten (Durchschnitt 15,4 Monate) mit Meningitis durch *H. influenzae* erfolgte in 5 Fällen nur mit I (alle geheilt), in 1 Fall mit I u. *Streptomycin* (II) (geheilt), in 7 Fällen mit II, *Penicillin* (III) u. *Sulfonamiden* (3 geheilt, 3 gestorben, 1 geheilt mit Restsymptom). Auf I besserten sich die Erscheinungen schneller als auf II, III usw. In der Tabelle über die Empfindlichkeit von *H. influenzae* gegen I sind außerdem noch Angaben über die Sensitivität gegen II, III, *Aureomycin, Terramycin, Sulfathiazol* u. *Sulfadiazin* enthalten. In einem Nachtrag wird über 2 weitere erfolgreich mit I behandelte Fälle (Alter 5 bzw. 30 Monate) von Influenza-Meningitis berichtet. (Acta paediatrica [Uppsala] **41**. 249—59. Mai 1952. Turku, Finnland, Univ., Children's Clinic, u. Sero-Bacteriol. Inst.) ERDMANN. 4611

Mark H. Lepper, Paul F. Wehrle und Norman Blatt, *Behandlung der Haemophilus influenzae-Meningitis. Vergleich von alleiniger Verabreichung von Aureomycin gegenüber Kombinationen von Aureomycin mit Streptomycin und Gantrisin.* 18 Patienten mit durch Haemophilus influenzae hervorgerufener Meningitis erhielten 1—2 Tage lang in 24 Std. 25—50 mg/kg *Aureomycin* (I) intravenös, dann 1 Tag lang dazu 50 mg I peroral u. weiterhin 50 mg I peroral. 14 weiteren Patienten wurden zusätzlich zu I 75 mg *Streptomycin* (II) u. 100 mg *Gantrisin* intramuskulär bzw. peroral verabreicht. Die besten Erfolge hinsichtlich Fieberrückgang, Krankheitsdauer u. Komplikationen wurden bei alleiniger Therapie mit I erzielt. 2 Fälle wurden erfolgreich mit 1000000 E. *Penicillin* alle 2 Std. behandelt. (A. M. A. Amer. J. Diseases Children **83**. 763—68. Juni 1952. Chicago.) KRUSEN. 4611

Frank J. Catanzaro, Adrian M. Ostfeld und Grace E. Bergner, *Kochsalzmangelsyndrom bei Behandlung mit Chloramphenicol.* Vff. berichten über eine Patientin, die wegen cardialer Beschwerden auf NaCl-arme Diät gesetzt wurde. Mit der Verabreichung von *Chloramphenicol* (I) u. der begleitenden Diarrhoe erfolgte ein plötzlicher Sturz der Serumelektrolyte unter dem klin. Bild des NaCl-Mangelsyndromes. Es wurde hyperton. NaCl-Lsg. intravenös verabreicht. Nach Absetzen des I u. dem Verschwinden der Diarrhoe stabilisierten sich die Elektrolyte. Vff. weisen auf weitere Fälle hin, bei denen sich nach Verabreichung von I ebenfalls das NaCl-Mangelsyndrom zeigte. (J. Amer. med. Assoc. **149**. 571—73. 7/6. 1952. St. Louis.) REICHLE. 4611

Dieter Otto Schmid, *Besitzt Diplomycin bakteriostatische oder baktericide Wirksamkeit gegenüber dem Mycobacterium tuberculosis?* Nach Diskussion der Angaben des Entdeckers von *Diplomycin* (I), NOSTER, u. der von verschied. Autoren mitgeteilten mit I erhaltenen Ergebnisse berichtet Vf. über Verss., bei denen Meerschweinchen nach experimenteller Infektion mit *M. tuberculosis* mit bakterienereien Filtraten von *Diplostreptococcus XS-Noster* behandelt wurden. Es konnte dabei keine bakteriostat., bactericide oder virulenzmindernde Wrkg. von I festgestellt werden. Die in vitro beobachtete Antibiose ist nach Ansicht des Vf. lediglich eine Säurebaktericidie, zurückzuführen auf den niedrigen p_H-Wert (4,2—4,5) des Filtrates. — 19 Literaturangaben. (Z. ges. inn. Med. Grenzgebiete **7**. 380—84. 15/4. 1952.) KRUSEN. 4611

Paul Bacsich, *Hyaluronidasehemmung bei rheumatoider Arthritis.* Auf Grund der Annahme, daß die Behandlungserfolge mit Salicylaten, Cortison oder ACTH u. a. auf einer Bldg. oder Aktivierung von *Hyaluronidaseinhibitoren* beruhen, wird die direkte systemat. Verwendung von solchen vorgeschlagen. (Brit. med. J. **1952**. II. 231. 26/7. Glasgow.) GIBIAN. 4614

W. Möbius, *Zur Behandlung der PAS-Unverträglichkeit.* Von 81 Patienten mit Lungentuberkulose, die mit *AS* behandelt wurden, zeigten 18 Unverträglichkeitserscheinungen in Form von Magen- u. Darmbeschwerden. Durch Unters. des Duodenalsaftes auf Geh. an Diastase, Trypsin, Lipase u. Erepsin konnte festgestellt werden, daß bei diesen Patienten ein ausgesprochener Fermentmangel bestand. Es wurde deshalb *Combizym* (LUITPOLD-WERKE, München) verabreicht (2 Dragees nach jeder Hauptmahlzeit u. ca. 10 Min. später 5 g PAS). Es zeigte sich, daß bei gleichzeitiger Normalisierung der Fermentwerte alle Störungen verschwanden, so daß die PAS-Medikation ohne Unterbrechung weitergeführt werden konnte. (Tuberkulosearzt **6**. 404—06. Juli 1952. Mainz, Univ., Med. Klinik.) R. KÖNIG. 4614

A. Beringer und E. Keibl, *Über das Verhalten des Leberglykogens während der Sympathicusblockade mit Hydergin.* Das Verh. des Leberglykogens während einer Blockade des sympath. Nervensyst. durch *Hydergin* (I) wurde untersucht. An Ratten, welche 24 Std. gehungert hatten, wurde 3 cm³ 10 %ig. Dextroselsg. pro 100 g Körpergewicht durch die Sonde gegeben. 1 Std. u. unmittelbar vor der Zuckergabe erhielten sie je eine Ampulle I subcutan injiziert. Bei den mit I behandelten Tieren war eine stärkere Glykogenablagerung in der Leber als bei den unbehandelten Kontrollen festzustellen. Bei der Unters. der tagesrhythm. bedingten Schwankungen des Leberglykogengeh. — die Tiere wurden, beginnend mit dem Vortag des Vers., alle 5 Std. gefüttert mit 20 %ig. Dextroselsg. durch die Sonde — konnte eine Abschwächung der Schwankungen gefunden werden. Auch bei Zuckerkranken wird der tagesrhythm. bedingte Anstieg im Blutzuckergeh. mit I weitgehend unterdrückt. (Wiener Arch. inn. Med. **33**. 192—95. Mai 1952. Wien, Univ., I. Med. Klinik.) WOLFGANG ALBRECHT. 4620

G. Heilig und W. Völler, *Zur Frage therapeutischer Möglichkeiten beim Parkinsonismus.* Bericht über 210 Patienten, von denen 176 durch die Therapie der Vff. wieder 8 u. mehr Std. am Tag arbeitsfähig wurden; es wurde eine Übungstherapie mit Heilgymnastik durchgeführt, die durch eine individuell abgestimmte *Belladonna*-Medikation zur Beeinflussung des Parasympathicus unterstützt wurde. Vff. betonen den Wert psychotherapeut. Führung u. lehnen chirurg. Eingriffe ab. Behandlungsdauer 2—4,5 Monate. (Med. Klin. **47**. 964—66. 18/7. 1952. Kassel, Königin-Elena-Klinik.) DOSSMANN. 4620

E. Harvey Franks, *Thiopenton mit anschließender Lachgas-Sauerstoff-Narkose für die Ambulanz.* Wegen der möglichen Anoxie bei N_2O–O_2-Narkose u. zur Vermeidung störender Exzitation wird die Kombination einer Einschlafdosis von *Thiopenton* mit nachfolgender N_2O–O_2-Inhalation für die chirurg. Ambulanz empfohlen (über 200 Fälle mit gutem Ergebnis). (Lancet **263**. 466—67. 6/9. 1952. London, Bedford Group of Hosp.) DAUTZENBERG. 4621

P. Harvier, L. Faulong und L.-C. Brumpt, *Die Gefahr der Lachgasnarkose bei schwarzen Trägern von Sichelzellen.* Bei einer vorher gesunden (nicht anäm.) Negerin trat nach 2 Operationen in Lachgasnarkose eine schwere akute Sichelzellenanämie auf, die von Vff. auf die Anoxämie bei der N_2O-Narkose zurückgeführt wird. Vff. empfehlen daher die Vermeidung von N_2O bei Negern. (Bull. Acad. nat. Méd. **136**. 345—47. 10/6. 1952.) DAUTZENBERG. 4621

Michael M. Miller, *Kombinierte Anwendung von Äthylalkohol und Amobarbital-(Amytal-)Natrium zur ambulanten Narkoanalyse.* An 50 Patienten wurde die Narkoanalyse mit *A.* (I) u. *Amobarbitalnatrium* (II) durchgeführt. Günstigste Dosierung: 90—150 mg II in 20—25 ml 10—15 %ig. I-Lösung. Die Vorzüge der Kombination gegenüber der alleinigen Barbituratanwendung (schnelle Wiederherst., keine Depression von Kreislauf u. Atmung infolge geringerer II-Menge, besserer kathart. Effekt) werden nach der Narkosetheorie von MEYER u. OVERTON mit der besseren Lipoidlöslichkeit des Gemisches u. damit schnellerem u. stärkerem Eindringen in Nervenzellen erklärt. (A. M. A. Arch. Neurol. Psychiatry **67**. 620—24. Mai 1952. Washington, D. C., Howard Univ., Coll. of Med., Div. of Neuropsychiatry.) DAUTZENBERG. 4621

Abraham Wikler, *Reaktionen von Hunden ohne Neocortex in Perioden von Morphin- und Methadonsucht.* Beim großhirnrindenlosen Hund wird nach Einzelgaben von *Morphin* (I) oder *Methadon* (II) die Körpertemp., Herztätigkeit u. Atmung gesenkt, die Schmerzschwelle erhöht (elektr. gereizte Zahnpulpa), der spontane Bewegungsdrang u. Scheinwut-Rkk. („sham-rage“) vermindert. Bei regelmäßiger, fortlaufender Gabe von I oder II entsteht Toleranz gegenüber diesen Wirkungen. Nach Eintritt der Gewöhnung können 5 mg/kg I durch 2 mg/kg II ersetzt werden. Nach plötzlicher Entziehung des Mittels zeigen sich folgende Abstinenzerscheinungen: anfangs gesteigerter Bewegungsdrang u. Reizbarkeit, dann eine Ruheperiode mit weiterer Steigerung der Reizbarkeit, Gähnen, Speichel- u. Nasenfluß, anschließend unaufhörliches Herumlaufen mit Anstieg von Körpertemp., Herz- u. Atmungstätigkeit, Erbrechen, Verminderung der Reizbarkeit. Schließlich kehrt das Verh. im Lauf von 2 Wochen zur Norm zurück. Die phys. Abhängigkeit von diesen Suchtmitteln ist also offenbar nicht psychogen, sondern durch direkte pharmakol. Wrkg. bedingt, da sie sich, ebenso wie das Abstinenzsyndrom, gesetzmäßig am großhirnrindenlosen Hund darstellen läßt. (A. M. A. Arch. Neurol. Psychiatry **67**. 672—84. Mai 1952. Lexington, Ky., U. S. Public Health Serv., Nat. Inst. of Mental Health; U. S. Public Health Serv. Hosp.) DAUTZENBERG. 4621

Werner Holler, *Über die bakteriostatische Wirkung der Spaltprodukte von Lokalanästheticis.* Die klin. beobachtete geringere Zahl postoperativer Komplikationen nach Anästhesie mit *Oxycain* gegenüber *Novocain* führte zu der Annahme, daß die bei der Spaltung im Organismus entstehende *p-Aminosalicylsäure* dieses durch ihre bakteriostat. Wrkg. verursache. In vitro findet eine deutliche Hemmung des Keimwachstums in einer *Oxycain*-Serumlsg. statt, während Kontrollen mit *Procain* eher (in niederen Konzz.) eine Wachstumsförderung zeigen. (Zahnärztl. Welt **7**. 296—98. 25/7. 1952. Bonn, Univ., Klinik u. Poliklinik für Zahn-, Mund- u. Kieferkrankh.)

DAUTZENBERG. 4621

Herbert Harnisch, *Die örtliche Betäubung unter Zusatz von l-Noradrenalin.* Unterss. der Toxizität an Mäusen, Meerschweinchen, Goldhamstern, Ratten u. Kaninchen ergaben eine ca. 2—2½mal geringere Toxizität des *l-Noradrenalins* (I) gegenüber dem *Suprarenin* (II) als Zusätze zu *Novocain* (III). Dauer u. Umfang der Anästhesie u. Anämie liegen bei Gemischen von III u. I zwischen III–II u. III–*Corbasil* (Meerschweinchen bzw. menschlicher Unterarm). Klin. Beobachtungen bei über 4000 zahnärztlichen Eingriffen bestätigen die gute Eignung von I als Zusatz zum Lokalanästheticum; bes. wird es von den Patienten gut vertragen, die auf II mit Störungen reagieren. Für die ambulante Praxis wird als Dosierung ein Zusatz von 1 Tropfen I aus der SEIDELschen Pipette (= 0,00003 g) zu 1 cm^3 2%ig. III-Lsg. empfohlen. (Dtsch. zahnärztl. Z. **7**. 859—67. 1/8. 1952. Mainz, Univ., Zahn- u. Kieferklinik.) DAUTZENBERG. 4621

G. Arpesella und **L. Barbieri**, *Über Gliedernekrosen durch Antihistaminica.* Es wurde experimentell die lokale Rk. auf Injektion verschied. Antihistaminica in die Schenkel von Meerschweinchen untersucht u. dabei die Ausbldg. eines Granuloms an der Injektionsstelle u. davon entfernt in der Plantarregion eine Nekrose beobachtet. Bei einem Tier zeigte sich am distalen Ende der Extremität eine trockene Gangrän 2 Monate nach Beendigung der Behandlung ohne vorhergehende lokale Manifestationen. Histolog. wurden infiltrierende Schädigungen der ganzen Extremität durch die Gefäße u. Nerven gefunden. (Arch. Scienze med. **93**. (77.) 248—57. März 1952. Pavia, Univ., Ist. di Clin. Chir. Generale.) H. SCHEURLEN. 4625

Gerd Fabian, *Behandlung der Kälteurticaria mit Antistin.* Bericht über einen therapieresistenten Fall von Kälteurticaria u. hämorrhag. Diathese; es gelang mit *Antistin* (I; CIBA), 3mal täglich 1 Tablette zu 0,1 g, bereits am 3. Behandlungstag die Eruption neuer Quaddeln zu verhindern. Abklingen der Urticaria nach 1 Woche. Auch die

Hämorrhagien bildeten sich bei zusätzlicher *Vitamin-K*-Zufuhr zurück. Wichtig ist die I-Verabreichung in ausreichender Dosis über längere Zeit. (Med. Klin. **47**. 966—67. 18/7. 1952. Magdeburg, Städt. Gustav-Ricker-Krankenhaus.) DOSSMANN. 4625

C. Jiménez Díaz, A. Merchante, J. Perianes, C. Lahoz und V. L. Barrantes, *Behandlung des Asthmas mit Stickstofflost und Betrachtungen über die Natur der allergischen Erkrankungen und die Therapie der Dysreaktion. Stickstofflost* gab bei 11 Patienten mit Asthma bronchiale unter 17 eine wesentliche Besserung, bei 3 nur mäßige, u. 3 blieben ungebessert. Es werden Parallelen gezogen zur Wrkg. von ACTH, Cortison u. „N_3H", die alle die hypererg. Reaktionslage abschwächen. (Rev. clín. españ. **45**. 153—58. 15/5. 1952.) GERBER. 4625

E. R. Trethewie, *Die Wirkung von p-Aminosalicylsäure auf den allergischen Prozeß.* Verss. an Meerschweinchen. Es wurde gefunden, daß *PAS* die Entstehung von *Histamin* verhindert, u. es wird geschlossen, daß die *PAS*-Wrkg. bei Tuberkulose in der Beeinflussung der allerg. Rk. liegt. Die Erscheinung trat ein bei 50 u. 100 mg/100 ml. Bei 12,5 u. 25 mg/100 ml waren noch Spuren von *Histamin* nachzuweisen, bei 6,25 mg/100 ml entsprach die *Histamin*-Ausscheidung den n. Verhältnissen. (Med. J. Australia **39**. I. 638—39. 10/5. 1952. Melbourne, Univ., Dep. of Physiol.) DOSSMANN. 4625

J. D. P. Graham und R. St. A. Heathcote, *Beeinflußt Äther die Dehnbarkeit oder Elastizität des Muskels?* Die Beobachtung mancher Chirurgen, daß Ae. eine bei Spinalanästhesie oder Curarisierung noch bestehende Muskelelastizität (Tendenz eines Muskels, seine Form u. Lage zu erhalten) beseitige u. damit erst völlige Erschlaffung z. B. der Bauchmuskeln erreicht würde, wird an Katzen nachgeprüft. Bei völliger Curarisierung verursacht Ae. keine weitere Relaxation, doch kann bei Abklingen der Curarewrkg. durch Ae. die vorherige Erschlaffung wieder erzielt werden. (Brit. J. Anaesthesia **24**. 168—74. Juli 1952. Cardiff, Welsh Nat. School of Med., Dep. of Pharmacol.) DAUTZENBERG. 4628

Günther Hoflehner, *Indikation und praktische Anwendungsmöglichkeit von Lysthenon.* Besprechung der Wrkg. des Muskelrelaxans *M 115* = *Lysthenon* (I; OESTERREICHISCHE STICKSTOFFWERKE) = Bis-cholinester der Bernsteinsäure an 150 Fällen im Vgl. zu d-Tubocurarinchlorid = *Tubocurin* (II). Die besonderen Indikationsgebiete werden besprochen, vor allem I-Anwendung bei Intubation. Es wird meist erst *Pentothal* gegeben, anschließend 20—40 mg I, nach 15—30 Sek. tritt vollständige Muskelerschlaffung ein. Wegen seiner Flüchtigkeit eignet sich I nicht zur Dauertropfinfusion. Die kurze Wirkungsdauer von I kann unter Umständen durch *Prostigmin* verlängert werden. Der Vorteil von I gegenüber II besteht bei den in Frage kommenden Indikationen im Fehlen der Nebenwirkungen. (Zbl. Chirurg. **77**. 1286—90. 1952. Steyr, O. Ö., Allg. öffentl. Landes-Krankenhaus.) DOSSMANN. 4628

A. Oliveri und A. Oranger, *Radiologischer Nachweis der spasmolytischen Wirkung des Lyspamins bei der hypertonischen Colondystonie.* Vff. berichten über die Verwendbarkeit des Lyspamins (*Nicotinylamino-1.2-diphenyläthan*) (I) zur Differentialdiagnose der spast. Colonstenosen von organischen. Nur die erstgenannten sprechen auf Suppositorien an, die 1 g I enthalten. Solche I-Suppositorien werden auch zur Therapie von Colonstenosen empfohlen. (Minerva med. [Torino] **43**. I. 989—93. 10/5. 1952. Imperia, Ospedali di S. Giovanni e S. Maurizio, Ist. di Radiologia e Terapia fisica.) IPPEN. 4628

G. Kuschinsky, U. Hille und R. Emmerich, *Über die Freisetzung von Histamin durch Adrenochrom.* (Vgl. C. **1953**. 398.) *Adrenochrom* (I) u. sein Semicarbazon *Adrenoxyl* (II) bringen den isolierten Darm zur Kontraktion. Dieser Effekt ist nicht durch *Atropin*, wohl aber durch das Antihistaminicum *Casantin* hemmbar. Durch I u. II wird ferner der Tonus des isolierten Gefäßpräp. erhöht, auch diese Wrkg. wird durch *Casantin* bzw. *Antistin* aufgehoben oder abgeschwächt. An der durchströmten Mäuseextremität wird durch I u. II die Ödembldg. gesteigert. Im Perfusat ist eine histaminartig wirkende Substanz nachweisbar. (Klin. Wschr. **30**. 420—21. 1/5. 1952. Mainz, Univ., Pharmakol. Inst.) DAUTZENBERG. 4628

D. L. Vigderman, *Die Behandlung der Arrhythmie.* Therapeut. Anwendung von *Procain* bei Ventriculararrhythmie. (J. Amer. osteopath. Assoc. **51**. 475—78. Juni 1952. Forest Mills, Long Island, N. Y.) HOHENSEE. 4630

E. R. Trethewie und Patricia J. Gladwell, *Verminderte Reaktion des Nebennierenmarkes nach Barbituratanwendung.* An der vagotomierten Katze wird die vasodepressor. Wrkg. von *Acetylcholin* durch 70 mg *Nembutal* (*Na-Äthylmethylbutylbarbiturat*) intravenös vermindert, die pressor. Wrkg. am atropinisierten Tier („Nicotin-Effekt") erheblich herabgesetzt, während die blutdrucksteigernde Wrkg. von *Adrenalin* kaum verändert ist. (Austral. J. exp. Biol. med. Sci. **30**. 53—57. Febr. 1952. Melbourne, Univ., Dep. of Physiol.) DAUTZENBERG. 4630

E. Seibel, *Zur Pharmakologie des Digoxins.* Unterss. am isolierten Froschherzen nach STRAUB. *Digoxin* (I; BOEHRINGER) zeigt das für Digitaliskörper typ. Vergiftungsbild. I besitzt im Vgl. zu *k-Strophanthin* u. *Digitoxin* die größte Wirkungsgeschwindigkeit. Der „optimale Konzentrationsbereich" liegt zwischen 1 : 25000 bis 1 : 50000; die tox. Grenzkonz. liegt bei 1 : 75000; die Aufbrauchdosis beträgt 0,0106 mg/100 mg Herzgewicht. Bzgl. der Haftfestigkeit steht I zwischen Digitoxin u. Strophanthin. I ist kurzzeitig auswaschbar, wofür sek. Bindungen verantwortlich zu machen sind. — 10 Abbildungen, 11 Tabellen. (Arch. Kreislaufforsch. [Beih. zu: Z. Kreislaufforsch.] **18.** 49—67. Febr. 1952. Gießen, Akad. für med. Forschung, Pharmakol. Inst.) HOHENSEE. 4630

H. Ludwig, *Vergleichende Digitalistherapie.* Schilderung der Möglichkeiten der vergleichenden klin. Auswertung von herzwirksamen Glykosiden am herzkranken Menschen. *Digitoxin* (I) als stark kumulierendes Präp. eignet sich trotz rascher Resorption nicht für die orale Sättigungsbehandlung, weil bei raschem Vorgehen Unverträglichkeit beobachtet wird. I wird zur Dauerbehandlung vorgeschlagen. Die Wrkg. nach *k-Strophanthosid* tritt oral sehr rasch ein, es bestehen aber hochgradige individuelle Unterschiede. Ein Vgl. von *Lanatosid C* (II) u. *Digoxin* (III) ergab gleiche Wrkg. bei intravenöser, jedoch 3fach stärkere Wrkg. des III bei oraler Gabe. Für rasche Wrkg. bei intravenöser Gabe sind neben den Strophanthinen II u. III zu bevorzugen, für schnelle orale Effekte III u. für orale Dauerbehandlung I (bei nicht zu schwer geschädigten Herzen). (Arch. Kreislaufforsch. [Beih. zu: Z. Kreislaufforsch.] **18.** 118—23. Mai 1952. Basel, Bürgerhosp.) HOHENSEE. 4630

Albert Patz, *Klinische Beobachtungen bei der Behandlung mit Digitaloiden.* Bericht über die Eignung des Kombinationspräp. *Miroton* (*Adonis* 25,0; *Oleander* 12,5; *Scilla* 12,5; *Convallaria* 12,5 u. *Glucose* 20,0) zur Behandlung vornehmlich des leicht dekompensierten Altersherzens durch perlinguale Applikation. (Aerztl. Wschr. **7.** 392—94. 23/4. 1952. Berlin, Freie Univ., Med. Klinik.) HOHENSEE. 4630

L. Hoeser und K. Klein, *Über die Behandlung eines nach Hinterwandinfarkt auftretenden Anfalles von Kammerflattern mit Digitoxin.* Besprechung eines Anfalls mit 2std. Kammerflattern bei einem Patienten 35 Tage nach einem Myocardinfarkt. Nach Versagen der üblichen therapeut. Maßnahmen Verabreichung von 2 mg *Digitoxin* (I) per os u. intravenös, wodurch der bedrohliche Anfall beendet werden konnte. Ein späterer Anfall konnte mit 1,6 mg I kupiert werden. Anschließend Dauerdigitalisierung mit I-Tabletten. (Aerztl. Wschr. **7.** 15—17. 4/1. 1952. Dillenburg, Städt. Krankenhaus.) DOSSMANN. 4630

I. Mahaim und R. de Preux, *Schwere ventrikuläre Tachycardie. Rasche Herzinsuffizienz. Mißerfolg des Chinidins. Sofortige Wirkung von Pronestyl (Registrierung des Endes der ventrikulären Krise).* Beschreibung der vollständigen Heilung (100% arbeitsfähig) eines 64 Jahre alten Patienten, dessen schwere Tachycardie schon zum Beginn des Coma geführt hatte. Wiederherst. des Sinusrhythmus 12 Min. nach insgesamt 500 mg *Pronestyl* (*Procainamid* SQUIBB) intravenös. Bis 2,8 g Chinidin täglich hatten das Krankheitsbild nicht beeinflußt. (Arch. Kreislaufforsch. [Beih. zu: Z. Kreislaufforsch.] **18.** 133—37. Mai 1952. Lausanne, Univ., Physiol. Inst.) HOHENSEE. 4630

Herbert N. Hultgren, H. Shuyler Robertson und Leyland E. Stevens, *Klinische und experimentelle Untersuchung über die Anwendung von Khellin in der Behandlung der Angina pectoris.* 14 Patienten mit Angina pectoris erhielten peroral täglich 25—300 mg *Khellin* (I). 7 davon zeigten im Vgl. zu einem Blindtest herabgesetzte Häufigkeit der Anfälle. Bei 10 der Patienten traten tox. Nebenerscheinungen, wie Übelkeit, Erbrechen, Müdigkeit, Depression, auf. Parenterale I-Verabreichung blieb ohne Effekt, wie auch intramuskuläre Injektionen von 100—150 mg I keine Wrkg. bei anderen Kreislaufstörungen zeigten. (J. Amer. med. Assoc. **148.** 465—69. 9/2. 1952. San Francisco, Stanford Univ., School of Med., Dep. of Med.) KRUSEN. 4630

Ernst Meyer, *Die Crataegustherapie als Ergebnis neuzeitlicher pflanzentherapeutischer Forschung.* Die neuen, auf Sterinlacton standardisierten Crataeguspräpp. (*Oxacanttropfen*; DR. G. KLEIN) eignen sich zu einer rationellen Herz- u. Kreislauftherapie. Digitalis u. Strophanthin gegenüber überlegene Indikationen sind das Altersherz, das klimakter. u. thyreotox. Herz, Hypotonie, Angina pectoris, Myodegeneratio u. Infektmyocarditis. Auch Präinsuffizienzen, bes. beim Skolioseherzen, sprechen gut an. Durch Vor- oder Mitbehandlung mit Crataegus können Herzen auf Digitalis oder Strophanthin wieder besser ansprechbar gemacht werden. (Münchener med. Wschr. **94.** 1225—28. 13/6. 1952. Camberg/Taurus.) BÖHM. 4630

N. A. Wynne und Paul Szekely, *Einflüsse von Tetraäthylammoniumbromid auf das Elektrocardiogramm.* Verss. über die ganglienblockierende Wrkg. von *Tetraäthyl-*

ammoniumbromid (I)-Injektionen bei Katzen. Durch intravenöse I-Verabreichung von 10 mg/kg werden nur gelegentlich sichtbare elektrocardiograph. Änderungen beobachtet, die bei höheren Dosen fast immer auftraten: Änderungen der T-Zacke, Myokymie, ventriculäre Extrasystolen, Änderungen des Blocks u. des Knotenrhythmus, sie waren vom Blutdruck unabhängig. Die Blutdruckerhöhung nach I beruht auf dem Freiwerden einer *Noradrenalin* (II)-ähnlichen Substanz. Die Erscheinungen werden auf die Wrkg. von I auf den Herzmuskel zurückgeführt. Vorübergehende Normalisierung der invertierten T-Zacke beruht offenbar auf Vasodilatation durch II. (Acta med. scand. **143**. 129—36. 1952. Durham, Great Britain, Univ., King's Coll., Dep. of Physiol. and Pharmacol.) DOSSMANN. 4630

F. Bertrand, ***Der Einfluß von Elektrolyten auf den Hochdruck.*** **Schrifttumsübersicht** über die Therapie des Hochdrucks durch Salzentzug unter Berücksichtigung der Beeinflussung endokriner Funktionen einerseits, u. der direkten Wrkg. auf die Zirkulation u. den Muskelstoffwechsel andererseits. Die zum Teil noch unbekannten Beziehungen der oben genannten Faktoren zueinander könnten nach näherer Erforschung die Möglichkeit einer wirksamen Therapie eröffnen. — 61 Literaturzitate. (Arch. Kreislaufforsch. [Beih. zu: Z. Kreislaufforsch.] **18**. 156—61. Mai 1952. Vuadens, Schweiz, Fa. Guigoz S. A.) HOHENSEE. 4630

Clemens O. Netzer, ***Die Wirkung von Vasculat auf die Extremitätendurchblutung.*** *Klinische Untersuchungs- und Behandlungsergebnisse.* Von 45 behandelten Patienten sprachen 12 nicht an. Wichtig ist häufige Verabfolgung, da die Einzelgabe nur ca. 2 Std. wirkt. Die Dosierung richtet sich nach Alter u. Blutdruck. Erfolg ist nicht zu erwarten bei Patienten über 50 Jahren mit niedrigem Blutdruck. (Klin. Wschr. **30**. 408—11. 1/5. 1952. München, Univ., Chirurg. Poliklinik.) DAUTZENBERG. 4630

Georg Pohl, ***Dentinanästhesie mit Hilfe von Kohlensäure.*** (Zahnärztl. Welt **7**. 278—82. 10/7. 1952. Mainz, Univ., Zahnklinik u. -poliklinik.) DAUTZENBERG. 4655

H. Schlegel, ***Die Entfernung von Arsenresten vor der Hydroxylionophorese.*** Nach jeder zur Devitalisierung der Pulpa erfolgten *As*-Applikation bleibt ein (wenn auch geringer) As-Rest im Wurzelkanal zurück, der unter n. Verhältnissen langsam, unter dem Einfl. einer OH-Ionophorese jedoch schnell in den periapikalen Bereich einwandert. Es wurde nachgewiesen, daß es mit Hilfe einer alkal. Wurzelbehandlung (mit *Reogan* oder *Alkaperm*) möglich ist, diesen As-Rest zu beseitigen, da durch das im Reogan enthaltene Ca-Caseinat das As gebunden wird u. dann mit der Reoganeinlage entfernt werden kann. (Zahnärztl. Welt **7**. 259—61. 25/6. 1952. Tübingen, Univ., Zahnärztl. Inst. Abt. für physik. Chem. u. Werkstoffkunde.) KLESSE. 4655

Peter Spelter, ***Neue Gesichtspunkte in der Lokalbehandlung rheumatischer Beschwerden.*** Mit *Trafurilliniment* (CIBA AG., Wehr/Baden) enthaltend *Trafuril* (= *Tetrahydrofurfurylester der Nicotinsäure* + *Methylsalicylat* + *Salen* [Gemisch von Methyl- u. Äthylglykolsäureester der Salicylsäure]) wurden 84 Fälle von akuten u. chron. Muskel- u. Gelenkrheumatismus, Lumbago, Ischias, Intercostal- u. Occipitalneuralgie behandelt. 74 hauptsächlich akute Formen reagierten prompt, 7 chron. Fälle besserten sich nur geringfügig, 3 zeigten keine Besserung. Anwendung: 2—3malige Einreibung über den Tag oder abends einmalige dicke Auflage. (Münchener med. Wschr. **94**. 1228—29. 13/6. 1952. Köln.) BÖHM. 4660

Edward A. Strecker und Vincent T. Lathbury, ***Tetraäthylthiuramdisulfid-(Antabuse-) Therapie.*** *Bericht über 2 Fälle.* Bei 2 Fällen von Alkoholismus hatte die Entwöhnung mit *Antabuse* schwere Psychosen zur Folge, die zuvor durch A.-Rausch unterdrückt wurden. (J. Amer. med. Assoc. **148**. 463—64. 9/2. 1952. Philadelphia, Pa.) KRUSEN. 4670

Heinrich Falck, ***Ein Beitrag zur modernen Fluortherapie, insbesondere des Fluor vaginalis und des Trichomonadenfluors.*** Normalerweise beträgt der p_H-Wert der Scheide 4,0, was durch die DÖDERLEINschen Stäbchen, die das Glykogen der Scheidenepithelien zu Milchsäure spalten, gewährleistet wird. Da die meisten Bakterien bereits bei einem p_H von ca. 5,0 zugrunde gehen, stellt das saure Milieu einen Schutz vor pathogenen Keimen dar. Dieser Schutz kann aus verschied. Ursachen unterbrochen werden. Therapeut. muß versucht werden, diese Selbstreinigungskraft wiederherzustellen. Dazu eignet sich nach den Unterss. des Vf. das *Dextrovagin*. Es enthält: 1. Dextrose als Nahrung für die Vaginalbacillen, 2. milchsaures Salz u. einen p_H-Stabilisator, 3. eine östrogene Substanz. Falls erforderlich, kann durch einen Zusatz von *Antimon* das Dextrovagin auch wirksam gegen Trichomonaden gemacht werden. Vf. berichtet über gute Erfolge: Bei 360 Fällen 86 % mit Dauerheilung. (Die Medizinische **1952**. 827—29. 14/6. München, Privatfrauenklinik Dr. Hirsch.) BERGER. 4670

F. Mignolet, ***Die Pathologie der Kohlenwasserstoffe.*** Vf. beschreibt 5 Fälle von Vergiftungen mit *Benzin* (I) u. *Benzol* (II), bei denen Hyperleukocytose festgestellt wurde.

II ist 10 mal giftiger als I; von diesem sind 25 mg/Liter Luft schädlich. (Belg. Tijdschr. Militaire Geneeskunde **105.** 82—87. April/Mai 1952.) FAHRNLAENDER. 4675

W. Heubner, *Toxische Leberschädigungen.* **Tetrachlorkohlenstoffvergiftung u.** Salvarsanikterus werden diskutiert. (Dtsch. Z. Verdauungs- u. Stoffwechselkrankh. Sonderband 72—77; ausg. März 1952.) SCHWEIGER. 4675

Karl H. Sroka, *Vergiftungen durch Glycerin.* **Die Toxizität von** ***Glycerin*** **(I) beruht** auf dessen wasserentziehender u. hämolyt. Wirkung. Bericht über einen Fall, der nach Einnahme von 100 g I Nierenschmerzen u. hochgradige Cyanose zeigte. Vf. empfiehlt, bei innerer u. äußerer I-Therapie dieses stets mit der gleichen Menge W. zu verdünnen. (Münchener med. Wschr. **94.** 1417—18. 11/7. 1952. Singen, Hohentwiel.) KRUSEN. 4675

H. Ruttan, *Aspirinvergiftung.* **Vf. berichtet über einen Fall von** ***Aspirin*****-**Vergiftung bei einem 18jährigen Mann. Die Behandlung besteht in der Verabreichung von Brechmitteln (0,05 grain *Apomorphin*) u. der intravenösen Injektion von $^1/_6$mol. Na-Lactat- u. 5%ig. Glucoselösung. (Canad. med. Assoc. **67.** 151—52. Aug. 1952.) FAHRNLAENDER. 4675

Elio Cugudda und Sergio Agnisetta, *Die Veränderung der Serumkolloide bei der Vergiftung durch Vicia faba (Fabismus).* Ausführliche Schilderung der Ergebnisse von Serumunterss. bei 87 Patienten. Als indirektes Zeichen für die mit dem Fabismus verbundene übermäßige Hämolyse fassen die Vff. die durch Elektrophorese nachweisbare bes. ausgeprägte Vermehrung der *α-Globuline* auf. (Minerva med. [Torino] **43.** I. 984—89. 10/3. 1952. Cagliari, Univ., Ist. di Patologia speciale medica.) IPPEN. 4675

Robert A. Hoffman, A. R. Roth, Arthur W. Lindquist und Joseph S. Butts, *Absorption von DDT durch Hausfliegen über eine längere Zeit.* Fliegen, denen einzeln je 15 γ markiertes *DDT* auf den Thorax aufgebracht worden waren, wurden nach einem Jahr untersucht. Durchschnittlich 6,53 γ DDT waren in den Organismus gelangt, während 3,3 γ an der Oberfläche hafteten. 54% der resorbierten Menge DDT waren in den inneren Organen nachweisbar. (Science [Washington] **115.** 312—13. 21/3. 1952. Corvallis, Oreg., Oregon State Coll.; U. S. Dep. of Agric., Bureau of Entomol. and Plant Quarantine.) KRUSEN. 4675

Joe W. Howland, *Lungen- und Stoffwechselstörungen bei Beryllium verarbeitenden Personen.* Als wichtigste Frühsymptome bei der Beryllosis werden Gewichtsverlust u. Dyspnoe beobachtet. Pathognom. Labormethoden sind nicht bekannt. Das Vorhandensein eines Emphysems bestimmt die Respiration; die Patienten zeigen einen Verlust der Fähigkeit, Proteine in den Geweben abzulagern, nachgewiesen durch starkes Ansteigen des faecalen N u. charakterist. Veränderungen bei der Elektrophorese von Serumproteinen. Cortison u. ACTH sind ohne wesentliche therapeut. Effekte, auch Diät u. O_2-Zufuhr hängen in ihrer Wrkg. ganz vom Allgemeinzustand des Patienten ab. (Amer. ind. Hyg. Assoc. Quart. **13.** 61. Juni 1952. Rochester, Univ., School of Med. and Dent., Atomic Energy Project.) ZELLER. 4681

M. N. Rao und B. Banerji, *Gibt es eine Berufsdermatitis in der indischen Industrie?* Die Frage wird bejaht. Nach Erörterung der Untersuchungsmethoden („patch test") u. den Folgerungen, die sich daraus ziehen lassen, geben Vff. Berichte über beobachtete Dermatitiden beim Umgang mit Öl, Säuren, Alkalien, Kalk, Gummi u. Röntgenstrahlen. (Indian med. Gaz. **87.** 265—68. Juni 1952. Calcutta, All-India Inst. of Hyg. and Public Health, Industr. Health Res. Unit, ICMR, Sect. of Physiol. and Industr. Hyg.) ZELLER. 4681

L. Meyler, Side effects of drugs. (Schadelijke nevenwerkingen van geneesmiddelen). Transl. by. Ph. Vuijsje and W. Mulhall Corbet. Amsterdam: Elsevier Publ. Cy. (XII + 268 S.) fl. 16,—.

F. Pharmazie. Desinfektion.

Fr. H. Christensen, *Über die Druckverhältnisse in luftdicht geschlossenen Behältern beim Erhitzen im Autoklaven und eine Prüfung von Infusionsflaschen.* Vf. bringt eine Formel (anwendbar für 5—6 at Druck) u. eine Kurve, aus der man für einen bestimmten Füllungsgrad den Überdruck des Behälters beim Erhitzen im Autoklaven bei 120,7° ersehen kann. Bei einem Füllungsgrad von 0,85 des Behälternutzinhaltes ergibt sich eine Druckdifferenz von 2 at (Autoklavdruck 4 atü). Infusionsflaschen von 500 ml sind zu klein, solche von 1000 ml sind richtig dimensioniert. Der Prüfdruck für Infusionsflaschen ist von 3 auf 4 atü zu erhöhen. (Farmac. Tid. **62.** 309—16. 24/5. 363—70. 14/6. 1952.) GEITZ. 4760

Benno Reichert, *Die Inhaltsstoffe von Stigmata maidis.* Vf. untersuchte Maisgriffel (I) ungar. Herkunft u. fand, daß ihre Zus. sich von der Zus. der von FREISE mitgeteilten (Pharmaz. Zentralhalle Deutschland **77.** [1936.] 616) I amerikan. Herkunft unterscheidet. Die nach verschied. Methoden durchgeführte Aufarbeitung lieferte an definierten Inhaltsstoffen der Droge: *Pentosane*, *α-*, *β-*, *γ-Sitosterin* u. *Betain*. (Arzneimittel-Forsch. **2.** 20—23. Jan. 1952. Münster, Univ., Pharmazeut. Inst., München-Pasing.) v. GIZYCKI. 4782

R. Fischer und H. Gomahr, *Resorptionsfördernde und resorptionshemmende Stoffe in den Blättern der Digitalis purpurea.* Vff. isolierten aus mit heißem Chlf. von den Lipoiden u. Glykosiden befreiten Digitalisblättern die Gesamtsaponine (I) u. die Schleimstoffe (II) durch langsame Extraktion mit warmem W.; Einsprühen einer Lsg. von Cholesterin in Aceton unter Vakuum in die im Vakuum eingeengte Lösung. Die so erhaltene Suspension wurde durch Versprühen im Vakuum zur Trockne gebracht, aus dem Rückstand wurden die II mit W. herausgelöst u. die I aus dem in Pyridin gelösten Saponincholesterinkomplex durch Fällung mit Ae. abgetrennt. Die II erwiesen sich als Glucosane. Verss. am Frosch u. Meerschweinchen zeigten, daß die I die Resorption von Curare u. Digitoxin steigern. Die für sich ganz unwirksamen II hemmen nur die durch I gesteigerte Resorption. (Arzneimittel-Forsch. **2.** 31—34. Jan. 1952. Graz, Univ., Pharmakognost. Inst.) v. GIZYCKI. 4782

Fernand Caujolle und Paul Couturier, *Verwendung von terpenfreien ätherischen Ölen in der Pharmazie.* Nach einem kurzen geschichtlichen Überblick werden die Methoden der Herst. terpenfreier äther. Öle, sowie ihre Eigg. u. Anwendungsmöglichkeiten für pharmazeut. Präpp. beschrieben. (Ind. Parfumerie **6.** 56—59. Febr. 1951.) RUSS. 4786

Mario Gallotti und Angelo Bocchia, *Die ionenaustauschenden Kunstharze.* Sehr ausführliche Übersicht über Chemie u. prakt. Anwendung der organ. Ionenaustauscher mit Bericht über eigene Erfahrungen, bes. auf dem Gebiet der Pflanzenextrakte, u. Angabe einer einfachen Glasapp. für diese Zwecke. (Fitoterapia **23.** 253—62. Jan./März 1952. Milano, Dott. Inverni & Della Beffa S. p. A.) IPPEN. 4790

Mario Stracuzzi, *Neue Richtlinien zur Herstellung von Digitalisinfus.* Kurze Betrachtung der Vorschriften verschied. Arzneibücher zur Herst. von Digitalis-Infus u. Besprechung einiger Verbesserungsvorschläge. (Fitoterapia **23.** [N. S. **21.**] 266—68. Jan./März 1952.) IPPEN. 4790

—, *Kummerfeldsches Wasser. Lotio cosmetica RF und DRF.* Die von **Hermann Gubitz** angestellten physikal. u. chem. Unterss. an Zubereitungen nach EBERLE (C. **1952.** 4972) zeigten keine wesentlichen Unterschiede zwischen den Vorschriften der RF u. DRF. Über Vorteile hinsichtlich der Verwendung in der dermatolog. Praxis werden keine Angaben gemacht. — **Fr. Obiger** macht ergänzende Rezeptangaben. (Dtsch. Apotheker-Ztg. **92.** 252. 11/4. 1952.) RANGNICK. 4790

—, *Neue Präparate. Alcetin-Tabletten* (PITMAN-MOORE CO., Indianapolis, Ind.): Dextroamphetamin 2,5 (mg), Acetophenetidin 162, Acetylsalicylsäure 227. Analgeticum. — *Amsalin Capsules* (IRWIN, NEISLER & CO., Decatur, Ill.): Dextroamphetaminphosphat (1 (mg), Pyrilaminmaleat 12, Thenylpyraminfumarat 12, Salicylamid 150. Gegen Erkältungen. — *Aquasol A-C-D-Drops* (U. S. VITAMIN CORPORATION, New York, N. Y.): 0,6 cm^3 enthalten 5000 USP.-Einheiten Vitamin A, 75 mg Vitamin C, 1000 USP.-Einheiten Vitamin D. — *Aquasperse Vitamin A-C-D-Drops* (WHITE LABORATORIE, INC., Newark, N. J.): Wss. Lsg., 0,6 cm^3 enthalten Vitamin A 5000 USP.-Einheiten, Vitamin D 1000 USP.-Einheiten, 50 mg Vitamin C. — *Bemotinic Capsules* (AYERST, MCKENNA & HARRISON LTD., New York, N. Y.): $FeSO_4$ 0,2 g, Vitamin B_{12} 10 γ, getrocknete Magenschleimhaut 0,1 g, Trockenleber 0,1 g, Folsäure 0,67 (mg), Thiaminhydrochlorid 10, Vitamin C 50. — *Beta-Concemin ferrated* (WM. S. MERREL CO., Cincinnati, O.): Elixier, 30 cm^3 enthalten Thiaminhydrochlorid 60 (mg), Lactoflavin 12, Nicotinamid 60, Pyridoxinhydrochlorid 6, Ferrogluconat 2 g, Vitamin B_{12} 12 mg. — *Di-Met* (ORGANON INC., Orange, N. J.): Tabletten mit 1 mg Östradiol u. 10 mg Methyltestosteron, Ampullen mit 1 mg Östradiolbenzoat u. 20 mg Testosteronpropionat. Klimakter. Beschwerden. — *Ebicol Elixir MRT* (MARVIN R. THOMPSON, INC., Stamford, Conn.): 1 Teelöffel enthält Vitamin B_1 1 (mg), Vitamin B_2 2, Nicotinsäureamid 10, Cholincitrophosphat mit 400 Cholin, Inosit 200, Leberextrakt 250, Hefekonzentrat 250, Reisschalenextrakt 250, Honig 250, K-Acetat 100. Bei Störungen des Fettstoffwechsels mit hohem Blutcholesterin, Arteriosklerose, Coronarerkrankungen. — *Ferrophyll* (LAKESIDE LABORATORIES, INC., Milwaukee, Wis.): Tabletten mit $FeSO_4$ 0,2 (g), Cu-Chlorophyll 0,025, Vitamin B_{12} 2 γ. — *Gerone* (PITMAN-MOORE CO., Indianapolis, Ind.): 5 cm^3 enthalten d-Amphetaminsulfat 2 (mg), Thiaminhydrochlorid 2, Nicotinsäureamid 10, Lactoflavin 0,5, Pyridoxinhydrochlorid 0,5, Ca-Pantothenat 1. Gegen Neurasthenie, Ermüdung, Depressionen. — *Gynetone Tablets* (SCHERING CORPORATION, Bloomfield, N. J.): Tabletten mit 1 (mg) Östradiol u. 10 Methyltestosteron. Klimakter. Erscheinungen. — *Haemol Fortified* (IRWIN, NEISLER & CO., Decatur, Ill.): Tabletten mit Leber, $FeSO_4$, Thiaminmonocitrat (3 mg), Lactoflavin 1, Nicotinsäureamid 9, Vitamin B_{12} 2 γ. — *Hemo-Vatine* (SMITH-DORSEY CO., Lincoln, Neb.): Ampullen mit Vitamin B_1 10 (mg), Vitamin B_2 2, Vitamin B_6 5, Vitamin B_{12} 5 γ, Na-Pantothenat 5 mg u. Leber. — *Neutrazyme Suppositories* (Hersteller wie vorst.): Enthalten 100 mg Laurylsulfat. Pruritus ani. — *NPH Iletin* (ELI LILLY & CO., Indianapolis, Ind.): Insulin mit schneller u. anhaltender Wirkung. — *Pentrizine Tablets* (TILDEN CO., New Lebanon, N. Y.): Enthalten Penicillin G-Kalium 100000 E., Sulfadiazin 0,17 (g), Sulfamerazin 0,17. — *Prenatal Capsules* (LEDERLE LABORATORIES, New York, N. Y.): enthalten Vitamin A 2400 E., Vitamin D 400 E., Thiaminhydrochlorid 2 (mg), Lactoflavin 2, Ascorbinsäure 25, Nicotinsäureamid 7, Folsäure 1, Ca 250 (als Phosphat, entsprechend 190 mg P), $FeSO_4$ 20,9, Mn 0,12 (als Sulfat). — *Ru-Nitral with Theophylline* (PAUL PLESSNER CORPORATION, Detroit, Mich.): Tabletten mit Mannithexanitrat 32 (mg), Rutin 20, Theophyllin 100, Phenobarbital 16. Hochdruck. Lungenödem, Angina pectoris. — *Sedorzyl* (HENRY K. WAMPOLE & CO., INC., Philadelphia, Pa.): Fl., im Teelöffel Phenobarbital $^1/_8$ grain, Organidin 10 Minims, Ephedrinsulfat $^1/_4$ grain, Benzylalkohol 1 Minim u. Alkohol. Asthma, Bronchitis. — *Thiocarbarsone* (ELI LILLY & CO., Indianapolis, Ind.): Amöbicides dreiwert. As-Präparat. — *Butisol-Belladonna-Elixier* (MCNEIL LABORATORIES, INC., Philadelphia, Pa.): 5 cm^3 enthalten Butisol-Na 10 (mg), Belladonnaextrakt 15. Antispasmodicum u. Sedativum. — *Cethytin* (B. F. ASCHER & CO., INC., Kansas City, Mo.): Tabletten mit 0,5 g Carboxymethylcellulose-Na u. 1,25 mg Diacetyldioxyphenylisatin. Laxativum. Ohne letzteres unter der Bezeichnung *Cethylose* im Handel. — *Dodex A-B-D Drops* (ORGANON INC., Orange N. J.) 0,6 cm^3 der Tropfen enthalten 5 γ Vitamin B_{12}, 1 (mg) Thiaminhydrochlorid, 0,25 Lactoflavin, 1 Pyridoxinhydrochlorid, 2 Panthenol, 10 Nicotinsäureamid, Vitamin A 5000 E., Vitamin D 1000 E. — *Eskaphen B Tablets* (SMITH, KLINE & FRENCH LABORATORIES, Philadelphia, Pa.): Phenobarbital 16 (mg), Thiaminhydrochlorid 5. Nervosität, Appetitlosigkeit. — *Ferrovite Improved Tablets* (PHYSICIANS DRUG & SUPPLY CO., Philadelphia, Pa.): $FeSO_4$ 3 grain, Thiaminhydrochlorid 2 (mg), Lactoflavin 1, Nicotinsäureamid 10. — *Gericaps* (SHERMAN LABORATORIES, Detroit, Mich.): Cholincitrat 500 (mg), Inosit 200, Rutin 20, Ascorbinsäure 12,5, Vitamin 1000 E., Thiaminhydrochlorid (1 (mg), Lactoflavin 1, Pyridoxinhydrochlorid 0,25, Nicotinsäureamid 4, Ca-Pantothenat 1. — *Itrumil* (CIBA PHARMACEUTICAL PRODUCTS, INC., Summit, N. J.): Tabletten mit 50 mg 5-Jod-2-thiouracil-Na. Thyreostaticum. — *Meno-Sed* (COLUMBUS PHARMACAL CO., Columbus, O.): Tabletten mit einem natürlichen Östrogen, entsprechend 0,42 mg Östronsulfat, Phenobarbital 1,4 (grain), Thyreoidea 1,8, Homatropinmethylbromid 1,5. Bei klimakter. Beschwerden. — *Mertheosal* (Hersteller wie vorst.): Lsg., im cm^3 0,1 g Na-Salz der Mercurisalicylallylamidoessigsäure, Theophyllin 50 mg. Ampullen, Diureticum. — *Methafrome Tablets* (PHYSICIANS' DRUG & SUPPLY CO., Philadelphia, Pa.): Tabletten mit 50 mg Khellin, Vasodilator. — *Methcolate* (B. F. ASCHER & CO, INC., Kansas City, Mo.): Tabletten mit Cholinbitartrat 0,35 (g), *dl*-Methionin 0,167. Leberleiden. — *Palivite* (SHERMAN LABORATORIES, Detroit, Mich.): Ampullen, in cm^3 Vitamin B_{12} 10 γ, Folsäure 5 mg, Leberextrakt. — *Penfonylin* (E. R. SQUIBB & SONS, New York, N. Y.): Tabletten mit 200000 E. Penicillin G-Kalium u. je 0,167 g Sulfadiazin, Sulfamerazin u. Sulfamethazin. — *Pentids* (Hersteller wie vorst.): Tabletten mit 200000 E. Penicillin G-Kalium u. $CaCO_3$ als Puffer. — *Protaminsulfat* (UPJOHN CO., Kalamazoo, Mich.): Injektionslsg. mit 50 (mg) Protaminsulfat u. 45 NaCl. Hebt die Heparinwrkg. auf, Indication: Haemorrhagie. — *Prozoin* (COLUMBUS PHARMACAL CO., Columbus, O.): Flüssiges Antimykoticum mit 10% Propionsäure, 14% Benzoe, A. u. Isopropylalkohol. — *Salamide* (Hersteller wie vorst.): Tabletten mit 5 grain Salicylamid. — *Slowten Elixir* (PATCH CO., Stoneham, Mass.): 1 Teelöffel = Phenobarbital 16,2 (mg), Thiaminhydrochlorid 5. — *Varidase* (LEDERLE LABORATORIES, New York, N. Y.): Streptokinase u. Streptodornase. Zur Entfernung von abgestorbenem Gewebe, lokal angewandt. (J. Amer. pharmac. Assoc., pract. Pharmacy Edit. 12. 285—89. Mai. 413—16. Juli 1951.) HOTZEL. 4800

Robert M. Horowitz und Glenn E. Ullyot, *Desmethylcolchicin, ein Bestandteil des USP-Colchicins.* Durch Verteilung an Al_2O_3 isolierten Vff. aus Colchicin der USP (U. S. Pharmakopoe) ca. 4% *Desmethylcolchicin*, $C_{21}H_{23}O_6N$, F. 176—190°/275,5—277°, gelbe Prismen aus Essigester/Ae., $[\alpha]_D^{21}$ —143,6° (Chlf., c = 2); λ_{max} 2435, 3530 Å; *Acetylderiv.*, F. 225—226,5°; $[\alpha]_D^{20}$ — 90,7° (Chlf., c = 0,7). Es wird angenommen, daß Desmethylcolchicin mit der *Substanz C* von SANFAVÝ u. REICHSTEIN (C. **1951. I.** 2889) ident. ist. (Science [Washington] **115.** 216. 22/2. 1952. Philadelphia, Smith, Kline & French Labors.) NEZEL. 4806

J. Döry, *Sowjetische Forschungsergebnisse auf dem Gebiete der Antibiotica.* Vf. gibt die Ergebnisse u. derzeitigen Ziele der sowjet. Forscher an u. beschreibt dann Vork.,

Entdeckung, Darst., Eigg. u. Anwendung von *Gramicidin-S, Pyocyanin, Colistatin, Penicillin, Aspergillin, Streptomycin, Streptothricin, Litmocidin, Phytonciden, Tomatin, Lysozym* u. *Erythrin.* — 64 Schrifttumsangaben. (Magyar Kémiai Folyóirat [Ung. Z. Chem.] **56.** 336—40. 368—72. 1950.) PLANK. 4810

Alfons Häussler, ***Chemische und physikalische Eigenschaften einiger Antibiotica.*** Die chem. u. physikochem. Daten von *Aureomycin, Chloromycetin* (*Chloramphenicol*), *Streptomycin* u. *Terramycin*, sowie ihre Dosierungsvorschriften werden angegeben. (Dtsch. Apotheker-Ztg. **91.** 939—41. 21/12. 1951. Oberursel/Taunus.) J. KEIL. 4810

C. E. Coulthard, R. Fawcett, D. C. Lewis und G. Sykes, ***Die Stabilität von Penicillinlösungen bei normalen und höheren Temperaturen.*** Gekürzte Wiedergabe der C. **1952.** 413 referierten Arbeit. (Pharmac. J. **167.** [4] **113.** 191—92. 15/9. 1951. Nottingham, Boots Pure Drug Co. Ltd.) J. KEIL. 4810

H. Goebel, ***Mittel zur Pflege des Mundes, der Zähne und Hygiene.*** Unter Hinweis auf ältere Arbeiten von SABALITSCHKA (1930 u. 1938) gibt Vf. einen Überblick über die Verwendung der „*Nipa-Ester*" (Derivv. der p-Oxybenzoesäure) bei der Herst. von Zahnpflegemitteln. (Seifen-Oele-Fette-Wachse **78.** 123—26. 12/3. 1952. Bremen, Biolabors.) RANGNICK. 4822

M. W. Partridge, ***Chromatographie und ihre Anwendungen in der Pharmazie.*** Übersichtsbericht mit 204 Literaturzitaten. (J. Pharmacy Pharmacol. **4.** 217—30. April 1952. Nottingham, England, Univ.) GIBIAN. 4880

J. Gyenes, ***Bestimmung von Depridol „Richter" (Dolamid, Amidon, Methadon, Dolophin).*** Depridol (*4.4-Diphenyl-6-dimethylaminoheptanon-(3)-Hydrochlorid*) (I) gibt mit Silicowolframsäure einen Nd., der, bei 100—105° auf Gewichtskonstanz getrocknet, der Zus. $SiO_2 \cdot 2H_2O \cdot 12WO_3 \cdot 4C_{21}H_{27}ON$ entspricht. Die Menge des I ergibt sich durch Multiplikation der Niederschlagsmenge mit 0,3361. (Magyar Kémiai Folyóirat [Ung. Z. Chem.] **57.** 4—8. 1951. Budapest, Pharm. Fabr. Richter.) PLANK. 4880

Richard H. Robinson, ***Analytische Anwendung von Valsers Reagens. 1. Mitt. Allgemeine Methode zur Bestimmung organischer Basen in pharmazeutischen Produkten.*** Beschreibung einer nephelometr. Meth. zum Nachw. u. zur Best. kleiner Mengen *Methylhomatropin, Thiamin, Thenylpyramin, Dihydrocodeinon* u. *Strychnin* in pharmazeut. Prodd. (Tabletten, Suspensionen, Lsgg.) unter Verwendung von VALSERS Reagens (I). Bereitung von I: Man löst 70 g HgJ_2 u. 50 g KJ in 500 ml 0,1n H_2SO_4. Hierzu gibt man 1 ml frisch bereitete 1%ig. Stärkesuspension. Die infolge freien Jods auftretende Färbung wird durch einige Tropfen 0,1n $Na_2S_2O_3$ beseitigt. Verwendet wird ein EVELYN-Colorimeter (Filter Nr. 515). Die organ. Basen werden als unlösl. Quecksilberjodidkomplexe (II) gefällt, u. das Absorptionsvermögen der II-Suspensionen wird bestimmt. Genauigkeit der Meth. $\pm 3\%$. — Diagramm der Absorptionskurven der genannten 5 Verbindungen. (J. Amer. pharmac. Assoc., sci. Edit. **41.** 392—93. Juli 1952. Newark, N. J., Maltbie Labors., Inc.) BARZ. 4880

J. Gyenes, ***Mikrobestimmung von Alkaloiden mit 0,005n p-Toluolsulfonsäure.*** Zur raschen Best. sehr kleiner Alkaloidmengen zwecks Betriebskontrolle arbeitete Vf. ein der aminometr. Meth. VORLÄNDERS ähnliches Verf. aus. Die Alkaloide werden aus der alkal. Lsg. ihrer Salze mit Chlf. ausgeschüttelt u. in Ggw. von in Chlf. gelöstem Dimethylgelb direkt titriert. Die Meßlsg. enthält in absol. Chlf. p-Toluolsulfonsäure u. Phenol. Der Farbumschlag ist schärfer als in wss. Lsgg., u. da wegen direkter Titration mehrere vorbereitende Manipulationen wegbleiben, sind die Ergebnisse sehr genau. Mit einer 0,001n-Meßlsg. können noch einige γ der Alkaloide bestimmt werden, Vf. wendet aber, da zweckmäßiger, 0,005n-Lsgg. an, deren Titer auf reines Hyoscyamin eingestellt wird. Es wird die Reinigung der benötigten Reagentien, Bereitung der Meßlsg. u. Herst. der Versuchslsgg. entsprechenden Alkaloidgeh. ausführlich beschrieben u. an zahlreichen Analysen die Brauchbarkeit des Verf. erwiesen. Es können solche Substanzen titriert werden, welche in Chlf., CCl_4 u. C_6H_6 lösl. sind u. eine genügend bas. Aminogruppe enthalten. Solche Substanzen, welche unmittelbar neben der Aminogruppe eine Carbonyl- oder Carboxylgruppe oder phenol. Hydroxyle enthalten, können nicht titriert werden. Wegen der Iminogruppen können Purinbasen nicht bestimmt werden, ebenso auch Säureamide u. Aminosäuren nicht. Mit einer 0,005n p-Toluolsulfonsäurelsg. kann man 0,5—5 mg *Hyoscyamin, Atropin, Scopolamin, Strychnin, Chelidonin, Jervin, Kodein, 4.4-Diphenyl-6-dimethylaminoheptanon-(3), Heptylamin* usw. auf $\pm 1\%$ genau, *Ergotoxin* auf $\pm 2\%$ genau bestimmen. (Magyar Kémiai Folyóirat [Ung. Z. Chem.] **56.** 383—88. 1950. Budapest, Richtersche Pharm. u. Chem. Fabrik.) PLANK. 4880

D. Kőszegi und É. Salgó, ***Ein neues Verfahren zur maßanalytischen Bestimmung des Theophyllins und Theobromins mit Dikaliumquecksilber(II)-tetrarhodanid.*** Die Na-

Salze der beiden Purinbasen geben in schwach alkal. Lsg. mit $K_2Hg(SCN)_4$ (I) einen weißen krist. Nd., in dessen Filtraten die freigemachten SCN'-Ionen mit $AgNO_3$ gefällt werden u. der Ag-Überschuß mit KCNS gemessen wird. Zu bemerken ist, daß in der Lsg. des I die Hälfte des SCN' titrierbar ist. Da jedoch die Purinsalze mit dem Reagens schwerlösl. Hg-Salze bilden, wird deren äquivalente Menge SCN' frei u. somit die Base meßbar. Vorteil dieser Meth. ist, daß Coffein mit dem Reagens keinen Nd. bildet, u. so die Best. der genannten Purinbasen auch neben Coffein durchführbar ist. Vff. benutzten 0,05n-Normallösungen. (Magyar Kémiai Folyóirat [Ung. Z. Chem.] **56**. 380—83. 1950. Szeged, Univ., Pharm. Chem. Inst.) PLANK. 4880

Fausta Bruchè, *Die Bestimmung des Colchicins in Herbstzeitlose-Samen und deren galenischen Zubereitungen. Betrachtungen über die Methode der 6. Auflage des italienischen Arzneibuches.* Krit. Betrachtung der in der 6. Auflage des italien. Arzneibuches angegebenen Bestimmungsmeth. für Colchicin in Colchicumsamen u. deren Zubereitungen. Es wird dabei bes. auf die Fehlerquellen, die bei dieser Meth. vorhanden sind, hingewiesen u. Verbesserungsvorschläge gemacht. (Fitoterapia **23**. 262—64. Jan./März 1952.) IPPEN. 4880

Friedrich Sasse, Berlin, *Herstellen pharmazeutischer und kosmetischer Suspensionen* durch Verteilen des Wirkstoffes auf einer Trägersubstanz, wie Bolus, Talkum oder Stärke, indem die wirksamen Bestandteile, wie Menthol u. Präzipitat, in dem Medium der bewegten wss. Suspension der Trägersubstanz gefällt werden. (**D. B. P. 844 801** Kl. 30h vom 2/10. 1948, ausg. 24/7. 1952.) E. PETERSEN. 4791

Lohmann K.-G., Hamburg (Erfinder: **Ferdinand Salditt**, Neuwied/Rh.), *Herstellung von Steifverbänden*, dad. gek., daß auf einen Trägerstoff (I) eine aus Gips u. Zement bestehende Mischmasse aufgebracht wird. Durch Zusatz eines Klebmittels kann die M. auf dem I fixiert werden. Bei Verwendung von nur Zement wird als Zuschlagstoff Sand, Bimsmehl u. dgl. verwendet. (**D. B. PP. 843 739** u. **843 740** Kl. 30d vom 2/10. 1948, ausg. 14/7. 1952.) SCHINDLER. 4795

Galactina & Biomalz Akt.-Ges., Belp (Erfinder: **Tonio Gordonoff**), Bern, Schweiz, *Herstellung eines Guajacolesters* durch Veresterung mit $C_6H_5CH_2COOH$. *Therapeuticum.* (**D. B. P. 843 415** Kl. 12q vom 29/10. 1949, ausg. 7/7. 1952. Schwz. Prior. 16/11. 1944.) FABEL. 4807

Dr. A. Wander Akt.-Ges., Bern, Schweiz, *Benzalthiosemicarbazone* erhält man durch Rk. von Isocyansäureestern mit p-Aminobenzalthiosemicarbazon (I); aus Methylisocyanat u. I, z. B. *p-Methylureidobenzalthiosemicarbazon*, F. 232° (Zers.) Analog werden dargestellt: *p-Propylureido*-II, F. 205° (Zers.); *p-Isopropylureido*-II, F. 198° (Zers.); *p-Butylureido*-II, F. 195° (Zers.); *p-Isobutylureido*-II, F. 206° (Zers.); *p-Phenylureido*-II, F. 245° (Zers.), wobei II = *-benzalthiosemicarbazon*. — *Tuberkuloseheilmittel.* (**Schwz. PP. 281 035, 281 036, 281 037, 281 038, 281 039** u. **281 040** vom 21/12. 1949, ausg. 3/6. 1952. **Zusätze zu Schwz. P. 278 134.**) BRÖSAMLE. 4807

Farbenfabriken Bayer, Leverkusen (Erfinder: **Hans Schmidt, Robert Behnisch** und **Fritz Mietzsch**, Wuppertal), *Herstellung von Thiosemicarbazonen*, dad. gek., daß man Thiosemicarbazid auf solche Derivv. des Benzalacetons einwirken läßt, die therapeut. aktivierende Substituenten am Benzolkern enthalten. — Z. B. werden erhalten aus Anisalaceton das *4-Methoxybenzalacetonthiosemicarbazon*, hellgelb, in W. unlösl., F. ca. 192°; aus 4-Acetaminobenzalaceton das *4-Acetaminobenzalacetonthiosemicarbazon*, gelb, in W. unlösl., F. >230° (Zers.); ähnlich das *p-Chlorbenzalacetonthiosemicarbazon*, F. ca. 191°; *m-Methoxybenzalacetonthiosemicarbazon*, F. ca. 170°; *p-Nitrobenzalacetonthiosemicarbazon*, F. ca. 247° (Zers.); *p-Phenoxybenzalacetonthiosemicarbazon*, F. ca. 166°; *4-Dimethylaminobenzalacetonthiosemicarbazon*, F. ca. 208°; *o-Oxybenzalacetonthiosemicarbazon*, F. ca. 195° (Zers.); *4-Aminobenzalacetonthiosemicarbazon*, gelb, in W. unlösl., F. ca. 198° (Zers.); *Thiodiglykol-4-aminobenzalacetonthiosemicarbazon*, F. ca. 206°, leichtlösl. in NH_3; *4-Acetoxybenzalacetonthiosemicarbazon*, gelb, F. ca. 158°. *Therapeutica.* (**D. B. P. 840 992** Kl. 12o vom 28/3. 1950, ausg. 9/6. 1952.) SCHINDLER. 4807

F. Hoffmann-La Roche & Co., Akt.-Ges., Basel, Schweiz, *2-Carboxymethylmercapto-4-carboxybenzolstibinsäure.* Man diazotiert 2-Carboxymethylmercapto-4-carboxyanilin u. setzt die entstandene Diazoverb. mit einem Salz der antimonigen Säure um. Weißes Pulver. Ist wirksam gegen *Trypanosomen* u. *Leishmania donovani.* (**Schwz. P. 279 542** vom 29/6. 1949, ausg. 1/3. 1952. A. Prior. 13/7. 1948. **Zusatz zu Schwz. P. 276 856.**) LANGER. 4807

F. Hoffmann-La Roche & Co., Akt.-Ges., Basel, Schweiz, *Herstellung von Hydrophenanthrenverbindungen.* Zur Herst. von Verbb. der allg. Formel I, in der der Ring A auch substituiert sein kann, setzt man Halogenmethylate von 5.6.7.8-Tetrahydroisochinolin mit solchen Benzylmagnesiumhalogeniden um, die in o-Stellung substituiert

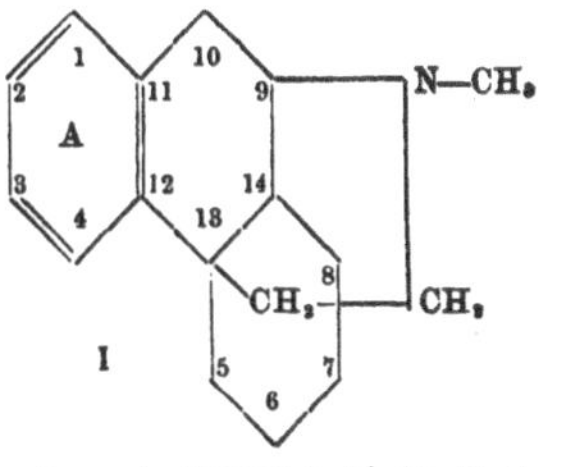

I

sind. Anschließend werden die im Benzolkern substituierten 2-Methyl-1.2.5.6.7.8-hexahydroisochinoline zu den Oktahydroisochinolinen red. u. diese mit H_3PO_4 erwärmt. — Z. B. stellt man aus 40 (Teilen) Mg in 800 Ae. u. 250 3.4-Dimethylbenzylchlorid eine GRIGNARD-Verb. her u. setzt diese mit 275 5.6.7.8-Tetrahydroisochinolinjodmethylat bei 0—5° um. Man erhält *1-[3'.4'-Dimethylbenzyl]-2-methyl-1.2.5.6.7.8-hexahydroisochinolin*, $Kp._{0,03}$ 134 bis 137°, das zum entsprechenden *Oktahydroisochinolin* hydriert wird, $Kp._{0,03}$ 120—124°, *Hydrobromid*, F. 178—180°, *Pikrat*, F. 124—126°. Beim Erwärmen mit H_3PO_4 auf 150° erhält man dann in 72 Std. *1'-Methylpiperido-[2'.3'.4':9.14.13]-3.4-dimethyl-5.6.7.8.10.13.14-oktahydrophenanthren*, $Kp._{0,01}$ 121—123°, schwerlösl. in W., leichtlösl. in A.; *Hydrobromid*, F. 217—218°, Pikrat 198 bis 200°. In analoger Weise werden hergestellt *1-[p-Methoxybenzyl]-2-methyl-1.2.5.6.7.8-hexahydroisochinolin*, $Kp._{0,2}$ 149—154°, *1-[p-Methoxybenzyl]-2-methyl-1.2.3.4.5.6.7.8-oktahydroisochinolin*, $Kp._{0,12}$ 138—142°, *Hydrochlorid*, F. 149,5—151,5°; *1'-Methylpiperido-[2'.3'.4':9.14.13]-3-oxy-5.6.7.8.9.10.13.14-oktahydrophenanthren*, F. 251—253°, *Hydrobromid*, F. 193—194°; Acetylverb. als Hydrobromid mit ½H_2O, F. 210—212°, *1-[m-Methoxybenzyl]-2-methyl-1.2.5.6.7.8-hexahydroisochinolin*, $Kp._{0,02}$ 139—146°, *1-[m-Methoxybenzyl]-2-methyl-1.2.3.4.5.6.7.8-oktahydroisochinolin-HCl*, F. 116—118°, u. *1'-Methylpiperido-[2'.3'.4':9.14.13]-2-*(oder *-4*)*-oxy-5.6.7.8.9.10.13.14-oktahydrophenanthren-HCl*, F. 93—95°. Die Prodd. haben *analget. Wirkungen.* (**N. P. 79 037** vom 12/9. 1947, ausg. 17/9. 1951.) J. SCHMIDT. 4807

Dow Chemical Co., Midland, übert. von: **Gerald H. Coleman**, Freeland, Mich., V. St. A. *Kondensationsprodukte aus 4-Aminoantipyrin* (I) *und Chloräthoxybenzaldehyden.* Aus I u. o-[2-(2'-Chloräthoxy)-äthoxy]-benzaldehyd erhält man *N-[o-{-2-(2'-Chloräthoxy)-äthoxy}-benzyliden]-4-aminoantipyrin*, $C_{22}H_{24}O_3N_3Cl$, F. 130—131°; aus I u. dem entsprechenden p-Benzaldehyd *N-[p-{2-(2'-Chloräthoxy)-äthoxy}-benzyliden]-4-aminoantipyrin*, F. 110—111°. — *Pharmazeut.* Verwendung. (**A. P. 2 568 580** vom 22/1. 1951, ausg. 18/9. 1951.) BRÖSAMLE. 4807

Merck & Co., Inc., Rahway, übet. von: **Roger S. Sweet**, Highland Park, und **William L. Benson**, Woodbridge, N. J., V. St. A., *Alkanolaminsalze des 2-Sulfanilamidochinoxalins* (I) erhält man durch Rk. von I mit der wss. oder alkoh. Lsg. eines Aminoalkohols. Es werden dargestellt: das *Äthanolamin*-Salz, Zers. bei ca. 150°; das *Diäthanolamin*-Salz, F. >270°; das *Triäthanolamin*-Salz, Zers. beginnt bei 140°, F. 182°; das *2-Amino-2-methyl-1-propanol*-Salz, F. 255—257° (Zers.). — In W. leicht lösl., nicht hygroskop. *Heilmittel.* (**A. P. 2 578 761** vom 7/2. 1950, ausg. 18/12. 1951.) BRÖSAMLE. 4807

Ciba Akt.-Ges. (Erfinder: **Tadeus Reichstein**), Basel, Schweiz, und **Ciba Pharmaceutical Products, Inc.**, Summit, N. J., V. St. A., *Glykoside aus Strophanthus sarmentosus* (I). Die gegebenenfalls von Fett- u. Ballaststoffen freien Extrakte, die aus Samen von I mit W. u. in W. erheblich lösl., niedermol. organ. Lösungsmittel (II) erhalten werden, extrahiert man mit chlorierten II. Die verbleibende wss. Lsg. wird dann mit niedermol. Alkoholen (Methanol, A., Propanol, Butanol, Amylalkohol), gegebenenfalls in Mischung mit chlorierten II, ausgezogen, u. aus der erhaltenen Lsg. werden die schwer spaltbaren Sarmentoside A u. B abgetrennt. Auf beliebiger Isolierungsstufe können zur Entfernung der leicht spaltbaren, mehr als 1 Mol. Zucker enthaltenden Glykoside mit verd. Säure verseift u. die entstandenen Genine mit chlorierten II (Chlf.) extrahiert werden. *Sarmentosid A* bildet aus Methanol–Ae. Nadeln, F. 262,5—268° (Zers.), aus Methanol–W. stumpfe Nadeln, F. 274—280° (Zers.); $[\alpha]_D^{18}$ —40,5 ± 3° (95%ig. Dioxan). — *Sarmentosid B* aus Aceton–Ae. Prismen, F. 263—269° (Zers.); $[\alpha]_D^{20}$ —4,5 ± 2° (Aceton). (**D. B. P. 843 257** Kl. 12o vom 1/1. 1949, ausg. 7/7. 1952. Schwz. Priorr. 7/3. 1947 u. 19/2. 1948 u. **A. P. 2 566 291** vom 2/3. 1948, ausg. 28/8. 1951. Schwz. Prior. 7/3. 1947.) KRAUSS. 4807

Bahrenfelder Margarinewerke, Zweigniederlassung der Deutschen Jurgens-Werke A.-G. (Erfinder: **Wilhelm Wassmann und Ewald Becker**), Hamburg, *Gewinnung von Vitaminpräparaten* aus ölarmen Lebern, bes. Wallebern, durch Extraktion mit Speiseölen oder -fetten unter Erwärmen u. Pressen, dad. gek., daß die Mischung der wasserhaltigen Lebern mit Fett oder Öl im Vakuum bis zum Verdampfen des W. digeriert wird. Das Öl enthält prakt. alle Lebervitamine, der Preßrückstand kann zu Nahrungs- oder Futtermitteln aufgearbeitet werden. (**D. R. P. 767 379** Kl. 30h vom 21/8. 1941, ausg. 28/7. 1952.) SCHINDLER. 4809

Ohio State University Research Foundation, übert. von: **Melvin S. Newman**, Columbus, O., V. St. A., *6-Alkoxy-4-methylhex-2-in-1.4-diole* (I) oder deren Ester (II) der allg. Formel: Y—CH_2—C≡C—C(CH_3)(OH)CH_2—CH_2—OR, wobei R = niedrigmol. Alkylgruppe u. Y = OH oder eine Estergruppe, erhält man bei der Einw. von Metallverbb. des Propargylalkohols (III) auf Alkoxybutanon u. anschließende Hydrolyse der anfallenden Organometallverb. zu Alkoxymethylhexindiol. Mittels organ. Säuren, Säureanhydriden, Säurechloriden erhält man die Monoester von I. — Einer äther. Lsg. von III u. Butylmagnesiumchlorid setzt man 4-Methoxybutanon-2 zu u. hydrolysiert mittels gesätt. NH_4Cl-Lsg. zu *6-Methoxy-4-methylhexin-2-diol-(1.4)*, $C_8H_{14}O_3$ (IV), gelbliches Öl, $Kp._{1-2}$ 122—125°, n_D^{20} 1,4744. — IV mit Essigsäureanhydrid in Ggw. von Pyridin umgesetzt, ergibt *1-Acetoxy-6-methoxy-4-methylhexin-2-ol-(4)*, $Kp._1$ 110—112°, n_D^{20} 1,4590. I u. II sind Zwischenprodd., bes. für die *Synth. von Vitamin A*. (**A. P. 2 555 362** vom 10/5. 1947, ausg. 5/6. 1951.) G. KÖNIG. 4809

Ohio State University Research Foundation, übert. von: Melvin S. Newman, Columbus, O., V. St. A., *6-Alkoxy-4-methylhexen-2-diol-(1.4)* (I) gewinnt man durch partielle Red. der entsprechenden Hexinverbb. mit nascierendem H (A. u. Zn–Cu-Legierung) oder mit H_2 in Ggw. von Katalysatoren (Pd auf Kohle oder RANEY-Fe). Durch Einw. von organ. Säuren, Säureanhydriden oder Säurechloriden auf I erhält man die Ester. — 6-Methoxy-4-methylhexin-2-diol-(1.4) in absol. A. wird in Ggw. von Pd auf Kohle unter niedrigem H_2-Partialdruck red., wobei theoret. Mengen H_2 zur Anwendung gelangen. Man erhält *6-Methoxy-4-methylhexen-2-diol-(1.4)* (II), $Kp._1$ 90—92°, n_D^{20} 1,4670. Dieses bildet ein p-Nitrophenylurethanderiv. ($C_{15}H_{20}O_6N_2$), F. 114,6—115,4°. — II mit Essigsäureanhydrid umgesetzt, ergibt *1-Acetoxy-6-methoxy-4-oxy-4-methylhexen-2*, $Kp._{1,5}$ 90,6—105°, n_D^{20} 1,4533—1,4528 ($C_{10}H_{18}O_4$). Zwischenprod., bes. für die *Synth. des Vitamins A* oder Derivv. des Vitamins A. (**A. P. 2 555 989** vom 10/5. 1947, ausg. 5/6. 1951.) G. KÖNIG. 4809

American Cyanamid Co., New York, N. Y., übert. von: Donna B. Cosulich, Bound Brook, N. J., V. St. A., *Pteridine*, die in 8-Stellung die Gruppierung —$CH_2N(R)(R_1)$ tragen, wobei R u. R_1 H, aliphat. oder aromat. Reste sein können, erhält man durch Rk. von 2.4.5-Triamino-6-oxypyrimidin mit 2.3-Dibrompropionaldehyd u. einem prim. oder sek. Amin (I) in Ggw. eines Oxydationsmittels mit dem Oxydations–Reduktions-Potential E = —0,49 bis —1,42 V, z. B. $FeCl_3$, J_2, $Na_2Cr_2O_7$. Ist I die p-Aminobenzoylglutaminsäure, so erhält man *Folsäure*. Ferner werden dargestellt: die *Pteroylglutamyl-γ-glutamyl-γ-glutaminsäure*, die *N^{12}-Methylpteroinsäure*, die *N^{12}-Methylpteroylglutaminsäure*, die *N^{12}-Äthylpteroinsäure*, die *N^{12}-Butylpteroinsäure*, die *N^{12}-Phenylpteroinsäure*, die „*Metapteroinsäure*" (aus m-Aminobenzoesäure). — *Therapeutica*. (**A. P. 2 563 707** vom 12/12. 1947, ausg. 7/8. 1951.) BRÖSAMLE. 4809

N. V. Organon, Oss, Holland, ***Herstellung von Injektionslösungen aus in Wasser schwer- oder unlöslichen Hormonen.*** Man löst die Hormone in einem organ. Lösungsm. u. emulgiert die Lsg. mit W., so daß die wss. Phase prakt. mit den Hormonen gesätt. ist u. die disperse Phase darstellt. Bei Berührung dieser Emulsion mit der Körper-Fl. wird dann das Hormon aus der Emulsion in fester Form abgeschieden. (**Finn. P. 25 734** vom 10/2. 1950, Auszug veröff. 31/5. 1952. Holl. Prior. 18/2. 1949.) J. SCHMIDT. 4809

Farbenfabriken Bayer, Leverkusen (Erfinder: Hans Lettré, Heidelberg, und Otto Linsert, Wuppertal-Barmen), ***Herstellung von Ketolen der Stilbenreihe oder deren O-Acylverbindungen***, dad. gek., daß man entweder a) Stilben-α-carbonsäuren in ihre Halogenide überführt, diese bei tiefer Temp. mit Diazomethan umsetzt u. die so erhaltenen Stilbendiazoketone mit wss. alkoh. Mineralsäuren bzw. mit organ. Säuren behandelt oder daß man b) Phenylessigsäure (I) oder substituierte I analog der unter a) bezeichneten Arbeitsweise über die Säurehalogenide u. Benzyldiazoketone in die Benzylketolverbb. überführt u. diese mit unsubstituierten oder substituierten Benzaldehyden umsetzt. Man verwendet vorteilhaft Ausgangsstoffe, in denen ein oder beide Benzolkerne als Substituenten Oxy-, Alkoxy-, substituierte Alkoxy- oder Acyloxygruppen tragen. Bei der Herst. von Oxystilben-α-ketolen, die ein oder mehrere phenol. OH-Gruppen enthalten, werden Verbb. umgesetzt, die im Benzolkern Alkoxymethyläthergruppen enthalten, u. in den so erhaltenen, mit Alkoxymethyläthergruppen substituierten Stilben-α-ketolen die Alkoxymethylgruppe abgespaltet. — 4-Methoxystilben-α'-carbonsäure (F. 188°) wird mit Bzl. u. $SOCl_2$ 1 Std. am Wasserbad erhitzt, überschüssiges Bzl. u. $SOCl_2$ abdest., der Rückstand in Bzl. wieder aufgenommen u. zur Trockne gebracht. Das rohe Säurechlorid, in Ae. gelöst, wird in äther., auf —15° gekühlte Diazomethanlsg. gegossen; man läßt dann in Eis stehen u. konz. die äther. Lsg. bei niederer Temp., krist. aus der mit einer Eis–NaCl-Mischung gekühlten äther. Lsg. das Diazeketon, derbe, gelbe Prismen, F. 93°. Dieses wird mit einer Mischung von 80 (cm^3) Methanol, 10 W. u. 10 2nH_2SO_4 übergossen u. nach Aufhören der N-Entw. kurz auf dem Wasserbad bis zur Lösung der Kristalle erwärmt. Das *4-Methoxystilben-α'-ketol* scheidet sich beim

Erkalten in derben, gelben Nadeln, F. 108°, aus. Wird das Diazoketon mit der 3fachen Menge Eisessig bis zum Aufhören der N-Entw. erhitzt, so erhält man das Ketolacetat, gelbe Blättchen, F. aus Methanol 128°. — Auf ähnliche Weise gewinnt man aus: 4.4'-Dimethoxystilben-α'-carbonsäure das *4.4'-Dimethoxystilben-α'-ketol* u. das *4.4'-Dimethoxystilben-α'-ketolacetat*, hellgelbe, derbe Nadeln, F. 108°; aus 3.4-Dimethoxystilben-α'-carbonsäure (F. 228°) über das Diazoketon, feine, hellgelbe Nadeln, F. 80°, das *3.4-Dimethoxystilben-α'-ketol*, derbe, gelbe Prismen, F. 91°; aus 4-Acetoxystilben-α'-carbonsäure (feine Nadeln, F. 172°) mit $SOCl_2$ u. anschließend mit Diazomethan *4-Acetoxystilben-α'-diazoketon* (feine Nadeln, F. 104°), die mit Eisessig *4-Acetoxystilben-α'-ketolacetat* in hellgelben Nadeln, F. 122°, ergeben, woraus man mit wss.-methylalkoh. H_2SO_4 das freie *4-Oxystilben-α'-ketol*, derbe, gelbe Prismen, F. 128°, gewinnt. Therapeut. Wrkg., den Nebennierenrindenhormonen gleichwertig. (**D. B. P. 840 091** Kl. 12o vom 1/3. 1950, ausg. 26/5. 1952.) G. KÖNIG. 4809

Marthe Cressole Paillot, Étude botanique et chimique de quelques cannelles de l'Union française, spécialement de Madagascar. Paris: Arnette. 1952. (76 S. m. Abb. u. Taf.)

—, Annual summary of laws and regulations relating to the control of narcotic drugs — 1950. New York: Columbia Univ. Press. 1952. (74 S.) $ 0,70.

J. H. Burn, D. J. Finney u. L. G. Goodwin, *Biological Standardization*. 2nd Ed. London, New York, Toronto: Oxford University Press. 1950. (X + 440 S.) s. 35.

Von den 25 Kapiteln des Buches (1. Aufl. erschien 1937) gibt das dritte allgemein eine gründliche und sehr wertvolle „Statistische Analyse" (150 S.). In 22 Kapiteln wird die biol. Testung in einer Auswahl allgemein bewährter Methoden im speziellen beschrieben: Hypophyse (Vorder- und Hinterlappen); Insulin; Nebenniere; Schilddrüse; Nebenschilddrüse; weibliche und männliche Geschlechtshormone; Vitamin D; Digitalis, Strophanthin und Scilla-Präparate; Antipyretica und Analgetica; Substanzen mit Atropinwirkung; Lokalanästhetica; Magensaftsekretion; Sekretin und Pankreozymin; Substanzen mit Chinidinwirkung; Substanzen mit Curarewirkung; Anthelmin. Substanzen (Filariasis, Schistosomiasis, Anticestoden); Trypanocide Substanzen; Amoebocide Substanzen; Leichmanicide Substanzen; Malariamittel. Die Literatur ist bis 1949, teilweise bis zum Erscheinungsjahr 1950, berücksichtigt. LOHMANN. 4880

G. Analyse. Laboratorium.

Harry A. Bright, *Standardmusterprogramm des National Bureau of Standards.* Überblick über die Entw. von Standards seit 1905 (jetzt mehr als 500 Muster mit einem Umsatz von 22000 Einheiten im letzten Jahr), ihre Verwendung u. die Herst., Analyse u. Bescheinigung von Standards für Metalle, Erze, KW-stoffe, Chemikalien usw. im BUREAU OF STANDARDS. (Analytic. Chem. **23**. 1544—47. Nov. 1951. Washington, D. C., Nat. Bur. of Standards.) BLUMRICH. 5000

Edward Wichers, *Standards für Reagenschemikalien.* Entw. standardisierter Chemikalien in den USA von 1890 bis zur Herausgabe der Reagent Chemicals, ACS Specification 1950. Übergang von vorwiegend qualitativen Prüfungen zur Best. von Geh. u. Verunreinigungen (grundlegendes Buch von KRAUCH/MERCK, Die Prüfung der chem. Reagentien auf Reinheit). Arbeiten in der ACS u. im BUREAU OF STANDARDS. (Analytic. Chem. **23**. 1537—40. Nov. 1951. Washington, D. C., Nat. Bur. of Standards.) BLUMRICH. 5000

E. Schulek und E. Pungor, *Quecksilbertasse und -schaufel.* Vff. beschreiben die bei ihren gasanalyt. Arbeiten gut bewährte Tasse mit Abfluß zur Vermeidung von Hg-Verlust, sowie eine Schaufel mit Rille u. Ausguß zum leichten Sammeln verstreuten Quecksilbers. (Magyar Kémiai Folyóirat [Ung. Z. Chem.] **56**. 400. 1950. Budapest, Univ., Anorgan. u. Analyt.-Chem. Inst.) PLANK. 5006

A. Perczel, *Gebrauch der optischen und elektrischen Temperaturmeßgeräte.* Beschreibung der gebräuchlichsten Apparate, deren Konstruktion u. Anwendung. (Magyar Kémikusok Lapja [Z. Ver. ung. Chemiker] **5**. 305—13. 1950.) PLANK 5016

W. Ss. Troitzki, *Über die Empfindlichkeit von Radiothermometern.* Warme Körper strahlen elektromagnet. Wellen aller Längen, u. a. Radiowellen, aus. Diese lassen sich in empfindlichen Radioempfängern zur Temperaturmessung benutzen. In theoret. Ableitungen weist Vf. nach, daß Empfänger, die nach Kompensations- oder Modulationsschema arbeiten, als Radiothermometer mit großer Empfindlichkeit benutzt werden können. Die Empfindlichkeit kann durch Verkleinerung der Breite des Filterbandes oder mit anderen Worten durch Verlängerung der Versuchsdauer beliebig gesteigert werden. (Журнал Технической Физики [J. techn. Physik] **22**. 455—60. März 1952. Gorki, Univ., Physikal.-Techn. Inst.) ADOLPHI 5016

R. L. Shipp, *Induktionsofen für den Laboratoriumsgebrauch mit niedriger Leistung.* Es wird eine Induktionsheizvorr. beschrieben, die ca. 20 Watt liefert u. die bes. zur Erhitzung geringer Ni- oder Messingmengen im Vakuum von Zimmertemp. auf 150° ohne genauere Kontrolle der Temp. u. der Geschwindigkeit des Temperaturanstiegs geeignet ist. (Rev. sci. Instruments **23.** 91—92. Febr. 1952. Miamisburg, O., Monsanto Chem. Co., Mound Labor.) GOTTFRIED. 5028

B. J. Herian und **L. A. Moignard,** *Ein abgeänderter Soxhlet-Apparat.* Um die Temp. der Extraktion nach Wunsch wählen zu können, wurde das Extraktionsgefäß ca. 40 cm seitlich von dem Erhitzungsgefäß angeordnet. Durch senkrechte Hochführung u. dann schräg fallende Führung, zuletzt durch ein wassergekühltes Rohrstück, werden die Dämpfe des Extraktionsmittels vor Erreichung des Extraktionsgefäßes erst völlig kondensiert; über diesem befindet sich ein oben offener Rückflußkühler (Abb.). Extrahiert wurde mit Bzl. u. Toluol bei Zimmertemperatur. (Chem. and Ind. **1951.** 358. 5/5. Beckenham, Kent, Gas Res. Board.) PAULI. 5034

Leonard K. Nash, *Apparatur zur Mikrobestimmung der Molekulargewichte flüchtiger Flüssigkeiten.* Beschreibung einer App., in der ein bestimmtes Vol. der zu untersuchenden Fl. verdampft u. der auf ein Manometer ausgeübte Druck gemessen wird. Die Best., für die nur 5 μl erforderlich sind, dauert knapp 10 Min., u. der Fehler beträgt ca. 1—2%. (Analytic. Chem. **23.** 1868—70. Dez. 1951. Cambridge, Mass., Harvard Univ.) SCHLEGEL. 5044

D. Szabó und **J. Szőke,** *Abänderung der Bargerschen Molgewichtsbestimmungs-Methode.* Diese schon öfters verbesserte Meth. wurde von den Vff. wieder abgeändert, wodurch genauere Ergebnisse erhältlich werden. Um die Tropfen beim Einsaugen in die Capillare vor Verunreinigungen zu schützen, wird die eine Lsg. direkt, die andere durch eine Hilfscapillare eingebracht. Anwendung einer Meniskuskorrektur verringert noch den Versuchsfehler. Bei der Auswertung wird das relative Vol. der Tropfen in Betracht gezogen u. dadurch ein graph. Verf. ermöglicht. (Magyar Kémiai Folyóirat [Ung. Z. Chem.] **56.** 352—56. 1950. Pécs, Univ., Chem. Inst.) PLANK. 5044

—, *Ultramikroanalyse. Vergangenheit, Gegenwart und Zukunft.* Überblick über die Entw. von App. u. Verff. zum Nachw. u. zur Best. von Probemengen von 10^{-4}—10^{-7} g oder von Titrationsvoll. von 0,02—10^{-4} ml: Tüpfelanalyse, Titriergeräte, gravimetr. Verfahren. Fortschritte bei der Unters. der *Transurane*: elektrolyt. Abscheidung u. Redoxpotential des *Pu.* Weiterentw. der Geräte in Belfast, Queen's Univ.: Mikromanipulator von WIGGLESWORTH, Pipetten mit wasserabstoßender Innenfläche in Verb. mit der Agla-Mikrometerspritze, Feuchtigkeitskammer mit eingebauter Plattform für alle Operationen u. mit mkr. Beobachtung, Vereinfachung der KIRKschen Mikrowaage; allg. Grundsätze der gravimetr. Best. bis auf $\pm$0,7—0,8% Genauigkeit an Probemengen von 10 γ des zu bestimmenden Ions. (Chem. Age **66.** 543—46. 12/4. 569—72. 19/4. 1952.) METZENER. 5050

Gy. Csobán, *„Gedehnte" Papierchromatographie.* Vf. arbeitete ein einfaches Verf. zum Auseinanderziehen eng beisammen liegender Flecken aus, indem mit demselben Lösungsm. durch zwei- bis dreimaliges Antropfen die Anfangspunkte weiter gezogen werden. Hierdurch wächst die ursprüngliche Entfernung der Flecke durchschnittlich um 50%, im günstigsten Falle, bei ganz kleinen R_F-Werten, um 200—300%. (Magyar Kémiai Folyóirat [Ung. Z. Chem.] **56.** 449—51. 1950. Debrecen, Univ., Pharmaz. Inst.) PLANK. 5062

Gerrit Toennies und **Joseph J. Kolb,** *Arbeitsweisen und Reagentien für die Papierchromatographie.* Vff. machen einige Verbesserungsvorschläge für die Papierchromatographie. — Der bei einigen Papiersorten auftretende merkliche Verlust an Methionin kann durch Verwendung von SCHLEICHER & SCHÜLL-Papier Nr. 589, Grünband, vermieden werden. Die Verwendung eines gewöhnlichen Aquariums als billigen, durchsichtigen Tanks sowie die Zubehörteile u. Mittel zur Entw. der Chromatogramme werden beschrieben. An Stelle des mühevollen Aufsprühens von Ninhydrin–Butanol-Reagens wird Eintauchen der Chromatogramme in eine 0,25%ig. Lsg. von Ninhydrin in 99%ig. Aceton empfohlen. Zur Unters. von S-Verbb. wird vorgeschlagen: Die Ggw. von —SH wird durch Eintauchen in eine alkal. Lsg. von Natriumnitroprussid in Methanol nachgewiesen. Durch darauffolgendes Eintauchen in eine Lsg. von NaCN in Methanol kann —S—S— festgestellt werden. Ein Pt- u. ein Pd-Reagens zum Nachw. reduzierender Verbb. wird ebenfalls angegeben. Ferner wird eine Anordnung zur Herst. photograph. Aufnahmen der Chromatogramme beschrieben. (Analytic. Chem. **23.** 823—26. Juni 1951. Philadelphia, Pa., Inst. for Cancer Res. u. Lankenau Hospital Res. Inst.) GEDSCHOLD. 5062

Harold H. Strain und **James C. Sullivan,** *Analyse durch Kombination von Elektrophorese und Chromatographie.* Vff. versuchen, durch Kombination von Elektrophorese mit verschied. chromatograph. Methoden zu einem allg. anwendbaren analyt. Verf. für kontinuierliche Unterss. zu gelangen. Es wird eine elektrograph. Zelle beschrieben, welche im wesentlichen aus zwischen 2 Glasplatten gelegtem Filterpapier u. 2 in Vertiefungen der Glasplatte untergebrachten Pt-Elektroden besteht. Der Stromfluß erfolgt senkrecht zum Lösungsmittelfluß. Die Zelle ist für kontinuierliche u. diskontinuierliche Arbeitsweise gedacht. Verss., welche die Arbeitsweise der Zelle zeigen, u. Verss. zur Trennung verschied. Ionenmischungen werden beschrieben. (Analytic. Chem. **23.** 816—23. Juni 1951. Chicago, Ill., Argonne Nat. Labor.) GEDSCHOLD. 5062

M. Beck, *Bemerkungen zur Theorie der Papierchromatographie und deren Anwendung in der anorganischen Chemie.* Durch eigene Verss. u. Ergebnisse anderer Vff. kommt Vf. zu dem Schluß, daß der Einfl. der verschied. Anionen auf den R_F-Wert bei in organ. Lösungsmitteln lösl. Komplexen ausgeschlossen wird. Die Steighöhe hängt mit der Molekulargröße zusammen. Die Verteilung u. Absorption kommt weniger in Betracht, die Oberflächenspannung wurde bisher vernachlässigt, ist aber in manchen Fällen zu beachten. (Magyar Kémiai Folyóirat [Ung. Z. Chem.] **58.** 93—95. März 1952. Szeged, Ungarn, Tudományegyetem Szervetlen és Analitikai Kémiai Intézete.) PLANK. 5062

M. N. Alenzew und L. A. Winokurow, *Messung der absoluten Luminescenzausbeute im Ultraviolett.* Vff. beschreiben eine Anordnung zur indirekten Messung der relativen Intensitäten des erregenden Lichtes (bes. 254 mμ) u. des Luminescenzlichtes der im UV emittierenden (270—360 mμ; Maximum 310 mμ), zu untersuchenden Leuchtstoffe mit Hilfe des bequeme, visuelle Messungen ermöglichenden Fluorescenzlichtes von *Fluorescein,* dessen Fluorescenzintensität auf Grund der Unabhängigkeit der Quantenausbeute der Photoluminescenz von der Wellenlänge des erregenden Lichtes (WAWILOW, Z. Physik **42.** [1927.] 311) proportional zur Zahl der absorbierten Quanten ist. Vff. führen damit die schwierigen Absolutmessungen auf einen Vgl. zweier Helligkeiten zurück. (Известия Академии Наук СССР, Серия Физическая [Nachr. Akad. Wiss. UdSSR, physik. Ser.] **15.** 725—29. Nov./Dez. 1951. Physikal. Lebedew-Inst. der Akad. der Wiss. der UdSSR.) AMBERGER. 5063

G. W. Rosenberg, *Mehrfachstrahleninterferometrie und Interferenzlichtfilter.* Monographieartige Übersicht über die opt. Eigg. dünner Filme sowie ihre Verwendung in Interferenzapparaturen u. Lichtfiltern. — 270 Literaturangaben. (Успехи Физических Наук [Fortschr. physik. Wiss.] **47.** 3—50. Mai. 173—257. Juni 1952.)
KIRSCHSTEIN. 5063

José Barceló und Teresa Sardina, *Lichtstarke Apparatur für Raman-Spektren.* Es wird eine lichtstarke Einrichtung mit zwei Hg-Lampen beschrieben, die das vollständige RAMAN-Spektr. von CCl_4 in 10 Min. liefert. (An. Real Soc. españ. Física Quím., Ser. A **48.** 117—18. März/April 1952.) GOUBEAU. 5063

H. R. Johnson, *Auflösungsvermögen und Empfindlichkeit eines Mikrowellenspektrographen.* Der STARK-Modulationsspektrograph hat für die K-Bande eine halbe Halbwertsbreite von 50kHz u. eine Empfindlichkeit von 10^{-8} cm^{-1} mit einer 1 m langen STARK-Zelle u. einer 5 Sek. Zeitkonstante. (Physic. Rev. [2] **85.** 764. 15/2. 1952; Bull. Amer. physic. Soc. **26.** Nr. 8. 16. 27/12. 1951. Massachusetts Inst. of Technol., Res. Labor. of Electronics.) LINDBERG. 5063

E. Asmus, *Beitrag zur Kenntnis des Filterfehlers bei densitometrischen Messungen.* Bei Verwendung von Spektralfiltern zur Messung des Extinktionsmoduls tritt ein systemat. Fehler (Filterfehler) auf, da nur ein Mittelwert im Durchlässigkeitsbereich des Filters gemessen wird. Es wird gezeigt, daß Extrapolation auf die Schichtdicke 0 den Fehler nicht zum Verschwinden bringt u. daß er sowohl positiv als auch negativ sein kann. Für eine Reihe wichtiger Fälle wird der Filterfehler berechnet u. mit guter Übereinstimmung gemessen. Angabe eines Meßverf. zur filterfehlerfreien opt.-analyt. Gehaltsbestimmung. (Optik **9.** 108—25. 1952. Marburg/Lahn, Univ., Chem. Inst.)
LINDBERG. 5063

K. W. Flerow und B. W. Osimow, *Über den Einfluß von Kolloiden auf die Genauigkeit der photocolorimetrischen Analyse.* Der Einfl. der Kolloide auf die Genauigkeit photocolorimetr. Messungen wurde unter Bedingungen untersucht, bei denen das Kolloid sich noch nicht durch eine Trübung bemerkbar macht. Gefärbte Salzlsgg.: $CoSO_4 \cdot 7\,H_2O$ (rot), $K_2Cr_2O_7$ (orange), K_2CrO_4 (gelb), $NiSO_4 \cdot 7\,H_2O$ (grün), $Cu(NO_3)_2 \cdot 3\,H_2O$ (blau), $KCr(SO_4)_2 \cdot 12\,H_2O$ (violett) wurden in 0,04—0,004 mol. Konzz. einmal in reiner Form u. zum anderen unter Zusatz von $BaSO_4$ als Kolloid photocolorimetr. gemessen. Hierbei wurde die Empfindlichkeit des Auges mit jener eines Se-Photoelements verglichen u. weitgehende Übereinstimmung beider Empfindlichkeitskurven gefunden. $BaSO_4$: zur SO_4-haltigen Farbsalzlsg. wurde $BaCl_2$ zugetröpfelt; nach Abzug des gelösten $BaSO_4$ (2,4 γ/10 ml) wurde durch 1 Tropfen bzw. 2 Tropfen $BaCl_2$ koll. $BaSO_4$ (4,37 bzw. 11,4 γ) gebildet; 3 Tropfen erzeugten bereits eine sichtbare Opalescenz, so daß damit keine Messung durchgeführt wurde. — Es zeigte sich, daß die Ggw. des

Kolloids erhebliche Meßfehler (maximal bis zu 250 %) verursachte, u. zwar bes. bei Lsgg. mit schwacher Absorption (gelb), die stärker absorbierenden Lsgg. (rot, blau, violett) zeigten geringere Abweichungen, so daß bei geeigneter Auswahl der Konzz. der störende Einfl. des Kolloids stark verringert werden kann. (Журнал Прикладной Химии [J. angew. Chem.] **25.** 634—39. Juni 1952. Leningrad, Inst. für Kälte- u. Milchind.) v. Wilpert. 5065

Henry Freiser und Raymond Dessy, ***Neutralisationskapazitäten von Pufferlösungen.*** Es wird ein einfaches u. schnelles Verf. beschrieben, das ermöglicht zu berechnen, wieviel Säure oder Base eine Pufferlsg. aufzunehmen vermag, ohne ihren p_H-Wert zu ändern. (Analytica chim. Acta [Amsterdam] **7.** 20—23. Juli 1952. Pittsburgh, Pa., Univ., Dep. of Chem.) Klaffke. 5066

Z. Szabó und E. Sugár, ***Stannometrie.*** **In Fortsetzung einer früheren Arbeit (C. 1951.** I. 629) beschreiben Vff. die maßanalyt. Best. von *Chromat*, *Vanadat*, *Jod*, *Jodat*, *Bromat* u. *Fe(III)-Cyanid* mittels $SnCl_2$. Den Endpunkt zeigt bei den beiden ersten der Farbumschlag des Diphenylamins von blau in grün an. Bei der Best. von Jod u. Jodat zeigt die Entfärbung der Jodstärke den Äquivalenzpunkt an, aus Bromat wird Brom freigesetzt, dessen gelbe Farbe am Endpunkt verschwindet. Bei der Titration von Fe(III)-Cyanid zeigt die blaue Farbe des entstehenden Ferroferricyanids den Endpunkt an. Wegen des großen Äquivalentgewichtes des $K_3[Fe(CN)_6]$ sind die Ergebnisse nur bei Einwaagen über 250 mg genau. Im allg. überschreitet der Titrierfehler nie 0,5 %. (Magyar Kémiai Folyóirat [Ung. Z. Chem.] **58.** 1—10. Jan. 1952. Szeged, Ungarn, Tudományegyetem Szervetlen és Analit. Kém. Intézete.) Plank. 5066

John Mitchell jr., ***Die Titration mit Karl Fischerschem Reagens.*** Die Titration mit Fischerschem Reagens (setzt sich für 1 Mol W. aus 1 Mol J_2, 1 Mol SO_2, 3 Moll. C_5H_5N u. 1 Mol CH_3OH zusammen; gewöhnlich wird ein Überschuß von SO_2, C_5H_5N u. CH_3OH verwendet; Vf. empfiehlt eine Methanollsg. von 1 J_2 : 3 SO_2 : 10 C_5H_5N, wobei die Konz. so sein soll, daß 3,5 mg W. 1 ml Reagens entsprechen) stellt eine Meth. zur Best. von Feuchtigkeit dar, die einen sehr großen Anwendungsbereich (Fll., Gase u. Festsubstanzen) hat u. immer größere Bedeutung für die Wasserbest. in Handelsprodd. gewinnt. Die Endpunktbest. kann dabei visuell oder elektrometr. erfolgen. Erstere benötigt nur eine einfache App., ergibt in nicht zu stark gefärbten Lsgg. einen relativ deutlichen Endpunkt u. spricht auf weniger als 0,5 mg W. an. Die letztere ist zwar empfindlicher (ca. 0,2 mg W.), jedoch auch zeitraubender. Die Best. des W. durch direkte Titration wird durch verschied. organ. (Carbonylverbb., Mercaptane, Diacylperoxyde,Thiosäuren u. Hydrazine) u. anorgan. Verbb. (Metalloxyde, -hydroxyde, -carbonate, -hydrogencarbonate, -chromate, -bichromate, -borate u. -sulfide) gestört, indem Rk. mit dem J des Reagenses oder Oxydation des HJ zu J erfolgt. Oftmals verlaufen diese störenden Rkk. quantitativ. Verschied. Methoden, welche auf der vorherigen Dest. oder Extraktion des W. beruhen, werden für die Wasserbest. bei Vorliegen solcher störender anorgan. Verbb. vorgeschlagen. Auch für die Entfernung störender organ. Stoffe werden Methoden angegeben. Zuverlässige Methoden zur Best. von W. in Petroleumprodd., Ölen, Fetten, Wachsen, Explosivstoffen, Farben, polymeren Substanzen, manchen Nahrungsmitteln u. Kohlenhydraten werden beschrieben. (Analytic. Chem. **23.** 1069—75. Aug. 1951. Wilmington, Del., E. I. du Pont de Nemours & Co., Inc., Res. Div., Polychem. Dep.) Gedschold. 5074

a) Elemente und anorganische Verbindungen.

Louis Gordon, ***Fällung aus homogener Lösung.*** **Vf. berichtet zusammenfassend über** das Fällungsverf. aus homogener Lsg. mit *Harnstoff* (I) bei *Al*, *Ga*, *Th*, *Fe*, *Sn* u. *Zr* als Hydroxyde, mit *Triäthyl-* u. *Trimethylphosphat* oder HPO_3 bei Zr u. *Hf* als Phosphate, mit *Äthyl-* bzw. *Methyloxalat* oder I + *Oxalat* bei Th, *Seltenen Erden*, *Ce*, *La*, *Ca*, *Mg*, *Zn* als Oxalate, mit *Dimethylsulfat*, *Sulfaminsäure* oder *K-Methylsulfat* bei *Ba*, Ca, *Sr* als Sulfate, mit *Trichloressigsäure* bei La u. *Pr* als Carbonate, mit *Arsenit* bei Zr als Arsenat, mit *Tetrachlorphthalsäure* bei Th, mit $J_2 + ClO_3^-$ bei Th u. Zr als Jodate sowie mit I + $Cr_2O_7^{2-}$ bei Ba als Chromat. Die Vorteile des Verf., dichte u. gut filtrierbare Ndd. u. geringe Verunreinigungen durch Mitfällen, werden diskutiert. — 37 Literaturhinweise. (Analytic. Chem. **24.** 459—62. März 1952. Syracuse, N. Y., Syracuse Univ.) Weitbrecht. 5100

E. Papp und P. Nagy, ***Bestimmung des Fluors in Aluminium- und Tonerdefabriken.*** 1. Mitt. Da die Rohstoffe u. Erzeugnisse dieser Betriebe F enthalten oder enthalten können, ist eine verläßliche u. zeitsparende Meth. zur Best. von F wichtig. Vff. geben als beste Meth. diejenige von Willard u. Winter an, mit der Abänderung von Rowley u. Churchill. (Aluminium [Budapest] **2.** 209—15. 1950. Budapest, Aluminium- u. Leichtmetallforsch.-Inst.) Plank. G 246

E. Papp und P. Nagy, *Bestimmung des Fluors in Aluminium- und Tonerdefabriken.* 2. Mitt. (1. vgl. vorst. Ref.) Die guten Ergebnisse des von ROWLEY u. CHURCHILL verbesserten Verf. von WILLARD u. WINTER wurden durch die Ergebnisse der mit NaF, CaF_2 u. Na_3AlF_6 durchgeführten Verss. der Vff. bestätigt. Bei der Unters. von Bauxiten (I) stellte es sich aber heraus, daß die Analysenwerte bei größeren Einwaagen abnehmen. Der Grund hierfür ist die beim Lösen gebildete gallertartige Kieselsäure, welche F als $SiOF_2$ bindet u. F sehr schwer freigibt. Vff. versuchten dem so abzuhelfen, daß sie nach Vorschrift nicht 180 ml Destillat sammelten, sondern weiter dest. u. je 200ml Destillat titrierten. In 1000 ml Destillat konnte das gesamte F ermittelt werden, somit ist die Meth. gut anwendbar, nur verlängert sich die Dauer der Best. auf 3,5—4 Stunden. Vff. fanden in den verschied. ungar. I 0,096—0,140 % F. Bei der Unters., wohin diese F-Menge beim Aufarbeiten der I gelangt, konnte festgestellt werden, daß in der erzeugten Tonerde u. im Aluminium F eben nur nachweisbar ist. Der Rotschlamm enthält 0,08 bis 0,085 % F, die Aluminatlauge 0,5—0,6 g/Liter u. der Vanadiumschlamm 2—10 %, abhängig vom SO_4-Gehalt. Vff. versuchten, die Bindung des F an die aus Silicaten gebildete Kieselsäure zur Best. des Silicatgeh. neben dem Quarz zu verwerten, die Verss. führten aber nicht zu den gewünschten Ergebnissen. (Aluminium [Budapest] **2.** 243—46. 1950.) PLANK. G 246

A. László, *Bestimmung von HF neben H_2SiF_6.* Die Acidität der Lösg. wird mit NaOH gegen Thymolblau auf p_H 2—3 eingestellt u. die Lsg. zu einer kochenden Lsg. von 20 ml n/5 $AlCl_3$ u. 10 ml halbgesätt. KCl-Lsg. gegossen, 5 Min. in der Wärme stehen gelassen, wobei die Acidität unverändert bleiben soll. Die erkaltete Lsg. wird auf 150 ml aufgefüllt u. aus einem Teile des Filtrates das überschüssige Al bestimmt. Die Differenz zwischen angewandter u. bestimmter Al-Menge entspricht dem HF, u. zwar entsprechend der Gleichung $Al^{3+} + 6KF = K_3AlF_6 + 3K^+$ im Verhältnis 6·19/27. (Aluminium [Budapest] **2.** 7—8. 1950. Budapest, Aluminium- u. Leichtmetallforsch.-Inst.) PLANK. G 246

B. J. MacNulty, B. F. Reynolds und E. A. Terry, *Polarographische Fluoridbestimmung.* Der Farbstoff *Solochromviolett RS* (*Na-Salz von α-[5-Sulfo-2-oxybenzolazo]-β-naphthol*, amerikan. Name *Pontachrome Violet SW*) gibt in Acetatpufferlsg. von p_H 4,6 an der Hg-Tropfelektrode eine Reduktionsstufe bei ca. 0,3 V gegen die gesätt. Kalomelelektrode. Zusatz von Al-Ionen erniedrigt diese Stufe u. läßt zugleich eine neue Stufe bei einem um ca. 0,2 V negativeren Potential erscheinen, deren Höhe der Al-Konz. proportional ist (vgl. WILLARD u. DEAN, C. **1951.** I. 3397). Da diese Erscheinung durch Fluoridionen unterbunden wird, ergibt sich ein polarograph. Verf. zur Best. geringer Fluoridmengen. Es läßt sich noch 0,2 μg Fluorid pro cm^3 bestimmen. Das Verf. macht in vielen Fällen die zeitraubende Abtrennung des Fluors durch Dest. überflüssig u. wurde z. B. zur Fluoridbest. in HCl nach Neutralisation der Säure mit NaOH herangezogen. (Nature [London] **169.** 888—89. 24/5. 1952. London, Ministry of Supply, Royal Arsenal, Chem. Inspectorate.) FORCHE. G 246

L. Erdey und E. Bodor, *Anwendung der Ascorbinsäure in der analytischen Chemie.* 2. Mitt. *Direkte Bestimmung von Chlorationen.* (1. vgl. C. **1951.** II. 576.) Die Chloratlsg. wird auf 60° erwärmt, mit H_2SO_4 stark angesäuert, u. man läßt beinahe die äquivalente Menge der Normallsg. auf einmal zufließen; austitriert wird langsam. Indicator ist H_2SeO_3, wodurch am Endpunkt die Lsg. gelbrot wird. Mn-Ionen verzögern die Rk., mithin ist der Farbwechsel beim Äquivalenzpunkt schärfer, wenn Mn-Ionen zugegen sind. (Magyar Kémiai Folyóirat [Ung. Z. Chem.] **57.** 78—84. 1951. Budapest, Techn. Univ.) PLANK. G 247

Gy. Almássy und Z. Nagy, *Mikrovolumetrische Bestimmung von Schwefelwasserstoff.* Das Verf. beruht auf der Oxydation des H_2S mit J_2, es wird jedoch nicht der Jodverbrauch gemessen, sondern der gebildete HJ mit Br_2 zu JO_3^- oxydiert u. dessen Menge mit 0,01n $Na_2S_2O_3$-Lsg. gemessen. Man kann so 1 γ/5 ml auch in Sulfidlsgg. bestimmen. (Magyar Kémiai Folyóirat [Ung. Z. Chem.] **57.** 91—92. 1951. Debrecen, Univ.) PLANK. G 253

A. D. Horton und P. F. Thomason, *Polarographische Bestimmung von Sulfat.* Zur Best. kleiner SO_4^{2-}-Gehh., z. B. in Pb-Carbonat, entwickeln Vff. ein Verf., nach dem SO_4^{2-} zu S^{2-} red., als CdS gefällt, u. der Cd-Geh. polarograph. bestimmt wird. Eine Probe mit ca. 15—150 μg SO_4^{2-} wird in einer Destillationsapp. mit 20 ml einer Mischung von 160 ml 47 %ig. HJ, 160 ml 13 mol. HCl u. 50 ml 30 %ig. H_3PO_2 red. u. das entstehende H_2S im N_2-Strom in 10 ml ammoniakal. $CdCl_2$-Lsg. (1 g $CdCl_2$ + 300 ml 28 %ig. NH_4OH + 1 Mol NH_4Cl in 1 Liter Lsg.) übergetrieben. Nach dem Auswaschen wird CdS in 0,5 ml 2mol. HCl gelöst, mit 1 mol. KCl-Lsg. verd. u. polarographiert. Störungen des Verf. durch Ggw. von NO_3^- in der Versuchsprobe lassen sich durch Abrauchen mit 90 %ig. Ameisensäure beheben. Die tabellar. mitgeteilten Ergebnisse zeigen eine Genauigkeit von ±5%. Die Fehlerquellen werden diskutiert. (Analytic. Chem. **23.** 1859—60. Dez. 1951. Oak Ridge, Tenn., Oak Ridge Nat. Labor., Analyt. Chem. Div.) Weitbrecht. G 253

Anton B. Carlson und **Charles V. Banks,** *Spektralphotometrische Bestimmung von Silicium in Gegenwart von Zirkon, Beryllium, Aluminium und Calcium.* Nach Behandlung der Probelsg. mit HF u. H_3BO_3 wird die gelbe Silicomolybdänsäure gefällt, das p_H auf 1,2—1,3 eingestellt u. nach Zugabe von Weinsäure wird mit einer 1-Amino-2-naphthol-4-sulfosäure enthaltenden $NaHSO_3$-Lsg. zu Molybdänblau reduziert. Die Red. ist in 20 Min. vollständig u. die Farbe bleibt für 70 Std. konstant. Die spektralphotometr. Best. erfolgt mit einem Beckman-DU-Gerät bei 815 mμ. Die Verwendung von HF zur völligen Lsg. des anwesenden SiO_2 wird als bes. wichtig erkannt. Das Beersche Gesetz ist bis zu 180 γ/100 cm³ Si erfüllt. (Analytic. Chem. **24.** 472—77. März 1952. Ames, Iowa, Iowa State Coll., Inst. for Atomic Res., u. Dep. of Chem.) Eichhoff. G 261

R. B. Hahn und **C. L. Burros,** *Bestimmung von radioaktivem Niob in Gegenwart löslicher Orthophosphate.* Die genaue Best. von radioakt. Nb in Lsgg. von Orthophosphaten ist schwierig. Das übliche Verf. nach Glendenin gibt fehlerhafte Ergebnisse, wenn die Proben viel Orthophosphat enthalten. Auch wiederholtes Auswaschen entfernt nur eine kleine Menge Phosphat aus Nb_2O_5, da sich unlösl. Nb-Phosphat bildet. Jodid fällt in gleicher Weise wie Phosphat mit Nb zusammen aus, hat aber den Vorteil, daß es durch Waschen mit verd. NH_4OH u. durch Glühen entfernt werden kann. Vff. ersetzen daher in der ersten Stufe der Meth. von Glendenin das Phosphat durch HJ in stark saurer Lösung. Das neue Verf. gibt befriedigende Ergebnisse. (Analytic Chem. **23.** 1713—14. Nov. 1951. Oak Ridge, Tenn., Oak Ridge Nat. Labor., Analyt. Chem. Div.) Schlegel. G 331

G. C. B. Cave und **David N. Hume,** *Polarographische Bestimmung kleiner Konzentrationen von Silber.* Um in einer an KNO_3 u. KSCN 1 mol. Lsg. den Ag-Geh. in Konzz. von $5\cdot10^{-6}$ bis $1\cdot10^{-2}$mol. bestimmen zu können, messen Vff. bei 30±0,1° u. bei einer Spannung von —0,4 V gegen die gesätt. HgCl-Elektrode den Diffusionsstrom. Die in Lsgg. mit $<10^{-4}$mol. Ag durch Instrumentenfehler auftretenden Störungen können durch gute Erdung des Wasserbades, des Thermostaten u. der Tropfelektrode sowie durch Arbeiten in einem trockenen Raum vermieden werden. Die Ergebnisse der auf Reststrom korr. Diffusionsströme zeigen bei Konzz. $<5\cdot10^{-5}$mol. Ag eine geringe Abweichung der Größe i_D/C von der Konstanz. Doch lassen sich $5\cdot10^{-6}$mol. Ag-Lsgg. durch Interpolation der Eichkurve noch mit einer Genauigkeit von ±5% bestimmen. (Analytic. Chem. **24.** 588. März 1952. Cambridge, Mass., Massachusetts Inst. of Technol., Labor. for Nucl. Sci. and Dep. of Chem.) Weitbrecht. G 359

b) Organische Verbindungen.

Robert L. Peck und **Paul H. Gale,** *Charakterisierung organischer Verbindungen.* (Vgl. C. **1951.** II. 2364.) Allg. Überblick über die zur Charakterisierung organ. Verbb. wichtigen neueren (1951) Methoden: 1. Meth. zur Best. der Reinheit: Gegenstromverteilung, Chromatographie u. Elektrophorese; 2. Methoden zur Best. physikal. Eigg.: Infrarotspektroskopie, Raman-Spektroskopie, UV-Absorptionsspektroskopie, Best. des Brechungsindex, des F. u. Mol.-Gew., Anwendung von Isotopen; 3. Chem. Verfahren. — 96 Literaturzitate. (Analytic. Chem. **24.** 116—20. Jan. 1952. Rahway, N. J., Merck u. Co., Inc.) Fretzdorff. 5350

L. Szekeres, Gy. Fóti und **E. Pályi,** *Schwefelbestimmung in organischen Verbindungen.* Vff. benutzen zur Best. des S die stark oxydierenden Polychromate, welche aus $K_2Cr_2O_7$ durch Einw. von konz. HNO_3 entstehen. Zu 15—25 mg S enthaltender organ. Verb. geben Vff. 2 g $K_2Cr_2O_7$ u. 15 ml konz. HNO_3, dampfen die Lsg. vorsichtig auf Sirupdicke ein, geben nochmals 15 ml HNO_3 dazu u. wiederholen das Eindampfen. Der Rückstand wird dreimal mit je 10 ml HCl (1,15) eingedampft, die sirupöse M. mit 10 ml Ameisensäure versetzt u. wieder eingedickt .Aus der mit Essigsäure angesäuerten Lsg. wird $BaSO_4$ gefällt. (Magyar Kémiai Folyóirat [Ung. Z. Chem.] **56.** 377—78. 1950. Budapest, Ung. Chem. Werke.) Plank. 5352

D. Köszegi und **I. Barcsay,** *Maßanalytische Schwefelbestimmung in organischen Verbindungen.* Die bekannte Carius-Meth. sowie auch die neuerdings ausgearbeiteten Verff. von Szabó u. Orsós (C. **1951.** II. 113) u. Szekeres, Fóti u. Pályi (vgl. vorst. Ref.) führen nicht in allen Fällen zum Ziel. Vff. verwenden zur Oxydation von 0,1 g Substanz 10 ml mit $K_2Cr_2O_7$ kalt gesätt. 89%ig. H_3PO_4 u. kochen die Lsg. nach Abschwächen der anfangs heftigen Rk. unter Rückfluß in einem 100 ml-Kjeldahl-Kolben. Bei sehr resistenten Substanzen ist 3std. Kochen notwendig, sonst genügt bedeutend kürzere Zeit. Nach beendeter Rk. läßt man die Lsg. bis unter 100° abkühlen, verd. mit W., kocht mit 3—4 ml A. zur Red. des Chromats u. fällt mit 10 ml 10%ig. $BaCl_2$-Lösung. Zum Absitzen des sehr feinen Nd. sind wenigstens 12 Std. nötig. Den schwach grünen Nd. schm. man mit 2—2,5 g Na_2CO_3 u. 0,5 g KNO_3, laugt die Schmelze aus, filtriert, löst $BaCO_3$ in 0,1nHCl u. bestimmt deren Überschuß. (Magyar Kémiai Folyóirat [Ung. Z. Chem.] **57**. 342—45. Nov. 1951. Szeged, Ungarn, Tudományegyetemi Gyógyszerészi Vegytani Intézet.) PLANK. 5352

L. Szekeres und É. Horváth, *Bestimmung von Chlor und Brom in organischen Verbindungen.* (Vorl. Mitt.) Die einerseits von Vff., andererseits von KÖSZEGI (vgl. vorst. Ref.) ausgearbeiteten Verff. zur S-Best. beweisen, daß organ. Substanzen in HNO_3- bzw. phosphorsaurer $K_2Cr_2O_7$-Lsg. zerstört werden. Um Chlor oder Brom zu bestimmen, geben Vff. zur Lsg. $AgNO_3$, es entstehen bei gelindem Erwärmen AgCl bzw. AgBr, welches gewogen wird. Das Verf. ist für mit Wasserdampf flüchtige Verbb. nicht anwendbar. (Magyar Kémiai Folyóirat [Ung. Z. Chem.] **57**. 350—51. Nov. 1951. Szeged, Ungarn, Tudomanyegyetem Szerves Kém. Intézete.) PLANK. 5352

Albert Darbey, *Colorimetrische Bestimmung des Natriumsalzes der Äthylendiamintetraessigsäure.* Die das *Na-Salz der Äthylendiamintetraessigsäure* (*Sequestrene* bzw. das Trinatriumsalz *Sequestrene NA 3*) (I) enthaltende Lsg. versetzt man mit einer $NiSO_4$-Lsg., dabei tritt das Ni an die Stelle des Na unter Bldg. des Ni-Salzes von I. Der Überschuß des Ni wird durch Fällung mit Dimethylglyoxim entfernt. Das von der I gebundene Ni wird durch Ansäuern der Lsg. in Freiheit gesetzt u. colorimetr. als rotes Ni-Dithiooxalat bestimmt. Empfindlichkeit: 0,2—0,5 mg Na-I in 100 ml. (Analytic. Chem. **24**. 373—78. Febr. 1952. Santa Barbara, Calif., Cottage Hosp. Res. Inst.) FRETZDORFF. G 840

S. Jaschik, *Gravimetrische Bestimmung des Vanillins und Äthylvanillins* (*Bourbonal*) *und colorimetrische Bestimmung der beiden nebeneinander.* Aus wss. Lsg. wird Vanillin in Ggw. von Na-Acetat mit 0,1nHydrazinsulfat als gelblich-weißer krist. Nd. gefällt. Bei 105° getrocknet, gibt der Nd., mit 1,013 multipliziert, die Menge des Vanillins an. Ebenso fällt Äthylvanillin in seidenglänzenden Kristallen quantitativ aus. Der bei 105° getrocknete Nd., mit 1,012 multipliziert, ergibt die Menge des Äthylvanillins. Aus der Lsg. eines Gemisches beider in Ggw. von 20—25% A. fällt 0,1nHydrazinsulfat Äthylvanillin, die Lsg. bleibt vom Vanillin gelb gefärbt. Durch Vergleichen solcher Lsgg. mit Standardlsgg. ist die Best. beider mit 5—10% Genauigkeit durchführbar. (Magyar Kémiai Folyóirat [Ung. Z. Chem.] **56**. 431—33. 1950. Budapest, Verpflegungswissensch. Inst.) PLANK. G 1140

E. Sándi, *Beiträge zur polarographischen Bestimmung der Ascorbinsäure.* Vf. vereinfachte die bekannte polarograph. Meth., wodurch bes. bei Serienanalysen beträchtliche Zeit erspart wird. Ascorbinsäure (I) wird in 0,25%ig. Oxalsäurelsg. verwendet u. das p_H mit der SØRENSEN-CLARKschen Lsg. auf 4—6 eingestellt. Statt der KCl-Agar-Agar-Brücke verwendet Vf. das MAASSENsche Gefäß. Gelatine ist überflüssig, da die anod. Welle der I nicht verzerrt ist u. das nach der Welle auftretende Maximum nicht stört, atmosphär. O_2 stört auch nicht. Vf. beobachtete, daß die Entfernung von je zwei charakterist. Punkten der Welle immer proportional der Konz. ist, somit genügt die Aufnahme von zwei Punkten statt der ganzen Welle. Hierdurch kann die vollständige Empfindlichkeit des App. ausgenützt werden, u. die Auswertung ist auch bei flacher Welle möglich. Es wird eine ganze Reihe von Verbb. angegeben, welche die Best. nicht beeinflussen. 0,01%ig. Gerbsäure u. die Melanoide stören. Die Best. der I im Urin u. in fetten Speisen ist bisher nicht geglückt. Bei mittlerer Konz. beträgt der Fehler ± 2%, in Lebensmitteln 4—5%. (Magyar Kémiai Folyóirat [Ung. Z. Chem.] **57**. 169—73. 1951. Budapest, Verpflegungswiss. Inst.) PLANK. G 3800

d) Medizinische und toxikologische Analyse.

Reinhart Lempp, *Die van Slyke'sche Kupfersulfatmethode zur quantitativen Serumeiweißbestimmung.* (*Ein Vergleich mit anderen Verfahren.*) Vf. vergleicht an 100 Seren die Eiweißbest. nach KJELDAHL, nach der Kupfersulfat (I)-Meth. von VAN SLYKE (Quantitative Clinical Chem., Vol. II, Methods) u. nach der refraktometr. Methode. Bei der I-Meth. wird die D. des Serums durch Vgl. mit I-Lsg. bekannter D. ermittelt u. daraus auf den Eiweißgeh. geschlossen. Die I-Meth. erweist sich für klin. Zwecke infolge Schnelligkeit, Reproduzierbarkeit u. Genauigkeit als gut brauchbar. Die Übereinstimmung mit den KJELDAHL-Werten ist bei n. Eiweißgeh. des Serums gut u. auch bei stark erhöhtem Proteingeh. (Dysproteinämie) für diagnost. Zwecke ausreichend. Im Gegensatz dazu zeigt die refraktometr. Meth. eine stärkere Streuung der Werte. (Med. Klin. **47**. 836—39. 20/6. 1952. Tübingen, Med. Klinik d. Univ.) NEHRING. 5728

Theodor Bücher und **Helmut Redetzki**, *Eine spezifische photometrische Bestimmung von Äthylalkohol auf fermentativem Wege.* Die *Alkoholdehydrase* (*Diphosphopyridinproteid*) der Hefe katalysiert den Austausch von H zwischen der Hydroxylgruppe des A. u. der oxydierten Form des H übertragenden Cofermentes (*Diphosphopyridinnucleotid* = $DPN_{ox.}$). Die bei dieser Rk. entstehende DPN_{red} zeichnet sich durch eine spezif. Lichtabsorption im nahen UV bei 366 mμ aus. Da diese Rk. sehr spezif. ist (spricht nur auf die geradkettigen Isomeren von Butanol u. Propanol an, nicht aber auf Methanol u. verzweigte Isomere höherer Alkohole), eignet sie sich für die Best. des A.-Geh. im *Serum.* (Klin. Wschr. **29.** 615—16. 15/9. 1951. Hamburg, Univ., Physiolog.-Chem. Inst.
FRETZDORFF. 5728

M. E. Kohn-Abrest, *Toxikologische Bestimmung von Methyl- und Äthylalkohol. Der „normale" Methylalkohol.* Beschreibung der Methoden zur Best. von A. u. Methylalkohol (I) sowie Acetaldehyd (II) in Blut u. Eingeweiden. Tabellar. Zusammenstellung von 209 Fällen mit verschied. Todesursachen, bei denen toxikolog. Bestimmungen von A., I u. II durchgeführt wurden. Vf. konnte in 111 Fällen I zu durchschnittlich 0,02°/₀₀ in Eingeweiden erfassen, woraus er auf das n. Vork. von I im Organismus schließt. Der n. A.-Geh. in Blut u. Eingeweiden wird zu 0,2°/₀₀, der n. II-Geh. in Eingeweiden zu 3°/₀₀ festgestellt. (Ann. Méd. légale Criminol. **31.** 450—63. Okt.—Nov.—Dez. 1951. Brunoy, Labor. de Rech. Toxicol.)
KRUSEN. 5764

George Gomori, Microscopic histochemistry; principles and practice. (279 S.) Chicago: Univ. of Chic. Press. 1952. $ 6,—.

Edg. Peeters, Leerboek der scheikunde. 3e deel: Analytische scheikunde. 2e herziene en vermeerderde druk. Antw.-Amsterdam: Uitgeverij „De Techniek". 1952. (II + 176 S. m. Abb. u. Tab.) fr. 75,—.

H. Angewandte Chemie.

I. Allgemeine chemische Technologie.

Patent and Licensing Corp., New York,, N. Y., übert. von: **Richard H. Cubberley**, Ridgewood, und **William R. Hartmann**, East Orange, N. J., V. St. A., *Imprägnier- und Füllmittel für Glasfaser-, Schlackenwolle- oder Basaltfaserstreifen* bzw. Filze, bestehend aus einer 50%ig. wss. Emulsion von z. B. 100 (Teilen) Poly-2-chlorbutadien, 5 ZnO, 1 Phenyl-β-naphthylamin, 0,5 Casein, 2 Netzmittel u. 2,25 Verdickungsmittel (Pflanzengummi, Methylcellulose oder Bentonit). Die Streifen werden als dehnbare *Dichtungen* u. *Packungen* verwendet; sie sind kugelsicher. (**A. P. 2 564 882** vom 2/11. 1946, ausg. 21/8. 1951.)
SALZMANN. 5813

Monsanto Chemical Co., St. Louis, Mo., V. St. A., übert. von: **Ralph Stedman Hood**, *Pulvrige Chemikalien in Kugelform.* In eine geneigte rotierende Trommel werden kontinuierlich pulverförmige Stoffe (I) eingerieselt. Gleichzeitig wird in den oberen lockeren Teil der in ziemlich rascher Umwälzung befindlichen Pulvermasse entweder eine Fl., wie W., oder eine wss. Lsg. des Pulvers oder eine Schmelze des Pulvers kontinuierlich eingeführt. Aus der aus der Drehtrommel kontinuierlich ausrieselnden M. werden die aus dem Pulver entstandenen Kügelchen gewünschter Größe herausgesiebt, während der Rest als Pulver in den Kreislauf zurückgeführt wird. — Beispiele für I: Phthalsäureanhydrid, Fe- u. Al-Sulfat, sowie NaCl–$NaHSO_4$-Gemische. Die Elemente der beschriebenen App. können nach Bedarf erwärmt oder gekühlt werden. — 2 Abbildungen. (**E. P. 654 272** vom 25/2. 1948, ausg. 13/6. 1951. A. Prior. 19/7. 1943.)
OVERBECK. 5823

Gesellschaft für Linde's Eismaschinen Akt.-Ges. (Erfinder: **Richard Weber**), Wiesbaden, *Chemikalienbeständiges Schwebstoff-Filter.* Verwendung von auf Polystyrolbasis aufgebauten Mischpolymerisaten (I), bei deren Herst. gleichzeitig Acrylnitril mit einpolymerisiert ist. Das Filtermaterial wird mit der Dispersion bzw. Emulsion von I so getränkt, daß die Dispersions- bzw. Emulsionsteilchen auf der Oberfläche des Materials abgeschieden werden. (**D. B. P. 838 742** Kl. 12e vom 28/10. 1949, ausg. 12/5. 1952.)
HEINSEN. 5831

Aktivkohle-Union Verwaltungsges. m. b. H. (Erfinder: **Paul Garbe**), Frankfurt/M., *Reinigung von H_2S enthaltender Abluft* durch Waschen mit wss. alkal. Aktivkohlesuspension (I), wobei die A-Kohle in der Lsg. einer nicht flüchtigen Alkaliverb., z. B. Na-Carbonat, suspendiert ist. Der Waschlsg. können auch noch andere, H_2S absorbierende Mittel zugesetzt werden. (**D. B. P. 838 592** Kl. 12e vom 21/7. 1940, ausg. 12/5. 1952.)
HEINSEN. 5849

Pierre Georges Vicard, Lyon, Frankreich, *Entstauben von Luft oder Gasen mittels Flüssigkeitszerstäubung.* Der Luft- bzw. Gasstrom wird in einer Leitvorr. aufeinanderfolgend mit Wasserdampf gesätt., dann mit Wassernebel übersätt., darauf, zur Erzielung einer Kondensation an den mitgeführten Verunreinigungen, einer plötzlichen Abkühlung unterworfen, schließlich mit Fl. besprüht bzw. ausgewaschen u. durch einen Flüssigkeitsabscheider geleitet. (**A. P. 2 579 282** vom 18/11. 1947, ausg. 18/12. 1951, u. **Schwz. P. 277 292** vom 7/11. 1947, ausg. 16/11. 1951. Beide F. Prior. 6/12. 1946.) HEINSEN. 5851

Gesellschaft für Linde's Eismaschinen Akt.-Ges., Höllriegelskreuth bei München, *Reinigen und Kühlen zu zerlegender verdichteter Gasgemische* nach Patent 833 051, dad. gek., daß das durch Adsorption gereinigte Gas im Gegenstrom mit sich selbst auf etwa Umgebungstemp. angewärmt, dann verdichtet u. nach Abführung seiner Kompressionswärme sowie nach Rückkühlung auf die Entnahmetemp. aus dem Regenerator zur Anwärmung eines kalten arbeitsleistend zu entspannenden Gases verwendet wird. Es kann auch nur ein Teil des Gases so behandelt u. der andere Teil ohne weitere Verdichtung dem zu expondierenden u. vorher anzuwärmenden Gas direkt zugesetzt werden. — Arbeitsschema. (**D. B. P. 843 705** Kl. 17g vom 10/3. 1950, ausg. 10/7. 1952. **Zusatz zu D. B. P. 833 051; C. 1952. 4039.**) SCHINDLER. 5857

Glanzstoff-Courtaulds G. m. b. H. (Erfinder: **Max Eberle**), Köln, *Verbesserung der Haltbarkeit von Dialysiermembranen.* Man verwendet O_2-freies W., das durch Zusatz von Na_2SO_3 erhalten wird. Hierdurch wird der Verschleiß von Cellulosemembranen, z. B. bei der dialyt. Reinigung von Alkalilauge, der durch Spuren von in W. gelösten Salzen des Cu, Fe oder Mn erhöht wird, bedeutend verringert. (**D. B. P. 834 086** Kl. 12d vom 25/7. 1943, ausg. 17/3. 1951.) REICHELT. 5863

Werkspoor N. V., Amsterdam, übert. von: **László Vàhl**, Muiderberg, Holland, *Kristallisation.* Man läßt eine auszukristallisierende Lsg. eine Serie von Kühlzonen passieren, ergänzt in der Anfangszone jeweils weniger als die Hälfte der Gesamtlsg., die auskrist. werden soll, u. ergänzt in jeder folgenden Zone einen weiter verringerten Teil. Dabei beginnen sich in den folgenden Zonen Kristalle auszuscheiden. Diese zieht man aber erst in der letzten Zone ab. (**A. P. 2 569 357** vom 1/6. 1948, ausg. 25/9. 1951. Holl. Prior. 5/6. 1947.) NEBELSIEK. 5869

Wilhelm Beckmann und Herbert Noelle, Recklinghausen, *Reibbelag* für Brems- u. Kupplungsbeläge, z. B. von Fahrzeugen. Asbestfasern erhalten einen Zusatz von 5—35% koll. Al oder Al-Legierungen u. als Bindemittel ein Phenolharz oder Butadienkautschuk. (**D. B. P. 843 901** Kl. 39b vom 28/12. 1948, ausg. 14/8. 1952.) SALZMANN. 5893

III. Elektrotechnik.

Aluminium-Industrie-Akt.-Ges., Lausanne-Ouchy, Schweiz, *Brennen von Kunstkohlestücken im elektrischen Ofen.* Zur Herst. von *Elektroden*, z. B. für die *Al-Elektrolyse*, brennt man Gemische aus feingepulvertem Koks mit einem Bindemittel, z. B. Steinkohlenteer, wobei der elektr. Strom durch die Kohleformstücke geleitet wird. Um hierbei ein gleichmäßiges Durchbrennen durch die ganze Höhe der Formstücke zu erzielen, wird mit Wechselstrom erhitzt u. eine Zuleitung dicht oberhalb der Formstücke verlegt, die während des Betriebes je nach Bedarf nach oben oder seitlich verschoben wird. — Zeichnung. (**N. P. 79 210** vom 5/7. 1948, ausg. 22/10. 1951. Schwz. Prior. 12/7. 1947.) J. SCHMIDT. 5953

Soc. An. de Commentry Fourchambault & Decazeville, Paris, Frankreich, *Isolierende Überzüge* von 0,001—1 mm Dicke auf Metallen erhält man durch Elektrophorese aus wss. Bentonitsuspensionen bei Badspannungen von 1—30 V Gleichspannung. Die Ndd. können getrocknet oder bei höherer Temp. gebrannt werden. (**Schwz.. P. 280 295** vom 21/7. 1948, ausg. 16/4. 1952. F. Prior. 8/8. 1947.) KESSEL. 5957

British Thomson-Houston Co. Ltd., London, England, *Isolierpapier für elektrische Zwecke.* Dem Stoff, z. B. Holzschliff (I), wird wss. Alkalilsg. u. Acrylnitril (II) zugesetzt u. die Rk. abgebrochen, wenn ein N-Geh. von 0,3—2,8% erreicht ist. Nach dem Neutralisieren, bes. mit Essigsäure, werden die Elektrolyte ausgewaschen u. der Stoff aufgeschlagen. — Beispiel: 3 (Teile) I, 60 NaOH (10%ig.) u. 1 II. Der Stoff kann noch mit einem halogenierten KW-stoff imprägniert werden. (**E. P. 660 010** vom 30/7. 1948, 31/10. 1951. A. Prior. 2/8. 1947.) VOGEL. 5957

Corning Glass Works, Corning, V. St. A., *Herstellung fester, kautschukartiger Silicone*, die bes. als *elektr. Isoliermaterial* Verwendung finden. Man erhitzt fl. Dimethylsiloxan (Viscosität z. B. 1000—2000 Centistokes) in Ggw. von Benzoylperoxyd, vorteilhaft in Abwesenheit von O_2, so lange auf ca. 150—250°, bis ein festes, kautschukartiges Prod. vorliegt. Man kann auch von fl. Diäthylsiloxan ausgehen. (**Schwz. P. 279 913** vom 16/7. 1946, ausg. 16/4. 1952. A. Prior. 3/10. 1944.) BRÖSAMLE. 5957

N. V. Philips' Gloeilampenfabrieken (Erfinder: **Johannes Antonius Maria van Liempt und Jan Bergmans**), Eindhoven, Holland, *Glühlampen* mit einer Füllung aus

Edelgas (bes. Kr oder Xe oder einem Gemisch aus diesen) u. <20, bes. >5 % N_2. Um der bei dem geringen N_2-Geh. erhöhten Lichtbogengefahr zu begegnen, wird bei der Herst. der Lampe für völlige Staubfreiheit des Kolbeninnern gesorgt, so daß dieses nach der Fertigstellung der Lampe opt. leer ist u. keinen TYNDALL-Effekt zeigt. (**D. B. P. 845 674** Kl. 21 f vom 20/2. 1943, ausg. 4/8. 1952. Holl. Prior. 3/2. 1942.) KESSEL. 5973

Owens-Illinois Glass Co., übert. von: **Harold R. Black,** Toledo, O., V. St. A., *Kolbenglas für elektrische Entladungsröhren*, bes. Röntgenröhren. Zur Verschmelzung mit Fe–Ni–Co-Stromdurchführungen (bes. 54 (%) Fe, 28 Ni, 18 Co) dient ein Borosilicatglas aus 64,9 SiO_2, 22,5 B_2O_3, 0,08 Fe_2O_3, 4,9 Al_2O_3, 7,0 Na_2O, 0,3—0,5 CeO_2 u. 0,11 Sb_2O_3. (**A. P. 2 564 950** vom 31/1. 1947, ausg. 21/8. 1951.) KESSEL. 5975

United States of America, übert. von: **Walter H. Zinn,** Chicago, Ill., V. St. A., *Neutronendetektor.* Spitzenzähler mit ionisierbarer Gasfüllung u. einem bei Neutroneneinfall ionisierende α-Strahlen emittierenden Innenbelag aus B. (**A. P. 2 588 789** vom 22/5. 1945, ausg. 11/3. 1952.) KESSEL. 5975

Westinghouse Brake & Signal Co. Ltd., London, England, übert. von: **Comp. des Freins & Signaux Westinghouse,** Paris, Frankreich, *Halbleiterphotozelle* mit Hinterwandsperrschichteffekt. Die Trägerplatte (I) ist ein Metall, das mit der Halbleiterschicht (II) (z. B. einer Se-Schicht) unter Bldg. einer Sperrschicht chem. reagiert, z. B. Cd, Zn, Al oder Sb. Zur Erhöhung der Sperrschichtwrkg. kann die I vor dem Aufbringen der II im Vakuum mit einer dünnen organ. oder anorgan. Isolierschicht bedampft werden. (**E. P. 658 503** vom 9/12. 1949, ausg. 10/10. 1951. F. Prior. 17/1. 1949.) KESSEL. 5977

International Standard Electric Corp. (Erfinder: **Murray Jesse Stateman**), New York, N. Y., V. St. A., *Selengleichrichter.* Die Sperrschicht besteht aus, bes. elektrolyt. erzeugten, metallorgan. Polyseleniden (I), z. B. einem organ. Cd- oder Sn-I. Der organ. Bestandteil der I kann ein Alkohol, Aldehyd, Keton, Phenol oder eine Säure sein. (**D. B. P. 846 738** Kl. 21 g vom 1/10. 1950, ausg. 18/8. 1952. A. Priorr. 12/5. u. 17/7. 1945.) KESSEL. 5977

Sprague Electric Co., übert. von: **Stanley O. Dorst,** North Adams, Mass., V. St. A., *Elektrische Kondensatoren.* Als isolierender Gehäuseabschluß dient ein bei 85° getrockneter Zement aus 70—90 (Gew.-%) feinverteiltem, nichthydrolysierbarem, feuerfestem keram. Material (z. B. SiO_2) u. 10—30 polymerisiertem Melaminformaldehyd-Kunstharz. Nach dem Trocknen werden die Poren der Verschlußmasse durch Imprägnieren mitgeschmolzenem chloriertem Naphthalinwachs ausgefüllt. (**A. P. 2 596 134** vom 22/10. 1946, ausg. 13/5. 1952.) KESSEL. 5983

IV. Wasser. Abwasser.

L. W. Fitzpatrick, *Technik der Wasserreinigung. Verunreinigungen.* Es wird die Rohwasserzus. als Grundlage für die Aufbereitung von W. für Verwendung im Kraftwerksbetriebe erläutert. (Power Engng. **56.** Nr. 8. 90—91. Aug. 1952. Jefferson City, Mo., State of Missouri, Dep. of Corrections.) MANZ. 6014

J. R. Möse und **H. Exner,** *Untersuchungen über den Fluorgehalt steirischer Trinkwasser.* Von 110 meist aus Einzelversorgungen stammenden Trinkwasserproben wiesen über 75 % einen F-Geh. unter 0,1 mg/Liter, u. nur 1 Probe einen für wirksame Cariesprophylaxe ausreichenden Geh. von 0,8 mg/Liter auf. (Gas, Wasser, Wärme [Wien] **6.** 124—26. Juni 1952.) MANZ. 6014

A. W. Benoit, *Geschichte und Mechanik der üblichen Wasserreinigungsmethoden.* Infolge der Bevorzugung empfindlicherer Farbtönungen u. der stärkeren Verschmutzung der Flüsse ist heute auch in den Textilbetrieben Neu-Englands die Aufbereitung des Betriebswassers notwendig. Übersicht über die bekannten Verff. u. Angaben über den Wasserverbrauch entsprechend der Fabrikation. (Amer. Dyestuff Reporter **41.** P 390 bis 391. 23/6. 1952. Boston, Chas. T. Main, Inc.) MANZ. 6016

Eskel Nordell, *Betriebswasser für Zellstoff-, Papier- und Pappefabriken.* Es werden die nach Qualität wechselnden Anforderungen u. die bekannten Verff. der Aufbereitung unter Hinweis auf die App. der Permutit besprochen. (Paper Mill News **75.** Nr. 20. 104—08. 133. 17/5. 1952. Permutit Company.) MANZ. 6016

H. Pirie, *Neue Entwicklungen in der Wasserchlorung.* Die Entw. analyt. Methoden zur Erfassung des gebundenen u. freien Restchlors bes. in Ggw. von Ammoniak hat ein vertieftes Verständnis der Vorgänge bei der Wasserchlorung u. dadurch auf vielen Anwendungsgebieten, der Badewasser-, Trink- u. Gebrauchswasserbehandlung eine Steigerung der Wrkg. ermöglicht. (Chem. and Ind. **1952.** 459—62. 24/5. Imperial Chemical Industries Ltd., General Chemicals Div.) MANZ. 6024

Berther Nietsch, *Neue Ergebnisse und Erfahrungen auf dem Gebiete der Wasserchlorung.* Überblick über die physikal.-chem. Grundlagen der Wasserchlorung, Cl-Hydrolyse u. Gleichgewichte. (Gas, Wasser, Wärme [Wien] **6.** 126—29. Juni 149—52. Juli 1952.) MANZ. 6024

C. Janssen und **J. W. Minken,** *Die Zusammensetzung von Kesselwasser und Kesselspeisewasser für Hochdruckkessel.* Kesselwasser für Kessel mit Drucken über 70 atü müssen einen p_H-Wert von 10,4—11,0 aufweisen, der mit Phosphat (I) oder NaOH eingestellt wird. Der SiO_2-Geh. darf 5 mg/l nicht übersteigen. I muß anwesend sein, um die Ca-Salze als Hydroxylapatit zu fällen. Ein Nachteil des I-Verf. besteht darin, daß Mg-I-Schlamm an den Kesselwandungen anbackt. Der Ersatz der Na-Salze durch K-Verbb. wirkt in dieser Hinsicht günstig. NaOH kann H-Brüchigkeit verursachen. In Amerika (Europa) hält man den Geh. an NaOH zwischen 40 u. 60 (5—40) u. an PO_4 zwischen 2 u. 5 (15—40) mg/Liter. (Ingenieur ['s-Gravenhage] **64.** Ch 67—69. 4/7. 1952. Arnhem, N. V. Kema, Chem. Labor., und N. V. Prov. Geldersche Electriciteits-Maatschappij.) WESLY. 6030

Owen Rice, *Calgon-Behandlung.* Der Zusatz kleiner Mengen Hexametaphosphat hat sich zur Verhinderung der Nachfällung bei gekalktem W., der Wassersteinbldg. bei carbonatreichem W. bis 33,6° Carbonathärte, der Fe-Abscheidung u. der Korrosionsverhütung durch Bldg. eines Fe-Phosphatfilms allg. bewährt. (Water Sewage Works **99.** R-82. April 1952. Pittsburgh, Pa., Calgon Inc.) MANZ. 6030

T. R. Haseltine, *Biologische Filterung von Sauerkraut- und Essiggemüseabwässern.* In einer Versuchsanlage mit Tropfkörper, Absetzbecken konnte bei den stark sauren (p_H 3,5—4,4) u. salzhaltigen Abwässern (3,0 g/Liter Cl) bis zu 85% BSB Abnahme erreicht werden, wenn durch Rücknahme der p_H-Wert dauernd über 6,6 gehalten wird. (Water Sewage Works **99.** 161—65. April 1952. Pittsburgh, Pa., Chester Engineers.) MANZ. 6040

W. Lode und **H. Steudel,** *Selbsttätige Messung der Resthärte von Kesselspeisewasser.* Es wird ein zur Messung u. Aufzeichnung der Rest-Mg-Härte im Kesselspeisewasser geeignetes Gerät beschrieben, wobei die nach Zugabe von Thiazolgelb u. NaOH bewirkte Lichtschwächung durch ein Wechsellichtvergleichsverf. an einer Photozelle gemessen u. mit Meßbereich von 0—0,1° registriert wird. (Brennstoff. Wärme. Kraft **4.** 233—35. Juli 1952. Leverkusen.) MANZ. 6056

—, *Das Wasser in der Textilindustrie.* Nach einigen allg. gehaltenen Ausführungen geht Vf. auf die Prüfung des Betriebswassers ein. Es werden Methoden zur Best. der aggressiven Kohlensäure, der Schwebestoffe, der Wasserhärte sowie die Best. der Schwermetalle beschrieben. Ferner werden Angaben über die Enthärtung des Betriebswassers gemacht. (Dtsch. Textilgewerbe **54.** 814—16. 819. 5/9. 1952.) P. ECKERT. 6060

Gy. Almássy, *Bestimmung der freien Kohlensäure in natürlichen Wässern.* Verschied. Vff. geben Tabellen u. Korrektionswerte an, um die durch Ca- bzw. Alkalihydrogencarbonate verursachten Fehler bei der volumetr. Best. der freien Kohlensäure auszugleichen, lassen aber $Mg(HCO_3)_2$ außer acht. Vf. bestimmt die p_H-Werte von $Mg(HCO_3)_2$-Lsgg. verschied. Konz. u. gibt ein Ausgleichsverf. für den Fall an, daß das W. auch beachtenswerte Mengen $Mg(HCO_3)_2$ enthält. (Magyar Kémiai Folyóirat [Ung. Z. Chem.] **57.** 86—90. 1951. Debrecen, Univ.) PLANK. 6060

—, Industrie-Abwässer. Von Fritz Meinck u. Mitarbeitern. Lfg. 3. Bg. 9—13. Stuttgart: Piscator-Verl. 1952. (S. 129—208 m. Abb. 53—61) 8° = Schriftenreihe d. Vereins f. Wasser-, Boden- und Lufthygiene, Berlin-Dahlem. Nr. 6. DM 8,—.

V. Anorganische Industrie.

Barnett F. Dodge, *Großtechnische Herstellung und Anwendung von Sauerstoff.* Überblick. (Chim. et Ind. **68.** 44—52. Juli 1952. New Haven, Conn., Yale Univ.) WINIKER. H 239

S. P. Schotz, *Herstellung von Schwefelsäure aus ihren in der Natur vorkommenden Salzen.* Die Möglichkeiten zur Herst. von H_2SO_4 aus Gips u. Anhydrit in Anlehnung an bekannte deutsche Verff. werden diskutiert. (Chem. Age **65.** 46. 14/7. 1951.) v. BOGDANDY. H 253

J. Varga und **P. Benedek,** *Über die Reaktion des Methans mit Schwefel.* Auf Grund früherer Ergebnisse, wonach S bei der Hydrierung von Teer u. Kohlenölen als Aktivator wirkt (A. PP. 1 852 988; 1 894 925), versuchten Vff. aus S u. Methan CS_2 erzeugen. Bei 400—550° u. 200—400 atü entsteht quantitativ CS_2. Beim langsamen Abkühlen des Autoklaven erfolgt Rückbldg., wobei der S an der Gefäßwand lange dünne Nadeln bildet. (Magyar Kémiai Folyóirat [Ung. Z. Chem.] **56.** 36—38. 1950. Budapest, Techn. Univ., Chem.-Techn. Inst.) PLANK. H 253

L. Bartha und F. Evva, *Das Ausfällen von Aluminatlaugen mittels Luft.* Laboratoriumsverss. zur Ausflockung des Tonerdehydrats aus Aluminatlaugen durch Einblasen von Luft sind nicht reproduzierbar, darum wurden Betriebsverss. angestellt u. daneben zum Vgl. Betriebsverss. mit mechan. Rührern. Die Luft wurde weder vorgewärmt noch gereinigt, deshalb sank die Temp. am Ende des Vers. um 10° tiefer als bei dem mechan. Verf.; die Luftkohlensäure liefert nur 3—4 g Na_2CO_3/m^3 Lauge. Das Tonerdehydrat ist feiner, seine Zus. die übliche. Das pneumat. Rühren ist vorteilhaft, es verdampft dabei auch Wasser. (Aluminium [Budapest] 2. 11—13. 1950. Magyaróvár.) PLANK. H 294

T. Gedeon, *Aufschluß schwefelhaltiger Bauxite.* S kommt im Bauxit entweder als Pyrit oder Alunit vor. Pyrit wird bei dem BAYER-Verf. nicht aufgeschlossen u. fällt mit dem Rotschlamm aus. Der Sulfatgeh. stört auch nicht, verursacht höchstens einen Natriumverlust, indem Na_2SO_4 gebildet wird. Im laufenden Betrieb erreicht nach 2 bis 3 Jahren der Sulfatgeh. der Lauge einen Höchstwert von ca. 1,5—1,8 g/Liter, da der bei der Selbstreinigung der Lauge ausfallende Vanadat–Phosphat–Sulfat-Schlamm, 16—20% Na_2SO_4 enthaltend, das Gleichgewicht herstellt. Mit schwefelhaltigen Röstgasen getrocknete Bauxite verhalten sich ebenso wie die alunithaltigen. (Aluminium [Budapest] 2. 154—57. 1950. Budapest, Aluminium- u. Leichtmetallforsch.-Inst.) PLANK. H 294

F. Evva, *Der Weg der Vanadium- und Phosphorverbindungen in der Tonerdefabrikation.* Ungar. Bauxite enthalten einige zehntel Prozente V- u. P-Verbb., wovon ungefähr 75% in den Rotschlamm gelangen, der Rest bleibt in der Lauge. Nach wiederholter Verwendung der Lauge reichern sich diese Verbb. an u. erscheinen an den verschiedensten Stellen des Betriebes mit sehr wechselnder Zus., meistens als Schlamm, der 50—55% Na_2O enthält. Die Bldg. u. Zus. des V-Schlammes wird weiter untersucht, um daraus wertvolles Material zur V-Darst. zu gewinnen. (Aluminium [Budapest] 2. 14—15. 1950. Magyaróvár.) PLANK. H 330

J. Veres, *Aufbereitung des Vanadiumschlammes der ungarischen Tonerdefabriken unter besonderer Berücksichtigung der Trennung der Phosphate von den Vanadaten.* Die ungar. Bauxite enthalten 0,04—0,14% V_2O_5, wovon ca. $^1/_3$ in den Weißschlamm u. $^2/_3$ in den Rotschlamm gelangen. Die V-Gewinnung aus dem Rotschlamm ist wegen dessen großer Menge sehr schwierig. Bei der Phosphattrennung des Weißschlammes wirken F bzw. Fluoraluminatkomplexe hindernd. Vf. säuert die auf 40—50° erwärmte Lsg. des Weißschlammes mit konz. H_2SO_4 bis p_H 6 an, wobei die Temp. auf 60—70° steigt. Zu der warmen, ständig gerührten Lsg. werden CaO oder $Ca(OH)_2$ gegeben, bis p_H 8—10 erreicht wird. F, Me_2O_3 u. PO_4 fallen aus. Nach der Abtrennung des Nd. wird die Lsg. mit H_2SO_4 auf p_H 2,8—3,2 eingestellt, gekocht, auf $^1/_4$ eingeengt, u. das in gut filtrierbarer Form ausgeschiedene V_2O_5 wird mit heißem W. ausgewaschen. Die übrigen wertvollen Bestandteile des Schlammes sowie P, F, Na_2SO_4 werden als Nebenprodd. erhalten. (Magyar Kémiai Folyóirat [Ung. Z. Chem.] 57. 225—29. 1951. Budapest, Univ., Inst. für allg. Chem.) PLANK. H 330

Svit, Narodni Podnik, Gottwaldov, Tschechoslowakei, *Hydroxylaminsulfat* (I). Die durch Hydrolyse von Erdalkalihydroxylamindisulfonaten erhaltenen verd. Lsgg. von I u. H_2SO_4 befreit man von den Erdalkalisulfaten, dampft im Vakuum ein, bis alles W. entfernt ist, wobei man die während des Eindampfens sich ausscheidenden Erdalkalisulfate ebenfalls entfernt, u. fügt einen aliphat. Alkohol oder Dioxan hinzu, wodurch H_2SO_4 gelöst wird u. I als festes Salz zurückbleibt. (**E. P. 660 413** vom 6/5. 1949, ausg. 7/11. 1951. Tschech. Prior. 18/5. 1948.) ZÜRN. H 243

Willi Büsching, Traunstein, *Wiedergewinnung von Schwefelsäure aus Abfallsäure von der Erdöl-, Braunkohlenteeröl- und Steinkohlenraffination.* Zur Oxydation der organ. Verunreinigungen in der nach Abscheidung der Hauptmengen der teerigen Substanzen durch Verdünnen, Erhitzen oder Dampfdest. erhaltenen verd. u. durch Zumischen von konz. H_2SO_4 oder Vorkonz. wieder auf einen H_2SO_4-Geh. von ca. 70% gebrachten Abfallsäure verwendet man so viel HNO_3, daß unter Annahme eines gleichmäßigen Reaktionsverlaufs die HNO_3 nicht weiter als zu NO_2 red. wurde, u. erhitzt auf ca. 270—280°. Man behandelt z. B. die Abfallsäure in einer auf einem Konzentrationskessel aufsitzenden Kolonne mit dampfförmiger HNO_3 im Gegenstrom. (**D. R. P. 751 909** Kl. 12i vom 28/9. 1939, ausg. 14/8. 1952.) ZÜRN. H 253

Säurefabrik Schweizerhall, Schweizerhall (Erfinder: **Walter Frey,** Basel), **Schweiz,** *Reinigung von Metallchloriden.* Rohe, durch Chlorieren von Erzen erhaltene, flüchtige Metallchloride werden vor der Entfernung der in ihnen gelösten Fremdmetallchloride von den in ihnen gelösten Gasen befreit. (**D. B. P. 845 500** Kl. 12n vom 2/10. 1948, ausg. 31/7. 1952. Schwz. Prior. 27/6. 1946.) NEBELSIEK. H 270

Johnson & Sons' Smelting Works Ltd., übert. von: **Thomas Critchley**, Brunsdown, Enfield, England, *Gewinnung von Metallnitraten*. Die granulierten Metalle, z. B. Ag oder Bi, werden in eine Kolonne (II) gefüllt. Dazu gibt man die entsprechende Nitratlsg., so daß das Metall völlig bedeckt ist, u. versprüht von oben unter Zufuhr von O_2 (I) u. Erhitzen HNO_3. Durch die einsetzende Rk. entwickeln sich laufend Stickoxyde, die zusammen mit I einen bestimmten Druck in II halten u. allmählich die Konz. der Nitratlsg. erhöhen, die kontinuierlich abgezogen wird. — 2 Zeichnungen. (**A. P. 2 581 519** vom 17/2. 1948, ausg. 8/1. 1952. E. Prior. 8/3. 1946.) NEBELSIEK. H 270

N. V. Financiering Mij. Matex, Amsterdam, Holland (Erfinder: **Grinnell Jones**, Cambridge, und **Walter Juda**, Lexington, Mass., V. St. A.), *Herstellung von festen Metall-Ammin-Komplexverbindungen*, bes. Cu-, Co- u. Ag-Salzen (Ammin = Ammoniak u. Amine). Eine feste Metallverb. (I), dessen Anion von einer Säure stammt, die stärker als CO_2 ist, z. B. $CuSO_4$, wird mit einer festen Amminverb., die mit I ein komplexes Metallamminsalz bildet, z. B. $(NH_4)_2CO_3$, trocken vermischt u. gerührt. Dabei wird die Mischung feucht u. pastenförmig. Man trocknet u. mahlt. (**D. B. P. 846 543** Kl. 12n vom 1/10. 1950, ausg. 14/8. 1952. A. Prior. 17/6. 1942.) NEBELSIEK. H 270

Vereinigte Aluminium-Werke Akt.-Ges., Berlin und Bonn, und **Th. Goldschmidt Akt.-Ges.**, Essen (Erfinder: **Hans Ginsberg**, Berlin, **Friedrich Wilhelm Wrigge** und **Gerhard Holder**, Lautawerk, Lausitz), *Herstellung von Tonerde* aus bas. Aluminiumsulfiten (I) unter Wiedergewinnung der H_2SO_3. Dabei wird einbas. I unter Druck hydrothermal zers. (Temp. ca. 150—170°). (**D. R. P. 752 569** Kl. 12m vom 5/5. 1940, ausg. 14/7. 1952.) NEBELSIEK. H 294

I. G. Farbenindustrie Akt.-Ges., Frankfurt/M. (Erfinder: **Walter Noll**, Köln, und **Alfred Hornig**, Leverkusen), *Entkieselung von Aluminatlösungen* durch Druckerhitzung unter Zusatz von Mg-Verbb., wobei man bas. $MgCO_3$ oder durch Erhitzen aus letzterem gewonnene Mg-Oxyde verwendet. (**D. R. P. 752 739** Kl. 12m vom 14/2. 1940, ausg. 28/8. 1952.) NEBELSIEK. H 294

Titangesellschaft m. b. H., Leverkusen, *Herstellung von Rutil* durch Hydrolyse einer Titansulfatlsg. (I) u. anschließendes Glühen des Hydrolysats (II). Dabei wird eine I so erhitzt, daß durch die Heizung prakt. kein W. in die I eingebracht wird, die Hydrolyse durch Zumischen von einer W. enthaltenden Fl. ausgelöst u. das erhaltene II bei 700—950° geglüht wird. (**Schwz. P. 281 134** vom 3/1. 1950, ausg. 3/6. 1952.) NEBELSIEK. H 321

Titan Co. A/S, Fredrikstad, Norwegen, *Reinigung von Titantetrachlorid*. Man behandelt $TiCl_4$ entweder unter Dest. oder in der Dampfphase mit einem Gemisch aus 0,33—3 (Teilen) Erdalkalihydroxyd u. 1 Hydroxyd von Alkalimetallen, Mg, Al, Cr oder Ti. Die Summe beider Zusätze beträgt 0,5—10%. SiO_2 u. V werden fast völlig entfernt (bis auf 0,01 bzw. 0,0008%). (**N. P. 78 975** vom 11/4. 1950, ausg. 27/8. 1951. A. Prior. 12/4. 1949.) J. SCHMIDT. H 321

Titan Co., Inc., New York, N. Y., V. St. A., *Reinigung von Titantetrachlorid*. Man dest. $TiCl_4$ unter Zusatz von 0,1—1,0% Al u. 0,05—0,5% $AlCl_3$, wobei vor der Dest. das Gemisch auch am Rückflußkühler eine Zeitlang gekocht werden kann. (**N. P. 78 976** vom 3/6. 1950, ausg. 5/11. 1951.) J. SCHMIDT. H 321

—, O. E. C. E. Le soufre. Paris: Presses universitaires. (72 S.) fr. 150,—.

VI. Silicatchemie. Baustoffe.

J. M. Stevels, *Einige Experimente und Theorien über den Verlustfaktor von Gläsern in Abhängigkeit von ihrer Zusammensetzung*. 3. Mitt. (2. vgl. C. **1952**. 7555.) Der dielektr. Verlustfaktor tg δ bei $1{,}5 \cdot 10^6$ u. $2{,}4 \cdot 10^{10}$ Hz wird an Gläsern M_2O–B_2O_3–SiO_2 gemessen, wobei M = Li, Na bedeutet. Bei festgehaltenen SiO_2-Gehh. bis 75 Mol-% durchläuft tg δ als Funktion des M_2O–B_2O_3-Mischungsverhältnisses ein scharfes Minimum. Die zugehörigen Konzz. liegen im Zustandsdreieck auf einer Geraden, die die SiO_2-Ecke mit dem Punkt 0,18 M_2O, 0,82 B_2O_3, 0 SiO_2 verbindet u. als Linie maximaler Netzwerksteifigkeit das „Akkumulationsgebiet" (größere B_2O_3-Konzz.) vom „Destruktionsgebiet" (größere M_2O-Konzz.) trennt. Li ergibt infolge seiner Beweglichkeit größere Verluste als Na. Mit zunehmendem SiO_2-Geh. wird das Minimum immer flacher u. verschwindet bei 75% SiO_2 gänzlich. (Philips Res. Rep. **7**. 161—68. Juni 1952. Eindhoven, N. V. Philips Gloeilampenfabr.) TELTOW. 6200

—, *Polarisationserscheinungen an eingebauten Sicherheitsglasscheiben*. Netzförmige Störungen der Durchsichtigkeit von Sicherheitsglasscheiben vom Typ „Sekurit" werden darauf zurückgeführt, daß diese Gläser durch Anblasen mit scharfen Luftstrahlen von verhältnismäßig hoher auf niedrige Temp. abgekühlt werden. Entstehende Spannungsfelder wirken bei der Reflexion an der Rückseite des Glases als Polarisator oder Analysator u. lassen so die Fleckenerscheinung entstehen. (Sprechsaal Keram., Glas, Email **84**. 476—78. 5/12. 1951.) KÜHNERT. 6200

John Marquis, *Die letzten Entwicklungen in den Glasuren und Farben, welche sich aus der Rohstoffverknappung und den Anwendungsverboten ergaben.* Sr kann Pb in den Glasuren für SK 06a ersetzen. Zr–V-Gelb kann für Sn–V-Gelb eingesetzt werden. Co-freie Schwarzglasuren werden mit Fe–Cr bei SK 06a in Zn-freien Glasuren erschmolzen. Tabelle mit 17 Farbrezepten u. den zugehörigen Pb-freien Fritterezepten. (Amer. ceram. Soc. Bull. **31**. 161—64. Mai 1952. Baltimore, Md., Pemco Corp.) SCHÜTZ. 6212

F. A. Hummel, *Praktische Aussichten einiger ternärer Verbindungen und fester Lösungen.* Die äußerst geringe therm. Kontraktion der β-(Hochtemperatur-) Modifikation von *Eukryptit* bietet ein ungewöhnliches Problem für die allg. Theorie der therm. Ausdehnung (GRÜNEISEN-Konstante) u. der Art der therm. Schwingungen im Kristallgitter. Hohe techn. Anforderungen an Materialien mit niedriger therm. Ausdehnung lassen sich durch Anwendung gewisser fester Lsgg. im Syst. Li_2O–Al_2O_3–SiO_2 befriedigen. Es wird die Benutzung von β-Eukryptit oder ähnlichen Stoffen im Gemisch mit anderen glasartigen oder krist. Phasen als wertvolles Untersuchungsmittel gewisser keram. Fragen empfohlen. (J. Amer. ceram. Soc. **35**. 64—66. März 1952. Pennsylvania State Coll.) HENTSCHEL. 6216

H.-H. Müller-Neuglück, *Erfahrungen mit feuerfesten Baustoffen im Koksofen- und Dampfkesselbau.* Es wird empfohlen, an Stelle der bisher verwendeten Quarzschamottesteine die Silicasteine in die Koksofenbatterien einzubauen. In die Sohle sollen ebenfalls Silicasteine, aber mit geringerer Porosität, höherer Druckfestigkeit u. besserer Abriebfestigkeit eingebaut werden. Es wird eine Neubearbeitung des Normblattes DIN 1089 vorgeschlagen. Für die Prüfung von Stampfmassen werden neue Methoden vorgeschlagen. (Brennstoff-Chem. **33**. 119—24. 23/4. 1952.) K. SEIDEL. 6218

—, *Sulfat-Hüttenzement.* Abdruck des Entwurfes DIN 4210. (Zement-Kalk-Gips **5**. 265. Aug. 1952.) K. SEIDEL. 6222

B. C. Kraft und **A. H. Stephenson,** *Der Einfluß des Calciumchlorides auf hochwertigen Zement.* Verss. mit Zusätzen von $CaCl_2$ zum Anmachwasser von Pumpbeton zum Zementieren von Bohrlöchern in geringeren Tiefen zeigten neben der Steigerung der Druckfestigkeit erhebliche Vorteile bzgl. Pumpzeit u. Wartezeit bis zur notwendigen Verfestigung. Das Schwindmaß soll durch Zusatz von $CaCl_2$ herabgemindert werden. (J. Petroleum Technol. **4**. 11—12. Juni 1952.) K. SEIDEL. 6222

G. Trömel und **H. Möller,** *Hochtemperaturröntgenaufnahmen von Calciumsilicaten und Zementklinkern.* Es wurden Röntgenaufnahmen der verschied. Modifikationen des $2CaO \cdot SiO_2$ bei Tempp. bis zu 1500° gemacht u. die beobachteten Übergänge beschrieben. Gleichfalls wurden Aufnahmen mit $3CaO \cdot SiO_2$ bis 1700° wiedergegeben u. solche von techn. Klinkern bei 1000—1500° sowie von reinen Gemischen aus $2CaO \cdot SiO_2$ u. $3CaO \cdot SiO_2$ bei 1500, 1000 u. 20°. Diese Röntgenaufnahmen erlauben außerdem Feststellungen über die Bldg. von Mischkristallen bei höheren Tempp. u. ihre Veränderungen während der Abkühlung. Da diese Vorgänge von großer Bedeutung für die Eigg. der in den techn. Klinkern enthaltenen Kristallarten sind, können durch derartige Unterss. neue Wege zur Weiterentw. der Zemente gefunden werden. (Zement-Kalk-Gips **5**. 235—41. Aug. 1952.) K. SEIDEL. 6222

—, *Beton in sulfathaltigen Tonen und Grundwässern.* Es werden Arbeitsvorschriften zur Herst. von Beton in Tonen u. Grundwässern gegeben, die verschied. SO_3-Gehh. haben. (Indian Concrete J. **26**. 148—51. Mai 1952.) K. SEIDEL. 6224

Joachim Ottemann, *Die Kennzeichnung von Braunkohlenaschen als Baustoffbindemittel durch Untersuchung der Wasseraufnahme im Enslin-Apparat.* Aus Unterss. des Vf. über die hydraul. Erhärtung von Braunkohlenaschen hat sich ergeben, daß beim Anmachen hydraul. Aschen mit W. kompliziert zusammengesetzte Hydratverbb., die sogenannten Calciumaluminatsulfathydrate, entstehen. Von diesen Komplexverbb. enthält die bekannteste, der sogenannte Zementbacillus ($3CaO \cdot Al_2O_3 \cdot 3CaSO_4 \cdot 31\,H_2O$), nicht weniger als 31 Mol. Wasser. In Anbetracht dieser Erkenntnisse erschien es aufschlußreich, die Wasseraufnahme von Braunkohlenaschen quantitativ zu verfolgen. Bei an vier typ. industriellen Braunkohlenfilteraschen durchgeführten Unterss. der Wasseraufnahme im ENSLIN-App. wurde festgestellt, daß typ. Braunkohlenaschen charakterist. Kurven der Wasseraufnahme liefern. Die Untersuchungsmeth. mit dem ENSLIN-App. kann zur Kennzeichnung von Braunkohlenaschen als Baustoffbindemittel herangezogen werden. Es sind wohl noch umfassende Reihenverss. erforderlich.

Bes. wäre auch zu prüfen, inwieweit die ENSLIN-Kurven die bekannten dauernden Schwankungen bei Aschen gleicher Herkunft zu registrieren erlauben. — Schrifttum. (Silikattechnik 3. 221—23. Mai 1952. Berlin.) PISTOR. 6226

Soc. An. des Manufactures des Glaces & Produits Chimiques de Saint Gobain, Chauny & Cirey, Paris, Frankreich, *Herstellung von Glas.* Um in langgestreckten elektr. Glasschmelzöfen Konvektionsströme entlang der Längswände zu verhindern, sind an diesen zusätzlich Elektroden als Hilfsheizung vorgesehen, die senkrecht vom Boden nach oben ragen u. die abwechselnd als Kathode u. Anode geschaltet sind. — Vorr., Zeichnung. (**N. P. 79 155** vom 7/7. 1949, ausg. 15/10. 1951. F. Prior. 17/8. 1948.) J. SCHMIDT. 6175

Henkel & Cie. G. m. b. H. (Erfinder: **Bernhard Raecke**), Düsseldorf, *Schützen von Glasscheiben,* dad. gek., daß man auf dem Glas eine dünne Schicht aus Lsgg. von wasserlösl., polymeren, die Gruppe $CH_2{=}C<$ aufweisenden Carbonsäuren, ihren Salzen oder Derivv., welche gegebenenfalls wasserlösl. organ. Verdünnungsmittel oder capillarakt. Verbb. bzw. Farbstoffe enthalten, austrocknen läßt. Schutz gegen Beschlagen, Bruchsicherung. Leicht abwaschbar. (**D. B. P. 843 454** Kl. 22g vom 15/8. 1950, ausg. 10/7. 1952.) SCHINDLER. 6201

Kaiser Aluminum & Chemical Corp., Del., übert. von: **Leslie W. Austin,** San Jose, Calif., V. St. A., *Feuerfeste Magnesiaerzeugnisse.* Die in Magnesiasteinen früher als notwendig erachtete glasige Bindephase für die kristallinen Magnesiakörner, bestehend aus den geschmolzenen Verunreinigungen, wird eliminiert. Über 50% der Kristalloberflächen sind frei von einem Überzug aus artfremdem Stoff. Die Verunreinigungen sind in der Magnesia (I) als diskontinuierliche Phase verteilt. Um dies zu erreichen, soll der Geh. an MgO 95 (%), an SiO_2 2 u. an CaO 2 betragen. Falls B_2O_3 vorhanden ist, soll es unter 0,5 der Gesamtmasse ausmachen. Zur Herst. der Prodd. wird I mit unter 5 Verunreinigungen so lange auf ca. 2000° erhitzt, bis die Rekristallisation stattgefunden hat, ohne daß die M. schmilzt. Bei Zusatz katalyt. wirkender Stoffe, wie Cr_2O_3, gelingt die Rekristallisation bei niedrigerer Temp., ca. 1700°. — 2 Zeichnungen. (**A. P. 2 571 101** vom 1/10. 1948, ausg. 16/10. 1951.) REINHART. 6219

Union Chimique Belge, Soc. An., Brüssel, Belgien, *Herstellen feuerfester Körper.* Zum Erzeugen bes. von Formen u. Kernen für den Formguß von Metallen werden Massen verwendet, die aus einem feuerfesten Magermittel u. einem Bindemittel bestehen, das durch Vermengen von ca. 4 Mol H_2O mit 1 Mol eines Chloralkylsilicats hergestellt ist. Es wird als Bindemittel z. B. ein Gemenge verwendet, das aus 18 (Gewichtsteilen) Tetrakis[2-chloräthyl]-silicat mit 2% Piperidin u. 11,6 A. mit 15% H_2O besteht u. zum Einbinden von 100 feuerfestem Magermittel, wie Sillimanit, ausreicht. Der Wasserzusatz fördert die teilweise Hydrolyse des Esters u. das Piperidin die Gelbildung. Die aus der M. geformten Körper werden bei ca. 1000° gebrannt. (**Schwz. P. 277 221** vom 28/5. 1947, ausg. 16/11. 1951. E. Prior. 28/11. 1945.) REINHART. 6219

Victor Trief, Deux Acren, Belgien, *Herstellung von Schlackenzement in Pulverform.* Man vermahlt Schlackenzement naß zu einer Paste, führt die Paste schnell bei möglichst niedriger Temp., z. B. durch Zerstäubungstrocknung, in ein trockenes Pulver über u. lagert es in dieser Form. Erst später vor der Verwendung fügt man als Aktivierungsmittel Portlandzement oder NaOH zu, um Mörtel oder Beton herzustellen. Beim Trocknen soll die Temp. 50° nicht überschreiten. Die M. weist die gleiche Aktivität auf wie die Paste. Nach N. P. 79 186 wird die Paste zu Blöcken verformt, die an der Luft bis auf 5% oder weniger Feuchtigkeit getrocknet u. zu beliebigem Zeitpunkt gemahlen werden. Man kann der Paste vor dem Verformen auch noch Sand u. dgl. zugeben. (**N. PP. 79 185** vom 2/9. 1949, ausg. 15/10. 1951. Belg. Prior. 3/9. 1948, u. **79 186** vom 19/7. 1950, ausg. 15/10. 1951. Belg. Prior. 20/7. 1949.) J. SCHMIDT. 6223

Imperial Chemical Industries Ltd., London, England, *Säurefeste Mörtel* aus inerten Stoffen, z. B. Ziegelstaub, einem wasserlösl. Silicat u. einem oder mehreren niederen Alkylestern (I) von niederen Fettsäuren, bes. Äthylacetat. Die I begünstigen das Erhärten des Mörtels. (**N. P. 78 692** vom 30/4. 1946, ausg. 18/6. 1951. E. Prior. 18/8. 1941.) J. SCHMIDT. 6227

Ludwig Doczekal, Wien, Österreich, *Formstücke aus besonderem Wärmeschutzstoff.* Der eigentliche Wärmeschutzstoff wird dadurch gewonnen, daß Alkalisilicate (Wasserglas) in wss. Lsg., gegebenenfalls unter Beigabe gasbildender Stoffe, rasch erhitzt werden, wobei das Silicat unter Dampfaustritt zu einer feinporigen, sehr leichten u. locker aufgebauten M. erstarrt. Diese wird zu Schrott zerkleinert u. bildet einen guten u. sehr wenig hygroskop. Wärmeschutzstoff von sehr geringer Wärmeleitfähigkeit. Verss. haben ergeben, daß die Wirksamkeit noch gesteigert wird, wenn die M. mit Al-Pulver vermengt wird, bzw. wenn Körner vorliegen, diese an ihrer Oberfläche mit Metallpulver überzogen werden. Z. B. wird die in Form von Körnern aufbereitete M. durch ein aus Metallpulvern u. Lack gebildetes Bindemittel verkittet u. durch Verdampfen der lösl. Bestandteile zu festen Körpern vereinigt. Für jene Fälle, bei denen die gegen Wasserdampf nicht vollkommen beständige M. starken Feuchtigkeitseinflüssen ausgesetzt ist, erscheint es vorteilhaft, als Bindemittel für die Körner z. B. auch Kunstharz zu verwenden. (**Oe. P. 170 635** vom 11/2. 1947, ausg. 10/3. 1952.) BEWERSDORF. 6229

Bruno Perkie, Berlin-Lichterfelde, und **Karl H. Müllner**, Wien, Österreich, *Herstellung von magnesiazementgebundenen Formkörpern*. Z. B. wird eine für Platten bestimmte Steinholzmasse mit Holzmehl oder dgl. Füllstoffen wie üblich gemischt u. die Mischung zu Broten verformt, die kürzere oder längere Zeit liegengelassen werden, bis eine Teilabbindung eingetreten ist. Die halbfesten Brote, deren Oberfläche mit dem Fingernagel noch ritzbar ist, werden nun durch eine Reibe gerieben oder auf einer Raspelmaschine behandelt, so daß eine grießartige bzw. faserige M. entsteht, die zweckmäßig in 3 verschied. Feinheitsgrade (6mm, 4mm u. darunter) gesiebt wird. Diese M. kann nun durch Pressen, Stampfen oder Walzen zu fertigen Platten, Knöpfen, Plastiken geformt werden. Außer Holzmehl können als Füllstoffe noch Papier-, Gummi-, Korkmehl oder andere für diesen Zweck bekannte Stoffe Verwendung finden. Die Körper können auch marmoriert oder geädert hergestellt werden. (**Oe. P. 170 643** vom 19/5. 1950, ausg. 10/3. 1952. D. Prior. 4/4. 1950.) BEWERSDORF. 6229

Carborundum Co., übert. von: **Kernell G. Ries**, **Niagara Falls**, **Norman P. Robie**, **Lewiston**, und **Phyllis von Doenhoff**, **Niagara Falls**, **N. Y.**, **V. St. A.**, *Schleifmittel für* Stahlkugeln, zum Schneiden von Steinen u. dergleichen. Der Schleifkörper, z. B. Al_4C_3, wird mit 0,8 % Furfurol imprägniert, mit einer Mischung von gleichen Teilen Kryolith u. Phenolharz im A-Zustand (I) verrührt, dann mit einer wss. Polyvinylacetatemulsion vermischt u. nochmals mit I versetzt. Das Gemisch wird zu einer Schicht versprüht, 16 Std. bei 43° getrocknet, geformt u. bei 150° gehärtet. (**A. P. 2 559 664** vom 11/2. 1947, ausg. 10/7. 1951.) SALZMANN. 6239

André Roos, Chimie-physique et résistance des ciments. Mulhouse: Impr. de. Bahy. 1952. (57 S. m. Taf.)

VII. Agrikulturchemie. Schädlingsbekämpfung.

Ss. I. Wolfkowitsch und **A. I. Loginowa**, *Darstellung von Stickstoff- und Phosphatkunstdünger durch Aufschluß von Phosphaten mit Salpetersäure*. — C. **1950**. I. 1897. (Magyar Kémikusok Lapja [Z. Ver. ung. Chemiker] **5**. 294—99. 1950.) PLANK. 6290

K. Böhl, *Die Ursachen der Kalkempfindlichkeit der gelben Lupine und ihre Bedeutung für die Praxis*. Allg. Ausführungen auf Grund der Literatur. — 11 Literaturhinweise. (Dtsch. Landwirtsch. **3**. 374—76. Juli 1952.) WINIKER. 6304

E. Hofmann und **K. Bräunlich**, *Zur Wirkung des schwer löslichen Mangans im Röchling-Phosphat*. Auf Grund ihrer Verss. gelangen Vff. zu der Ansicht, daß das im RÖCHLING-Phosphat in citronensäurelösl. Form vorliegende Mn auf entsprechenden Mangelböden eine wirksamere Mn-Quelle darstellt als das wasserlösl. Mn des Mn-Sulfats. (Z. Pflanzenbau Pflanzenschutz **3**. [47] 90—92. Weihenstephan, Inst. für Agrikulturchemie der TH München.) WINIKER. 6304

H. Linser, *Keimversuche mit Adsorptionsschutz der Samen in 2.4-D-behandeltem Boden*. Die keimungshemmende Wrkg. mit 2.4-D-Präpp. bespritzter Böden kann dadurch ausgeschaltet werden, daß die Samen mit Schutzschichten aus Aktivkohle umhüllt werden. (Pflanzenschutzberichte [Wien] **8**. 65—74. April 1952. Linz/Donau, Österreich. Stickstoffwerke A.-G., Biol. Labor.) WINIKER. 6304

Fritz Wagner, *Neue Ergebnisse zur Bekämpfung des Zwergsteinbrandes*. Verss. mit einem Hg-Beizmittel (I) sowie mit Tritisan (II) u. Brassicol (III) ergaben, daß II erst mit höherem Wirkstoffgeh. zu einer Herabsetzung des Zwergsteinbrandbefalles führt, während III (20 g/m² bzw. 10 kg/100 kg Saatgut) denselben völlig unterdrückt. I hingegen begünstigte das Auftreten des Zwergsteinbrandes durch teilweise Ausschaltung des gewöhnlichen Steinbrandes. (Z. Pflanzenbau Pflanzenschutz **3**. [47] 84—89. 1952.) WINIKER. 6312

J. Miša und **J. Dalík**, *Erfahrungen aus der Bekämpfung der Peronospora*. Besprechung der Spritz- u. Stäubemittel gegen *Peronospora*, vor allem Hinweis auf den richtigen Zeitpunkt, die Art u. die Konz. bei der Anwendung. Vorteilhafter sind die Stäubemittel. Beschrieben werden: *Bordeaux-Spritzbrühe*, *Superkuprenox* (*Kuprikol*), *Sandoz-Cu-Stäubemittel*, *Versol*. (Vinařský Obzor **44**. 118—19. Okt. 1951, Groß-Paulowitz.) ROTTER. 6312

M. Hanf, *Bekämpfung von Ginster (Sarothamuus scoparius) auf Weiden mit wuchsstoffhaltigen Unkrautbekämpfungsmitteln.* Verss. zur Bekämpfung des Besenginsters auf Weiden ergaben, daß hierfür wuchsstoffhaltige Mittel ohne Schädigung der nützlichen Kräuter u. Gräser sehr gut geeignet sind. Gleichzeitig werden eine Reihe von Unkräutern (z. B. Habichtskraut, Spitzwegerich, Hahnenfuß, Fingerkraut) im Bestande zurückgedrängt. Von den verwendeten wuchsstoffhaltigen Mitteln kommen in erster Linie 2.4-D- u. 2.4.5-T-Ester in Betracht. Emulsionen waren infolge bes. guter Haftfähigkeit u. Witterungsbeständigkeit den Suspensionen (z. B. Na-Salz von 2.4-D) weit überlegen. Zur erfolgreichen Bekämpfung erforderliche Konz.: 3—4 kg Wuchsstoffpräp./ha. (Nachrichtenbl. dtsch. Pflanzenschutzdienstes [Braunschweig] **4**. 55—59. April 1952. Gießen, Bezirksstelle des Pflanzenschutzamtes Hessen-Nassau.) WINIKER. 6312

Kurt Hahmann und Heinrich W. K. Müller, *Zur Dauerwirkung der Kontaktinsekticide bei der Kohlfliegenbekämpfung.* Verss. mit Blumenkohl zufolge besteht die wirksamste Kohlfliegenbekämpfungsmeth. in kranzförmigem Umstreuen u. flachem Einarbeiten eines Gamma-Streumittels um den Wurzelhals. Angießen mit einer Hexaemulsion u. oberflächliches Umstreuen mit Hexastäubemitteln war weniger wirksam. Als unwirksam erwiesen sich das Lehmbrei-Tauchverf. sowie das Einstäuben des Pflanzenloches u. das Anstäuben des Wurzelhalses mit Hexastäubemitteln. Hg-, DDT- u. E-Präpp. versagten bei einmaliger Anwendung in allen Verff. gänzlich, mangels ausreichender Dauerwrkg. im Boden. (Nachrichtenbl. dtsch. Pflanzenschutzdienstes [Braunschweig] **4**. 51—55. April 1952. Hamburg, Pflanzenschutzamt, Staatsinst. für Angew. Botanik.) WINIKER. 6312

Paul Hilbrich, *Die Einwirkung von E 605 forte und Selinon auf das Geflügel. E 605 forte*-Spritzbrühen riefen selbst in für die Praxis ungebräuchlich hohen Konzz. bei Hühnern u. Wassergeflügel keine Schädigung hervor. Ebenso können *Selinon*-Spritzungen (ein Dinitrokresolpräp. der FARBENFABRIKEN BAYER, Leverkusen) auch in Kombination mit den üblichen E 605 forte-Konzz. in Obstbaumplantagen, die gleichzeitig als Hühnerauslauf dienen, unbedenklich vorgenommen werden. (Höfchen-Briefe Wiss. Prax. **5**. Nr. 1. 36—40. 1952. Celle, Bundesforschungsanst. für Kleintierzucht.) WINIKER. 6312

G. Moreland, *Begasung von Brutschränken.* Kurze Beschreibung der Anwendung von Formalin (I) in Kükenbrutschränken: Einhängen von mit I getränkten Tüchern (20 cm^3 I/100 Kubikfuß des Brutschranks) oder Begasung durch eine Mischung von 35 cm^3 I + 17,5 g $KMnO_4$/100 Kubikfuß. (J. Dep. Agric., Victoria **50**. 217—18. Mai 1952.) WINIKER. 6312

O. E. Radczewski, *Elektronenmikroskop und thermische Analyse als Hilfsmittel zur Bestimmung der Tonminerale in Böden.* Vf. zeigt an einigen Beispielen die Möglichkeit, mit Hilfe elektronenopt. Verff. u. durch Aufnahme von Entwässerungskurven Rückschlüsse auf den Mineralbestand eines Sediments zu ziehen. (Z. Pflanzenernähr., Düng., Bodenkunde **57**. 66—69. 1952. Hamburg, Geolog. Staatsinst.) WINIKER. 6324

B. F. Goodrich Co., New York, N. Y., übert. von: **Luther L. Baumgartner**, Hastings on the Hudson, N. Y., V. St. A., *Herbicide Mittel.* Kulturflächen werden mit Lsgg., wss. Dispersionen, Emulsionen oder Stäubemitteln behandelt, die 0,1 % eines Dinitrophenylesters eines 2-Mercapto-1.3-thiazins, bes. [*2-Thio-(2'.4'-dinitrophenyl)*]-*4.6.6-trimethyl-1.3-thiazin* oder eines Nitroarylesters desselben, u. Dispergierungs- oder Netzmittel enthalten. Zur Behandlung von Tennisplätzen oder dgl. werden 1 %ig. u. zur Vernichtung jeglichen Pflanzenwuchses 1—10 %ig. Lsgg. benutzt. (**A. P. 2 547 682** vom 4/3. 1950, ausg. 3/4. 1951.) KARST. 6313

Union Oil Co. of California, Los Angeles, übert. von: **Robert W. Long**, San Pedro, Calif., V. St. A., *Dinitronaphthene enthaltende Schädlingsbekämpfungsmittel.* Die insekticiden, fungiciden u. baktericiden Mittel enthalten als akt. Bestandteil 1.2-Dinitrocyclohexan vom F. ca. 46,4° oder andere Nitrocycloalkane, wie 1.2-Dinitrocyclopentan, 1.2-Dinitro-3-methylcyclopentan u. -cyclohexan. Die Nitrocycloalkane werden durch Nitrierung der Cycloalkane bei 50—300°, Abkühlen der Lsg. auf —40° u. Kristallisation hergestellt. (**A. P. 2 551 027** vom 9/12. 1946, ausg. 1/5. 1951.) KARST. 6313

Soc. des Usines Chimiques Rhône-Poulenc, Paris (Erfinder: **Jean Louis Gonnard**, Villeurbaume, **Joseph Edouard Gustave Lahousse**, Lyon, **Anne Marguerite Lucienne Casati**, Vincennes, **Charles Cosar**, Paris, und **Maurice Louis Auguste Fluchaire**, Lyon), Frankreich, *Fungicide Produkte und ihre Verwendung.* Flüchtige, lipoidlösl. u. wasserunlösl. Prodd., die aus Steinkohlenteeren gewonnen werden können, bes. *Monomethylnaphthaline, Methyldiphenyle, Thionaphthen* u. Mischungen, welche dieselben enthalten, wie die Fraktion der Anthracenöle, welche zwischen 95 u. 130° unter 10 mm sd., werden zum Schutz von Materialien *gegen Schimmel* verwendet durch Dispersion dieser Verbb. an ihrer Oberfläche oder in ihrer Masse. Die Verbb. sind bes. zum Schutz von elektro- u. radiotechn. Materialien gegen Schimmel u. Pilze unter feuchttrop. klimat. Verhältnissen geeignet. (**D. B. P. 833 272** Kl. 451 vom 22/9. 1950, ausg. 6/3. 1952. F. Prior. 22/9. 1949.) KARST. 6313

Hercules Powder Co., übert. von: Friar M. Thompson jr., Wilmington, Del., V. St. A., *Insekticide Mittel.* Zur Bekämpfung von Moskitos u. dgl. werden Mittel verwendet, die 1.1.1-Trichlor-2.2-bis-(p-chlorphenyl)-äthan u. ein Terpenthiocyanoacylat, wie Fenchyl-, Isobornyl-, Terpinylthiocyanoacylat bzw. -acetat, im Verhältnis von wenigstens 1:9 enthalten; geeignete Lösungsmittel: Petroleum-KW-stoffe, Kerosin u. Decbase. Im Gemisch mit Kohlepulver, Kieselgur, Bentonit oder dgl. sind sie als Stäubemittel anwendbar. (**A. P. 2 552 235** vom 23/10. 1944, ausg. 8/5. 1951.) KARST. 6313

Pest Control Ltd., Bourn (Erfinder: **Gilbert Spencer Hartley,** Fulbourn, **Dennis William Pound** und **Bernard Charles Saunders,** Cambridge), England, *Insekticide Phosphorverbindungen* entstehen durch Rk. eines wasserfreien Dialkylamins, bes. Dimethylamin mit $POCl_3$ in einem inerten Lösungsm. in Ggw. eines tert.-Amins wenigstens gleicher Basizität, wie Pyridin, u. Behandeln des Reaktionsprod. mit W. u. einem tert.-Amin. — *Bis-(bis-dimethylaminophosphinsäure)-anhydrid.* Man gibt eine Lsg. von Dimethylamin in Chlf. langsam zu einer Lsg. von $POCl_3$ u. Triäthylamin in Chlf. bei 40—45°, versetzt mit W. u. weiterem Triäthylamin, kocht 4 Std. unter Rückfluß u. leitet unter Abkühlen NH_3 ein, bis kein NH_4Cl mehr ausfällt. Man filtriert u. reinigt das Filtrat durch Destillation. — 2 weitere Ausführungsformen. (**D. B. P. 836 192** Kl. 12q vom 22/11. 1949, ausg. 10/4. 1952. E. Prior. 6/12. 1948. **Zusatz zu D. B. P. 814 294; C. 1952. 2413.**) LANGER. 6313

VIII. Metallurgie. Metallographie. Metallverarbeitung.

Ernest S. Nossen, *Mangankonzentration in armen Erzen.* Beschreibung eines Verf. der E. S. NOSSEN LABORATORIES, zur Aufarbeitung amerikan. Mn-Erze mit 5—20% Mn. Der Aufschluß mit HNO_3 im Kreislauf der Säure erlaubt eine Extraktion von Fe, Si u. anderen Verunreinigungen u. die Zerlegung der $MnNO_3$-Lsg. direkt zu MnO_2 u. HNO_3. Der Verlust an Säure beträgt 5%. Das anfallende MnO_2 wird für chem. Zwecke u. Batterietrockenzellen verwendet. (Ind. Engng. Chem. **43.** 1695—1700. 3/7. 1951.) GOY. 6360

H. Leusink, *Elektrische Metallschmelzöfen.* (Metalen **6.** 1—8. 15/1. 1951.) PAHL. 6370

N. W. Kandler, *Eine neue Paste zur Vermeidung von Anbackungen an Stahlgußstücken.* Die Paste wird durch Aufbereitung von 70% *Chrommagnesitpulver* mit 30% Sulfitlauge hergestellt. (Литейное Производство [Gießereiwesen] **1952.** Nr. 1. 7. Jan.) EHMCKE. 6382

K. P. Bunin und **N. M. Daniltschenko,** *Über den Mechanismus des Einflusses einer vorhergehenden Härtung auf die Graphitisierungsgeschwindigkeit von Gußeisen.* Die Unters. erfolgte an Proben aus Gußeisen mit 2,5 (%) C; 0,93 Si; 0,51 Mn; 0,048 S, 0,72 P u. 0,05 Cr, die in dreierlei Zuständen vorlagen: (1) ohne Vorbehandlung, (2) gehärtet von 820° in W., (3) 6 Std. bei 400° geglüht. Die Graphitisierung wurde durch Glühen bei 920° u. Haltezeiten bis zu 10 Std. durchgeführt, deren Fortschreiten durch Dichtebest. u. mkr. erfolgt. Es zeigt sich, daß die Geschwindigkeit der Graphitisierung bei den Proben gemäß (2) u. (3), unter sich prakt. gleichbleibend, derjenigen der Proben gemäß (1) erheblich überlegen ist. Es wird gefolgert, daß Härtungsspannungen bei der Entstehung von Graphitkeimen nur indirekt eine Rolle spielen, indem sie die Bldg. zahlreicher mkr. feiner Härterißchen zur Folge haben, die wiederum die den Graphitisierungsprozeß einleitenden Diffusionsvorgänge u. somit die Graphitausscheidung in den Hohlräumen begünstigen. In Übereinstimmung hiermit wird nach vorhergehender Stufenhärtung, bzw. isothermer Umwandlung, eine erheblich geringere Graphitisierungsgeschwindigkeit, als nach direkter Härtung beobachtet. Dem Dispersionsgrad der Carbide kommt nicht die Bedeutung zu, wie vielfach angenommen. (Доклады Академии Наук СССР [Ber. Akad. Wiss. UdSSR] [N. S.] **82.** 381—83. 21/1. 1952.) EHMCKE. 6402

P. McA. Martin und **J. A. Cooper,** *Eisen- und Stahlguß.* Beschreibung einer neuzeitlichen Gießerei. (Iron and Steel **25.** 117—20. April 1952.) PAHL. 6408

R. Dobos, *Stahlveredelnde Legierungselemente.* Zusammenfassung der Forschungsergebnisse u. Kenntnisse über die wichtigsten Elemente (*Cr, Ni, Co, W, Mo, V*), welche zur Edelstahlerzeugung verwendet werden, deren Vork., Erzeugung, Einfl. auf die mechan. u. chem. Eigg. der legierten Stähle sowie deren Analyse (Magyar Kémikusok Lapja [Z. Ver. ung. Chemiker] **5.** 13—20. 1950.) PLANK. 6410

N. Ss. Kreschtschanowski und **A. D. Swentschanski,** *Legierungen für elektrische Widerstandsöfen.* Im bas. Induktionsofen wurden drei Sorten von elektr. Widerstandslegierungen hergestellt, denen im fl. Zustande Zusätze an Ca, Mg, Ba, Ce oder Si zugeführt wurden. Die drei Sorten bestanden aus 0,05—0,11 (%) C, 16—18 Cr, 30 bzw. 74—79 Ni, 0,01—0,014 P, 0,11—0,36 Si, 0,31—0,68 Al, Rest Fe bzw. 0,08—0,11 C, 15 Cr, 31 Ni, 0,011 P, 0,36—0,39 Si, 0,51—0,59 Mn, Rest Fe u. 0,11—013 C, 13 bzw. 26 Cr, 0,21 Ni, 0,012—0,014 P, 0,92—0,98 Si, 0,51—0,52 Mn, 3,6—4,2 Al, Rest Fe. Bestimmt wurde der Einfl. der Zusätze auf Feinkörnigkeit, die Art der Einschlüsse, den H_2-Geh. u. die Warmfestigkeit bei 1200° bzw. auf die Lebensdauer in Abhängigkeit von der Gebrauchstemp. bei 1000—1300°. Eine bei 1300° in einem elektr. Ofen verwendete Gußlegierung mit 79,1 Ni u. 19,8 Cr, die mit Ca behandelt worden war, ergab zufriedenstellende Eignungswerte. (Литейное Производство [Gießereiwesen] **1952.** Nr. 4. 6—11. April.) HOCHSTEIN. 6410

O. Ss. Rainuss, P. Ja. Kaletin und **M. I. Lempert,** *Stahl mit geringem Mangangehalt für Formgußstücke.* Zum Formguß wird ein Stahl mit 0,28—0,36 (%) C, 1,11—1,28 Mn, 0,19—0,33 Si, 0,027—0,035 S u. 0,026—0,044 P verwendet, der entweder nach Normalisierung bei 900° u. nachfolgender langsamer Abkühlung sowie Anlassen bei 500—650° oder durch Härten in W. u. Anlassen bei 500—650° wärmebehandelt wurde. Es werden die Festigkeitswerte nach den verschied. Behandlungen angegeben. Die höchste Festigkeit wird nach Härten u. Anlassen bei 500° erzielt. Bei dieser Vergütung wurde das Gefüge sorbitisch. Der so behandelte Mn-Stahl wird als Formguß für den Maschinenbau empfohlen. Ein der Vergütung voraufgehendes Glühen übt keinen wesentlichen Einfl. auf die Festigkeitseigg. des gehärteten Stahles aus. (Вестник Машиностроения [Nachr. Maschinenbau] **32.** Nr. **4.** 51—53. April 1952.) HOCHSTEIN. 6410

F. Eisenkolb, *Überblick über die Entwicklung der warmfesten Legierungen.* (Technik 7. 171—75. April 1952.) PAHL. 6410

B. C. Schott und **S. Isenberg,** *Untersuchung der Härtbarkeit von Chrom-Silicium-stählen.* An Cr-Si-Ventilstählen mit 2(%) Cr u. 2,35—4,92 Si wurde festgestellt, daß entgegen allen Erwartungen die Härtbarkeit mit steigendem Si-Geh. abnimmt. (Steel **130.** Nr. 14. 114—15. 7/4. 1952. Canton, O., Timken Roller Bearing Co.) PAHL. 6410

Thomas A. Dickinson, *Titan ist schweißbar.* Die möglichen Schweißverff. (vorteilhaft Widerstandsschweißung; Abhängigkeit von Spannung, Strom u. Zeit) u. gut schweißbare Ti-Legierungen werden besprochen. (Welding Engr. **36.** Nr. 11. 39—41. Nov. 1951.) KÖHN. 6448

Gy. Dobos, *Darstellung von Metallpulvern und binären Verbindungen in feuerflüssiger Elektrolyse.* Aus der Schmelze von Salzgemischen entsprechender Zus. können bei entsprechender Stromdichte Schwermetalle (*Th, U, Ta, Pb, Cr, Fe* usw.) als krist. Metallpulver an der Kathode abgeschieden werden. Auf diese Art ist die Erzeugung der Metallpulver bei niedrigerer Temp. möglich, u. mit der Elektrolyse kann auch die Raffination des Metalles verbunden werden. Die Kristalle sind rein u. haben hervorragende Eigenschaften. Aus sauerstoffhaltigen Schmelzen (Borat, Phosphat usw.) können als Folge sek. Rkk. bin. Verbb. (Borid, Phosphid usw.) gewonnen werden. Ausschlaggebend ist das Verh. der Salzschmelzen bei höheren Temperaturen. (Magyar Kémikusok Lapja [Z. Ver. ung. Chemiker] **5.** 70—72. 1950.) PLANK. 6474

D. L. Paterson, *Mikrohärteprüfung.* Besprechung der Anwendungsgebiete. (Canad. Metals **15.** Nr. 1. 46—51. Jan. 1952. Canadian Westinghouse Res. and Developm. Labors.) KÖHN. 6480

H. v. Zeppelin, *Betriebliche Messung höherer Temperaturen in Metall-, Salz- und Schlackenschmelzen.* Außer einem äußeren Graphitschutzrohr u. einem n. keram. Thermoelementschutzrohr mit Thermoelement wird ein Zwischenrohr aus Ni angewandt, das durch Aufkohlung nicht oder nur sehr langsam in seiner Gebrauchsfähigkeit beeinträchtigt wird. Das Zwischenrohr hält gasförmige u. schmelzfl. angreifende Stoffe, die der zu messenden Schmelze entstammen, vom eigentlichen Thermoelementschutzrohr ab. (Gießerei **39.** 287—89. 12/6. 1952. Konstanz.) HOCHSTEIN. 6480

H. Franssen, *Zur Begriffsbestimmung der Homogenität.* Aus BRINELL-Härtemessungen wird gefolgert, daß hierfür der kleinste Homogenitätsbereich etwa in der Größe eines Eindruckes mit 2—5 kg Belastung liegt, während die Streubreite des Analysenverf. rund ±5 Einheiten beträgt. Es ist daher sinnlos, für den Werkstoff eine Härte mit einer Toleranz von 1—2 Einheiten oder weniger zu fordern. Die Härte wird bei Bleibrangen mit einem Wert von 28—42 BRINELL-Einheiten gefordert, was in Übereinstimmung mit den theoret. Betrachtungen steht. (Metall **6.** 302—05. Juni 1952. Oberhausen/Rhld.) HOCHSTEIN. 6480

Fritz Gabler, *Ein einfaches Interferenzgerät zur Oberflächenprüfung.* (Metalloberfläche 6. Ausg. A 134—38. Sept. 1952. Wien, Österreich, Optische Werke C. Reichert Akt.-Ges.) MARKHOFF. 6480

Hermann Meincke, *Bestimmung der Zugfestigkeit aus der Härte bei Aluminiumlegierungen.* Zwischen der mittleren Kugeldruckhärte u. der Zugfestigkeit ergaben sich bei einem Umrechnungsfaktor von 0,364 höchstens 7,2 % Streuung. Für die Berechnung der Streckgrenze aus der Härte ergaben sich bis zu 35 % Streuungen, so daß zwischen diesen beiden Größen also kein Zusammenhang besteht. (Z. Metallkunde 42. 175—81. Juni 1951.) HABBEL. 6480

Paul Gimmel, *Einfluß der Oberflächenbeschaffenheit auf die Biegewechselfestigkeit.* Umlaufbiegeverss. mit Proben aus Stahl St 34 wurden nach einer DIN-Polierung sowie nach Feinpolierung, wie sie bei der Herst. eines metallograph. Schliffes üblich ist, durchgeführt. Hierbei zeigte sich, daß durch das feine Polieren eine Erniedrigung der Biegewechselfestigkeit eintrat. Diese Unterschiede, hervorgerufen durch die Oberflächenbeschaffenheit, bedingten Verss. zur Festlegung des Aussehens der Oberfläche von Umlaufbiegestäben durch Bild bzw. Maß. Der Einfl. der Polierzeit u. des Ausführenden wurde durch Ermittlung der Staboberflächenhärte in verschied. Zeitabständen durch Mikrohärteprüfungen verfolgt, u. es wurde festgestellt, daß dieser sehr erheblich war. (Werkstoffe u. Korrosion 2. 461—62. Dez. 1951. Stuttgart, Staatl. Materialprüfungsanstalt.) HOCHSTEIN. 6480

Pierre-A. Jacquet, *Über eine Verbesserung bei der Mikrographie spröder, schwach legierter Stähle.* Nach elektrolyt. Polieren u. Anätzen mit Pikrinsäure-Äther-Lsg. wird die Oberfläche mit einem Tropfen einer 5%ig. Lsg. von Acetylcellulose in Aceton bedeckt. Nach Entfernung des Cellulosefilms, der 15 Min. bei 35° getrocknet wurde, erscheint eine gut gereinigte glänzende Oberfläche, auf der die feinsten Strukturunterschiede u. Ausscheidungen (z. B. bei Phasenumwandlungen) beobachtet werden können. Das Verf. kann in mehrfachem Wechsel mit einer Anätzung wiederholt werden. (C. R. hebd. Séances Acad. Sci. 232. 1422—24. 9/4. 1951.) KLEFFNER. 6482

M. Drechsler und E. W. Müller, *Wirkungsweise und Anwendungsmöglichkeiten des Feldelektronenmikroskopes in der Metallurgie.* Es wird gezeigt, daß das Feldelektronenmikroskop in der Metallurgie zur Messung der Texturen metall. Werkstoffe, der Aktivierungsenergien für die Werkstoffe u. der Desorptionsenergien, zur Messung des Bedeckungsgrades adsorbierter Schichten, zur Beobachtung von Diffusionsvorgängen u. chem. Rkk. an Metalloberflächen, zur qualitativen Analyse von Adsorptionsschichten u. zur Unters. grundsätzlicher Erscheinungen der Adsorption mit Erfolg angewendet werden kann. Wesentlich für feldelektronenmkr. Messungen ist, daß die Vorgänge an Metalloberflächen flächenspezif. untersucht werden können u. daß Oberflächenveränderungen unter eindeutigen Versuchsbedingungen laufend beobachtet bzw. gemessen werden können. — Schrifttumsangaben. (Metall 6. 341—45. Juli 1952. Berlin-Dahlem. KWI für physikal. Chemie.) HOCHSTEIN. 6482

S. L. Fry, *Miniaturradiographie.* Bei dem Verf. wird eine Photographie mittels einer Kamera mit einem fluorescierenden Schirm von gleicher Größe wie die Probe selbst hergestellt. (Metal Ind. [London] 80. 479—80. 13/6. 1952.) HOCHSTEIN. 6484

A. Domony, *Schleifen und Polieren auf chemischem Wege.* Vf. berichtet über ein chem. Ätzverf., welches das Abschleifen bzw. Polieren von Messing u. Al-Gegenständen, bes. Massenartikeln, ermöglicht, dabei bedeutend rascher u. billiger ist als das mechan. Verfahren. Die Metallgegenstände werden (der Oberfläche u. Größe entsprechend) für kurze Zeit in heiße Säurebäder getaucht u. dann mit W. gut gewaschen. Das Schleifbad besteht aus $H_3PO_4 + H_2SO_4$, das Polierbad aus einer $H_3PO_4 + HNO_3$-Mischung. Die chem. polierten Al-Gegenstände haben eine gut geschützte Oberfläche u. sind gut eloxierbar. (Aluminium [Budapest] 3. 18—20. 1951.) PLANK. 6512

T. Erdey-Gruz, *Korrosion des Aluminiums in der chemischen Industrie.* Überblick über die Ursachen der Korrosion (p_H der Lsg., Salzlsgg., Lokalelemente, Legierungsbestandteile, Segregation, Intergranularien, Schweißen, Löten, Gase, Dämpfe, W. u. wss. Lsgg., organ. Stoffe, Schmelzen) u. Verff. zu deren Verhütung. — 128 Literaturangaben. (Magyar Kémikusok Lapja [Z. Ver. ung. Chemiker] 5. 40—51. 1950.) PLANK. 6538

Keith Doig und A. Wachter, *Bakterielle Korrosion der Rieselfeldanlagen in Ventura (Californien).* Die chem. Analyse der Korrosionsprodd. ergab 6% FeS, ein Anzeichen für Korrosion durch Bakterien, welche Sulfat reduzieren. Verss., durch Einhalten von p_H-Werten von ca. 11 das Wachstum der Bakterien zu verhindern, hatten keinen Erfolg. Eine Verhütung der Korrosion ist schwierig, wenn nicht unmöglich. Von einem völligen Zementieren wird ein prakt. Nutzen erhofft. (Corrosion [Houston] **7.** 212—24. Juli 1951. Ventura, Calif., Shell Oil Company; Emeryville, Calif., Shell Developm. Comp.) TÖDT. 6538

R. T. Effinger, M. L. Renquist und **J. G. Wilson,** *Der Angriff von Wasserstoff auf Stahl.* Vff. untersuchen die Gründe für den Angriff durch H_2 in Anlagen, die mit Katalysatoren arbeiten. Maßgebend für eine erhöhte Brüchigkeit u. eine gesteigerte Korrosion des Stahles sind folgende Faktoren: Die Ggw. von Wasser. Überraschend wird festgestellt, daß keine Beziehungen zwischen der Korrosion durch H_2S- u. H_2-Angriffen bestehen. Der p_H-Wert der umgebenden Fl. ist von großer Bedeutung. Cyanide begünstigen jeden Angriff. Krit. sind die Konzz. von wasserlösl. Komponenten. Schwer sind die Angriffe durch unstabilisiertes Gasolin. Die Art der Regeneration von Katalysatoren ist ohne bemerkenswerten Einfl. auf die Aktivität des H_2. Geglühte Legierungen u. hoch-C-haltige Stähle werden mehr versprödet als niedriggekohlte. Ferrit. rostfreie Stähle verspröden leichter als austenitische. Schutzüberzüge sind meist nicht zufriedenstellend. Es werden Methoden angegeben, um entstandene Schäden prüfen zu können u. solche Schäden zu verhindern. (Petroleum Processing **6.** 500—04. Mai 1951. Shell Oil Co., Shell Development Co.) J. FISCHER. 6538

Carl H. Scheu, übert. von: **Karl F. Scheu,** Lakewood, O., V. St. A., *Behandeln von Erzen.* Ag- u. W-haltige Erze, welche SiO_2 als Gangart enthalten, werden auf eine Korngröße zerkleinert, welche zwischen dem 10- u. dem 60-Maschensieb liegt. Das Gut wird in einer Polyhalosilan enthaltenden Atmosphäre gesiebt u. unter W. getaucht. Die SiO_2-haltigen Anteile werden durch diese Vorbehandlung hydrophob u. können von der Wasseroberfläche abgestrichen werden, während die Ag- u. W-haltigen Anteile untersinken. Letztere werden erneut einer Behandlung in einer Atmosphäre mit höherer Polyhalosilankonz. unterworfen u. wieder unter W. getaucht, wobei die nunmehr hydrophoben Ag-Anteile aufschwimmen u. die W-Anteile absinken u. auf diesem Wege voneinander getrennt werden. — Abbildung. (**A. P. 2 564 546** vom 23/7. 1947, ausg. 14/8. 1951.) HANS HOFFMANN. 6363

I. G. Farbenindustrie Akt.-Ges. (Erfinder: **Ewald Dickhäuser**), Frankfurt/M., *Terpenalkohole* erhält man durch Rk. des im wesentlichen nur monocycl. Terpen-KW-stoffe (I) enthaltenden Anteils des Sulfatterpentinöls mit Halogenwasserstoff (II) u. Behandeln der erhaltenen Halogenide mit wss. Alkalien (NaOH, Kalkmilch), zweckmäßig in der Wärme, wobei nicht nur eine intramol. Umlagerung, sondern auch ein quantitativer Austausch des Halogens gegen OH erfolgt. Das erhaltene Rohprod. besteht zu ca. 70% aus Terpenalkoholen der Formel $C_{10}H_{18}O$, der Rest aus wenig Harzöl u. I, die bei nochmaliger II-Anlagerung u. Entchlorung ebenfalls in Alkohole übergeführt werden können. Das im Beispiel erhaltene Prod. hat Kp. 200—225° u. dient als *Flotationsmittel,* vor allem als *Schäumer* für Pb-, Zn- u. Cu-Erze. (**D. R. P. 752 613** Kl. 12o vom 26/11. 1939, ausg. 17/7. 1952.) KRAUSS. 6363

Whitehead Brothers Co., New York, übert. von: **Burgess P. Wallace,** Brooklyn, N. Y., V. St. A., *Formsand* besteht aus scharfem Quarzsand, dessen Körner von einer koll. Dispersion von bituminöser Kohle in W. umhüllt sind. Der Kohle können auch noch schwere KW-stoffe, z. B. Pech oder Petroleumasphalt, zugesetzt sein. Die Ausgangsstoffe werden in einer Kolloidmühle unter Zusatz von W. u. Netzmitteln bis zu einer Korngröße zwischen 100 u. 200 mμ gemahlen. Das Prod. läßt sich in jedem Verhältnis mit W. mischen. (**A. P. 2 558 402** vom 23/10. 1948, ausg. 26/6. 1951.) BÜLTMANN. 6383

Ford Motor Co. Ltd., London, England, *Kernstützen.* Die metall. Kernstützen werden auf der freien Metalloberfläche vor dem Anbringen eines feuerfesten Schutzanstrichs mit einer Polyorganosiloxanverb. überzogen, die eine Viscosität von 100—500, vorzugsweise 350, Centistok hat. Der Überzug kann aufgespritzt werden, u. zwar in oder außerhalb der Gießform. (**Schwz. P. 276 477** vom 18/6. 1949, ausg. 16/10. 1951. A. Prior. 19/6. 1948.) BÜLTMANN. 6383

Minerals Separation North American Corp., New York, N. Y., übert. von: **William L. Sullivan,** New Port Richey, Fla., V. St. A., *Konzentration von Eisenerzen.* Fein zerkleinerte Fe-Erze mit Quarz als Gangart werden mit einer wss. gelatinisierten Stärkelsg. zu einem dicken Brei angemacht, der dann mit W. verd. u. mit einer wss. $Ca(OH)_2$-Lsg. sowie mit einer höheren Fettsäure, einer Harzsäure oder einer Seife dieser Säuren als Sammler vermischt wird. Die verd. Aufschlämmung wird der Schaumflotation unterworfen u. der quarzhaltige Schaum entfernt. Der Rückstand der Schlämme bildet das Fe-Konzentrat. (**A. P. 2 555 825** vom 29/1. 1948, ausg. 5/6. 1951.) HANS HOFFMANN. 6391

Bradley & Foster Ltd., Darlastou, Staffordshire, England, *Metallischer Gebläsekies* in Form von Schrot oder Grieß besteht aus *Gußeisen* mit 1,2—2,75 (bes. 1,7—2,25) [%] *C*, 0,2—2 *Si*, 0,2—1 *Mn*, bis 0,25 *S* u. 0,05—1,5 *P* u. wird von > 850° abgeschreckt u. bei 100—550° angelassen. (**E. P. 667 016** vom 7/2. 1950, ausg. 20/2. 1952.) HABBEL. 6403

Mario Olivo, New York, N. Y., V. St. A., *Kupolofenbrikett* als Zusatz bei der Herst. von *Gußeisen* besteht aus 15—35 % feinzerteiltem C-haltigem Material (bes. Elektrodengraphit), 25—30 % Ca–Si (bes. Ca-Si-Legierungen) u. einem anorgan. Bindemittel, welches Tempp. bis über 900° widerstehen kann, bes. Portlandzement. Ferner kann noch bis 15 % Entschwefelungsmittel (Pottasche, Soda, Feldspat), bes. 10 % $CaCO_3$, vorhanden sein. (**A. P. 2 540 173** vom 14/12. 1948, ausg. 6/2. 1951. It. Prior. 30/1. 1948). HABBEL. 6403

Akt.-Ges. der Eisen- und Stahlwerke vormals Georg Fischer, Singen, Hohentwiel (Erfinder: **Karl Künzi**, Schaffhausen, Schweiz), *Schweißverbindungen an durch Glühfrischen hergestelltem Temperguß*. Verwendet wird ein Temperguß mit bis 0,25 (%) C, bis 0,1 S, bis 0,3 P, bis 0,8 (vorzugsweise 0,2—0,5) Si, 0,2—2 Mn u. 0,05—0,5 Mo. Ferner können vorhanden sein 0,1—1,2 Cr u./oder 0,01—0,2 W, u. es kann der Si-Geh. mindestens teilweise ersetzt sein durch bis 0,2 Ti u./oder Al. Das Verhältnis Si : Mn ist vorzugsweise 1 : 2 bis 1 : 3. — Die Schweißverbb. sind zähhart u. besitzen in der Schweißnaht u. -zone über 60 kg/mm² Festigkeit. (**D. R. P. 767 332** Kl. 18d vom 6/7. 1939, ausg. 26/5. 1952.) HABBEL. 6407

Mond Nickel Co. Ltd., London, England, *Gegenstände mit niedrigem Wärmeausdehnungskoeffizienten* bestehen aus einer Legierung aus 0,001—0,2 (%) *C*, 34,4—60 *Ni*, 1—5 *Ti* u. Rest *Fe*, wobei das Verhältnis zwischen den Gehh. an Ni, Ti u. C durch folgende Gleichungen bestimmt ist: Ni — 2,4 (Ti — 4 C) = 32—50 u. ferner Ti — 4 C = 1—4,25. Die Legierung wird erhitzt, um eine Phase in feste Lsg. zu bringen, dann kalt verarbeitet u. dann durch Altern gehärtet. Vorzugsweise enthält die Legierung 0,01 bis 0,07 C, 39,3—44,3 Ni u. 2—3,5 Ti. — Diagramm. (**Schwz. P. 279 374** vom 19/6. 1947, ausg. 1/3. 1952. A. Prior. 27/10. 1939.) HABBEL. 6411

Electric Furnace Products Co. Ltd., Toronto, Can., *Austenitischer Chrom-Nickel-Stahl* mit hohem Widerstand gegen intergranulare Korrosion nach einer Wärmebehandlung, z. B. nach dem Schweißen, enthält außer *Fe* noch 16—25 (%) *Cr*, 7—25 *Ni*, höchstens 0,054 *N* u. ferner *C*. Der C-Geh. soll 0,05 u. folgende Grenze nicht übersteigen: 6,17/(% C) 0,83 + 13,8 (% Cr) — 10 (% Ni) — 276 = 0. Vorzugsweise beträgt der C-Geh. mindestens 0,015 u. unterschreitet nicht folgende Grenze: 30 (% C) — 1,3 (% Cr) + (% Ni) + 12,1 = 0. — Diagramme. (**Schwz. P. 279 682** vom 20/3. 1948, ausg. 16/5. 1952. E. Priorr. 21/3. u. 2/7. 1947.) HABBEL. 6411

United States Steel Co., N. J., übert. von: **John M. Hodge** und **Richard D. Manning**, Pittsburgh, Pa., V. St. A., *Niedriglegierter, gut härtbarer Stahl mit hoher Zähigkeit bei hoher Härte* enthält 0,22—0,37 (%) *C*, 0,7—0,9 *Cr*, 0,7—0,95 *Ni*, 0,002—0,006 *B*, 0,65—0,95 *Mn*, 0,4—0,6 *Mo* u. 0,55—0,75 *Si*. Der Stahl wird auf Martensit gehärtet u. dann bei 400—500° angelassen. (**A. P. 2 586 041** vom 6/4. 1951, ausg. 19/2. 1952.) HABBEL. 6411

General Electric Co., New York, übert. von: **Donald L. Martin**, Ballston Lake, N. Y., V. St. A., *Magnetische Legierung* besteht aus 43—47 (%) *Co*, 5—7 *Ni*, 4—6 *V* u. Rest *Fe* u. besitzt eine Koerzitivkraft Hc von 50—100 Oe u. eine Remanenz Br von mindestens 12000 Gauß. Eine bevorzugte Legierung enthält 45,6 Co, 6,1 Ni u. 4,4 V. (**A. P. 2 596 705** vom 27/9. 1950, ausg. 13/5. 1952.) HABBEL. 6411

Hudson Bay Mining and Smelting Co. Ltd., Winnipeg, übert. von: **Luther G. Hendrickson, Percy L. Dixon** und **Burton E. Lyle**, Flin Flon, Manitoba, Can., *Abtrennung von Zinksulfiden aus Trüben*, die daneben noch andere Metallsulfide u. nichtmetall. Mineralien enthalten. Die Deaktivierung der Mineralteile geschieht durch Belüftung bei ca. 80—100° u. lebhaftem Rühren während ca. 30 Min. u. die Reaktivierung der Sulfidteilchen bei ca. 60—80° mit Hilfe eines alkal. Mittels (z. B. Kalk) unter Durchleiten von Luft während 5 Min., worauf $CuSO_4$ zugesetzt u. weitere 5 Min. Luft durch die Trübe geblasen wird. Nach einem Zusatz von Natriumaerofloat u. einem Schaummittel wird 2 Min. weiterhin Luft durchgeleitet u. die Trübe auf ca. 40° durch Zugabe von kaltem W. gekühlt. Das unter Rühren ausflottierte Zn-Konzentrat wird dann mit einer geringen Menge Kalk behandelt u. gereinigt. (**A. P. 2 595 076** vom 19/9. 1949, ausg. 29/4. 1952.) W. HAUSWALD. 6427

International General Electric Co., Inc. (Erfinder: **James D. Cobine**), Schenectady, N. Y., V. St. A., *Dauerelektroden zum Lichtbogenschweißen* in inerter Atmosphäre enthalten einen Metallkörper mit hohem E., bes. aus W, u. ZrO_2 (I) am Lichtbogenansatz (II) oder so dicht dabei, daß das I beim Schweißen zum II fließt, wobei die I-Menge zur

Bldg. einer dünnen Oxydhaut an der II-Stelle ausreicht, ohne das Werkstück zu verunreinigen. (**D. B. P. 837 430** Kl. 21h vom 2/2. 1950, ausg. 28/4. 1952. A. Prior. 12/2. 1949.) KESSEL. 6507

Mond Nickel Co. Ltd., London, England (Erfinder: **Theodore Ephraim Kihlgren**, Berkeley Heights, N. J., V. St. A.), *Schweißelektroden zum Lichtbogenschweißen* enthalten einen Kern mit >98,5% Ni u. einen Flußmittelüberzug (I) aus 45—85 (Teilen) schlakkenbildenden Stoffen (II), 10—30 C (ganz oder zum Teil als Naturgraphit), 0,25—2,5 Ti in Legierung (bes. als Ferro-Ti), 0—30 Fe-Pulver u. ein Bindemittel (III). Der C-Geh. des I ist so bemessen, daß das aufgetragene Schweißmetall 0,9—1,3% Graphit-C enthält. Die II bestehen aus 20—50 $CaCO_3$ u. 25—35 CaF_2. Das III enthält 3—6 Bentonit sowie Dextrin u. Wasser. (**D. B. P. 829 030** Kl. 21h vom 29/7. 1949, ausg. 21/1. 1952. A. Prior. 15/3. 1946.) KESSEL. 6507

Gesellschaft für Linde's Eismaschinen Akt.-Ges., Höllriegelskreuth bei München (Erfinder: **Oskar Renner**, Höllriegelskreuth bei München, und **Wilhelm Vorinbrock**, Pullach bei München), *Flüchtiges Flußmittel zum Schweißen von Metallen* besteht aus Borsäuremethylester, Borsäureäthylester, in Methylalkohol gelöstem Borax oder einem Gemisch dieser Stoffe u. halogenierten Alkoholen oder KW-stoffen, wie Methylchlorid, Trichloräthylen, Tetrachlorkohlenstoff. Das Schweißmittel ist wasserunempfindlich u. bes. leichtflüssig. (**D. B. P. 840 044** Kl. 49h vom 23/5. 1950, ausg. 26/5. 1952.) MARKHOFF. 6507

Spinnbau G. m. b. H. (Erfinder: **Hans Drüg**), Düsseldorf-Oberkassel, *Herstellung von Riffelzylindern für Textilmaschinen, besonders Spinnereimaschinen.* Die mechan. vorbearbeiteten Riffelprofile werden in einem Säurebad, z. B. aus H_2SO_4 u. H_3PO_4, durch anod. Behandlung so weit abgetragen, daß ihre greifenden Kanten voll abgerundet sind. Die Profile bleiben vollkommen regelmäßig in der Form u. benötigen keine weitere mechan. Nacharbeit. — Abbildungen. (**D. B. P. 837 632** Kl. 48a vom 29/4. 1950, ausg. 28/4. 1952.) MARKHOFF. 6513

Soc. Jacquet-Hispano Suiza, Montreuil-sous-Bois, Frankreich (Erfinder: **Henry A. Holden Pray, Jver Igelsrud**, Columbus, O., und **Gerald L. Simard**, Stamford, Conn., V. St. A.), *Bad zum chemischen Polieren von Metallen* besteht aus einem Gemisch konz. Lsgg. von HNO_3 (D. 1,42) u. H_3PO_4 (D. 1,7) oder Essigsäure (D. 1,05) oder aller drei Säuren. Durch Variieren der Mengenanteile der einzelnen Säuren lassen sich verschiedenartige Polierwirkungen erzielen. Ein Bad aus 50(%) NHO_3 u. 50 Essigsäure von 21° erzeugt in 30 Sek. eine reflektierende Oberfläche auf einem Blech aus 65(%) Cu, 25 Zn u. 10 Ni. Durch Zusatz von 0,25% HCl u. Erhöhung der Temp. auf 57° erhält man eine etwas verschwommene Reflexion. — Diagramm. (**D. B. P. 825 199** Kl. 48d vom 3/10. 1950, ausg. 17/12. 1951. A. Prior. 4/7. 1944.) MARKHOFF. 6513

Siemens & Halske Akt.-Ges., Berlin und München (Erfinder: **Johannes Elze**, Berlin-Frohnau), *Elektrolytisches Glänzen und Polieren von Metallen in Phosphorsäure oder Säuregemischen.* Der hochkonz. Säurelsg. werden die Atomgruppe C—S—N enthaltende Verbb. zugesetzt, wobei die Reihenfolge der Atome beliebig ist, z. B. Dibenzothiazyldisulfid (I) oder Thioharnstoff. Beispiel: H_3PO_4 (D. 1,6—1,7) mit einem Zusatz von 10 g/Liter I. Temp. 20°. Anod. Stromdichte 30—50 A/dm². Verhältnis der Kathoden- zur Anodenoberfläche wie 5:1. Mechan. nicht vorbehandelte Teile aus Cu u. Messing sind nach einer Behandlung von 10—15 Min. hochglänzend u. anlaufbeständiger als mechan. polierte Teile. (**D. B. P. 825 190** Kl. 48a vom 7/4. 1950, ausg. 17/12. 1951.) MARKHOFF. 6515

Poor & Co., Chicago, Ill., V. St. A., *Reaktionsprodukte aus Aldonsäuren mit α-Naphthylamin* (I) erhält man z. B. durch 2std. Rückflußerhitzen von 20 (Teilen) I mit 150 50%ig. wss. Gluconsäurelösung. Das beim Abkühlen fest werdende *α-Naphthylamingluconat* dient u. a. als Zusatz zu *Galvanisier-*, bes. Zn- u. Cd-*Bädern*. (**E. P. 663 585** vom 10/5. 1949, ausg. 27/12. 1951.) MÜLLER-MEININGEN. 6515

Lockheed Aircraft Corp., Burbank, übert. von: **Eli Simon**, Los Angeles, und **Frederic M. Carasso**, Pasadena, Calif., V. St. A., *Anodische Oxydation von Aluminium und seinen Legierungen.* Die Gegenstände werden in einer wss. Lsg. von 10—20 (Vol.-%) H_2SO_4 u. ca. 0,1 eines nicht ionisierenden Benetzungsmittels bei 60—100° F (15—38° C), 14 V u. einer Stromdichte von 1—20 A/sq.ft. (0,1—2,2 A/dm²) 10—30 Min. behandelt. Als Netzmittel wird eine Isooctylverb. von alkylierten Phenoxypolyäthoxyäthanolen verwendet. Die erhaltenen Oxydschichten sind porös u. gut adsorbierend. (**A. P. 2 550 388** vom 12/5. 1945, ausg. 24/4. 1951.) MARKHOFF. 6531

Colonial Alloys Co. (Samuel L. Cohn und Charles C. Cohn), Philadelphia, Pa., V. St. A., *Chemische Erzeugung von Oxydüberzügen auf Aluminium und seinen Legierungen.* Die Gegenstände werden in einer 90—100° heißen Lsg. behandelt, die Li-, CO_3- u. CrO_4-Ionen enthält u. einen p_H-Wert von mindestens 9,5 aufweist. Die Konz. der einzelnen

Ionen soll folgende sein: 0,01n Li bis zur Sättigung, 0,06—0,08n CO_3 u. 0,07—0,6n CrO_4. Die in 5—10 Min. erzeugten Schichten sind transparent, hart u. besitzen isolierende Eigenschaften. Arbeitet man mit einem p_H-Wert von 13 u. mehr, erhält man gut absorbierende Schichten für Farbstoffe. Die Absorptionsfähigkeit dieser Schichten wird erhöht durch Nachbehandlung mit organ. Säurelsgg., z. B. mit Phenolsulfonsäurelsgg. mit einem p_H-Wert von 1—7. (**A. P. 2 550 328** vom 14/11. 1949, ausg. 24/4. 1951.)
MARKHOFF. 6531

A. H. Cottrell, Le moderne teorie della scienza dei metalli (Teoretical structural metallurgy). Trad. dalla la ed. inglese di Paolo Spinedi. Bologna: R. Pàtron. 1952. (XVI + 324 S. m. Abb.) L. 2300,–.

Hans Fehlmann und **Francis de Quervain**, Eisenerze und Eisenerzeugung der Schweiz. Bern: Komm. Kümmerly & Frey, Geograph. Verl. 1952. fr. 6,–.

Carl H. Samans, Engineering metals and their alloys. New York: Macmillan. 1952. (926 S. m. Abb.) $ 10,–.

H. Silman, Chemische und galvanische Überzüge (Chemical and electro-plated Finishes). Oberflächenschutz von Metallen. Die dt. Ausg. besorgte Richard Justh unter Mitw. v. Walter Hentschel. Weinheim/Bergstr.: Verl. Chemie. 1952. (384 S. m. 131 Abb. u. 1 Taf.) gr. 8°. DM 28,40.

IX. Organische Industrie.

R. Norris Shreve, *Alkylierung*. Ausführlicher Bericht über die Alkylierung von Paraffinen, aromat. Verbb. u. Verbb. mit O, N, S u. anderen funktionellen Gruppen. — 204 Literaturhinweise. (Ind. Engng. Chem. **43.** 1908—16. Sept. 1951. Lafayette, Ind. Purdue Univ.)
V. BOGDANDY. 6578

L. Borsodi, *Alkoholerzeugung aus Olefinen*. Bericht über die Entw. u. den derzeitigen Stand der Alkoholgewinnung aus Crackgasen durch direkte Hydrolyse u. nach dem H_2SO_4-Verfahren. (Magyar Kémikusok Lapja [Z. Ver. ung. Chemiker] **5.** 300—05. 1950.)
PLANK. H 560

J. Plant, *Die industrielle Herstellung von Äthylenoxyd*. Beschreibung der Herst. von Äthylenoxyd nach dem Chlorhydrinverfahren. (Ind. Chemist **28.** 259—64. Juni 1952. Urmston, Manchester, Petrochemicals Ltd.)
WINIKER. H 3030

Steinkohlenbergwerk Rheinpreußen, Homberg/Ndrh. (Erfinder: **Herbert Kölbel**, Homberg, **Dietrich Ullmann**, Moers, und **Albert Mensel**, Homberg), *Herstellung von Chlorparaffinen*. Synthet., aus CO u. H_2 gewonnene Hartparaffine (I) (F. 70—130°) werden chloriert. Aus dem Chlorierungsgemisch können die niedriger chlorierten I von Salbenkonsistenz durch Umlösen aus einem Lösungsm., wie Aceton, abgetrennt werden. (**D. R. P. 767 349** Kl. 12o vom 24/10. 1939, ausg. 13/6. 1952.) v. HUHN. H 510

Rudolf Decker und Hellmuth Holz (Erfinder: **Ernst Eduard Feder** und **Helmut Müller**), München, *Herstellung von Hexachlorbutadien-(1.3)*, dad. gek., daß man aus krist. Oktachlorbutan vom F. 81° oder aus dem nach Pat. 836 641 (C. **1952.** 5973) gewonnenen fl. Oktachlorbutan in an sich bekannter Weise auf therm. Wege oder durch Behandlung mit wss.-alkoh. NaOH 2 Mol HCl abspaltet. Als Lösungsm. kann man Hexachlorbutadien anwenden. (**D. B. P. 847 147** Kl. 12o vom 19/10. 1943, ausg. 21/8. 1952.)
G. KÖNIG. H 520

Gutehoffnungshütte Oberhausen Akt.-Ges. (Erfinder: **Otto Zechetmayr**), Oberhausen/Rhld., *Katalytische Oxydation von Kohlenwasserstoffen, besonders von Methan zu Formaldehyd*, dad. gek., daß die KW-stoffe mit Luft oder O_2 gemischt über Katalysatoren geleitet werden, die bei der Hydrierung des CO bei höherer Temp. vorzugsweise CH_4 bilden. Geeignete Katalysatoren bestehen aus Co oder Fe mit Aktivatoren, z. B. Cu oder Ni, für sich oder auf Trägern, z. B. Kieselgur. Durch Überleiten eines CH_4-Luftgemisches bei 300—400° erhält man Ausbeuten von 56—70% der Theorie an CH_2O. (**D. B. P. 845 505** Kl. 12o vom 26/3. 1944, ausg. 31/7. 1952.) DERSIN. H 670

Stockholms Superfosfat Fabriks Aktiebolag, Stockholm, Schweden, *Herstellung von Acetaldehyd aus Acetylen mit Wasserdampf*. Man führt die Rk. in Ggw. von festen Katalysatoren durch, die H_3PO_4 oder Phosphate enthalten. Hierbei spritzt man während der Rk. H_3PO_4 oder Verbb., die unter den Reaktionsbedingungen H_3PO_4 freisetzen, in die Kontaktmasse ein. Als solche verwendet man bes. akt. Kohle, imprägniert mit Zn-Phosphat, wobei je Tag 1,5—5 g 27%ig. H_3PO_4 je kg Katalysator zugeführt werden. Die Lebensdauer des Katalysators wird von 20 auf 80 Tage erhöht. (**N. P. 79 196** vom 7/5. 1947, ausg. 22/10. 1951. Schwed. Prior. 12/7. 1946.) J. SCHMIDT. H 670

Farbwerke Hoechst, vormals Meister Lucius & Brüning (Erfinder: **Carl Himmler**), Frankfurt/M., *Herstellung von Acetaldehyd* durch katalyt. Hydratation von C_2H_2, 1. dad. gek., daß man C_2H_2-Gas oder acetylenhaltige Gase zusammen mit Dämpfen von verd. Essigsäure bei Tempp. > 150° über Kontakte leitet; 2. gek. durch die Verwendung poröser, mit Metallsalzen, wie Zn- oder Cd-Salzen, imprägnierter Träger als

Kontakte. Als Träger eignet sich akt. Kohle. — Man leitet z. B. Dämpfe von 10—40 % ig. Essigsäure mit C_2H_2 bei 150° über den Katalysator u. gewinnt durch Kondensation der Gase ein Rohprod., das 20—30 % Acetaldehyd enthält u. durch Dest. aufgearbeitet wird. (**D. B. P. 845 506** Kl. 12o vom 19/6. 1943, ausg. 31/7. 1952.) DERSIN. H 670

Rudolf Decker und Hellmuth Holz, München (Erfinder: **Willy O. Herrmann,** Deisenhofen, und **Wolfram Haehnel,** München), *Herstellung von Acetaldehyddivinylacetal* (I), dad. gek., daß man die durch Behandeln von Vinylacetat mit Alkalihydroxyd in Ggw. von W. unter Vermeidung der Harzbldg. bei Tempp. <15° erhältliche Verb. $C_8H_{14}O_4$ mit solchen zweibas. Säuren erhitzt, die in ihr lösl. sind, u. das dabei entstandene I, zweckmäßig bei vermindertem Druck, abdestilliert. I ($C_6H_{10}O_2$) ist eine farblose Fl., D_{20} 0,943, $Kp._{720}$ 105°. In $C_8H_{14}O_4$, farblose, viscose Fl., $Kp._{12-14}$ 92—100°, D. 1,08, läßt sich die Essigsäurekomponente, z. B. durch Erhitzen, gegen andere organ. Säuren austauschen. Verwendung als *Lösungs- u. Verdünnungsmittel.* (**D. B. P. 848 848** Kl. 12o vom 19/12. 1942, ausg. 18/8. 1952.) G. KÖNIG. H 670

Farbenfabriken Bayer (Erfinder: **Robert Mittag**), Krefeld, *Herstellung von Diketonen*, dad. gek., daß man aliphat. Monoketone der Benzolreihe mit α-ständiger Ketogruppe, die im Benzolkern durch eine aliphat. Seitenkette mit mindestens 2 C-Atomen substituiert sind, oder Benzolhomologe, die 2 solcher Seitenketten aufweisen, mit O_2 oder O_2-haltigen Gasen bei erhöhter Temp. in fl. Phase bei Ggw. von Schwermetallverbb. oxydiert. — Als Katalysatoren werden Oxyde oder Hydroxyde von Cu, Mn, Co u. Fe oder deren fettsaure Salze, Benzoate oder Naphthenate verwendet. Man erhält z. B. durch Oxydation von Diäthylbenzol in Ggw. von Co-Naphthenat bei 105° ein Gemisch, das u. a. Äthylacetophenon u. Diacetylbenzol enthält. Analog aus p-Äthylpropiophenon in Ggw. von Mn-Palmitat p-Acetylpropiophenon. (**D. R. P. 767 389** Kl. 12o vom 16/11. 1940, ausg. 31/7. 1952.) DERSIN. H 720

Badische Anilin- & Soda-Fabrik (Erfinder: **Erwin Bauer**), Leverkusen, *Herstellung von Carbonsäuren*, dad. gek., daß man Alkohole der Acetylenreihe, die mindestens eine einer Acetylenbindung benachbarte prim. Oxygruppe enthalten, zweckmäßig in saurem Medium u. Ggw. O_2-übertragender Katalysatoren (Oxyde u. Salze des Os, Fe, Wo, Mo, As, Sn, Bi, Hg, S oder Se) mit H_2O_2 umsetzt. Genaue Konst. noch nicht geklärt. Die Prodd. sind wasserlösl. u. dienen als Hilfsmittel u. Zwischenprodd. für Färberei, Gerberei, Kunststoffindustrie u. als Weichmacher. (**D. B. P. 844 291** Kl. 12o vom 6/3. 1945, ausg. 17/7. 1952.) SCHINDLER. H 800

Usines de Melle, Melle, Deux Sevres, Frankreich, *Kontinuierliche Herstellung von aliphatischen Carbonsäureanhydriden C_4—C_8* durch katalyt. Oxydation von aliphat. Aldehyden C_2—C_4 in fl. Phase erfolgt mit O_2-haltigen Inertgasen bei 30—60, bes. 40 bis 50° in Ggw. von 0,1—1, bes. 0,2—0,4 % Co-, Ni-, Cu- oder V-Salzen der den Anhydriden zugrunde liegenden Carbonsäuren. Man leitet z. B. in 240 (Liter) Essigsäureanhydrid, 60 Essigsäure u. 900 g eines Gemisches aus gleichen Teilen Cu- u. Co-Acetat bei 50° je Std. 50 (kg) fl. Acetaldehyd (II) + 150 m³ Luft ein, wobei nach Anspringen der Rk. gekühlt werden muß. Ein Teil der Reaktionsdämpfe wird bei 10° kondensiert, der andere, mit Frischluft gemischt, der Rk. wieder zugeführt. Ausbeute 59 %, berechnet auf II. — Zeichnung. (**E. P. 653 942** vom 29/10. 1948, ausg. 30/5. 1951. F. Prior. 29/10. 1947.) MÜLLER-MEININGEN. H 800

Harshaw Chemical Co., Elyria, übert. von: **Irwin E. Johnson,** Cleveland Heights, O., V. St. A., *Ni-Formiat* (I) erhält man z. B. durch 4std. Kochen von 120 (Teilen) feinverteiltem Ni-Metall (II) mit 200 HCOOH (60—68 % ig) unter starkem Rühren, Dekantieren der I-Suspension vom II u. Filtrieren derselben. Man erhält 99,9 % ig. I-Dihydrat. Das Filtrat wird wieder in den Prozeß zurückgeführt. — Zeichnung. (**A. P. 2 576 072** vom 13/9. 1950, ausg. 20/11. 1951.) MÜLLER-MEININGEN. H 810

Dynamit-Akt.-Ges. vormals Alfred Nobel & Co., Troisdorf (Erfinder: **Heinz Ratz,** Bonn), *Herstellung von Säureaziden bzw. Isocyanaten* aus Säurechloriden u. anorgan. Aziden, dad. gek., daß 1. die Azide in wss. Lsg. zur Anwendung gelangen u. die Rk. in Ggw. von tert. Aminen bzw. deren Salzen vorgenommen wird, 2. die Säurechloride in Lsg. eines indifferenten Lösungsm. zur Anwendung gelangen. — Man erhält z. B. aus Benzoylchlorid u. Natriumazid in Ggw. von Dimethylanilin u. Bzl. Benzazid, das durch Erhitzen in Phenylisocyanat übergeht. In analoger Weise erhält man aus Ölsäurechlorid $\Delta^{8,9}$-Heptadecylenisocyanat, aus Sebazinsäuredichlorid Octamethylendiisocyanat u. aus Stearylchlorid Stearinsäureazid bzw. das Isocyanat. (**D. B. P. 845 507** Kl. 12o vom 16/11. 1950, ausg. 31/7. 1952.) DERSIN. H 810

Rudolf Decker und Hellmuth Holz (Erfinder: **Willy O. Herrmann** und **Wolfram Haehnel**), München, *Herstellung von Vinylestern*, dad. gek., daß C_2H_2 mit organ. Säuren unter Anwendung von Anlagerungskatalysatoren, wie $HgSO_4$, in Ggw. von von vornherein zugesetztem Vinylester zur Rk. gebracht wird. Vorteilhaft ist es, solche Vinylester zuzusetzen, deren Kp. weit von dem Kp. des herzustellenden Esters liegt. — Ein Gemisch aus Buttersäure, Vinylacetat, $HgSO_4$ wird unter Durchleiten von C_2H_2 auf 84 bis 90° erhitzt. Man erhält Vinylbutyrat neben geringen Mengen Äthylidenester. — Mit Ameisensäure erhält man Vinylformiat, mit Crotonsäure Vinylcrotonat. (**D. B. P. 847 004** Kl. 12o vom 3/11. 1942, ausg. 18/8. 1952.) G. KÖNIG. H 810

Cassella Farbwerke Mainkur (Erfinder: Heinrich Ritter und Werner Zerweck), Frankfurt/M., *Herstellung von Glutarsäure*, dad. gek., daß man 1.5-Pentandiol oder Tetrahydropyran mit mindestens 50%ig. HNO_3, die vorteilhaft etwas salpetrige Säure enthält, bei n. oder mäßig erhöhter Temp. oxydiert. (**D. B. P. 848 038** Kl. 12o vom 14/6. 1941, ausg. 1/9. 1952.) SCHINDLER. H 820

Badische Anilin- & Soda-Fabrik, Ludwigshafen/Rh. (Erfinder: **Hans Pistor,** Mannheim), *Herstellung von Adipinsäure, Pimelinsäure oder ihren Abkömmlingen*, dad. gek., daß man substituierte Cyclohexene (I), welche die Doppelbindung aktivierende Gruppen enthalten, bei 250° oder darüber mit Alkalien oder Erdalkalien behandelt. Zweckmäßig geht man von solchen I aus, bei denen ein an den Ring gebundenes C-Atom durch ein- oder mehrfache Bindung mit einem anderen, dem I einen polaren Charakter erteilenden Atom oder einer ebenso wirkenden Atomgruppe verbunden ist. — Beispiele für die Herst. von *Pimelinsäure* aus Cyclohexenylmethylketon, Δ^3-Tetrahydrobenzoesäure, Δ^3-Tetrahydrobenzonitril, Δ^4-Tetrahydrophthalsäure u. Δ^4-Tetrahydrophthalsäureanhydrid. (**D. B. P. 844 145** Kl. 12o vom 30/6. 1943, ausg. 17/6. 1952.) SCHINDLER. H 820

Soc. Rhodiaceta, Paris, Frankreich, ***1.4-Dicyan-2-buten*** **(I) erhält man durch Rk. von** 1.4-Dihalogen-2-buten (Halogen = Cl oder Br) in fl. Phase mit HCN in Ggw. von Carbonaten, um die entstehende Halogenwasserstoffsäure zu neutralisieren; zweckmäßig verwendet man 2 Mol HCN, ein Lösungsm. u. als Katalysator CuCl, -Br oder -J. — In einem Druckgefäß wird eine Mischung aus $CaCO_3$, CuBr, 1.4-Dichlor-2-buten u. HCN 14 Std. auf 105° erhitzt; man erhält I in 80,7%ig. Ausbeute, F. 73—75°, $Kp._{0,5}$ 90—91°, aus Bzl. F. 75—77°. Durch Verseifen erhält man die *Δ^β-Dihydromuconsäure*, F. 192—195°. — Weitere Beispiele. Höchste genannte Ausbeute 89%. (**Schwz. P. 277 885** vom 28/2. 1948, ausg. 16/1. 1952. A. Priorr. 11/9. 1946 u. 12/8. 1947. **Zusatz zu Schwz. P. 269 504; C. 1951. II. 1209.**) KRAUSS. H 820

B. F. Goodrich Co., New York, N. Y. (Erfinder: **Frederick Edwin Küng,** Akron, O.), V. St. A., *β-Oxycarbonsäurelactone* erhält man durch Rk. von Ketenen der allg. Zus. $R_1R_2C{=}C{=}O$ (R_1 u. R_2 = H oder aliphat. KW-stoffreste) mit Verbb. der allg. Zus. $R_3R_4C{=}O$ (R_3 u. R_4 = H oder KW-stoffreste, die von Olefin- oder Acetylenbindungen frei sind) in Ggw. eines FRIEDEL-CRAFTS-Katalysators <25°, bes. <0°, in Ggw. eines inerten Lösungsmittels. — Man erhält z. B. aus Keten (I) u. CH_2O bei —60° in Ggw. von BF_3-Ae. *Hydracrylsäurelacton*, $Kp._4$ 37—40°; F. —35°; n_D^{26} 1,410, D^{26} 1,114. — I + CH_3CHO → *β-Oxybuttersäurelacton.* (**D. B. P. 842 195** Kl. 12o vom 29/9. 1950, ausg. 23/6. 1952. A. Prior. 15/5. 1941.) MÜLLER-MEININGEN. H 850

Union Carbide & Carbon Corp., übert. von: **Frank G. Young** und **John T. Fitzpatrick,** Charleston, W. Va., V. St. A., *β-Lactone* erhält man durch Rk. von Ketenen mit gesätt. aliphat. Monoaldehyden C_1—C_6 in Ggw. inerter Lösungsmittel u. einer, gegebenenfalls säureaktivierten Erde bei —50 bis +100°. — Beispiel: Man leitet innerhalb 1 Std. unter Rühren in eine Suspension aus 120 säureaktivierter Montmorilloniterde u. 357 absol. Ae. eine Mischung aus 85 wasserfreiem CH_2O-Gas u. 126 Keten bei 10° ein, filtriert u. erhält bei 47—48°/10 mm 109 (63%) *β-Propiolacton.* Der Filterrückstand enthält 35 Paraformaldehyd. Weiter werden hergestellt: *β-Caprolacton*, $C_{12}H_{17}O_2N$, $Kp._5$ 62 bis 63°; $D._{30}^{15,6}$ 0,977; n_D^{30} 1,4203; Mol.-Refr. gefunden 29,01, berechnet 29,36. — *β-Oxycapronanilid*, F. 145,5—147°. — *β-Butyrolacton* (I); $Kp._{50}$ 86—87°; $D._{30}^{15,6}$ 1,044; n_D^{30} 1,4062; Mol.-Refr. gefunden 20,23, berechnet 20,13. — I + NH_3 → *β-Oxybutyramid*, F. 83,7—84,5°. — Lösungsmittel u. Zwischenprodukte. (**A. P. 2 580 714** vom 24/5. 1949, ausg. 1/1. 1952.) MÜLLER-MEININGEN. H 850

Riedel-de Haën Akt.-Ges., Seelze (Erfinder: **Friedrich Boedecker** und **Hans Volk,** Berlin), *Herstellung von 2-Keto-1-gulonsäure* durch Behandeln von l-Sorbose mit Cu-Acetat in nichtwss. Medium u. Weiteroxydation mit Br in Ggw. von W., dad. gek., daß man das in der ersten Stufe erhaltene gulosonhaltige Reaktionsgemisch unmittelbar oxydiert u. aus dem Oxydationsgemisch die Säure abtrennt. — Ausführungsbeispiel. (**D. B. P. 846 846** Kl. 12o vom 24/4. 1942, ausg. 18/8. 1952.) SCHINDLER. H 870

American Cyanamid Co., New York, N. Y. (Erfinder: **Kerwin Kenton Kurtz,** Stamford, und **Robert Ben Booth,** Sprindale, Conn.), V. St. A., *Gewinnung von Guanidin-*

salzen aus einem rohen Salzgemisch (I), dad. gek., daß dieses I einer Schaumflotation, am besten in Ggw. eines Flotationsmittels, unterworfen u. das im Schaum abgeschiedene Guanidinsalz (II) abgetrennt wird. Hierbei wird das II bewegt u./oder belüftet. Beispiele für die Trennung von Guanidincarbonat oder -nitrat von NaCl, $NaNO_3$ oder Na_2CO_3. — Aufzählung u. Vergleichstabellen über die Wrkg. von 30 Flotationsmitteln. (**D. B. P. 841 455** Kl. 12o vom 3/2. 1950, ausg. 16/6. 1952. A. Prior. 10/2. 1949.) Schindler. H 880

Chemische Werke Hüls Ges. m. b. H. (Erfinder: **Wilhelm Klein** und **Kurt Alfred Hoffmann**), Marl, *Rhodanide* entstehen durch Rk. von aliphat. oder cycloaliphat. Ketonen mit Hydrazin in Ggw. von Alkalirhodaniden. — Aus Hydrazinsulfat, KSCN u. Aceton in W. erhält man Kristalle vom F. 150°, vermutlich *Hydrazodiisopropylrhodanid*. — Analog *Hydrazodicyclohexylrhodanid*, F. 181°. (**D. B. P. 844 007** Kl. 12q vom 10/10. 1950, ausg. 14/7. 1952.) Langer. H 890

Chemické závody na Slovensku, Národny podnik, Bratislava, Tschechoslowakei, *Reinigung von Lactamen* durch Umkristallisieren. Heiß gesätt. Lsgg. der Lactame in niedrigsd. aliphat. KW-stoffen werden durch Kochen unter vermindertem Druck in einem mit leistungsfähigem Rückflußkühler versehenen Gefäß gekühlt. — Beispiel: Umlösen von *6-Caprolactam* in Leichtbenzin. (**Schwz. P. 281 128** vom 28/2. 1949, ausg. 3/6. 1952. Tschech. Prior. 2/3. 1948.) Brösamle. H 950

U. Baldini, Il metano. Ricerca, captazione, utilizzazione. Firenze: Cya. 1952. (VIII + 488 S. m. Abb.) L. 4000,—.

R. L. N. Greaves, The preservation of proteins by drying. London: H. M. S. O. 1951. (82 S. m. Abb.) s.3.

X. Färberei. Organische Farbstoffe.

M. St. C. Flett, *Reaktionswärmen und freie Energie der Bildung einiger Wasserstoffbrücken.* Da es schwierig ist, die Stärke einer Wasserstoffbrücke zwischen einer Faser u. einem Farbstoffmol. direkt durch spektroskop. Methoden zu erfassen, wurden Paare von Modellverbb. ausgewählt, von welchen die eine Verb. eine chem. Gruppe enthält, die typ. für die Faser ist, während die andere Verb. Gruppen enthält, wie sie in typ. Farbstoffen vorliegen. Eine Verb. X—H enthielt OH oder sek. Aminogruppen —NH— u. die andere Verb. Y C=O, C=N, N=N oder —O—, mit welchen X—H eine H-Brücke bilden könnte. Durch spektroskop. Messung der Intensitätsverschiebung der charakterist. X—H-Bande (in Tetra gelöst) wurden die Gleichgewichtskonstanten der H-Brücken-Rk. u. hieraus die freien Energien ihrer Bldg. berechnet. Aus der Temperaturabhängigkeit der freien Energie konnten die Wärmetönungen berechnet werden. Folgende Kombinationen wurden untersucht: *Diphenylamin* (X—H) mit *Dioxan* (I), *Dimethylformamid* (II) u. *Benzylacetat* (III); *p-Benzotoluidid* mit I, II, III; *Phenol* mit I, II, III u. *Acetonitril* (IV); *Benzylalkohol* mit *Azobenzol*, II, IV, *Anisol* u. *p-Benzochinon*; *Methylanilin* mit II, I u. III; *Anilin* mit II, *Ae.* u. *Äthylacetat*. Bzgl. des umfangreichen Zahlenmaterials wird auf das Original verwiesen. Es ergab sich eine feste Bindung zwischen einer Azo- u. einer Hydroxylgruppe, eine schwache mit der Ätherbindung. Die Amid-C=O-Gruppe bildete feste Bindungen mit der —NH-, aliphat. OH- u. bes. phenol. OH-Gruppe. Die Acetatgruppen bilden nur schwache Bindungen, so daß beim Färben von Celluloseacetat die restlichen Hydroxylgruppen wichtig sind. In allen Fällen waren die Bildungswärmen größer als die freien Energien (negative Entropie). Die relativen Festigkeiten der H-Brücken der verschied. X—H-Verbb. stehen im allg. in guter Übereinstimmung mit den Annahmen der Elektronentheorie der Chemie. O—H-Bindungen bilden festere Bindungen als N—H-Gruppen. (J. Soc. Dyers Colourists **68**. 59—64. Febr. 1952. Manchester, ICI, Res. Labors.) Zahn. 7002

—, *Mikroskopische Untersuchungen über das Färben von Wolle.* Verkürzte Wiedergabe der Arbeit von Millson u. Turl. (C. **1952**. 4377.) (Dtsch. Textilgewerbe **54**. 716—17. 5/8. 1952.) P. Eckert. 7002

—, *Die Anwendung des p_H- und r_H-Wertes in der Färberei.* Umfassende Betrachtungen über die Anwendung u. den Einfl. des p_H- u. r_H-Wertes in der Färberei der Wolle u. der Cellulosefasern unter Berücksichtigung der verschied. Farbstoffklassen. — 29 Literaturzitate. (Teintex **17**. 353—75. 15/6. 1952.) v. König. 7020

M. Bräuer, *Stammküpenausziehverfahren beim Färben mit Indanthrenfarbstoffen auf Apparaten.* Nach kurzer Beschreibung des Stammküpen-, des Küpensäure- u. des Pigmentverf. (Abbot-Cox-Prozeß) geht Vf. auf das Stammküpenausziehverf. ein. Die Arbeitsweise gestaltet sich wie folgt: Der Indanthrenfarbstoff wird in einer Stammküpe verküpt u. dem Färbebad zugesetzt, das neben etwas Hydrosulfit noch Zusätze enthält, um Stabilität u. Feinverteilung der mehr oder weniger hydrolysierten Küpe zu gewährleisten. Das Grundierungsbad (Färbebad) läßt man durch das Färbegut zirkulieren u. erschöpft das Bad durch Temperaturerhöhung bis 80—85°. Dem erschöpften Grundierungsbad setzt man die für den angewendeten Farbstoff erforderliche Gesamtlaugenmenge in einem Zusatz zu, läßt eine Min. zirkulieren u. gibt hierauf die nötige Hydrosulfitmenge zu. In kurzer Färbdauer wird dann die Färbung fortgesetzt. Genaue Arbeitsvorschriften sowie für das Verf. geeignete Farbstoffe werden angeführt. (Melliand Textilber. **33**. 623—26. Juli 1952.) P. Eckert. 7020

H. Lint, *Neue Erfahrungen über das Färben von Damenstrümpfen.* Prakt. Hinweise. (Textil-Praxis **7**. 146—47. Febr. 1952.) P. Eckert. 7020

J. R. Stewart, *Färben von Woll-Reyon-Mischungen.* Umfassende Übersicht über die Färbeverff. für Woll-Reyon-Mischungen unter Berücksichtigung von Faser- u. Farbstofftypen, sowie der Beeinflussung der Färbungen durch Nachbehandlungen. (Canad. Textile J. **69**. Nr. 12. 60—63. 6/6. 1952.) v. König. 7020

Gustav Bernardy, *Probleme bei Filmdruck mit Küpenfarbstoffen.* 1. Mitt. *Trocknen.* Beim Direkt- u. Ätzdruck mit Küpenfarbstoffen in den Filmdruckereien treten zwei Hauptprobleme auf, das Trocknen u. das Dämpfen. In direktem Zusammenhang damit steht das Problem der Faserschädigung. Die Operationen des Trocknens u. Dämpfens von Filmdruck mit Küpenfarbstoffen werden einer krit. Betrachtung unterworfen u. die beim Arbeiten in der Praxis auftretenden Fehler beschrieben. Vorschläge zur Vermeidung oder zur Verminderung der Fehler werden gemacht. (Melliand Textilber. **33**. 628—33. Juli 1952.) P. Eckert. 7022

—, *Goldeffekte im Filmdruck.* Arbeitsvorschriften. (Textil-Praxis **7**. 460—61. Juni 1952.) P. Eckert. 7022

—, *Richtlinien für die Bestimmung der Farbechtheit von Textilien.* Richtlinien für die Best. der Farbechtheit von Textilien, Grundsätze für die Durchführung der Prüfung der Farbechtheit von Färbungen u. Drucken; Grundsätze für die Beurteilung der Prüfungsergebnisse. (Textil-Praxis **7**. 157—60. Febr. 1952.) P. Eckert. 7028

James L. Taylor, *Eine Untersuchung über die Wirkung von Gewebekonstruktion und Mercerisierung auf die Licht- und Waschechtheit von Küpenfarbstoffen.* Handelsübliche Gewebe derselben Faserzus., aber verschied. Gewebeaufbaus wurden mit ausgewählten Küpenfarbstoffen mit bzw. ohne eingeschaltete Mercerisierung gefärbt u. die Echtheiten u. das mkr. Bild erfaßt. Die Gewebekonstruktion beeinflußt die Eindringtiefe u. die Farbtiefe beim Färben. Beide Faktoren werden durch Mercerisieren verbessert. Dagegen wurde kein Einfl. der Gewebekonstruktion auf die Licht- u. Waschechtheiten der Färbungen festgestellt. (Amer. Dyestuff Reporter **41**. P173—76. 17/3. 1952.) Zahn. 7028

J. Pászthory, *Volumetrische Bestimmung von Azofarbstoffen mit Titantrichlorid.* Die Meth. von Knecht wurde zur Bewertung von Azofarbstoffen verwendet u. so die Reinheit von *Ponceau B extra*, *p-Aminobenzol-Base*, *Eriochrom* bestimmt. Titriert wird in heißer Lsg., die Titantrichloridlsg. muß tropfenweise zugegeben werden. Die Genauigkeit beträgt $\pm 2\%$. (Magyar Kémikusok Lapja [Z. Ver. ung. Chemiker] **5**. 156—58. 1950.) Plank. 7086

Interchemical Corp., New York, N. Y., übert. von: **Lyman Procter Hill**, V. St. A., *Färbebad für Textilien*, bestehend aus einer wss. Dispersion eines Pigmentfarbstoffes, nicht $>2,5\%$ eines hitzehärtbaren Kunstharzes (I) u. einem Lösungsm. mit einem Dampfdruck <28 mm bei 25°. Als I sind bes. Carbamid-CH_2O-Harze geeignet. — 25 (Teile) einer Dispersion aus 20(%) Ruß, 40 Alkydharzlsg. (III) u. 40 Xylol (II) werden mit 2-Harnstoff-CH_2O-Lsg. (50%ig), 5 III (50%ig), 10 Pineöl u. 7 II zu einer Paste verrieben, die mit 46 W., 2 Na-Laurylsulfat u. 3 Bentonit emulgiert u. durch Zusatz von W. auf einen I-Geh. von 2,5% eingestellt wird. (**E. P. 661 085** vom 18/7. 1947, ausg. 14/11. 1951. A. Prior. 10/10. 1939.) Möllering. 7021

Ciba Akt.-Ges., Basel (Erfinder: **Willi Widmer**, Bottmingen, **Alphons Heckendorn**, Basel, und **Fritz Schuetz**, Neue-Welt), Schweiz, *Herstellung echter Färbungen auf der Faser.* Man verwendet Monoazofarbstoffe der Formel Y—O—R_1—N=N—R_2—O—Z, in welcher die Gruppen —O—Y u. —O—Z sich in einer der —N=N-Gruppe benachbarten Stellung befinden, R_1 u. R_2 je einen organ. cycl. Rest, Y einen durch die Acylgruppe an —O— gebundenen Acylrest u. Z H oder Y bedeutet, wobei im Rest-R_1—N=N—R_2— eine einzige Sulfonsäuregruppe vorhanden ist. Es wird im Einbadverf. gefärbt mit Lsgg., die gleichzeitig den Farbstoff (I) u. ein Co oder Ni gebendes Mittel enthalten, z. B. Co-Acetat. — Beispiel für I: Man verestert den aus diazotierter 1-Amino-2-oxynaphthalin-4-sulfonsäure u. 1-Phenyl-3-methyl-5-pyrazolon erhältlichen Farbstoff mit C_6H_5COCl. (**D. B. P. 845 190** Kl. 8m vom 8/3. 1949, ausg. 28/7. 1952. Schwz. Priorr. 9/7. 1947 u. 13/4. 1948.) v. Schiller. 7021

Ciba Akt.-Ges., Basel (Erfinder: **Friedrich Felix, Alphons Heckendorn**, Basel, und **Willi Widmer**, Bottmingen, Baselland), Schweiz, *Herstellung echter Färbungen auf der Faser mittels Monoazofarbstoffen*, die der Formel Y—O—R_1—N=N—R_2—O—Z entsprechen, in welcher die Gruppen —O—Y u. —O—Z sich in einer der —N=N-Gruppe benachbarten Stellung befinden, R_1 u. R_2 je einen organ. Rest, Y einen durch die Acylgruppe an —O— gebundenen Acylrest bedeutet, wobei im Rest-R_1—N=N—R_2— eine einzige Sulfonsäuregruppe vorhanden ist. Man färbt im Einbadverf. mit Lsgg., die gleichzeitig den Farbstoff u. ein Cr-abgebendes Mittel enthalten. — Beispiel mit Farbstoff der Formel I. (**D. B. P. 848 638** Kl. 8m vom 28/12. 1948, ausg. 4/9. 1952. Schwz. Priorr. 27/2. 1946 u. 24/1. 1947.) v. SCHILLER. 7021

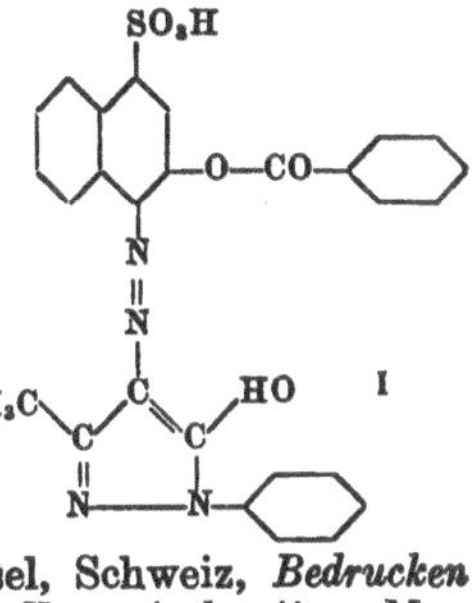
I

Durand & Huguenin A. G. (Erfinder: **Ernst Tschan**), Basel, Schweiz, *Bedrucken von Celluloseacetatfasern mit Leukoschwefelsäureestersalzen von Küpenfarbstoffen.* Man behandelt die Faser vor dem Bedrucken in einem Bade, bestehend aus Äthylenthioglykol (I), mindestens einer wasserlösl. organ. Säure, NH_4VO_3 u. W., trocknet u. bedruckt hierauf mit Druckpasten, die neben den Farbstoffen u. den üblichen Zutaten noch ein Gemisch von Dioxan, I, Furfurylalkohol u. Äthylenglykol als Lösungsm., $ZnCl_2$ als säureabspaltende Substanz u. NH_4ClO_3 als Oxydationsmittel enthalten, u. trocknet zur Entw. des Farbstoffes, ohne zu dämpfen. (**D. B. P. 843 249** Kl. 8n vom 20/12. 1950, ausg. 7/7. 1952.) v. SCHILLER. 7023

International Latex Processes Ltd., St. Peter Port, Guernsey, England (Erfinder: **Giacomo Galimberti**, Mailand, Italien), *Färben von Kunstlederbahnen* (I), die durch Vermischen feuchter, zerfaserter Lederabfälle mit Kautschukmilch sowie gegebenenfalls Füllstoffen, Verfilzen der Gemische zu endlosen I u. Trocknen der I erhältlich sind, mit wss. Farbstofflsgg. (II). Die I werden vor dem Trocknen über Walzen, die in den II umlaufen, geführt u. dann getrocknet. (**D. R. P. 748 971** Kl. 8m vom 28/1. 1938, ausg. 21/8. 1952. It. Prior. 5/2. 1937.) v. SCHILLER. 7025

General Aniline & Film Corp., New York, übert. von: **Heinrich Hugo Bestehorn**, Glen Rock, N. Y., V. St. A., *Cu-Komplexe von Azofarbstoffen.* Auch Azofarbstoffe, die nur auf einer Seite der N_2-Bindung (in o-Stellung) eine OH-Gruppe enthalten, während die o-Stellung auf der anderen Seite unsubstituiert ist, können unter Bldg. einer Chelatbindung in Cu-Komplexe umgesetzt werden, wenn die $CuSO_4$-Lsg. in Ggw. eines Oxydationsmittels mit Peroxydgruppe angewandt wird. Bes. geeignet sind hierzu aliphat. Percarbonsäuren u. von diesen wieder die Perameisensäure. (**E. P. 655 716** vom 1/11. 1948, ausg. 1/8. 1951. A. Prior. 6/11. 1947.) KALIX. 7053

Farbenfabriken Bayer (Erfinder: **Klaus Weinand**), Leverkusen, *Herstellung von Anthrachinonfarbstoffen*, dad. gek., daß man 1-Amino-4-bromanthrachinon-2-sulfonsäure (III) mit Benzoylaniliden der Formel I oder II umsetzt oder mit einem Diaminobenzol kondensiert u. das entstehende Prod. mit einem durch eine Alkoxy-, Carbalkoxy-, Sulfodialkylamid- oder Sulfophenoxygruppe substituiertem Benzoylchlorid umsetzt. Z. B. ist beschrieben die Kupplung von III mit 1-Amino-3-(4-methoxybenzoylamino)benzol, ferner mit 1-(3'-Aminobenzoylamino)-benzol-3-sulfodimethylamid, u. mit m-Aminobenzoesäure-p'-(bzw. m'-) carbomethoxyanilid. Die blauen Farbstoffe färben Wolle aus neutralem Bade. (**D. B. P. 842 101** Kl. 22b vom 16/9. 1949, ausg. 23/6. 1952.) SCHMAUSER. 7059

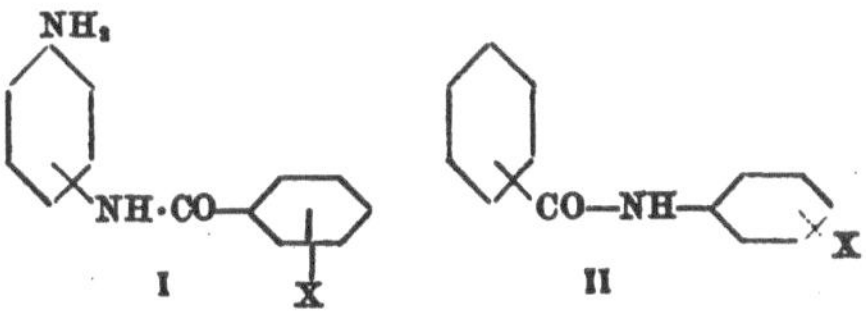
I II

E. I. du Pont de Nemours & Co., übert. von: **Frederic B. Stilmar**, Wilmington, Del., V. St. A., *Anthrachinoncarbonylhydrazine* der allg. Zus. I (R = 1.4-Phenylen-, 1.4-Naphthylen- oder 4.4'-Diphenylenreste u. ihre Halogenderivv. mit 1—4 Halogenatomen, Y = —NH_2 oder —NO_2) erhält man z. B., wenn man 31 (Teile) 1-Nitroanthrachinon-2-carbonylhydrazin, 10 Terephthalylchlorid u. 800 $C_6H_5 \cdot NO_2$ 2 Std. auf 165—170° erhitzt u. das farblose Prod. (F. 299—304°) mit Bzl. wäscht. — *Küpenfarbstoffe für Baumwolle.* (**A. P. 2 567 132** vom 15/3. 1949, ausg. 4/9. 1951.) MÜLLER-MEININGEN. 7059

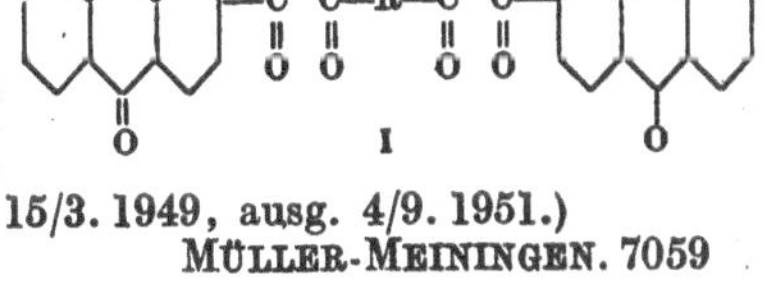
I

XIa. Farben. Anstriche. Lacke. Naturharze.

H. Winkelmann, *Die Verwendung von Zentrifugen und ihre verschiedene Bauart für die Lack- und Farbenindustrie.* (Dtsch. Farben-Z. 5. 279—81. Aug. 1951. Berlin.) WINIKER. 7090

S. Liberti, *Die Kunst der Bildrestauration.* Überblick über moderne Verff. der Bildanalyse u. -restaurierung. (Pitture e Vernici 8. 169—70. März 1952.) SCHEIFELE. 7090

H. S. Lilley und R. J. Carter, *Einige neuere Fortschritte bei der Untersuchung von dehydratisiertem Ricinusöl.* Das Nachkleben von Ricinenöl beruht auf dessen hoher Polydispersität u. kann nur durch Entw. eines möglichst monomeren Öles beseitigt werden. Anwendung von niederviscosem Ricinenöl, das weitgehend frei von Polymeren ist, ergibt verbesserte Ölalkyde. — 45 Literaturzitate. (J. Oil Colour Chemists' Assoc. **35.** 87—106. März 1952. Imperial Chem. Ind. Ltd., Paints Div., Slough.) SCHEIFELE. 7096

—, *Lin 50, veredeltes Leinöl von holzölartiger chemischer Struktur. Lin 50* ist katalyt. konjugiertes (isomerisiertes) Leinöl mit 45—50 % konjugierten Fettsäuren u. folgenden Kennzahlen: SZ. 0,15; VZ. 191,3; JZ. (WOBURN) 174,3; Dienzahl 31,6, Pandienzahl 39,4, $D.^{25}_{4}$ 0,9258, n_D^{25} 1,4910, Viscosität bei 25° 1,2 Poise. Hinweise bzgl. Verfilmungseigg., Standöl- u. Lackbereitung. (Chim. Peintures **15.** 180—184. Mai 1952.) SCHEIFELE. 7096

K. Parker und R. E. Wendt, *Metallstearate als Mattierungsmittel in Celluloseesterlacken.* Stearate von Al, Ba, Cd, Cu, Fe, Pb, Li, Mg, Mn, Na, Zn wurden auf ihre Eignung als Mattierungsmittel für einen Nitrocelluloselack aus 27,5 % Filmbildner (¹/₄ sec-Collodiumwolle 35, Cellolyn 104 50, Ricinusöl 10, Dibutylphthalat 5) u. 72,5 % Verdünner (Toluol 50, Äthylacetat 20, Butylacetat 20, Butanol 10) untersucht, wobei 20 % Stearat mit 30 % Klarlack u. 50 % Verdünner 15 Std. auf einer Kugelmühle verrieben wurden. Resultate: Die besten Mattierungseffekte ergaben Al-, Ca-, Pb-, Li- u. Zn-Stearate. Al-Stearat besaß die größte Transparenz u. die beste Anreibbarkeit u. war in Decklacken anwendbar. Für schleifbare Zwischenschichten eignen sich Ca-, Li- u. Zn-Stearate. (Off. Digest Federat. Paint Varnish Product. Clubs **1952.** 311—18. Mai.) SCHEIFELE. 7096

P. Morel, *Einige Anwendungen der Silicone in Anstrichfarben.* Allg. Eigg. der polymeren Silicone: Wärmebeständigkeit, chem. Resistenz, Lösungsmittel- u. Wasserfestigkeit, Verträglichkeit; Anwendung in Lack- u. Ölfarben, Zusatz als oberflächenspannungsvermindernde Komponente. (Peintures, Pigments, Vernis **28.** 310—17. Mai 1952.) SCHEIFELE. 7096

Charles Gardner, *Konsistenz und anwendungstechnische Merkmale von Lackfarben.* Besprechung von Fehlern des fl. Farbmaterials: Eindicken u. dessen Verhütung, Thixotropie u. Dilatation, oberflächenakt. Zusätze u. ihre Anwendung, Schwimmen u. Scheckigwerden, Ausflockung, Hautbildung. (Pitture e Vernici **8.** 157—61. März 1952.) SCHEIFELE. 7106

Gy. Bácskai und K. Kovács, *Untersuchung der Schutzwirkung von gegen Korrosion schützenden Anstrichen auf elektrochemischem Wege.* Vff. wandten die Zeit/Potential-Meth. an, indem sie die Änderung des Potentials des in 0,01nKCl getauchten Probestückes gegen eine n-Kalomelelektrode bestimmten. Zur Probe wurden blank geschliffene Eisenstücke mit Mennige, Zinkgrau, Bauxitrot, Eisenoxydrot u. Leinölfirnis angestrichen u. nach 2 Wochen langem Trocknen untersucht. Zum Vgl. wurde auch die Zeit/Potential-Kurve desselben Eisens ohne Anstrich aufgenommen. Der Vgl. der Kurven ergibt für die Schutzwrkg. die oben angegebene Reihenfolge. Mennige gehört zu den passivierenden Rostschutzfarben, die anderen zeigen nur mechan. Schutzwrkg. ohne Passivierung. Nur Leinölfirnis hat anfangs scheinbar passivierende Wrkg., quillt aber wegen Wasseraufnahme stark, u. an der Eisenfläche beginnt das Rosten. Zum Vgl. wurden ebensolche Probestücke bei 25° der Einw. zerstäubter NaCl-Lsg. ausgesetzt, u. diese Verss. führten zu demselben Ergebnis. (Magyar Kémikusck Lapja [Z. Ver. ung. Chemiker] **6.** 155—58. 1951. Veszprém, Ungarn, Forschungsinst. für chem. Schwerindustrie.) PLANK. 7158

British Thomson Houston Co. Ltd., London, England, *Leuchtstoffgewinnung.* Man mischt $BaCO_3$ u. SiO_2 mit geringen Mengen PbO als Aktivator unter Zusatz von ca. 5 % BaF_2, erhitzt ca. 2 Std. auf 1000—1200°, mischt zu dem Reaktionsprod. ein Chlorid des Ba, NH_3, Ca, Sr, Mg, Al oder Zn u. erhitzt erneut 1 Std. auf 1000—1200°. (**E. P. 672 516** vom 27/7. 1950, ausg. 21/5. 1952. A. Prior. 15/8. 1949.) NEBELSIEK. 7093

British Thomson Houston Co. Ltd., London, England, *Leuchtstoffgewinnung.* Man mischt $CaCO_3$ u. SiO_2 u. erhitzt unter Zusatz von geringen Mengen $MnCO_3$ u. PbO als Aktivator u. 0,05—5 (Gew.-%) CaF_2 oder NH_4F als Katalysator ca. 2 Std. auf 1000 bis 1200°, mischt 0,05—10 $CaCl_2$ oder NH_4Cl zu u. erhitzt nochmals auf 1000—1200°. (**E. P. 672 518** vom 1/8.1950, ausg. 21/5.1952. A. Prior. 15/8.1949.) NEBELSIEK. 7093

Egyesült Izzólámpa es Villamossági Részvénytársaság, Ujpest, Ungarn, *Leuchtstoff*, enthaltend mindestens 20% eines bas. Salzes, mindestens eines Metalles der 2. Gruppe des Period. Syst. als Grundsubstanz u. mindestens 2 Aktivatoren, von denen der eine Mn oder eine Mn-Verb. ist u. der andere Sb, As, Pb u./oder Bi sein kann. (**Schwz. P. 280 189** vom 14/9. 1949, ausg. 16/4. 1952. Ung. Prior. 26/11. 1948.) NEBELSIEK. 7093

Gewerkschaft Neue Erdöl-Raffinerie „Nerag", Hannover (Erfinder: **Ernst Hundsdörfer,** Misburg, und **Helmut Wagner,** Hannover), *Herstellung von Lackgrundstoffen bzw. trocknenden Lacken*, dad. gek., daß die Extrakte (I) der Behandlung von mineral. Schmierölfraktionen mit selektiven Lösungsmitteln mit nitrierend wirkenden Stoffen behandelt werden. Z. B. werden die I bei ca. 40—80° mit konz. HNO_3 oder Nitraten in Ggw. von konz. H_2SO_4 oder mit NO_2 oder N_2O_3 behandelt. Das Reaktionsprod. wird dann z. B. mit Bzn. vom Ausgangsmaterial befreit. Nach Lsg. des Reaktionsprod. in Aceton ist der Lackgrundstoff zur Weiterverarbeitung geeignet. (**D. B. P. 843 455** Kl. 22h vom 20/10. 1949, ausg. 10/7. 1952.) SCHINDLER. 7097

Peter Willems, Darmstadt, *Gewinnung zähflüssiger Lacke und Bindemittel.* Kieselsäuren, die aus erhitztem Wasserglas unter Einführung von Phenol, Kresol, deren alkal. Laugen in Mischung mit ein- oder mehrwertigen Alkoholen erhalten sind, werden (von ca. 20—120°) erhitztem gelösten Silicat (I) zugesetzt. Hierbei wird das ursprüngliche Vol. durch Einführung von frischem I wieder hergestellt. (**D. B. P. 833 671** Kl. 22h vom 2/10. 1948, ausg. 10/3. 1952.) REICHELT. 7107

Paul Lechler (Erfinder: **Karl Krenbeler**), Stuttgart, *Emulsion für Schutzüberzüge* aus W., Emulgatoren, Bindemitteln, feinkörnigen anorgan. Stoffen u. gegebenenfalls Stabilisatoren, dad. gek., daß die feinkörnigen anorgan. Stoffe (Füllstoffe, Pigmente) durch Vorbehandlung mit wasserabweisenden Stoffen, bes. hochsd. Ölen (Teer- u. Mineralölen, Paraffin, Gatsch, Vaseline, Erdwachs, Bitumen, Pech) wasserabstoßend gemacht sind. Z. B. wird das geölte Pulver in einen erwärmten Luftstrom geblasen. (**D. B. P. 827 103** Kl. 22g vom 2/10. 1948, ausg. 7/1. 1952.) SCHREIBER. 7107

XIb. Plaste (Kunstharze. Plastische Massen).

W. Lampert, *Kunststoffverarbeitung auf Walzwerken und Kalandern.* (Kunststoffe 42. 337—38. Okt. 1952. Hamburg-Harburg) WINIKER. 7170

H. Draeger, *Kunststoffverarbeitung. Pressen und Preßspritzen.* Überblick über Verbesserungen u. Veränderungen der Arbeitsmethoden auf dem Gebiet des Pressens u. Preßspritzens. — 18 Literaturhinweise. (Kunststoffe **42.** 327—29. Okt. 1952.) WINIKER. 7170

Hans Beck, *Fortschritte in Bau und Anwendung von Schneckenspritzmaschinen.* (Kunststoffe **42.** 335—36. Okt. 1952. Ludwigshafen/Rh.) WINIKER. 7170

Hans Beck, *Fortschritte im Spritzgußmaschinenbau.* (Kunststoffe **42.** 332. Okt. 1952. Ludwigshafen/Rh.) WINIKER. 7170

C. A. Bodenstein und **H. Paul,** *Gießen und Tauchen von Kunststoffen unter besonderer Berücksichtigung des Gießens von Folien.* Vff. geben einen Überblick über die verschied. Herstellungsverff. von Kunststoff-Folien unter besonderer Berücksichtigung des Gießens von Folien. Anschließend werden die Gießharze u. das Tauchen mit Kunststofflsgg. u. -dispersionen besprochen. (Kunststoffe **42.** 333—34. Okt. 1952. Neu-Isenburg.) WINIKER. 7170

L. A. Matheson und **R. F. Boyer,** *Lichtbeständigkeit von Polystyrol und Polyvinylidenchlorid.* Ausführlicher Überblick an Hand der Literatur. — 37 Hinweise. (Ind. Engng. Chem. **44.** 867—74. April 1952. Midland, Mich., Dow Chemical Co., Physical Res. Labor.) WINIKER. 7172

A. E. Lever, *Polyvinylacetatemulsionen.* Kurzer Überblick über Eigg. u. Anwendungen sowie Hinweise zur Verarbeitung. (Plastics **17.** 199. 212. Juli 1952.) WINIKER. 7172

—, *Wie verwendet man das Cobex?* Kurzer Überblick über physikal. u. chem. Eigg. sowie Verarbeitung des *Cobex* (Mischpolymerisat aus Vinylchlorid u. Vinylidenchlorid der B. X. PLASTICS LTD., London). (Ind. Plastiques **4.** Nr. 8. 8—10. Sept. /Okt. 1952.) WINIKER. 7172

H. Verity Smith, *Die Stabilisierung von Vinylharzen.* Zusammenfassender Überblick an Hand der Literatur (31 Hinweise) mit tabellar. Zusammenstellung der wichtigsten in den USA hergestellten Stabilisatoren. (Brit. Plastics **25.** 304—07. Sept. 1952.) WINIKER. 7172

E. H. Searle und **L. G. Whitlock,** *Einige Beobachtungen über das Dunkeln von Trikresylphosphat des Handels.* Vff. führen verschied. Beobachtungen an, die ihre Ansicht, die bei Verwendung von techn. Trikresylphosphat (I) als Weichmacher bei Plasten (z. B. PVC) beobachtete Verfärbung beruhe auf der Anwesenheit von aus dem Steinkohlenteer stammenden Verunreinigungen im I, unterstützen. Die wichtigsten derartigen Verunreinigungen sind Verbb. vom Anilintyp, z. B. o-Toluidin. Zur Prüfung von I auf Farbbeständigkeit eignen sich am besten Erhitzungsverss. (20 Std. bei 80 bis 100° bzw. 20 Min. bei 140°) u. Verss. mit konz. kalter H_2SO_4 (1 cm³ I + 1 cm³ konz. H_2SO_4, nach 10 Min. Farbänderung beobachten). Alterungsverss. (UV u. Kohlelichtbogen) geben keinen absol. verläßlichen Hinweis auf die Farbbeständigkeit. (Brit. Plastics **25**. 235—37. Juli 1952.) WINIKER. 7172

H. Casper, *Die mechanischen und elektrischen Eigenschaften von Kunstharzfußbodenbelägen.* Vf. untersuchte die mechan. u. elektr. Eigg. von Spachtelböden aus Polyvinylacetat (I), Kunstharz–Jute–Linoxyn-Belag (II), Jute–Linoxyn-Belag (III), Eichenholz (IV) u. Fichtenholz (V). Zur Best. der Abriebfestigkeit wurde ein Prüfgerät des INSTITUTS FÜR MATERIALPRÜFUNGEN DES BAUWESENS AN DER PH. STUTTGART weiterentwickelt, bei dem ein Probekörper auf einem Schlitten befestigt u. ein Laststück mit Schmirgelpapier 300 mal hin u. her bewegt wird. Die Abriebfestigkeit wird als Quotient aus dem Gewichtsunterschied vor u. nach Bearbeitung u. dem spezif. Gewicht der Probe ermittelt. Die Bestimmungen erfolgten trocken u. naß. Hierbei hatte I die beste Trockenabriebfestigkeit, war aber bzgl. der Naßabriebfestigkeit II—V unterlegen. Bei II war die prozentuale Verbesserung der Trockenabriebfestigkeit mit der Alterung größer als bei I. Die Best. der BRINELL-Härte (üblicher Kugeldruckhärteprüfer mit einer Stahlkugel von 10 mm Durchmesser bzw. Hohlgerät mit 11 mm dicker Kugel; in beiden Fällen 20 kg Last während 5 Min. bei Zimmertemp.) ergab, daß IV der härteste der untersuchten Stoffe war. An zweiter Stelle folgte I (etwas härter als V). Bei der Best. der Stempeleindrucktiefe (Hohlgerät u. Stahlzylinder von 20 mm Durchmesser, der mit der Stirnfläche 5 Min. lang mit 300 kg auf die Probe gedrückt wird) war IV am widerstandsfähigsten. Die Stempeleindrucktiefe von I war kleiner als von II u. III. Die Druckrückfederung (ermittelt aus dem Unterschied der Stempeltiefe nach dem sofortigen Aufheben der Belastung u. nach der bleibenden Stempeleindrucktiefe nach längerer Zeit, bezogen auf den Anfangszustand) war bei I etwas kleiner als bei II u. III. Bei IV ist die Druckrückfederung niedriger als bei I u. sehr klein bei V. Zur Best. der Wasseraufnahme wurde ein besonderes Gerät entwickelt, mit dessen Hilfe die Proben 24 Std. lang bei Zimmertemp. der Einw. einer 65 cm hohen Wassersäule ausgesetzt wurden. Mit fortschreitender Austrocknung von I nimmt die Fähigkeit, W. abzustoßen, zu. Durch künstliche Alterung kann der Endzustand des I in kurzer Zeit erzielt werden, während bei Lufttrocknung der zweite Wert erst in ca. 1 Monat erreicht wird. Die Wasseraufnahme von II u. III war etwas geringer als von I u. beträchtlich geringer als von V. Zur Erhöhung der Zerreißfestigkeit von I wurden Verss. mit Nesseleinlagen gemacht. Es zeigte sich, daß durch die Nesseleinlage die Zerreißfestigkeit nahezu verdoppelt wurde, während die plast. Eigg. (Bruchdehnung u. Bruchrückfederung) im wesentlichen dieselben Werte aufwiesen. Die Best. der elektr. Durchschlagfestigkeit wurde mit einer Prüfanordnung nach VDE 0303 vorgenommen (2 kreisrunde Elektroden von 5 cm Durchmesser). Die erhaltenen Werte waren (in kV/mm): I 13; II 4,5; III 3,9; IV 1,4 u. V 1,2. Für den spezif. elektr. Widerstand (2 mit 120 kg zusammengepreßte Bronzeplatten von 45 × 45 cm) ergaben sich trocken folgende Werte (in Ω): I $<$3600, II 700, III 600, IV 31 u. V 110·10⁹. Infolge der elektr. Wrkg. von W. ergab sich mit der Dauer des Wassereindringens ein starkes Sinken des spezif. elektr. Widerstandes u. umgekehrt ein Ansteigen mit zunehmender Trocknung. (Z. Ver. dtsch. Ing. **93**. 926—32. 11/10. 1951. Oberlahnstein/Rh.) WINIKER. 7172

Werner Kreidl, Wien, Österreich, *Verbesserung der Oberflächeneigenschaften von Erzeugnissen aus Polyäthylenharzen* zur Erhöhung der Hafteigg.; man erhitzt die dünne Oberflächenschicht auf eine die Stabilität des Prod. nicht beeinträchtigende Temp., z. B. $>$60°, während das angrenzende Material unter dieser Temp., z. B. bei $<$50°, gehalten wird. Das Prod. kann vor oder nach der Wärmebehandlung, aber bevor die Oberfläche ihren ursprünglichen inakt. Zustand wieder angenommen hat, bedruckt werden. Als Druckfarben für das Bedrucken nimmt man plastizierte Polyvinylverbindungen. Auch zum Verkleben mit anderen Stoffen, wie Polyvinylverbb. oder Kautschuk, kann das Verf. angewandt werden. Man führt z. B. eine Polyäthylenfolie über eine Gasflamme, so daß eine glänzende Oberfläche entsteht. (**Oe. P. 170 900** vom 29/12. 1949, ausg. 10/4. 1952. A. Prior. 18/1. 1949.) PANKOW. 7173

Union Carbide and Carbon Corp., N. Y., übert. von: **Walter A. Haine**, Woodbridge, N. J., V. St. A., *Pulverisieren von Polyäthylen.* Das unter Rühren bei 110° erweichte Polyäthylen wird mit 2% W. versetzt, wobei es auf ca. 80° abkühlt; dann wird weitere 30 Min. gerührt, bis die Temp. wieder auf 100° gestiegen ist. (**A. P. 2 582 327** vom 23/7. 1949, ausg. 15/1. 1952.) SALZMANN. 7173

N. V. de Bataafsche Petroleum Mij., Den Haag, Holland (Erfinder: **Kenzie Nozaki**, San Francisco, V. St. A.), *Polymerisieren von Monoolefinen.* Verbb. der Formel CH_2= C(Z)—C≡, wobei Z entweder Halogen oder einen Alkylrest bedeutet, werden kurze Zeit hoher Temp. (4—10 Min. auf 90—150°) ausgesetzt, wobei sich Polymerisationskerne bilden; dann wird bei ca. —10 bis +25°, vornehmlich im Dunkeln, auspolymerisiert. Als Ausgangsstoffe sind bes. geeignet: *Methacrylnitril* (I) oder *Methylmethacrylat* (II). — In 10 Beispielen wird die Polymerisation von *Vinylchlorid*, I, II, *Äthyl-α-butylacrylat, 2-Butyl-1-buten-3-on, α-Bromstyrol* oder *Methyl-α-chloracrylat*, meist in Emulsionsform unter Verwendung von Na-Laurylsulfat als Emulgator u. Persulfaten als Katalysator, zu Latices beschrieben, aus denen mit üblichen Koagulationsmitteln die Prodd. ausgefällt werden können. (**D. B. P. 829 222** Kl. 39c vom 22/11. 1949, ausg. 24/1. 1952. A. Prior. 22/11. 1948.) MÖLLERING. 7173

Farbwerke Hoechst, vormals Meister Lucius & Brüning, Frankfurt (Erfinder: **Werner Kern**, Hofheim, **Albin Hardt** und **Adolf Krieger**, Frankfurt), *Polymerisation ungesättigter Verbindungen* durch Peroxyde wird durch den Zusatz von im Reaktionsmedium ausreichend lösl. Metallverbb., wie $FeCl_3$, Fe-Carbonyl, Pb-Tetraäthyl, Acetylaceton-Fe oder Metallfettsäureseifen, katalysiert. — Tabellen über die Ausbeute bei der Polymerisation von Styrol in Ggw. von verschied. O_2-abgebenden Verbb., verschied. Reduktionsmitteln u. Metallverbindungen. (**D. B. P. 848 258** Kl. 39c vom 9/4. 1944, ausg. 1/9. 1952.) MÖLLERING. 7173

United States Rubber Co., New York, N. Y., V. St. A., *Lösliche, ungesättigte, ternäre Mischpolymerisate.* Durch den Zusatz selbst geringer Mengen von 2-Alkenylalkohol, wie Allylalkohol oder Methallylalkohol (I), erhält man aus einem Gemisch von 2-Alkenyl-2-alkenoaten, wie bes. Allylacrylat (II), u. polymerisierbaren monoolefin. Verbb., wie Diäthylfumarat, -maleat, Dimethylitaconat oder n-Butylacrylat (III), mit größerer Polymerisationsausbeute filmbildende Produkte. — 112,2 (Teile) II, 38,5 III u. 452 I werden in Ggw. von 3,67 Benzoylperoxyd 24 Std. auf 115° erhitzt. Durch Zusatz von Hydrochinon wird die Weiterpolymerisation angehalten u. das Prod. aus Acetonlsg. mit CH_3OH ausgefällt, es hat JZ. 98,8. Ein hiermit gegossener Film härtet in 20 Min. bei 200° aus u. ist dann in Lösungsmitteln unlöslich. (**E. P. 665 005** vom 22/7. 1949, ausg. 16/1. 1952. A. Prior. 23/10. 1948.) MÖLLERING. 7173

Dow Chemical Co., **Midland, Mich.**, V. St. A., *Ternäre Mischpolymerisate auf Basis von Vinylidenchlorid* (I). 2—4(%) Acrylnitril (II), 4—9 Äthylacrylat (III) u. 89—92 I werden in einem Verhältnis von 45—60 (Teile) Monomerengemisch u. 55—40 W. in Ggw. eines anion. Emulgators u. eines Peroxydkatalysators bei p_H 1,5—6,5 zu einem Latex polymerisiert, aus dem unporöse u. gegen W. feste Filme gebildet werden, z. B. als Überzüge. Tabelle über Filmeigg. von aus wechselnden Mengen I, II u. III erhaltenen Emulsionen. (**E. P. 667 392** vom 19/4. 1949, ausg. 27/2. 1952. A. Prior. 27/5. 1948.) MÖLLERING. 7173

Didier Werke Akt.-Ges., Wiesbaden (Erfinder: **Walter Kirsch**, Braubach/Rh.), *Wasserbeständige Filme, Schichten, Spachtelmassen, Kitte, Leime und Imprägnierungen* erhält man aus wss. *Polyvinylacetatdispersionen* durch einen Zusatz von Chromaten. (**D. B. P. 843 469** Kl. 39b vom 28/10. 1949, ausg. 10/7. 1952.) SALZMANN. 7173

Soc. An. des Manufactures des Glaces & Produits Chimiques de Saint Gobain, Chauny & Cirey, Paris, Frankreich, *Poröse plastische Massen.* Thermoplast. Vinylpolymerisate, wie z. B. 65 (Teile) Polyvinylchlorid, werden mit Zusätzen, wie 0,5 Al-Stearat u. 35 Trikresylphosphat, mit Gas erzeugenden Mitteln, bes. 15 Benzoylphenylhydrazinmethylen (erhalten aus Hydrazin u. Benzil) auf Walzen in 10—20 Min. bei 145° zu einer homogenen M. verarbeitet, die auf Gewebe aufgetragen oder geformt werden kann. Durch die Einw. einer Temp. von mindestens 160°, z. B. durch Infrarotstrahlung, Hochfrequenzfeld oder Heißkalander, wird die Gasentw. ausgelöst. (**E. P. 665 162** vom 8/4. 1949, ausg. 16/1. 1952. F. Prior. vom 30/4. 1948.) MÖLLERING. 7173

British Cellophane Ltd., **Bridgewater, England**, *Polymerisatemulsion für die Herstellung wasserdichter Filme und Überzüge.* Ein Monomeren-Gemisch aus 80—96(%) Vinylidenchlorid, 0,5—3 Acrylsäure u. Rest Acrylnitril wird in wss. Emulsion u. in Ggw. von 3—6% (bezogen auf die Monomeren-Menge) mit Alkylbenzolsulfonsäuren mit langkettigem Alkylrest als Emulgator durch einen Zusatz von $(NH_4)_2S_2O_8$ u. Na-Metabisulfit polymerisiert. (**E. P. 665 479** vom 28/4. 1949, ausg. 23/1. 1952.) MÖLLERING. 7173

E. I. du Pont de Nemours & Co., Wilmington, Del., übert. von: **Daniel Eugene Strain**, Wilmington, Del., V. St. A., *Härten von Polymeren*, deren KW-stoffkette Halogen, SO_2·Halogen, CO·Halogen, SO_3H, COOH oder COOR (R = gesätt. organ. Rest) enthält. Die geformten Harze werden zwischen 80° u. Zersetzungstemp. unter Druck mit einer Peroxyverb. behandelt. — Man erhitzt z. B. einen Körper aus einem Methacrylsäureäthylestermischpolymerisat mit 1—20 Gew.-% einer organ. Peroxyverb. unter 10—2000 lbs./sq.in. auf 100—160° oder sulfochloriertes Polythen auf 175°. (**Can. P. 481 508** vom 8/2. 1946, ausg. 4/3. 1952. A. Prior. 22/2. 1945.) PANKOW. 7173

Imperial Chemical Industries Ltd., London, England, *Herstellung von Phenol-Aldehyd-Preßmassen.* Die Preßmassen enthalten *Novolake*, *Hexamethylentetramin* u. 1—20 Gew.-%, bezogen auf diese beiden Stoffe, *Erdalkaliborat.* (**Finn. P. 25 760** vom 25/4. 1949, Auszug veröff. 30/4. 1952. E. Prior. 30/4. 1948.) J. SCHMIDT. 7177

Stalinovy Závody, národní podnik, Litvinov, Tschechoslowakei, *Kontinuierliche Herstellung von Phenol-CH_2O-Harzen* erfolgt unter Durchleiten der Ausgangsmischung ohne Katalysator unter Druck bei 140—180° von unten nach oben durch einen Autoklaven, der mit einem Messerrührer zum kontinuierlichen Abschaben eines an der Innenwand auftretenden Nd. versehen ist, u. durch Trennung des austretenden Reaktionsgemisches in eine zur Rückgewinnung von CH_2O laufend abgeführte wss. Schicht u. eine Harzschmelze. — Vorr., Zeichnung. (**Schwz. P. 279 299** vom 17/9. 1948, ausg. 1/3. 1952. Tschech. Prior. 30/9. 1947.) MÜLLER-MEININGEN. 7177

Friedrich Bender, Ottawa, Ontario, Can., *Herstellung von Phenolharzen* durch Kondensation von Phenolen, Aldehyden u. einem Protein, wie hydrolysiertem Casein, zu einem noch wasserlösl. Reaktionsprod., mit dem Zellstoffmaterial, wie Papier, imprägniert werden kann, worauf die M. fertig kondensiert wird. (**Can. P. 481 447** vom 14/7. 1943, ausg. 4/3. 1952.) PANKOW. 7177

Comp. Générale d'Électricité Soc. An., Paris, Frankreich (Erfinder: **Max Forre**, Paris, und **Emile V. Bitterli**, Zürich, Schweiz), *Herstellung geformter Gegenstände* aus einer anisotropen M. [Platten aus parallelen Glasfäden, die durch ein bis zum B-Zustand polymerisiertes Phenol-CH_2O-Harz verbunden sind (F. P. 855 731; C. **1941**. I. 2737)] u. einer im wesentlichen isotropen M., z. B. 50 (Teilen) polymerisierbarem Phenolharz, 1 MgO, 1 Stearinsäure u. 48 Sägespäne, die zur äußeren Formgebung beiträgt. Herst. von z. B. Schraubenflügeln. (**D. B. P. 844 821** Kl. 39b vom 6/8. 1949, ausg. 24/7. 1952. F. Prior. 28/8. 1940.) SALZMANN. 7177

Dow Corning Corp., übert. von: **Joseph D. Francis**, Midland, Mich., V. St. A., *Flüssige Si-Polymere*, die die Einheiten —CH_2—Si(R)(R')— u. —CH_2—$Si(R)_2$—CH_2— enthalten, erhält man durch Kondensation von 50—95 (Mol-%) einer Verb. der Formel XCH_2SiR_2X u. 5—50 einer Verb. der Formel $(XCH_2)_2SiRX$ (X = Halogen, R = Alkyl, Monoaryl mit geschmolzenen oder in Lösungsmitteln suspendierten Alkalimetallen (Na, K, Cs, Rb, Li). — Eine Mischung aus $(ClCH_2)_2SiCH_3Cl$ u. $ClCH_2Si(CH_3)_2Cl$ wird mit geschmolzenem Na in Toluol ca. 4 Std. auf 100—110° erhitzt; man erhält ein Prod. mit einem mittleren Mol.-Gew. von 850; n_D^{25} 1,5059; $D.^{25}$ 0,9070. — Analog wird $(BrCH_2)_2SiC_6H_5Br$ mit $BrCH_2SiCH_3C_6H_5Br$ umgesetzt. In weiteren Beispielen werden Prodd. mit einem mittleren Mol.-Gew. von 937, 1105 u. 1250 erhalten. Verwendung als Schmiermittel, hydraul. Fll., elektr. Isolier- u. Transformatorenöle u. Schaumverhütungsmittel. (**A. P. 2 573 426** vom 8/6. 1950; ausg. 30/10. 1951.) KRAUSS. 7189

Société des Usines Chimiques Rhône-Poulenc, Paris (Erfinder: **Auguste Florentin Bidaud**, Serezin-du-Rhône), Frankreich, *Wasserabstoßende organische Siliciumverbindungen* erhält man durch Hydrolyse organ. substituierter Halogensilane in Ggw. von wasserfreiem, feinverteiltem SiO_2 (**I**), wobei Nebenprodd. abgetrennt werden, **I** jedoch im Prod. verbleibt. Die Prodd. mit fettartigen Eigg. dienen zur Isolierung elektr. Leitungen, Prodd. mit 40—60% **I**-Geh. dienen als Kitte, andere Prodd. dienen als Zwischenprodukte. — 2 Beispiele betreffen die Hydrolyse von *Dimethylchlorsilan.* (**D. B. P. 837 173** Kl. 39c vom 26/9. 1950, ausg. 21/4. 1952. F. Prior. 10/3. 1947.) MÖLLERING. 7189

Dow Corning Corp., Midland, Mich., übert. von: **Leo Harry Sommer**, State College, Pa., V. St. A., *Bisaminoalkyldisiloxane* der allg. Formel $O[Si(CH_3)_2(CH_2)_nNH_2]_2$ (n = 2—5) erhält man durch Abspalten des Methyl- oder Phenylrestes aus Verbb. der allg. Formel $R(CH_3)_2Si(CH_2)_nNH_2$ (R = Methyl oder Phenyl) mit konz. H_2SO_4. — *$O[Si(CH_3)_2(CH_2)_2NH_2]_2$*, $Kp._{13}$ 115°; n_D^{20} 1,4440; *Hydrochlorid*, Nadeln, F. 267 bis 268°. Die Ausgangsprodd. erhält man nach A. P. 2 557 802. Verwendung als *Katalysatoren* zur Herst. von *Polysiloxanharzen.* (**A. P. 2 557 803** vom 13/4. 1950, ausg. 19/6. 1951.) KRAUSS. 7189

International General Electric Co., Inc., New York, N. Y., V. St. A., *Herstellung von festen elastischen Siliconen.* Man kondensiert fl. Dimethylsiloxane, die höchstens 2 Mol-%, bes. unter 0,5 Mol-%, Monomethylsiloxan enthalten. Dieses Ausgangsmaterial erhält man aus sehr reinem Dimethylhalogensilan, das nur geringe Mengen Monomethylhalogensilan enthält. Als Kondensationsmittel dienen bes. Ferrihalogenide, bes. $FeCl_3 \cdot 6H_2O$, oder ein Gemisch aus Ferrioxyd u. Al_2O_3. Die kautschukartigen Prodd. sind bes. wertvoll für die Herst. von Packungen, elektr. Leitern, Stoßfängern u. dergleichen. (**N. P. 79 271** vom 7/8. 1947, ausg. 29/10. 1951. A. Prior. 13/3. 1944.) J. SCHMIDT. 7189

Ciba Akt.-Ges. (Erfinder: **Luzius Schibler** und **Hans Ulrich Gassmann**), Basel, Schweiz, *Herstellung einer haltbaren, konzentrierten, wässerigen Emulsion des Öl-in-Wasser-Typs.* Eine Emulsion von z. B. 80 (Teilen) Säurecasein, 60 Harnstoff, 20 Thioharnstoff u. 9,6 Borax in 830,4 W., deren innere Phase aus einem haltbaren, mit einem mit W. im wesentlichen nicht mischbaren Alkohol modifizierten Amin- oder Amin-CH_2O-Kondensationsprod. in einem mit Wasserdampf flüchtigen, mit W. im wesentlichen nicht mischbaren organ. Lösungsm. besteht, wird einer nicht vollständigen Dest. unterworfen; diese kann unter vermindertem Druck u. bei intensiver Bewegung vorgenommen werden. (**D. B. P. 818 864** Kl. 39b vom 22/11. 1949, ausg. 29/10. 1951. Schwz. Priorr. 2/12. 1948 u. 11/11. 1949.) SALZMANN. 7199

N. V. de Bataafsche Petroleum Mij., Den Haag, Holland, *Harzartiger Grundstoff für Lacke, Formkörper, Filme, Fasern oder Klebstoffe,* bestehend aus einer Mischung von gleichen Teilen eines Glycidyläthers des 2.2-Bis-(4-oxyphenyl)-propans (I) (hergestellt durch Erhitzen von I, Epichlorhydrin u. NaOH im Verhältnis 1:1,25:1,35 auf 50—150°), pulverisiertem TiO_2, Methyläthylketon u. 1—2% 2.4-Diamino-2-methylpentan (Diacetondiamin) als Vernetzungsmittel. Herst. von Kaltleim, Schichtkörpern aus Segeltuch, Papier, Metall u. Holz (Sperrholz). (**Schwz. P. 274 530** vom 23/2. 1949, ausg. 16/8. 1951. A. Prior. 28/2. 1948.) SALZMANN. 7199

Vereinigte Glanzstoff-Fabriken Akt.-Ges. (Erfinder: **Hubert Werning**, Berlin-Lichterfelde, **Georg Peter Wolf**, Teltow, und **Rud. Frhr. von Schmidt auf Altenstadt**), Wuppertal-Elberfeld, *Hartgewebeerzeugnisse, wie Zahnräder, Lager oder dergleichen mit Gewebeeinlagen aus künstlichen Fasern,* dad. gek., daß die vor dem Imprägnieren mit Harz-lsg. u. dem Verpressen entschlichteten u. sorgfältig ausgewaschenen Gewebeeinlagen aus entquollenen, d. h. im Wasseraufnahmevermögen herabgesetzten künstlichen Fasern bestehen. (**D. B. P. 839 559** Kl. 39b vom 10/10. 1944, ausg. 23/5. 1952.) SALZMANN. 7205

XII. Kautschuk. Guttapercha. Balata.

Siegfried Boström, *Über Kongokautschuk.* Es wurde festgestellt, daß Kongokautschuk (I), welcher harziger als Malayakautschuk (II) ist, einen höheren Polymerisationsgrad hat. Demzufolge ist die DEFO-Härte von I größer als von II. I hat einen höheren Eiweißgeh. (4,6%) als II (3,56%) u. springt infolgedessen früher an. Bzgl. Härte, Rückprallelastizität, Festigkeit u. Dehnung sind die I-Vulkanisate den II-Vulkanisaten überlegen. (Kautschuk u. Gummi 4. 457—58. Dez. 1951. Aachen.) WINIKER. 7222

Renée Dalbert, *Untersuchung der dielektrischen Eigenschaften polarer und nichtpolarer rußgefüllter Kautschuke.* Zur Unters. der Struktur des Kautschuks (I) u. der Natur der I-Rußbindung wurden an rußgefülltem (Channel-, SRF- u. Thermax-Ruß; 20, 35 u. 50%, bezogen auf das Gewicht an I) polarem (Buna NM) u. nichtpolarem (GR-S) I dielektr. Messungen vorgenommen. Aus den erhaltenen Kurven ergibt sich ein beträchtlicher Einfl. des Rußes auf das dielektr. Verh. des GR-S. Bei den Rußkonzz. von 35 u. 50% ergibt sich eine beträchtliche Leitfähigkeit bei Gleichstrom u. eine durch einen MAXWELL-WAGNER-Effekt bedingte Dispersion für die niedrigen Frequenzen. 20% Ruß üben eine bedeutend geringere Wrkg. aus. Zur Auswertung der für Buna erhaltenen Kurven wurde eine Erweiterung des COLE-COLE-Diagramms vorgenommen. SRF- u. Channel-Ruß veranlaßten die Bldg. einer zweiten Dispersionszone für die niedrigen Frequenzen, während mit Thermax-Ruß nur eine Zone festgestellt wurde. Abschließend versucht Vf., die Polarisation u. das Dipolmoment des Kautschuks zu berechnen u. die RAYLEIGH-Beziehung auf gefüllte Kautschuke anzuwenden. (Rev. gén. Caoutchouc 29. 515—18. Juli. 588—92. Aug. 649—52. Sept. 1952. Paris, Fac. des Sci., Labor. de Chim. Phys.) WINIKER. 7226

Johannes Behre, *Kolloidchemische Betrachtungen über die Vorgänge bei der Vulkanisation und der Alterung von Kautschuk.* Vf. gibt an Hand der in der Literatur angeführten Ergebnisse (18 Hinweise) ein Bild von den Vorgängen bei der Vulkanisation. Danach entsteht zunächst H_2S, der mit Aminen quartäre Ammoniumhydrosulfide bildet, welche als Peptisatoren für S wirken. Nunmehr reagiert der S mit dem Kautschuk-KW-stoff. Vf. weist ausdrücklich darauf hin, daß nur die an der Oberfläche der Makromolekülkomplexe befindlichen Isoprengruppen sich mit S verbinden. Abschließend wird eine Deutung der Wrkg. der Alterungsschutzmittel versucht. (Kautschuk u. Gummi **4.** 366—71. Okt. 1951. Hamburg, Lehmann, Voss & Co.) WINIKER. 7228

Marion B. Fackler und **John S. Rugg**, *Wanderung von Stoffen während der beschleunigten Alterung durch die Sauerstoffdruckmethode.* Da nach der vielfach in der Industrie für Testzwecke angewendeten beschleunigten Alterung von vulkanisiertem Gummi im Autoklaven unter O_2-Druck erhebliche Unterschiede in den Festigkeitseigg. der geprüften Stücke festzustellen sind, untersuchten Vff., um die Ursachen zu ergründen, systemat. an einzelnen Proben gleicher oder an Probengruppen gleicher u. verschied. Zus. die Alterungsvorgänge in der O_2-Bombe. Es konnte festgestellt werden, daß im Autoklaven, der mehrere Stücke verschied. Zus. enthält, Wanderungen der in diesen Stücken enthaltenen Stoffe (S, Beschleuniger, Antioxydantien, metall. Salze u. a.) von einem Prüfling auf den anderen vor sich gehen, die dann eine Änderung der physikal. Eigg. bedingen. Dieser Effekt kann, je nach dem Wechsel der Bestandteile, sehr deutlich werden; Vff. raten daher, um eine Fälschung der Prüfungsergebnisse bei Stücken verschied. Zus. zu vermeiden, die künstliche Alterung nur an einzelnen Probestücken vorzunehmen. (Analytic. Chem. **23.** 1646—49. Nov. 1951. Denver, Colo., Gates Rubber Co.) WINGCHEN. 7248

R. F. Shaw und **S. R. Adams**, *Nichtzerstörende Alterungsprüfungen für Gummi.* Die Ergebnisse der üblichen Laborprüfungen von Gummi auf Alterung stimmen allg. mit den Ergebnissen der Praxis nicht gut überein; daher haben Vff. nichtzerstörende Verff. entwickelt, mit denen sie besser übereinstimmende u. auch reproduzierbare Werte erhalten. Durch Messung des elektr. Widerstandes von Gummiproben konnten sie den Verlauf der Einw. von Ozon auf die Rißbldg. verfolgen (WHEATSTONE-Brücke; 0—30000 Ohm; Ozonkonz. 0,015% bei 100° F u. 25%ig. Streckung; durch stärksten Riß stärkster Einfl. auf Widerstand). Weiterhin wurde der Dehnungszuwachs (Längsverformung) bei 25%ig. Reckung durch Spannung, gleichzeitige Ozonanlagerung u. anschließende Gewichtsbelastung bestimmt. Für Zugfestigkeitsprüfungen verwendeten Vff. einen früher beschriebenen App. (strain tester for rubber) bei 100, 200 u. 400 lbs. Belastung/inch², die nicht zum Zerreißen der Proben führt, da sie innerhalb eines erwünschten Dehnungsbereichs von 0—150% liegt (im Wärme/Luft-Ofen oder in Ozonkammer). Einzelheiten der Rißbldg. durch Ozon (Lagerungsdauer, Belastung u. Dehnung) u. der Warmluftlagerung (158 u. 212° F) mit den auftretenden Dehnungsveränderungen in Abhängigkeit von der Dauer werden bes. diskutiert. (Analytic. Chem. **23.** 1649—52. Nov. 1951. Rock Island, Ill., Rock Island Arsenal.) WINGCHEN. 7248

Dietrich G. Stechert und **Thomas D. Bolt**, *Die Berechnung der Gleitschutzabnutzung.* Vff. diskutieren die Nachteile der gebräuchlichen Verff. zur Best. der Gleitschutzabnutzung von Autoreifen (unzuverlässige u. schwankende Ergebnisse) u. teilen die Ergebnisse ihrer 2½jährigen Forschungsarbeit mit, bei der sie eine Meth. anwandten, die es gestattet, durch prakt. Messungen u. mathemat. Erfassung bei jeder Meilen-(Kilometer-)Zahl den augenblicklichen Reifenverschleiß u. auch die Meilen- (bzw. Kilometer-)Zahl bis zur totalen Gleitschutzabnutzung (mileage to baldness) zu berechnen. Nach der von Vff. aufgestellten Gleichung, die der funktionellen Beziehung zwischen Gleitschichtverlust u. Kilometerzahl entspricht, u. ihrer logarithm. graph. Darst. ergeben sich geradlinig verlaufende Kurven. In 3 Tabellen u. zahlreichen graph. Darstellungen von Reifenprüfungen sind die Resultate nach Reifen, Reifenabmessungen u. -tempp. zusammengefaßt. (Analytic. Chem. **23.** 1641—46. Nov. 1951.) WINGCHEN. 7248

J. C. Burns und **E. B. Storey**, *Verschleißfestigkeit von vulkanisierten Elastomeren.* Beschreibung einer Verbesserung des Abriebprüfgeräts des NATIONAL BUREAU OF STANDARDS (Verwendung eines Netzes aus nichtoxydierbarem Stahl als Reibfläche). Vff. prüften die Abriebfestigkeit von Reifen aus GR-S u. Kautschuk in Abhängigkeit von der Vulkanisation, Rußart u. -menge sowie Weichmacherart u. -menge u. fanden eine bessere Übereinstimmung mit Ergebnissen von Straßenverss. als bei Verwendung des üblichen Prüfgeräts. (Ind. Engng. Chem. **44.** 825—30. April 1952. Sarnia, Can., Polymer Corp., Ltd.) WINIKER. 7250

J. W. Adams, J. A. Reynolds, W. E. Messer und **L. H. Howland**, *Abriebfestigkeit von GR-S-Vulkanisaten.* Beschreibung u. krit. Prüfung eines verbesserten LAMBOURN-

Abriebfestigkeitsprüfgeräts. Mit diesem Gerät gelang es, besser als bisher den Einfl. von Rußen, GR-S-Sorten u. sonstigen Mischungsbestandteilen auf die Abriebfestigkeit von Autoreifen festzustellen. (Rubber Chem. Technol. **25**. 191—208. April/Juni 1952. Naugatuck, Conn., U. S. Rubber Co., Naugatuck Chem. Div.) WINIKER. 7250

Standard Oil Development Co., übert. von: **Howard L. Wilson**, Elizabeth, **Robert F. Leary**, Cranford, und **Joseph F. Nelson**, Rahway, N. J., V. St. A., *Trocknen von synthetischem Kautschuk.* In einem zur Hälfte mit 50—80° warmem W. gefüllten geschlossenen Behälter wird durch einen Flügelrührer mit hohler (als Ablauf ausgebildeter) Achse ein bis an die Achse reichender Strudel erzeugt. Von oben läuft das Polymerisat als wss. Suspension oder in einer niedrigsd. Fl. u. zugleich durch ein zweites Rohr Zn-Stearat (bis zur Bldg. einer 3%ig. Lsg.) zu. Das alsbald imprägnierte Polymerisat setzt sich an der Oberfläche ab, bzw. es wird vom Strudel am Boden fortgerissen u. kann leicht mit einem Feuchtigkeitsgeh. von 1,3—4,3% gewonnen werden. Monomere u. organ. Fl. werden abgesaugt. — Zeichnungen. (**A. P. 2 561 256** vom 22/5. 1948, ausg. 17/7. 1951.) SALZMANN. 7225

Firestone Tire & Rubber Co., übert. von: **John N. Street und Raymond F. Dunbrook**, Akron, O., V. St. A., *Kontinuierliche Polymerisation von Butadienstyrol* (75:25) nach dem Emulsionspolymerisationsverf. unter Verwendung von W., Seife, $K_2S_2O_8$ u. $C_{12}H_{25}SH$. Die Anlage sieht einen geregelten Zufluß (für je 8 Std.) der Komponenten aus den Vorratsbehältern in den Autoklaven vor, in dem die Rk. bei 55,5° vor sich geht. Das zu 60—70% umgesetzte Gemisch wird abgezogen; die Monomeren werden durch Verdampfung bzw. Dest. u. Kondensation zurückgewonnen. — Zeichnungen. (**A. P. 2 560 027** vom 8/8. 1947, ausg. 10/7. 1951.) SALZMANN. 7225

Standard Oil Development Co., Del., übert. von: **Miller W. Swaney**, Cranford, und **Fred W. Banes**, Roselle, N. J., V. St. A., *Herstellung von synthetischem Kautschuk.* Ein aus 75 (Teilen) Butadien u. 25 Styrol (bzw. Acrylnitril) in 200 einer 2½%ig., 0,3 $K_2S_2O_8$ u. 0,5 Äthylmercaptan (I) enthaltenden Seifenlsg. hergestelltes, von Monomeren befreites Mischpolymerisat (II) wird 22 Std. bei 43° mit 0,15 I (je 1 Teil II) 46 Std. auf 50° erwärmt u. mit Hydrochinon stabilisiert. Etwa 11—23% der Doppelbindungen haben sich mit I umgesetzt. (**A. P. 2 556 856** vom 29/12. 1945, ausg. 12/6. 1951.) SALZMANN. 7225

Standard Oil Development Co., Del., übert. von: **Albert M. Gessler**, Cranford, N. J., V. St. A., *Vulkanisierbare kautschukartige Masse*, bestehend aus 100 (Teilen) eines Mischpolymerisats aus Butadien (74%) u. Acrylnitril, 20 öligen, polymerisierten Vinylcyclohexens (dimeres cycl. Polybutadien vom Mol.-Gew. 8000—20000), 75 Ruß, 5 ZnO, 1,5 Stearinsäure, 1,5 S u. 1 Dibenzothiazolyl-(2)-disulfid. (**A. P. 2 553 651** vom 16/6. 1940, ausg. 22/5. 1951.) SALZMANN. 7225

General Electric Co., New York, übert. von: **Maurice Prober**, Schenectady, N. Y., V. St. A., *Herstellung von Copolymerisaten.* Man polymerisiert Diene, z. B. 1.3-Butadien, zusammen mit ungesätt., chlorierten u. fluorierten Verbb., wie z. B. 1.1.2-Trichlor-3.3.3-trifluorpropen-(1) ($CCl_2{=}CCl{\cdot}CF_3$), 2.3-Dichlor-1.1.1.4.4.4-hexafluorbuten-(2) ($CF_3{\cdot}CCl{=}CCl{\cdot}CF_3$), 1.2-Dichlor-3.3.4.4.5.5-hexafluorcyclopenten-(1) ($CCl{=}CCl{\cdot}CF_2{\cdot}CF_2{\cdot}CF_2$) oder Hexafluorcyclobuten-(2) ($CF_2{\cdot}CF{=}CF{\cdot}CF_2$) bei 20 bis 130° in Emulsion oder Dispersion in Ggw. von Katalysatoren, z. B. Peroxyden, u. erhält kautschukartige Copolymerisate, die in üblicher Weise verarbeitet u. vulkanisiert werden können u. elast., schwer brennbare Gummiartikel ergeben. (**A. P. 2 575 125** vom 30/3. 1949, ausg. 13/11. 1951.) DERSIN. 7225

Standard Oil Development Co., Del., übert. von: **Richard H. Dudley**, Cranford, N. J., V. St. A., *Herstellung einer kautschukartigen Masse.* 100 (Teile) Isobutylen–Isopren-(Tieftemp.)-Mischpolymerisat werden z. B. mit bis zu 3 Stearinsäure (bzw. S), 1—10 ZnO, 10—200 Ruß, 0,25—5 Octadecylamin (bzw. Dibenzylamin, 2.4-Diaminodiphenylamin), 0,5—3 p-Chinondioxim (letztere beide zur Verzögerung des zu schnellen Erweichens u. Festbrennens der M. beim Kalandern) u. 2—8 Pb_3O_4 versetzt u. auf ca. 180—230° F erhitzt. (**A. P. 2 557 641** vom 4/10. 1944, ausg. 19/6. 1951.) SALZMANN. 7225

Standard Oil Development Co., Del., übert. von: **Albert M. Gessler**, Cranford, und **Andrew E. Sayko**, Elizabeth, N. J., V. St. A., *Plastifizieren von Natur- und Kunstkautschuk.* Man verwalzt z. B. Butadien–Styrol- oder Isobutylen–Isopren-Mischpolymerisate mit Polyvinyl-n-butyläther, Kautschuk oder Polybutadien mit 4—20% Polyäthyl- (bzw. methyl-) acrylat in Ggw. der üblichen Füll-, Gleit- u. Vulkanisiermittel. (**A. P. 2 567 016** vom 21/10. 1947, ausg. 4/9. 1951.) SALZMANN. 7227

E. I. du Pont de Nemours & Co., übert. von: **Arthur A. Baum**, Wilmington, Del., V. St. A., *Beschleuniger* für die Vulkanisation von 2-Chlor-1.3-butadien-Polymerisaten u. -Mischpolymerisaten, die nicht anvulkanisieren, bestehen aus cycl. Thioharnstoffen der nebenst. Formel. R ist der Rest eines aliphat. KW-stoffes oder eines cycloaliphat. KW-stoffes mit 2—24 C-Atomen, wobei der Thioharnstoffring 3—5 C-Atome enthält, u. R′ ist —H oder —CH_3. (**A. P. 2 544 746** vom 27/7. 1949, ausg. 13/3. 1951.) OVERBECK. 7229

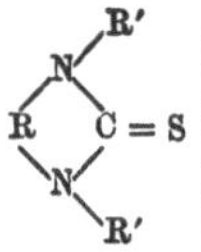

Standard Oil Development Co., Del., übert. von: **John Rehner jr.**, Westfield., N. J., und **Paul J. Flory**, Kent, O., V. St. A., *Vulkanisieren von Chlorbutadien-Polymerisaten* durch Zusatz von 0,1—10% einer aromat. Dinitrosoverb., bes. p- oder m-Dinitrosobenzol, -cymol oder -naphthalin, neben sonstigen Zusätzen bei einer Vulkanisationszeit von einigen Min. bis zu einigen Std. bei 65—175°. (**A. P. 2 540 596** vom 8/11. 1945, ausg. 6/2. 1951.) OVERBECK. 7229

General Tire and Rubber Co., Akron, O., übert. von: **John H. Kelly jr.**, Wabash, Ind., V. St. A., *Schwammgummi.* Ein Butadien–Styrol-Mischpolymerisat (MOONEY-Plastizität 5—25; innere Viscosität in Bzl. nicht > 1,3; Gelgeh. < 10%) wird mit 2 bis 10% eines z. B. aus $(NH_4)_2CO_3$, Hexylamin (bzw. gemischtem Cocosnußölamin) u. ZnO hergestellten Blähungsmittels sowie den üblichen Füll- u. Vulkanisiermitteln bei 152° verarbeitet. (**A. P. 2 564 401** vom 2/7. 1947, ausg. 14/8. 1951.) SALZMANN. 7231

Gummi-Werke Richterswil Akt.-Ges., Richterswil, Schweiz, *Herstellung von Schwammkautschukartikeln.* Eine die üblichen Füll- u. Vulkanisierzusätze enthaltende natürliche oder synthet. Kautschukdispersion wird verschäumt, mit einem verzögernd wirkenden Koagulator versetzt u. in einer Form so lange einem Unterdruck ausgesetzt, bis die Schaummasse koaguliert u. verfestigt ist, worauf sie in bekannter Weise vulkanisiert u. weiterbehandelt wird. (**Schwz. P. 272 264** vom 20/10. 1948, ausg. 16/3. 1951.) OVERBECK. 7231

Rubber-Stichting, Delft, Holland, *Herstellen von Folien aus wässerigen Dispersionen von Kautschukhydrochlorid* (I). Man gießt wss. Dispersionen von I in Verbindung mit einem dispergierten Weichmacher (Butylstearat, Alkoxyester der Phthalsäure oder Sebacinsäure, chloriertes Naphthalin oder Paraffin, Neopren) auf einen glatten Träger u. erhitzt in mehreren Stufen mittels Infrarotstrahlung oder Hochfrequenz. (**E. P. 660 449** vom 19/10. 1949, ausg. 7/11. 1951. Holl. Prior. 5/11. 1948.) SCHLITT. 7231

William H. Woolf, New York, N. Y., V. St. A., *Aufarbeiten von Kautschuk.* Die mindestens 40% Kautschuk enthaltenden Abfälle werden in Stücke von 6 mm zerschnitten u. zwischen Schmirgel, Korund oder in Reibmühlen bis auf 0,1—1,5 mm kalt zermahlen u. bei Raumtemp. mit 10—14 at zu einer schwammigen, für Polster, Puffer, Stopfen u. Dichtungen geeigneten M. verpreßt. — Abbildungen. (**A. P. 2 554 607** vom 18/7. 1950, ausg. 29/5. 1951.) SALZMANN. 7231

Farbenfabriken Bayer (Erfinder: **Erwin Müller**), Leverkusen, *Gieß- und spritzbare Kunstharze für Formkörper.* Vorwiegend aus aliphat. Komponenten aufgebaute, lineare Polyester (**II**) werden mit 20—100% Überschuß (bezogen auf die Endgruppen des **II**) an aliphat. oder aromat. Diisocyanaten (**I**) umgesetzt, worauf man die freien **I**-Gruppen im verlängerten **II** mit höchstens äquimol. Mengen solcher Di- oder Oxyamine umsetzt, die mit **I** in n/2 CH_2Cl_2-Lsg. höchstens erst nach 25—30 Sek. bei 40° unter Ausscheidung von Polyharnstoff reagieren. Die durch Spritzen, Gießen, Versprühen oder Schleudern verformten Harze werden durch Erhitzen gehärtet. — 1 (kg) Glykoldiadipinsäureester (OH-Zahl 50, SZ. 1) wird bei 130° u. 12 mm Hg getrocknet, mit 0,16 1.5-Naphthylendiisocyanat versetzt (Temperaturanstieg bis 140°). Bei 135° setzt man 0,054 o-Dichlorbenzidin zu u. gießt die schwach rötliche Fl. in die Form, worauf 10 Std. bei 100° zu einem gummielast. Material gehärtet wird. — Ein weiteres Beispiel betrifft die Herst. von Fahrradreifen im Schleuderguß. (**D. B. P. 838 826** Kl. 39c vom 24/2. 1949, ausg. 12/5. 1952.) MÖLLERING. 7231

Rhein-Chemie G. m. b. H., Heidelberg (Erfinder: **Ferdinand Kirchhof**, Schwetzingen/Baden), *Herstellung von Faktis.* Ein faktisartiges Prod. wird hergestellt durch Behandeln von in schwerflüchtigen KW-stoffen gelöstem Butadienkautschuk, auch in Mischung mit fetten Ölen, mit 10—25% S_2Cl_2. (**D. B. P. 847 489** Kl. 39b vom 11/11. 1944, ausg. 25/8. 1952.) OVERBECK. 7239

Farbenfabriken Bayer (Erfinder: **Fritz Schmidt** und **Erwin Müller**), Leverkusen, *Kautschukähnliche vernetzte Kunststoffe.* Aus aliphat. Komponenten aufgebaute lineare Polyester werden mit einem Überschuß an Diisocyanaten umgesetzt u. dann die freien Isocyanatgruppen mit äquivalenten oder überschüssigen Mengen von polyfunktionellen Verbb., wie mehrwertigen Alkoholen, Aminen oder Aminoalkoholen, abgesätt., wobei vor der endgültigen Verformung geringe Mengen polyfunktioneller Isocyanate eingearbeitet werden, worauf man die Mischung unter Verformung ausreagieren läßt. — 1 (kg) Glykoladipinsäurepolyester (SZ. 1, OH-Zahl 53) wird bei 130° u. 12 mm Hg getrocknet, mit 0,16 1.5-Naphthylendiisocyanat (I) versetzt (Temperaturanstieg bis 138°) u. dann mit 0,0165 Aminoäthylalkohol bis zur Verfestigung verrührt. Die M. wird 2 Std. zu einem Fell verwalzt, zwischen Friktionswalzen mit verschied. Mengen (0,004 bis 0,008) I vermischt u. dann zu gummielast. Platten verformt. (**D. B. P. 838 652** Kl. 39c vom 24/2. 1949, ausg. 12/5. 1952.) MÖLLERING. 7239

XIV. Zucker. Kohlenhydrate. Stärke.

W. Dörfeldt und **H. Paulenz**, *Zuckerverluste beim Kalklöschen mit Absüßwasser.* Vff. erhalten beim Löschen von Kalk in Absüßwasser einen durchschnittlichen Zuckerverlust von 2,7%, wenn die Best. nach der von KUNZ verbesserten Essigsäuremeth. von VONDRAK (vgl. Z. Ver. dtsch. Zuckerind. **74.** [1924.] 921) durchgeführt wird u. können damit die Ergebnisse von VONDRAK bestätigen. Der Einfl. verschied. Kalksorten, der Löschtemp. u. der Reinheit des Absüßwassers auf die Zuckerverluste beim Kalklöschen wird untersucht. Die Ammoniumnitratmeth. täuscht gegenüber der Essigsäuremeth. mit einem Durchschnitt von 8,7% einen zu hohen Zuckerverlust vor, da sie anscheinend nicht allen Zucker im Schlamm erfaßt. (Z. Zuckerind. **2.** 270—71. 20/8. 1952. Berlin, Inst. für Zuckerindustrie.) RUTKOWSKI. 7412

Arthur Schwieter, *Neuzeitliche Weißzuckertrocknung und Kühlung.* Vf. gibt einen Überblick über verschied. Zuckertrockner u. Kühler u. geht auf die Vorzüge des Turbinentrockners näher ein. (Z. Zuckerind. **2.** 275—77. 20/8. 1952. Braunschweig.) RUTKOWSKI. 7438

G. Vavrinecz, *Bestimmung des Stickstoffgehaltes von Produkten der Zuckerindustrie mit dem Destillierapparat von Bencze.* Vf. bespricht die Vorteile u. Nachteile der NH_3-Bestimmungsmethoden nach KJELDAHL, WAGNER-PARNAS, BENCZE, NÓGRÁDY u. SCHULEK-FÓTI u. ist auf Grund mehrjähriger Erfahrung der Ansicht, daß den Anforderungen der Zuckerindustrie am besten der App. von BENCZE entspricht. (Cucoripar **3.** 34—37. 1950. Kaposvár, Zuckerfabrik.) PLANK. 7470

F. W. Zerban, James Martin, Carl Erb und **Louis Sattler**, *Spektrophotometrische Untersuchungen an Rohrrohzucker in Lösung.* In Fortsetzung einer früheren Arbeit (C. **1952.** 2095), die sich mit der Farbe raffinierter Zucker in Lsg. befaßte, untersuchen Vff. 102 Rohrrohzuckerproben aus 11 Ländern. Lsgg. von ca. 60 Gew.-% (60 Brix) wurden durch analyt. Celitfilter filtriert u. ihre Durchlässigkeit wurde mit einem COLEMAN-Universal-Spektralphotometer in je 13 Messungen von 405—700 mμ festgestellt. Die Durchlässigkeit bei einer Konz. von 1 g trockener Substanz in 1 ml Lsg. u. 1 mm Schichtdicke wird gegen die Wellenlänge aufgetragen. Die Kurven verlaufen glatt u. sind denen der raffinierten Zucker ähnlich. Die Klarheit, Reinheit u. dominierende Wellenlänge werden aus den Durchlässigkeiten der Lsgg. berechnet; die statist. Analyse zeigt einen Korrelationskoeff. von 0,9992 zwischen diesen 3 Faktoren u. der Durchlässigkeit. Der korrepsondierende Absorptionsindex bei 560 mμ gibt ein Maß für die Farbe des Zuckers innerhalb der Grenzen des Fehlers der Durchlässigkeitsmengen. Vff. ziehen hieraus den Schluß, daß die Farbe von Rohrrohzuckern in der gleichen Weise wie bei raffinierten Zuckern bestimmt werden kann. (Analytic. Chem. **24.** 168—70. Jan. 1952. New York, N. Y., New York Sugar Trade Labor.) SCHLEGEL. 7488

Pfeifer & Langen, Köln (Erfinder: **Oskar vom Scheidt**, Elsdorf, und **Eugen Langen**, Braunschweig), Elsdorf/Rhld., *Extrahieren von Zuckerrüben oder -rohr.* Um das Inlösunggehen der unerwünschten Nichtzuckerstoffe (I) zu verhindern, wird die Extraktions-Fl. durch Mittel, die weitgehend den in der Rübe oder im Zuckerrohr enthaltenen I entsprechen, gesätt. bzw. gepuffert. Man verwendet hierzu die anfallenden Abläufe (Melasse), die zum Teil hinter dem Frischwasser u. zum Teil auf halbem Diffusionsweg in den Prozeß eingeführt werden. (**D. B. P. 837 975** Kl. 89c vom 16/5. 1950, ausg. 5/5. 1952.) HEINSEN. 7413

N. V. W. A. Scholten's Chemische Fabrieken, Groningen, Holland, *Herstellung von trockenen, in kaltem Wasser löslichen Stärkeprodukten.* Man vermischt Quellstärke mit einem Verätherungs- oder Veresterungsmittel (I) u. einem zur Verätherung oder Veresterung erforderlichen bas. Stoff in trockenem Zustande, wobei die Mengen der I so gewählt werden, daß beim Erwärmen mit W. oder Eintrocknen in Ggw. von Alkali wasserlösl. *Stärkeäther* oder *-ester* gebildet werden. (**Finn. P. 25 715** vom 15/4. 1942, Auszug veröff. 30/4. 1952. Holl. Prior. 25/4. 1941.) J. SCHMIDT. 7449

Margarete Goerbig (Erfinder: **Rolf Auerbach**), Hamburg, *Herstellung von Stärkeabbauprodukten* durch beschleunigte Erhitzung (I) von Stärkemehlen (II) bis zur Abbautemp., wobei die II vorher mit 0,02% konz. HCl besprüht u. I mittels Infrarotstrahlen so schnell durchgeführt wird, daß nur unwesentliche Wassermengen verdampft werden. (D. B. P. 838730 Kl. 89k vom 30/6. 1950, ausg. 12/5. 1952.) HEINSEN. 7449

XV. Gärungsindustrie.

K. Vass, *Über die Verträglichkeit der Hefe gegenüber Schwefliger Säure und über den Mechanismus der Wirkung von Schwefliger Säure.* Die Verss. bestätigten RAHNs Theorie, wonach gegen Gärungsorganismen bzw. das Eintreten der Gärung nur die undissoziierte H_2SO_3 wirksam ist. Da deren Menge vom p_H der Maische abhängt (bei p_H 4 sind ca. 0,5% der freien H_2SO_3, bei p_H 3 5,5%, bei p_H 2 aber schon 37% undissoziiert), ist die Best. der freien H_2SO_3 unzulänglich, es muß stets auch das p_H angegeben werden. Die Menge der undissoziierten H_2SO_3 kann man aus beiden Daten, aus der bekannten Dissoziationskonstante der H_2SO_3 berechnen. Vf. stellte auch fest, daß H_2SO_3 die Inkubationsdauer u. auch die Generationszeit verlängert. (Mezögazdaság és Ipar **4**. 15—17. Mai/Juni 1950. Agrochem. Ind. Landesanstalt.) PLANK. 7506

Erich Walter, *Trübe Wermutweine.* Wermutweintrübungen sind durch einen zu hohen Geh. an N-Substanzen der verarbeiteten Grundweine bedingt. Eine Schönung des Grundweines ist nicht immer zur Vermeidung dieser Trübungen ausreichend. Die sicherste Meth., trübende Wermutweine dauernd blank zu erhalten, besteht darin, die fertigen Weine einer Schönung zu unterwerfen, wobei allerdings eine stärkere Einfärbung mit Zuckercouleur erfolgen muß, da sich die Farbe der Wermutweine bei der Schönung aufhellt. (Alkohol-Ind. **65**. 335—38. 17/6. 1952. Berlin, Chem. Labor.) WINIKER. 7554

Vojtěch Hulač, *Essigsäure, ein Übel in der Weinwirtschaft.* Die Essigsäuregärung bei der Herst. des Weines wird durch *Bacterium aceti*, *B. Pasteurianum* u. *B. Kützingianum* hervorgerufen. Sie kann auch bei Weinen mit mehr als 12% Alkoholgeh. auftreten. (Vinařský Obzor **44**. 119—20. Okt. 1951. Prag.) ROTTER. 7554

E. Peynaud, *Über die Pektinstoffe des Traubenmostes und Weines.* Die Ansicht älterer Autoren über den Pektingeh. des Traubenmostes u. Weines u. seine Bedeutung für die Qualität des Weines ist nicht zutreffend, da die bisher übliche Best. als Ca-Pektat keine richtigen Werte liefert. Unter Bezugnahme auf eine frühere diesbezügl. Publikation des Vf. (vgl. C. **1952**. 7588) wird die vom Vf. benutzte Bestimmungsmeth. beschrieben. Sie beruht auf einer Ausfällung mit 80%ig. Alkohol. Dadurch erhält man nach Abzug der Mineralbestandteile u. des Proteins (aus dem N-Geh. berechnet) das sogenannte Rohpektin (matières pectiques) (I). Durch Titration der wss. Lsg. mit NaOH erhält man zunächst die freie Pektinsäure (Äquivalentgewicht 176) (II), nach Verseifen mit einem NaOH-Überschuß durch Rücktitration mit H_2SO_4 die methoxylierte Pektinsäure (Äquivalentgewicht 190) (III). II + III = Reinpektin. I—II—III = Pflanzengummi (Pentosane, bes. Araban) (IV). Der prozentuale Anteil von II + III an I = Reinheitsindex (R), von III an II + III = Veresterungsindex (Vi). Die nach der Ca-Pektat-Meth. (nach CARRÉ u. HAYNES) erhaltenen Werte sind durchweg wesentlich höher als die Werte hiernach für II + III. Bei ca. 50 1950er Traubenmosten von Bordeaux liegen die Werte für I bei 0,23—6,91, für II + III bei 0,06—1,8, für IV bei 0,08 bis 5,83 g/Liter. Traubensaft ist also arm an eigentlichem Pektin. R liegt bei 4—84, Vi bei 70—80. Entgegen der bisherigen Ansicht wird auch durch die Edelfäule der Trauben (Botrytis) II + III nicht erhöht, sondern vermindert, IV dagegen beträchtlich erhöht. Bei ca. 50 roten u. weißen Bordeausweinen verschied. Jahrgänge liegt der Wert für II + III meistens unter 0,1 g/Liter, oft unter 0,02. Durch die Gärung wird Reinpektin unter Bldg. von Methanol hydrolysiert (durch Pektase u. Pektinase der Hefe). Die dadurch entstehende unlösl. II findet sich teilweise im Schaum (der Gärung). Der Wert für IV kann bei der Gärung zunächst zunehmen, vermindert sich dann aber ebenfalls. Dem Wein zugesetzte wss. Pektinlsg. wird sofort ausgeflockt. (Ann. Falsificat. Fraudes **45**. 11—21. 1952. Bordeaux, Station agronom. et analog.) KIELHÖFER. 7554

H. Conrad, *Umrechnung des Weingeistgehaltes extrakthaltiger Branntweine.* Tabellen zur Umrechnung des Weingeistgeh. extrakthaltiger Branntweine von Vol.-% in Gew.-% u. umgekehrt. (Alkohol-Ind. **64**. 479—80. 16/9. 1951.) WINIKER. 7596

G. H. Osborn und **O. E. Mott,** *Die Bestimmung höherer Alkohole in Whisky und anderen Trinkbranntweinen.* Es werden die Fehlerquellen der amtlichen engl. Bestimmungsmeth. von 1909 (der Royal Commission on Whisky and Other Potable Spirits), die auf der rotvioletten Farb-Rk. mit H_2SO_4 u. Furfurol beruht, beschrieben u. ein verbessertes Bestimmungsverf. unter Ausschaltung dieser Fehlerquellen angegeben. (Analyst **77**. 260—63. Mai 1952. Pool, Dorset, British Drug Houses Ltd., Anal. Dep.) KIELHÖFER. 7596

O. Beyer, *Verfahren zur Beurteilung der Zusammensetzung des Fuselöls.* Da für verschied. Zweige der Industrie die verschied. Komponenten des Fuselöls von Wichtigkeit sind u. die fraktionierte Dest. sehr langwierig ist, konstruierte Vf. einen Destillieraufsatz mit Dephlegmator, wodurch in einer einzigen, zwei Std. dauernden Dest. die Menge des n-Propyl-, Isobutyl- u. Amylalkohols mit $\pm 2\%$, die des A. mit $\pm 6\%$ Genauigkeit im Fuselöl bestimmt werden kann. Der Aufsatz besteht aus einem 70 cm langen Glasrohr von 22 mm inneren Durchmesser, mit Papierwatte umhüllt. Das Rohr ist mit 5 mm langen, 5 mm weiten, aus 0,1 mm dicken Kupferdraht gedrehten Spiralen gefüllt. In die obere Öffnung des Aufsatzes taucht ein Dephlegmator, durch welchen das Kühlwasser mit konstanter Geschwindigkeit u. Druck fließt. Während der Dest. wird die Temp. je 2° abgelesen u. die Menge des dazugehörigen Dest. bestimmt. Hieraus wird die Zus. des Fuselöls graph. ermittelt. (Élelmezési Ipar **4.** 10—12. Dez. 1950.) Plank. 7616

XVI. Nahrungs-, Genuß- und Futtermittel.

E. Maes, *Über den Einfluß der oberflächenaktiven Verbindungen auf den Klebergehalt und die Kleberqualität.* Verss. mit verschied. oberflächenakt. Verbb., namentlich solchen mit längeren hydrophilen Ketten, z. B. Polyoxyäthylendistearat, Dioctylnatriumsulfosuccinat, Triäthanolaminbenzoylsulfat (Konz. 0,5%) ergaben bei verschied. Mehlsorten jeweils eine Erniedrigung des Trockenklebergeh. von ca. 5%. Dieser Befund, zusammen mit der in früheren Verss. festgestellten Brotvolumenerhöhung, führte Vf. zu der Ansicht, daß durch die Verringerung der Oberflächenspannung die Stärkekörner bequemer u. vollständiger aus den Klebersträngen ausgewaschen werden. Dadurch werden diese viel dünner u. elastischer, was zu einem größeren Brotvol. führt. Die eigentliche Kleberqualität ändert sich nicht. Das Altern des Mehles hat keinen Einfl. auf die Wirksamkeit der oberflächenakt. Substanzen. (Brot u. Gebäck **9.** 100—03. Juli 1952. Brüssel, Wirtschaftsministerium, Zentrallabor.) Winiker. 7674

H. Dörner und E. Tehsmer, *Die Bedeutung des p_H-Wertes für die Dauerbackwarenherstellung.* Vff. geben einen kurzen Überblick über den Begriff des p_H-Wertes, die verschied. Meßmethoden u. allg. Erkenntnisse über die Bedeutung des p_H-Wertes für Rohstoffe, Teige u. Gebäcke. Sodann werden Versuchsergebnisse mitgeteilt: Unterschiedliche p_H-Werte von Invertzuckerlsgg. beeinflussen den p_H-Wert der Kekse. Derselbe ist ebenfalls abhängig von Art u. Menge des Triebmittels sowie von der Teiglagerung, der Backtemp. u. -dauer. Bzgl. der Keksqualität wurde festgestellt, daß mit abnehmendem p_H eine größere Gleichmäßigkeit des Porenbildes u. eine bessere Krumenschichtung verbunden waren. Ebenso hatten Kekse mit niedrigem p_H einen angenehmeren, keksartigen Geschmack als solche mit höherem p_H-Wert. (Brot u. Gebäck **9.** 97—100. Juli 1952. Detmold, Bundesanstalt für Getreideverarbeitung.) Winiker. 7674

R. Illies, *Zucker und Sirupe in der Dauerbackwarenindustrie.* Allg. Ausführungen unter besonderer Berücksichtigung der Gütebewertung. (Brot u. Gebäck **9.** 103—06. 108—09. Juli 1952. Köln.) Winiker. 7674

Gy. Éber und M. Tabajdi, *Citronensäuregehalt der Tabake, besonders der ungarischen Tabaksorten.* Die Best. der Citronensäure (I) wurde nach der Meth. von Smirnov-Koljesnjik durchgeführt u. wird genau beschrieben. Die der sauren Gruppe angehörigen Tabake enthalten bedeutend weniger I als die alkal. Tabake, von welchen die auch zur Nicotingewinnung am besten verwendbaren ungar. Bauerntabake (Nic. rustica) 6—8% I enthalten. Bei den untersuchten Orient- u. Überseetabaken besteht dieselbe Beziehung. Der I-Geh. nimmt während des Trocknens u. Fermentierens zu, anscheinend in größerem Maße bei natürlichen Trocknen u. Fermentieren als beim Schnellverfahren. Die I-Menge hängt anscheinend mit dem Nicotingeh. der Tabake zusammen. Da die nicotinreichen Tabake zur Nicotingewinnung verwendet werden, kann der Abfall noch zur Erzeugung von I dienen. (Élelmezési Ipar **5.** 46—50. 1951.) Plank. 7734

—, *Verbesserung der Haltbarkeit von Trockenmilch durch niedrigeres p_H.* Die Haltbarkeit von Trockenmilch kann dadurch erhöht werden, daß der p_H-Wert der Milch (I) vor dem Erhitzen u. Eindampfen erniedrigt wird. Die Erniedrigung des p_H-Wertes wurde durch Zugabe von 3% Milchsäure bewirkt. Ein Milchsäuregeschmack bei I trat nicht auf. (Dairy Wld. **31.** 26. Febr. 1952.) Winiker. 7756

—, *Einfluß der in Milch und Rahm vorhandenen Antibiotica auf die Qualität von Käse und Butter.* Allg. Ausführungen unter besonderer Berücksichtigung von geeigneten Maßnahmen zur Verhütung der durch die Antibiotica bedingten Fabrikationsschwierigkeiten. (Ind. laitière [N. S.] **1952.** 99—101. Mai.) Winiker. 7758

Nis Petersen, *Wie reinigt man am besten die Käsesalzlake?* Kurzer Bericht über Erfahrungen der dän. Staatsmolkerei, demzufolge es zweckmäßig ist, ein Salzbad so lange wie nur irgend möglich zu behalten. Schlamm wird am zweckmäßigsten durch Verwendung einer Schlammkiste mit Ablaßventil entfernt. Bakteriell verunreinigte Laken werden dadurch gereinigt, daß man sie 1 Std. auf 75° erhitzt, dann abkühlen u. 24 Std. absitzen läßt. (Molkerei-Ztg. 6. 867. 14/8. 1952. Kiel.) WINIKER. 7760

Wussow und **Hartwig**, *Untersuchungen über den Einfluß des Stärkewertausgleiches im Grundfutter bei Sommerstallfütterung mit Grünfutter.* Verss. zur Ermittlung des Einfl. von teilweisem Grünfutterersatz durch Trockenschnitzel (bei ausgesprochener Stallhaltung) auf die Milchmenge u. den Fettgeh. der Milch von Kühen ergaben, daß diese Futtereinsparung sich nicht nachteilig auf die Leistung im Sommer auswirkt. Bzgl. des Fettgeh. wurde sogar eine gleichmäßige, leichte Steigerung festgestellt. (Tierzucht 6. 218—20. Juli 1952. Halle, Univ., Inst. für Tierzucht.) WINIKER. 7782

W. Stahl, E. Wiesner und **E. Zembke**, *Ein orientierender Fütterungsversuch mit „Beta-Mehl“. Beta-Mehl*, nach Angaben des Herstellers, ANCKERMANN & CO., Berlin, ein eingedickter Fischextrakt, der im Vakuum unter Zugabe von 2% Detamin mit 5000 I.E. Vitamin D_2 per Gramm an eine Trägersubstanz gebunden wird, erwies sich als wirtschaftliches, die Mastleistung förderndes Zusatzfuttermittel für junge Schweine. (Tierzucht 6. 155—56. Mai 1952. Berlin, Humboldt-Univ., Inst. für Tierzucht der veterinärmed. Fakultät.) WINIKER. 7786

John R. Matchett und **Harry W. von Loesecke**, *Nahrungsmittel.* Literaturübersicht 1951. Best. von Feuchtigkeit, Proteinen u. Aminosäuren, Metallionen, Fetten, Enzymen-Kohlenhydraten, Vitaminen, Säuren, Farbe, Geruch, Zersetzungsprodd. u. Verunreinigungen. — 193 Zitate. (Analytic. Chem. 24. 237—43. Febr. 1952. Washington, D. C., U. S. Dep. of Agriculture.) GERHARD GÜNTHER. 7788

S. Jaschik und **M. Krámer**, *Anwendung der Papierchromatographie zur Trennung und Identifizierung der künstlichen Lebensmittelfarbstoffe.* Vff. bestimmten die R_F-Werte der zum Färben von Lebensmitteln genehmigten sowie einiger verbotener giftiger, künstlicher Farbstoffe. Zur Trennung der Farbstoffe aus Gemischen auf Papierstreifen bewährten sich Lösungsmittelgemische aus Amylalkohol, A. u. Wasser. Die Erkennung der Farbstoffe wird durch die Anwendung von Quarzlicht erleichtert. (Magyar Kémiai Folyóirat [Ung. Z. Chem.] 57. 140—42. 1951. Budapest, Verpflegungswiss. Inst.) PLANK. 7788

V. Cieleszky und **K. Lindner**, *Unmittelbare polarographische Bestimmung von Zinnverunreinigungen in Lebensmitteln.* Gegenüber früheren Beobachtungen stellten Vff. fest, daß die Best. des Sn polarograph. unmittelbar ohne Red. durchführbar ist. Die Lebensmittelprobe wird mit HNO_3 u. wenig H_2SO_4 zerstört u. die Lsg. polarographiert. Im Tomatenmark u. im fl. Teil einiger suppiger Konserven (Bohnen-, Erbsen-, Kraut- u. Spargelsaft) kann Sn auch ohne vorherige Zerstörung direkt in der Suspension bestimmt werden mit einem Fehler geringer als —10%. Infolge der Sauerstoffstufe am Anfang ist das Polarogramm des Sn auch ohne Messung des Abscheidungspotentials charakteristisch. (Magyar Kémiai Folyóirat [Ung. Z. Chem.] 57. 102—05. 1951. Budapest, Verpflegungswiss. Inst.) PLANK. 7788

P. Szeberényi, *Schnelle Zuckerbestimmung in eingekochten Fruchtsäften.* Der eingekochte Most wird mit Pb-Acetat vermischt u. ein Teil des reinen Filtrats mit der schwefelsauren $K_2Cr_2O_7$-Lsg. (0,5n; 20% H_2SO_4) 3 Min. gekocht. Der Überschuß wird jodometr. gemessen. 1 ml 0,5n$K_2Cr_2O_7$ entspricht 3,75 mg Glucose. (Magyar Kémiai Folyóirat [Ung. Z. Chem.] 57. 47—49. 1951. Budapest, Landwirtsch. Versuchsinst.) PLANK. 7818

János Bodnár, Ilona Porcsalmy, Lóránd Szabó und **Imre Kiss**, *Bericht über die Tätigkeit des Tabakbiochemischen Laboratoriums der Universität Debrecen in den Jahren 1946—1947.* Bei Überprüfung der Methoden zur Zuckerbest. im Tabak wurde festgestellt, daß das biol. Verf. ANDREADIS-TOLE-BINOPOULOS verläßlicher ist als das von PYRIKI, das immer zu hohe Werte lieferte. Es wird angenommen, daß die in der vergorenen, zuckerfreien Lsg. noch vorhandenen Nichtzuckerstoffe die PYRIKI-Meth. (Fällung mit Bleizucker) beeinträchtigen. Ein Vgl. der Meth. von BODNÁR mit der Standardmeth. von PFYL-SCHMIDT zur Best. des Nicotins zeigte, daß beide die gleichen Werte ergeben, wenn der Tabak neben Nicotin kein oder nur sehr wenig Nornicotin enthält. Die Meth. BODNÁRs mißt Nornicotin als Nicotin. Es wurde ferner die biol. Wrkg. des Nicotins an Muskelpulverpräpp. untersucht u. festgestellt, daß Nicotin auf die während des Stoffwechsels stattfindende Phosphorylierung ohne Einfl. ist. Ein Vgl. der Wrkg. verschied. im Handel befindlicher Pflanzenschutzmittel mit Nicotin zeigte, daß Nicotin das verläßlichste u. stärkste Schädlingsbekämpfungsmittel ist. (Magyar Kémiai Folyóirat [Ung. Z. Chem.] 56. 137—41. 1950.) PLANK. 7836

J. Bodnár und **I. Porcsalmy**, *Mikromaßanalytische Bestimmung des Nicotins im Tabak.* Neuere Verss. mit der BODNÁRschen mikromaßanalyt. Meth. beweisen, daß die

Ergebnisse in dem Falle genau sind, also mit denen nach der von PYRIKI modifizierten PFYL-SCHMITT-Meth. erhaltenen ident. sind, wenn der Tabak neben Nicotin kein, oder nur Spuren von Nornicotin enthält. (Élelmezési Ipar **5**. 29—30. 1951.) PLANK. 7836

M. Demeczky, *Methode zur Bestimmung der Verbrennungsgeschwindigkeit und der Luftdurchlässigkeit von Tabakerzeugnissen.* Die vom Vf. beschriebene Vorr. ermöglicht die Best. der Luftdurchlässigkeit in Abhängigkeit vom Saugdruck, von der Feuchtigkeit des Tabaks u. vom Gewicht der Zigaretten. Die Ergebnisse geben Aufschluß über die Qualität u. können zur Überwachung der Fabrikation dienen. Aus sehr zahlreichen Verss. geht hervor, daß diese Meth. nicht nur zur Qualitätskontrolle, sondern auch zur Unters. der die Verbrennungsfähigkeit beeinflussenden verschied. Faktoren geeignet ist. Es können sogar quantitative Zusammenhänge bei Erzeugnissen verschied. morpholog. Struktur, aber gleicher chem. Zus. bzw. gleicher morpholog. Struktur u. verschied. chem. Zus. festgelegt werden. (Élelmezési Ipar **5**. 13—17. 1951.) PLANK. 7836

Herm. Serger, *Der chemische Nachweis beginnender Zersetzung bei Fleisch und Fleischwaren.* Zusammenstellung bekannter chem. Methoden, bes. zum Nachw. von NH_3 u. H_2S, der beginnenden Zers., des beginnenden Bakterienwachstums, von Nitrat, der Verderbnis, von organ. S-Verbb., von flüchtigen Bestandteilen, der „Ranzigkeit", der Parfümranzigkeit, sowie verdorbener fettsäurehaltiger Bestandteile. — Literaturangaben. (Pharmaz. Zentralhalle Deutschland **91**. 143—48. Mai 1952. Braunschweig, Konserven-Versuchsstation u. Konserven-Technikum.) LIEBNER. 7850

G. Hingst und **J. Thomasow**, *Über die Prüfung von Amylalkohol.* Die alleinige Kontrolle des Amylalkohols (I) für die Acidbutyrometrie durch einen Blindvers. mit W. genügt nicht, weil wasserunlösl., aber fettlösl. Bestandteile Fehler hervorrufen können. Es muß eine Kontrollprobe mit Milch u. einem einwandfreien I oder der Vgl. mit einer gewichtsanalyt. Meth. durchgeführt werden. (Milchwissenschaft **7**. 16—18. Jan. 1952. Kiel, Bundesvers., u. Forschungsanst. für Milchwirtschaft, Chem. Inst.) HÜCKSTÄDT. 7856

Adolf Beythien, Die Geschmacksstoffe der menschlichen Nahrung. 2. Aufl., bearb. v. **Kurt Wagner**. Dresden, Leipzig: Th. Steinkopff. 1952. (XII + 220 S.) 8° = Technische Fortschrittsberichte. Bd. 50. DM 9,—.

XVII. Fette. Seifen. Wasch- u. Reinigungsmittel. Wachse. Bohnermassen usw.

Gy. Somos und **F. Duneczky**, *Das Skipin-Verfahren zur Gewinnung von Pflanzenöl und damit verbundene Erfahrungen.* Vff. beschreiben das Verf. u. die durchgeführten Verss., deren Zweck es war, die günstigsten Bedingungen (Feuchtigkeitsgeh., Temp., Dauer des Dämpfens, Mahlfeinheit) zu bestimmen, bei welchen aus inländ. Ölkernen das Öl austropft. (Mezögazdaság és Ipar **4**. 20—24. Sept. 1950. Budapest, Techn. Univ., Agrochem.-Technol. Inst.) PLANK. 7894

K. H. Wagner, *Die Vitaminisierung der Margarine.* Erfahrungen über die in den Jahren 1940—1948 durchgeführte Vitaminisierung der Margarine mit 4000 IE. *Vitamin A*, u. 300 γ *Carotin*, dieses zur Färbung der Margarine, wofür auch *Lactoflavin* genommen werden kann. (Med. Mschr. **6**. 609—10. Sept. 1952. Gießen, Justus-Liebig-Hochschule, Inst. für Ernährungswissenschaft.) LOCH. 7900

A. Davidsohn, *Alkyl-Benzol-Sulfonate als Reinigungsmittel.* Es werden die Vorteile der Alkyl–Aryl-Sulfonate, die 50 % aller Reinigungsmittel ausmachen, ihre chem. Struktur u. ihre labormäßige u. großtechn. Herst. sowie ihre Verwendung ausführlich besprochen. 5. Tabellen. Z. B. wird Bzl. mit monochlorierten polymerisierten Olefinen oder mit vom pennsylvan. Petroleum abstammenden geradkettigen KW-stoffen nach FRIEDEL-CRAFT kondensiert u. anschließend wird sulfoniert. (Ind. Chemist **28**. 198 bis 203. Mai 1952.) BÖSS. 7912

E. M. Sallee, *Schnelltest für Trichloräthylen in pflanzlichen Ölen. Modifizierte Beilstein-Probe.* Unter Hinweis auf die Befunde, wonach Gehh. bis zu ca. 0,01 % Trichloräthylen (I) die Hydrierung nicht behindern, während bereits bei 0,03 % die Wrkg. als Katalysatorgift stark in Erscheinung tritt, wird die Notwendigkeit einer Schnellmeth. zum Nachw. von I hervorgehoben. Hierfür ist eine modifizierte BEILSTEIN-Probe geeignet, die chlorierte Lösungsmittel in Mengen bis herab zu ca. 0,01 % erkennen läßt. Die Arbeitsweise bedient sich einer Kupfergaze (40 Maschen/cm^2), die in Streifen $^1/_4 \times 2$ Zoll geschnitten wird. Das zu untersuchende Öl wird mit einem bewegten Glasstab derart aufgebracht, daß man es längs der Mittellinie des Gazestreifens verteilt, wobei die Ränder ölfrei bleiben. Der Streifen wird mit einer Schmelztiegelzange am einen Ende gefaßt u. waagerecht in die farblose Gasflamme gehalten. Aus der Intensität der grünen Flamme wird an Hand einer mit Öl von bekanntem Geh. an I erstellten Skala auf die Menge desselben geschlossen; 0,1 % I liefert eine helle grüne Flamme bis zur vollständigen Verbrennung des Öles; 0,05% eine grüne Flamme, die gewöhnlich vor der Entflammung des Öles verschwindet, 0,01% eine schwach grüne Flamme, wenn die Gaze in die Gasflamme gebracht wird; bei 0,005% ist das Grün meist kaum zu erkennen. HCl-Dämpfe in der Raumluft, die geruchlich nicht zu erkennen sind, rufen bereits Flammenfärbung hervor; der Vers. muß deshalb in halogenfreier Atmosphäre ausgeführt werden; liegen stärker I-haltige Öle vor, dann verd. man mit I-freiem Öl, bis die Intensität der grünen Flamme ca. 0,01% entspricht. (J. Amer. Oil Chemists' Soc. **29.** 197. Mai 1952. Cincinnati, O., Procter and Gamble Comp., Chem. Div.) TÄUFEL. 7932

L. Hartmann und Margaret D. L. White, *Wesson-Verlust als ein Maßstab für den Grad der Raffination.* Ausführliche Erörterungen über die WESSON-Meth. (Oil Fat Ind. **3.** [1926.] 297), d. h. über die Ermittlung jener Ölbestandteile, die den Verlust bei der Raffination herbeiführen; Hinweis auf neuere Unterss. in dieser Richtung. Es werden 7 verschied. pflanzliche Öle nach 3 verschied. Methoden mit wss. NaOH bzw. Na_2CO_3 raffiniert u. anschließend mit reiner Ölsäure bzw. Laurinsäure wieder auf den ursprünglichen Geh. an freier Säure eingestellt; Wiederbest. des WESSON-Verlustes. Ferner erfolgt Ermittlung des Verlustes nach der chromatograph. Methode. Zur Best. des Verlustes an Neutralöl bei der WESSON- bzw. der chromatograph. Meth. werden 5 Proben behandelt u. untersucht. Aus den Ergebnissen wird unter Berücksichtigung der obwaltenden Verhältnisse abgeleitet, daß bei der Ermittlung des WESSON-Verlustes unterschiedliche Mengen von Nichtglyceriden hinterbleiben, die von der Art des Öles u. der Art der Raffination abhängig sind. Die Raffination nach der offiziellen A. O. C. S.-Meth. oder mit Na_2CO_3 mit folgender Reraffination liefert prakt. nichtglyceridfreie Prodd., während diejenige mit Alkali im mäßigen Überschuß (10—25%) merkbare Anteile an Nichtglyceriden hinterläßt. Die WESSON-Meth. ist deshalb ein quantitativer Gradmesser für den Raffinationsverlust. Die chromatograph. Arbeitsweise ist für diese Zwecke nicht anwendbar; sie führt zu Verlusten, wenn man sie auf raffinierte oder chromatographierte Öle anwendet; bei rohen Ölen aber ist sie zur Best. von Verlusten an Konstituenten brauchbar. (J. Amer. Oil Chemists' Soc. **29.** 177—80. Mai 1952. Wellington, New Zealand, Dep. of Sci. and Ind. Res., Fats Res. Labor.) TÄUFEL. 7932

H. Thaler und R. Scheler, *Studien zur Farbstoffanalytik.* 1. Mitt. *Der Nachweis von Annatto in Speisefetten.* 5 g des zu untersuchenden Fettes werden in 15 ml PAe. gelöst u. langsam auf eine Al_2O_3-Säule chromatographiert. Der Annattofarbstoff Bixin (5 γ) bleibt als orangefarbene Zone an der Oberfläche haften. Es wird zweimal mit PAe. gewaschen. Von dem PAe. wird soviel weggesaugt, daß er nur ca. 1 cm über dem Oxyd steht. Die Röhre wird dann mit 96%ig. A. gefüllt. Hierbei werden u. a. Martiusgelb, Sudan G usw. vollständig eluiert u. wandern mit dem A. abwärts; Bixin bleibt haften. Nach Behandlung mit Chlf. u. Zusatz einiger Milliliter CARR-PRICE-Reagens schlägt die Farbe der Zone in blaugrün um. Freie Fettsäuren in größerer Menge verhindern die Adsorption des Bixins. (Z. Lebensmittel-Unters. u. -Forsch. **93.** 220—24. Okt. 1951. München, Deutsche Forschungsanstalt für Lebensmittelchemie.) REISS. 7934

H. Thaler und R. Scheler, *Studien zur Farbstoffanalytik.* 2. Mitt. *Der Nachweis von Buttergelb in Speisefetten.* (1. vgl. vorst. Ref.) 5 g Fett werden in 15 ml PAe. gelöst. Zur Abtrennung von Bixin, Chryscidin, Martiusgelb u. Sudan G wird auf eine Säule von Al_2O_3 nach BROCKMANN chromatographiert u. diese mit 20 ml PAe. ausgewaschen. Von den vereinigten Filtraten wird der PAe. abdestilliert. Es wird in 15 ml Bzl. aufgenommen u. auf eine Säule von Floridin XXF chromatographiert. Bei Anwesenheit von Buttergelb entsteht eine schmale, dunkelcarminrot gefärbte Zone, die sehr langsam in der Säule abwärts wandert. (Z. Lebensmittel-Unters. u. -Forsch. **93.** 286—90. Nov. 1951.) REISS. 7934

Procter & Gamble Co., Ivorydale, übert. von: **Herbert Kenneth McClain,** Cincinnati, O., V. St. A., *Filtration von fetten Ölen.* Das Filterbett wird mit einer Schicht von feinverteilten, in W. lösl., in Öl unlösl. festen anorgan. Salzen (I) bedeckt, deren Teilchengröße einem 150—300-Maschensieb entspricht. Nach der Filtration wird der Filterkuchen aus I in W. gelöst u. der Ölrückstand leicht wiedergewonnen. (**A. P. 2 579 946** vom 17/7. 1946, ausg. 25/12. 1951.) LÜTTGEN. 7875

United States of America, übert. von: **Henry L. E. Vix, James J. Spadero, Elisha F. Pollard, Edward A. Gastrock** und **Ralph M. Persell,** New Orleans, La., und **Charles H. Murphy jr.,** Itta Bena, Miss., V. St. A., *Aufarbeiten und Entölen von Baumwollsamenmehl.* Baumwollsaat wird so weit zerkleinert, daß mindestens 70% eine Teilchengröße von 2—40 μ hat, u. in einem KW-stoff mit D. 0,67—0,78, z. B. Hexan, suspendiert; nach einigen Stehen trennt sich die M. infolge verschied. D. in die aus reinem Mehl,

Farbstoff u. Schalen bestehenden einzelnen Schichten. (**A. P. 2 579 526** vom 20/7. 1948, ausg. 25/12. 1951.) LÜTTGEN. 7895

Procter & Gamble Co., Ivorydale, O., V. St. A., *Herstellung gleichmäßig pumpfähiger Ölsuspensionen*, bestehend in der Bldg. einer Mischung aus fl. Fettestern u. festem Triglycerid, Überführung von mindestens 70 ± 5 % des festen Triglycerids in die β-kristalline Form u. feine Verteilung des festen Triglycerids in dem Fettester. *Eßbares Nußbutterprodukt.* (**E. P. 660 610** vom 30/12. 1948, ausg. 7/11. 1951.) MAASS. 7901

Procter & Gamble Co., Ivorydale, O., V. St. A., *Herstellung von Suspensionen fester Triglyceride in flüssigen Fettestern*, bestehend in der mindestens teilweisen Überführung der festen Triglyceride in die β-kristalline Form, Suspendierung der Triglyceride in den erwähnten Fettestern u. Überführung der Triglyceride in eine fein verteilte Form, wodurch eine pumpfähige Konsistenz bei Raumtemp. ermöglicht wird. Vgl. E. P. 660 610 vorst. Referat. (**E. P. 660 611** vom 30/12. 1948, ausg. 7/11. 1951.) MAASS. 7901

Farbwerke Hoechst, vormals Meister Lucius & Brüning, Frankfurt/M. (Erfinder: **Emil Thiel**, Rio de Janeiro, und **Karl Frank**, Frankfurt/M.), *Herstellung nichthygroskopischer sulfonsäuregruppenhaltiger Fettsäurekondensationsprodukte*, dad. gek., daß man die Fettsäurekondensationsprodd. als wss. Pasten gegebenenfalls wiederholt unter Zusatz von Alkali u. gegebenenfalls von neutralen Salzen erhitzt u. nach erfolgter Schichtentrennung die untere wss. Salzlsg. abtrennt. — Z. B. werden 385 kg Kondensationsprod. aus Cocosölfettsäure u. Methyltaurin-Na in Form einer alkal. wss. Paste von 1720 kg mit 440 Liter NaOH (38° Bé), 500 Liter Wasserglaslsg. (38° Bé) u. 460 Liter W. auf 80—90° erhitzt. Es scheiden sich ca. 1000 kg Unterlauge ab. Das so behandelte oberflächenakt. Kondensationsprod. ist salzarm u. nicht mehr wesentlich hygroskopisch. Die Prodd. besitzen bleibende Streufähigkeit u. können ohne weiteres zu *Waschpulvern* verwendet werden. (**D. B. P. 840 543** Kl. 12o vom 11/11. 1944, ausg. 3/6. 1952.) HERBST. 7913

Ruhrchemie Akt.-Ges. (Erfinder: **Johannes Hansen**, Rheinhausen-Hochemmerich, und **Otto Roelen**), Oberhausen-Holten, *Sulfonierungsprodukte oder deren Salze aus Aldehyden oder Aldehydgemischen* erhält man durch Sulfonierung und erforderlichenfalls Neutralisierung dieser Aldehyde, die durch Kondensation mit Alkalien oder anderen Kondensationsmitteln unter gleichzeitiger oder nachfolgender vollständiger oder teilweiser Wasserabspaltung oder Hydrierung erhalten wurden. — Der aus CO u. H_2 (1:2) in Ggw. von Co-Th-Kieselgur erhaltene Heptylaldehyd, Kp. 149—150°, n_D^{20} 1,4136, $D.^{20}_4$ 0,821, wird mit 30 %ig. KOH unter Kühlung 2 Std. gerührt. Das erhaltene viscose Öl mit OH-Zahl 129, $D.^{15}_4$ 0,892, n_D^{20} 1,4557, wird bei 140° u. 150 atü in Ggw. eines Co-Mischkatalysators mit H_2 zu Alkoholen mit der OH-Zahl 173, $D.^{20}_4$ 0,873, n_D^{20} 1,4456 hydriert, die in Ae. mit $ClSO_3H$ das *Schwefelsäureestersalz* mit hervorragenden Wascheigg. liefert. Verwendung als *Wasch-* bzw. *Netzmittel.* (**D. B. P. 843 851** Kl. 12o vom 22/8. 1940, ausg. 14/7. 1952.) KRAUSS. 7913

Farbwerke Hoechst, vormals Meister Lucius & Brüning (Erfinder: **Hans Koch**), Frankfurt/M.-Höchst, *Sulfochlorierung gesättigter, nichtaromatischer Kohlenwasserstoffe.* Sie erfolgt durch gleichzeitige Einw. von SO_2 u. Cl_2 nach D. B. P. 833 808 in Ggw. geringer Mengen von Verbb. der Formel NC—C(R)(R')—N=N—C(R)(R')CN (R u. R' = Alkyl oder zusammen Alkylen) oder deren funktionellen Derivv., gegebenenfalls unter zusätzlicher Bestrahlung mit akt. Licht. — Beispiel: Kogasin II, Kp. 230—320°, $D.^{20}_4$ 0,76, wird mit Cl_2 u. SO_2 (1:1) in Ggw. von Hydrazoisobuttersäurenitril u. CCl_4 bei 35—38° begast. Man erhält ein wasserhelles Prod. mit 7,45 % Sulfochloridchlorgeh. (I) u. $D.^{20}_4$ 0,935. In weiteren Beispielen werden Braunkohlenparaffin mit Tropfpunkt 52—54° bzw. raffiniertes pennsylvan. Gasöl (Mol.-Gew. 330) u. Hydrazoisobuttersäuredibutylester bzw. Hydrazocyclohexancarbonsäurenitril als Katalysator verwendet, wobei Prodd. mit 8,20 bzw. 6,40 I erhalten werden. — Die durch Verseifung der Sulfochloride erhältlichen Sulfonate sind gute *Waschmittel.* (**D. B. P. 839 351** Kl. 12o vom 29/7. 1949, ausg. 17/7. 1952. **Zusatz zu D. B. P. 833 808.**) KRAUSS. 7913

E. I. du Pont de Nemours & Co., Wilmington, Del., übert. von: **George Otis Funderburk**, Upper Penn's Neck, N. J., V. St. A., *Waschpulver.* Zusammenbackende hygroskop. Pulver (I) werden einwandfrei lagerfähig durch den Zusatz von >40 % (bezogen auf den hygroskop. Anteil des I) eines Prod., das durch Rk. von in W. lösl. Al-Salz in 1 (Teil) $Al_2(SO_4)_3$ äquivalenter Menge mit 1—8 wasserfreiem Borax äquivalenter Menge in W. lösl. Boraten erhalten wird. (**A. P. 2 579 380** vom 5/10. 1949, ausg. 18/12. 1951.) LÜTTGEN. 7913

Flavien Crelier, Boncourt/Bern, Schweiz, *Fleckenentferner.* In einer Abkochung von 500 (g) grünen Efeublättern in 3 Liter W. löst man nach dem Filtrieren 1600 harte, weiße Seife unter Aufkochen, fügt 60 K_2CO_3 u. 120 Borax als Pulver hinzu u. kocht kurz auf. Nach mäßigem Abkühlen rührt man noch 30 Sassafras-Essenz ein. Das dickliche Prod. ist z. B. zum Entfernen von Fett-, Farbe-, Wein- u. Schokoladenflecken geeignet. (**Schwz. P. 277 270** vom 7/10. 1950, ausg. 16/11. 1951.) WEISS. 7917

Botany Mills, Inc., übert. von: **Robert E. Choyce**, Passaic., und **Peter Vaterrodt**, Rutherford, N. J., V. St. A., *Gewinnung von Lanolinalkoholen* (I) *aus Wollfett* (II). Man verseift II mit 75—85%ig. Ätzalkali unter leichtem Druck, führt die Seifen in Ca-Seifen über, neutralisiert, trocknet u. extrahiert I. Die Verseifung wird bes. in Ggw. von niederen Alkoholen ausgeführt. — Zeichnung. (**A. P. 2 579 986** vom 3/2. 1950, ausg. 25/12. 1951.) LÜTTGEN. 7925

XVIIIa. Holz. Cellulose. Zellstoff. Papier. Papierdruck. Celluloid. Linoleum.

L. P. Clermont und **H. Schwartz**, *Die chemische Zusammensetzung kanadischer Hölzer*. 2. Mitt. Angaben über physikal. Daten u. die chem. Zus. vom Holz der Rottanne (*pinus resinosa*), einer Lärchenart (*larix laricina*), der amerikan. Linde (*tilia americana*), der Weißulme (*ulmus americana*), der schwarzen Esche (*fraxinus nigra*), der gelben Birke (*betula lutea*), der Buche (*fagus grandifolia*) u. des Zuckerahorns (*acer saccharum*). 3 Tabellen im Original. (Pulp Paper Mag. Canada **53**. 142—43. Mai 1952. Ottawa, Labor. of the Forest Products.) H. BECKER. 7952

Herman Bogaty, Kenneth S. Campbell und **William D. Appel**, *Einige Beobachtungen über die Verdampfung von Wasser aus Cellulose*. Der Einfl. von W. auf den Abbau von Cellulose (I) wird diskutiert, bes. bzgl. der braunen Linie, die sich beim capillaren Steigen von W. auf I bildet. Der Abbau wurde durch Messung der Cuoxamfluidität u. der Methylenblauadsorption erfaßt. Das braune, fluorescierende, in W. lösl. Material entsteht durch die Verdampfung von W. an der Grenzgläche I-W.-Luft u. besteht aus einer Oxycellulose des mild reduzierenden sauren Typs. Die Oxydation erfolgt teilweise an der prim. Hydroxylgruppe unter Bldg. von Polyglucuronsäure. Hierauf setzt Kettenabbau u. Bldg. lösl. niedrigmol. Fraktionen ein. (Textile Res. J. **22**. 75—81. Febr. 1952. Washington, D. C., Nat. Bur. of Standard.) ZAHN. 7954

Robert F. Reed, *Lithographie auf gestrichenem Papier*. Beim lithograph. Druck auf gestrichenem Papier treten verschied. Schwierigkeiten auf, die Vf. beschreibt u. diskutiert (Feuchtigkeit des Papiers u. des Druckraumes, p_H-Wert des Papieres, stat. Elektrizität, Zus. u. Eigenart der Druckfarben, die Neigung des Papiers zum Rollen usw.). Um einen guten Druck zu erzielen u. Fehlermöglichkeiten zu vermeiden, gibt Vf. Hinweise u. Ratschläge aus seiner eigenen prakt. Erfahrung. (Nat. Lithographer **59**. 26—29. März. 28—31. April. 28—31. 98—99. Mai 1952.) PATZSCH. 7988

Nils Mannbro, *Betriebskontrollmethode für Schwarzlaugenoxydation*. Der J-Verbrauch der Schwarzlauge wird vor (a) u. nach (b) einer Kochung mit NH_4Cl zur Abtreibung des H_2S bestimmt. Die Differenz a–b entspricht dem J-Verbrauch des Sulfidschwefels. Das Verhältnis b/a wird als Oxydationsverhältnis bezeichnet. Die für jede Fabrik aufgestellten Kurven über die Beziehung zwischen Oxydationsverhältnis u. Oxydationsgrad, d. h. die Menge des wegoxydierten Sulfids in % der Menge Sulfid in der ursprünglichen Lauge, geben ein Maß für den Wirkungsgrad der Oxydationsanlage. Diese Beziehung beruht auf dem Umstand, daß theoret. das gesamte Na_2S zu $Na_2S_2O_3$ oxydiert wird. Bezeichnet man den J-Verbrauch für nicht oxydierte Lauge mit a_1 u. b_1 u. für oxydierte Lauge mit a_2 u. b_2, so ergibt sich die Beziehung $b_1 + [(a_1 - b_1) - (a_2 - b_2)]/4 = b_2$. (Svensk Papperstidn. **55**. 515—17. 15/8. 1952. Fredriksberg, Hellefors Bruks AB.) P. ECKERT. 8006

Paul Heisel, Augsburg, und **Erhard Müller**, Gersthofen, *Konservieren von Holz* durch Verwenden fl., chlorierter, nichtaromat. KW-stoffe mit mehr als 5, bes. 10 bis 20 C-Atomen u. 30—60% Cl-Gehalt. (**Schwz. P. 279 022** vom 19/11. 1949, ausg. 1/3. 1952. D. Prior. 5/7. 1949.) E. PETERSEN. 7953

Karl Hamann und **Jakob Willems**, Krefeld, *Holzkonservierungsmittel*, bestehend aus einem wasserlösl. anorgan. Schutzstoff, z. B. NaF u. KF oder Alkaliarsenaten, u. einem wasserlösl. Salz des Pentachlorphenols. (**Schwz. P. 279 700** vom 2/2. 1950, ausg. 17/3. 1952. D. Prior. 23/12. 1949.) E. PETERSEN. 7953

Aktiebolaget Kaukas Fabrik, Cellulosafabriken, Lauritsala, Finnland (Erfinder: **Bengt Levon**), *Entfernen von Harz aus Cellulose*. Man entfernt die harzhaltigen Randstrahlzellen, die sogenannten Nullfasern, indem man die M. durch einen Kanal mit einer Siebwand leitet, die diese Fasern, aber nicht die n. Zellstoffaser hindurchtreten läßt. Gleichzeitig spritzt man koaxial W. ein, das gegen die Siebwand gerichtet ist. Zur Fortbewegung der Zellstoffmasse unter ständiger Berührung mit der Siebfläche dient ein spiralförmiges Leitblech. — Vorr., Zeichnung. (**N. P. 78 910** vom 23/4. 1947, ausg. 6/8. 1951.) J. SCHMIDT. 7957

Mo och Domsjö Aktiebolag, Örnsködsvik, Schweden, *Herstellung von Sulfitcellulose.* Man führt den Holzaufschluß in 2 Stufen durch, wobei in der 1. Stufe unter 120° mit alter Lauge aus früheren 1. Stufen, die durch Bisulfite von Ca, Mg oder Na u. gegebenenfalls SO_2 aufgefrischt wurde, gearbeitet wird, worauf in der 2. Stufe bei ca. 20° höher u. ebenfalls unter Mitverwendung von alter Lauge aus früheren 2. Stufen gearbeitet wird, die mit SO_2 aufgefrischt wurde. Der gesamte Baseninhalt der Kochlauge der 1. Stufe soll über z. B. 12—20 g CaO im Liter betragen. Die Ablauge der 2. Stufe wird vor der Weiterverwendung vorteilhaft vergoren. (**N. P. 78 968** vom 16/3. 1948, ausg. 20/8. 1951. Schwed. Prior. 1/4. 1947.) J. SCHMIDT. 7963

Norddeutsche Hefeindustrie Akt.-Ges. (Erfinder: **Werner Wachs,** Löwenberg, Schlesien), Berlin, *Schutzüberzug für Apparate zur Holzhydrolyse.* Man verwendet einen Anstrich mit einer Grundlage aus Formaldehydphenollack u. einem Überzug aus Furfurolphenollack, der durch Kondensation mit krist. Soda hergestellt ist. Gegebenenfalls kommt noch eine Zwischenschicht aus Nitrocelluloselack in Frage. (**D. R. P. 757 075** Kl. 89i vom 26/10. 1941, ausg. 12/5. 1952.) HEINSEN. 7969

E. I. du Pont de Nemours & Co., übert. von: **James C. Lehr, Denis J. O'Flynn** und **Reade Y. Tompson,** Wilmington, Del., V. St. A., *Papier mit hoher Naßfestigkeit.* Einem Kondensationsprod. aus 1,5—2,5 (Teilen) CH_2O u. 1 Harnstoff werden 2—20 (%), bes. 4—8, *Diglykolsäure* oder deren Alkalisalze zugesetzt. Die Schicht wird aufgesprüht u. das Prod. bei 120° getrocknet. (**A. P. 2 557 299** vom 9/3. 1950, ausg. 19/6. 1951.) C. VOGEL. 7987

Heinz Kracke, Bad Honnef, *Konservieren von Urkunden und Landkarten* durch beiderseitiges Überziehen, bes. Verschweißen (I), mit einer durchsichtigen, elast. u. glatten Kunststoffolie, z. B. aus Polyvinylharzen oder Cellulosederivaten. Das I erfolgt mittels elektr. geheizter Walzen. (**D. B. P. 841 865** Kl. 75c vom 20/10. 1950, ausg. 19/6. 1952.) WEISS. 7987

S. D. Warren Co., Boston, Mass., übert. von: **Laurence W. Porter,** Westbrook, und **Frank H. Jewett II,** Buxton, Me., V. St. A., *Leim zum Aufbringen von Streichmassen für Druck- und Packpapier.* Eine Mischung aus Stärke (I) u. einem Kondensationsprod. (II) eines Amins mit mehr als 2 NH_2-Gruppen (Harnstoff, Melamin) u. CH_2O wird bei p_H 7—8 z. B. auf 90—95° erhitzt. Sobald die Viscosität ein Minimum erreicht hat, wird die Rk. unterbrochen; dann werden Pigmente, Füllstoffe u. W. zugegeben. Beispiel: 1050 (Teile) I, 320 II, 450 $CaCO_3$, 2550 Tonerde u. insgesamt 5500 Wasser. (**A. P. 2 555 057** vom 10/12. 1947, ausg. 29/5. 1951.) C. VOGEL. 7989

Monsanto Chemical Co., St. Louis, Mo., übert. von: **Gerald R. Barrett,** Winchester, Mass., V. St. A., *Streichmasse für Druckpapier,* bestehend aus einer Dispersion u./oder Suspension, die als wesentlichen Bestandteil enthält: ein Pigment, eine langkettige ungesätt. Fettsäure oder deren Derivv. sowie ein Mischpolymerisat von Alkylhalbestern der Äthylen-α.β-dicarbonsäure u./oder deren Anhydrid u. einer polymerisierbaren Vinylverb. oder mehreren der Strukturformel $R—CH=CH_2$, worin R einen Phenylrest darstellt. (**A. P. 2 576 914** vom 28/2. 1948, ausg. 4/12. 1951.) ZIERHOLD. 7989

N. V. Philips' Gloeilampenfabrieken, Eindhoven, Holland, *Herstellung von Wellpappe.* Man leitet die beiden Pappenkomponenten über zwei auf ca. 150° geheizte Walzen, worauf die vereinigten Pappenkomponenten zwischen beiden Walzen austreten. Die eine Walze ist glatt u. die andere geriffelt, wobei die dieser Walze zugeführte Pappkomponente in die Riffeln eingedrückt u. außerdem an den vorst. Teilen dieser Walze mit einem Klebstoff bestrichen wird. Der glatten Walze wird auf der ganzen Fläche ein Stoff zugeführt, der die Annahme von Druckerschwärze auf der fertigen Pappe erleichtert. Als solche Stoffe eignen sich Stearinsäure, Klauenfett, Klauenöl, Paraffin, Paraffinöl, synthet. u. natürliche Wachse, Silicone, Zn-, Ca- oder Mg-Stearat. Man kann der glatten Walze auch eine dünne Folie aus Polytetrafluoräthylen zuführen. — Zeichnung. (**N. P. 79 234** vom 17/3. 1949, ausg. 22/10. 1951. Holl. Prior. 20/3. 1948.) J. SCHMIDT. 7993

Verpackungsbedarf G. m. b. H. (Erfinder: **Eberhard Holzapfel**), Krefeld, *Verkleben von zwei Lagen Papier* usw. mittels einer oder mehrerer *Lagen Papier* usw. u. dazwischenliegender Klebstoffschichten (I), dad. gek., daß die mittleren Lagen oder Lagengruppe aus durchlässigem Werkstoff besteht u. eine oder einige I-Bestandteile (II) enthalten, die die Klebfähigkeit einer oder mehrere anderer I herbeiführen oder begünstigen, wobei die II beim Zusammenpressen der Lagen an davon freie Schichten abgegeben werden. Als II dienen z. B. mit gequollener Stärke gemischte Stärkesuspension u. Alkali oder Kautschukmilch u. ein Vulkanisiermittel. — Zeichnungen. (**D. B. P. 845 312** Kl. 55f vom 10/2. 1950, ausg. 31/7. 1952.) C. VOGEL. 7993

XVIIIb. Textilfasern.

Richard Steele und **Cornell Messler**, *Überblick über die Textilforschung und Entwicklung während 1951.* Ein Sammelref. über die gesamte Literatur auf den Gebieten der Textilforschung u. -entw., soweit sie 1951 veröffentlicht worden ist (1758 Literaturzitate). Das Material wurde in folgende Abschnitte unterteilt: Forschung: Chemie der Cellulose u. Stärke; Struktur u. Eigg. der Cellulosefasern, der Proteinfasern, der synthet. Fasern; makromol. Unterss.; Beziehungen zwischen Faser, Garn u. Gewebe; Sorption, Quellung u. Diffusion; Färben; Viscosität u. verwandte Unterss. über das Mol.-Gew.; Abbau; Waschen u. Oberflächenaktivität; Prüfmethoden u. App., Entw.: Mechan. Verarbeitung u. Naßausrüstung. (Textile Res. J. **22**. 293—377. Mai 1952. Princeton, N. J., Textile Res. Inst.) ZAHN. 8022

J. Salquain, *Ultraschall und die Textilindustrie.* Betrachtung über die Herst., Eigg. u. Anwendung von Ultraschall unter besonderer Berücksichtigung der Anwendung in der Textilindustrie. (Teintex **17**. 377—89. 15/6. 1952.) v. KÖNIG. 8024

A. Sippel, *Die Theorie der Photolyse von Textilfasern.* Der photolyt., d. h. der durch Lichtquanten bewirkte Abbau der Makromoll. der Textilfasern erlaubt verschied. Modellvorstellungen. Jeder solchen Vorstellung entspricht einer mathemat. Formulierung des Zusammenhangs zwischen Reißfestigkeit u. Polymerisationsgrad. Die mit den empir. Befunden u. den allg. physikal. Anschauungen am besten verträgliche Formel legt zwei Annahmen nahe, die für Textilfasern bis jetzt noch nicht ausgesprochen worden sind: Die Lichtquanten, welche mit lichtempfindlichen Bindungen zwischen den Grundmoll. auftreffen, bzw. die Energien werden zu den lichtempfindlichen Bindungen weitergeleitet. Sämtliche Bindungen zwischen den Grundmoll. können nur je einmal ein Lichtquant absorbieren. Eine sich aus der ersten Annahme ergebende Konsequenz bzgl. der Quantenausbeute wird experimentell bestätigt. Für das Problem der Lichtbeständigkeit ergeben sich Schlußfolgerungen, auf die im einzelnen eingegangen wird. (Melliand Textilber. **33**. 645—51. Juli 1952. Freiburg/Br., Deutsche Rhodiaceta AG., Forschungslabor.) P. ECKERT. 8040

Joseph A. Lopez und **John K. Hewson**, *Statische Probleme und ihre Regelung in der Textilindustrie.* Nach einer krit. Diskussion der elektrostat. Probleme in der Textilverarbeitung u. der bisherigen Methoden zur Eliminierung der Aufladung (Erden der Maschinen oder der Textilien, Feuchtigkeitseinstellung, chem. Mittel, radioakt. Salze, Hochspannungsentladung) wird ein neues Gerät zur Regelung der elektrostat. Aufladung beschrieben. Dieses besprüht die Faser mit Ionen der entgegengesetzten Ladung bis zur Neutralisierung u. kann in allen Stufen der Verarbeitung angewendet werden. (Amer. Dyestuff Reporter **41**. P105—09. 18/2. 1952. Kulpmont, Pa., Kanmah Mills, u. New York, John Hewson Co.) ZAHN. 8040

T. E. Bell und **N. J. Stalter**, *Kennzahlen von Baumwollgeweben nach Verarbeitung auf der Kontinueperoxydbleiche.* 16 Proben Baumwollgewebe wurden im Verlauf der techn. kontinuierlichen H_2O_2-Bleiche im grauen, entschlichteten, alkalisierten u. gebleichten Zustand auf Weißgrad, p_H, Fluidität, Saugfähigkeit, baumwollfremde Substanzen, Öl-, Fett-, Wachs- u. Aschengeh. untersucht. Bzgl. Zahlenmaterial wird auf das Original verwiesen. (Amer. Dyestuff Reporter **41**. P110—14. 18/2. 1952. E. I. du Pont de Nemours.) ZAHN. 8044

Rollin S. Orr, **Geraldine C. Humphreys** und **James N. Grant**, *Einfluß der Querschnittsfläche von Rohbaumwolle auf die Dimensionsänderungen während der Mercerisierung ohne Spannung.* Es werden Verss. beschrieben, in welchen die Beziehung zwischen der Querschnittsfläche der Rohfaser u. den Veränderungen bei der spannungsfreien Mercerisierung geklärt wurden. Hierzu wurden die Umfänge, Durchmesser u. Querschnittsflächen von 16 verschied. Baumwollsorten im rohen u. mercerisierten Zustand gemessen. Flache Fasern schrumpfen stärker im Umfang u. nehmen an Querschnittsfläche stärker zu als runde Fasern. (Textile Res. J. **22**. 89. Febr. 1952. New Orleans, La., Southern Reg. Res. Labor.) ZAHN. 8044

H. P. Bhattacharjee und **H. J. Callow**, *Einwirkung verdünnter Natronlauge auf Jutefasern.* 1. Mitt. *Hydrolyse von Esterbindungen.* Bei der Einw. von verd. HCl-Lsg. auf extrahierte Jute (I) steigt der Geh. an freien Carboxylgruppen von 3,3 auf 11,4 Milliäquivalente je 100 g. Kinet. Unterss. lassen auf eine Hydrolyse von Estergruppen schließen. Einw. von n/10 NaOH auf I steigert den scheinbaren Säuregeh. auf 111 Milliäquivalente/100 g, was auf Bldg. von Essigsäure zurückgeführt wurde. Die Acetylgruppen sitzen vermutlich am Kohlenhydratanteil der Faser. (J. Textile Inst., Trans. **43**. T53—59. Febr. 1952. Leeds, Univ., Dep. Textile Industries.) ZAHN. 8052

L. Algera, *Die Sichtbarkeit der Cuticula von Wolle unter dem Phasenkontrastmikroskop.* Entfettete Wolle wurde mit Bromwasser 20 Min. behandelt, gespült u. mit W. geschüttelt. In der Suspension können „Cuticula"-Bruchstücke sowohl elektronenmkr. als auch im Phasenkontrastmikroskop sichtbar gemacht werden. (Textile Res. J. **22.** 97—98. Febr. 1952. Delft, Holland, Faserforschungsinst.) ZAHN. 8060

P. Weyrich, *Schädigung der Wolle durch das Färben.* Zusammenfassender Bericht an Hand der Literatur (12 Zitate) (Textil-Praxis **7.** 463—64. Juni 1952.) P. ECKERT. 8060

G. Kittan, *Das Carbonisieren von Stückware mit Schwefelsäure.* Besprochen werden die Fehlermöglichkeiten sowie die Vor- u. Nachteile des Carbonisierens von Stückware vor u. nach dem Färben. Prakt. Hinweise u. Arbeitsvorschriften werden gegeben. (Textil-Praxis **7.** 447—49. Juni 1952.) P. ECKERT. 8060

L. G. Ray jr., *Rolle der synthetischen Fasern in der Textilindustrie der Zukunft.* Überblick über physikal. u. mechan. Eigg. von Nylon, Dacron, Orlon, Acetat, Viscose, Baumwolle, Wolle u. Seide. (Textile Res. J. **22.** 144—51. Febr. 1952. Wilmington, E. I. du Pont de Nemours, Textile Fibus Dep.) ZAHN. 8080

Jürgen Wrieth, *Die Perlonfaser.* Zusammenfassende Übersicht über die Herst., die chem., physikal. u. technolog. Eigg. der Perlonfaser (Bobina Perlon). Ferner finden sich Hinweise über das Bleichen, Färben u. Bedrucken von Perlon sowie Angaben über das Verarbeiten der Perlonfaser. (Textil-Rdsch. [St. Gallen] **7.** 323—26. Juli 1952.) P. ECKERT. 8080

Joh. A. Schulze, *Über das Schlichten von Ketten aus synthetischen Fasern.* Kurze Ausführungen über das Schlichten, bes. mit *T 8* der BASF, Ludwigshafen, *Vinarol* der FARBWERKE HOECHST u. *Ortoxin* von BAYER, Leverkusen. (Textil-Praxis **7.** 440. Juni 1952.) P. ECKERT. 8080

Lyman Fourt und **Arnold M. Sookne,** *Die Verbesserung des Glanzes von Baumwolle.* 1. Mitt. *Messung der Reflexionsdaten in bezug auf Glanz.* Zur Messung der Reflexion von Baumwoll (I)-Garnen wurden 2 Geräte (Reflexionsmesser nach HUNTER mit festem Winkel u. HUNTER-Photometer mit veränderlichem Belichtungs- u. Beobachtungswinkel) verwendet u. typ. Reflexionskurven von durch Mercerisierung verschieden glänzend gemachten I-Garnen mit der Reflexion u. dem Aussehen hieraus hergestellter I-Gewebe verglichen. Die physikal. Messungen an Garnen entsprachen dem visuellen Eindruck am Garn u. Gewebe besser als Messungen am Gewebe. (Textile Res. J. **21.** 469—79. Juli 1951. Washington, D. C., Harvis Research Laboratories.) ZAHN. 8096.

B. Lincoln, *Biegungsmüdigkeit und viscoelastische Eigenschaften von Wollfasern.* Zur Messung der Biegefestigkeit von Fasern wurde ein Gerät entwickelt, welches dem App. von FRANZ u. HENNING (vgl. Melliand Textilber. **17.** [1936.] 121) ähnlich ist. Gemessen wurden unbehandelte sowie carbonisierte Wollfasern (I), welche letztere eine herabgesetzte Biegebeständigkeit zeigten. Weiter wurde geprüft der Einfl. des Radius der Klemme u. des Faserdurchmessers. Transversale Faserschwingungen wurden in einem besonderen Gerät gemessen u. Daten für die Beziehung zwischen Dämpfungskapazität u. Biegefestigkeit an unbehandelten u. carbonisierten I erhalten. Verringerte Biegefestigkeit entspricht erhöhter innerer Dämpfung. (J. Textile Inst., Trans. **43.** T158—72. April 1952. Leeds, Torvidon, Wool Industr. Res. Assoc.) ZAHN. 8108

W. Miehlich, *Prüfungen an Borsten und synthetischen Drähten.* Nach einigen Ausführungen über die Normalprüfung, d. h. die allg. üblichen Textilprüfungen, geht Vf. auf Spezialprüfungen ein. In diesem Zusammenhang wird die Best. der Steifheit sowie die Biegeprüfung behandelt. Die zu den entsprechenden Unterss. erforderlichen Geräte werden beschrieben u. zahlreiche Untersuchungsbefunde mitgeteilt, die in tabellar. Form wiedergegeben werden. (Melliand Textilber. **33.** 545—46. Juni, 667—71. Juli 1952.) P. ECKERT. 8116

Herbert Maria Ulrich, *Die Unterscheidung der Synthesefasern unter sich und von anderen Fasern.* 1. Mitt. An Hand der in- u. ausländ. Literatur werden die verschied. Prüfverff. zur Best. der Synthesefasern unter sich u. von anderen Textilfasern beschrieben. Zur Unters. gelangten auch solche Fasern, die zur Zeit in Europa noch nicht zur Verfügung stehen. Die Nacharbeit an den Prüfmethoden erfolgte nur an einem kleinen Teil der Fasern. Nach einer kurzen Betrachtung der chem. u. physikal. Eigg. der vollsynthet. Fasern, die in einer Tabelle zusammengefaßt sind, werden die Unterscheidungsmerkmale beschrieben u. tabellar. wiedergegeben. (Textil-Praxis **7.** 150—54. Febr. 1952.) P. ECKERT. 8116

Soc. d'Électro-Chimie, d'Électro-Métallurgie & des Aciéries Électriques d'Ugine, Paris, Frankreich, *Bleichen von organischen Stoffen* in sauren, wss. Lsgg. von Chloriten, bes. Alkali- u. Erdalkalichloriten, mit einem p_H-Wert über 1. Man verhindert die Entw. von ClO_2 in der Lsg. durch den Zusatz von H_2O_2 oder von Stoffen, die sich, wie Natriumperborat oder -percarbonat, in der Lsg. unter Bldg. von H_2O_2 zersetzen. (**D.B.P. 843 394** Kl. 8i vom 30/9. 1950, ausg. 7/7. 1952. A. Prior. 13/8. 1943.) v. Schiller. 8027

Henkel & Cie. G. m. b. H., Düsseldorf, *Trennung von Ester enthaltenden Gemischen.* Das Ausgangsgemisch, das bes. aliphat. Ester höheren Mol.-Gew. enthält, wird einer Extraktion mit neutralen, fl., organ. Verbb. mit mehreren O-Atomen im Mol. (ein- oder mehrwertiger, z. B. partiell veräthertег Alkohol) unterworfen. Derartige Ester werden als *Weichmacher* verwendet. (**Schwz. P. 280 190** vom 1/6. 1949, ausg. 16/4. 1952. D. Prior. 23/4. 1949.) Steil. 8029

Badische Anilin- & Soda-Fabrik, Ludwigshafen/Rh. (Erfinder: **Walter Reppe**, Ludwigshafen/Rh., und **August Magin**, Mutterstadt), *Quaternäre Ammoniumverbindungen* entstehen beim Erhitzen von Salzen tert. N-Basen u. organ. Säuren mit Methanol, gegebenenfalls in Ggw. von Katalysatoren. — *Tetramethylammoniumformiat.* Man versetzt $(CH_3)_3N$ in W. u. Methanol mit HCOOH unter Kühlung u. erhitzt dann im Autoklaven 24 Std. unter Druck auf 140°. — Analog: *Tetramethylammoniumacetat, -oxalat, -phthalat, -carbonat; n-Propyl-N-methylpyrrolidiniumcarbonat; Methyltriäthyl-* u. *Trimethylstearylammoniumformiat.* — *Textilhilfsmittel.* (**D. B. P. 845 515** Kl. 12q vom 27/2. 1943, ausg. 31/7. 1952.) Langer. 8029

United States of America, übert. von: **Walter G. Dodd**, Ann Arbor, Mich., V. St. A., *Wasserabstoßendmachen von Textilien.* Ein in m-Stellung mit einem mindestens 12 C-Atome enthaltenden Alkylrest substituiertes Phenol wird mit Hexamethylentetramin (I) partiell kondensiert u. das Prod. in eine wss. Emulsion gebracht, mit der Textilien in Ggw. von bas. Katalysatoren imprägniert werden. Durch z. B. mehrtägiges Erwärmen auf 70° erfolgt die Endpolymerisation auf der Faser zu einem zusammenhängenden Film. — 10 (Teile) m-Tetradecylphenol, 2—3 I u. 75 A. werden erwärmt, bis 90% des A. verdampft sind. Man setzt 10 CCl_4 u. 30 Toluol zu u. emulgiert mit Stearinsäure u. geringeren Mengen NH_4OH-Lsg. in Wasser. (**A. P. 2 582 239** vom 13/8. 1946, ausg. 15/1. 1952.) Möllering. 8037

Gibone Anstalt, Vaduz, Liechtenstein, *Reinigen von Wollsachen.* Man läßt die gereinigten Wollsachen durch ein Bad laufen, welches aus dem vorher verwendeten Reinigungsmittel mit einem Zusatz von 5—6% Lanolin (I) besteht, um den entzogenen natürlichen Geh. an I zu ersetzen. (**Schwz. P. 279 257** vom 15/11. 1949, ausg. 1/3. 1952.) v. Schiller. 8061

Courtaulds Ltd., London (Erfinder: **Ronald Bertram Hall**), Coventry, England, *Herstellung von Alginatfäden.* Dem Fällbad, dem Nachbehandlungs- u. Waschbad setzt man kationen- oder nicht ionenbildende wasserlösl. Verbb. zu, wie Laurylpyridiniumsulfat oder Cetylpyridiniumchlorid oder Einwirkungsprodd. von Äthylenoxyd auf einen aliphat. Alkohol oder eine Carbonsäure, welche >8 C-Atome in einer Kette besitzt. (**D. B. P. 842 829** Kl. 29b vom 24/11. 1948, ausg. 3/7. 1952. E. Priorr. 1/9. 1942 u. 31/8. 1943. **Zusatz zu D. B. P. 828 433; C. 1952. 5351.**) Salzmann. 8073

Phrix-Werke Akt.-Ges., Hamburg (Erfinder: **Eugen Abele** und **Karl-Eberhard Kühl**, Krefeld), *Ausfällen von Hemicellulose aus Natronabfallaugen.* Man fällt mit Fe-Salzen unter Zusatz verzögernder Stoffe (z. B. Glycerin) u. intensiver Durchmischung. Temp. bes. unter 5° (**D. B. P. 843 845** Kl. 12o vom 7/12. 1950, ausg. 14/7. 1952.) Fabel. 8075

Vereinigte Glanzstoff-Fabriken Akt.-Ges., Wuppertal-Elberfeld (Erfinder: **Richard Bartunek**, Teltow-Seehof), *Sulfidieren von Alkalicellulose* (I). CS_2-Dampf wird durch mechan. Druck bei Tempp. über dem Kp. auf I kondensiert. Dann werden Druck u. Temp. gesenkt u. die Sulfidierung wird in einer Fördervorr. zu Ende geführt. Der I können sulfonierte Öle zugesetzt werden, die sich in CS_2 u. NaOH dispergieren lassen. (**D. B. P. 842 338** Kl. 12o vom 20/6. 1944, ausg. 26/6. 1952.) Fabel. 8075

American Viscose Corp., Wilmington, Del., übert. von: **John Alfred Calhoun jr.**, Swarthmore, Pa., V. St. A., *Herstellung von Cellulosexanthogenat.* Alkalicellulose u. CS_2 werden in einem senkrechten Turm oder in der Sulfidiertrommel hochfrequenten Schallwellen (Frequenz 1000/Sk.) ausgesetzt. Der CS_2 verteilt sich gleichmäßig, so daß nach weiterem mechan. Durcharbeiten eine faserfreie Viscose erhalten wird. — Zeichnungen. (**A. P. 2 558 038** vom 23/11. 1946, ausg. 26/6. 1951.) Salzmann. 8075

Industrial Rayon Corp., Cleveland, übert. von: **Louis S. Fryer**, Shaker Heights, O., V. St. A., *Verfahren und Vorrichtung zum Mischen von Viscose.* Um restliche Viscose (I) im Spinnkessel mit frischer zu mischen, führt man letztere (während der Kessel unter Vakuum steht) durch ein senkrechtes Rohr so unter I, daß sie sich kreisförmig verteilt;

auf diese Weise wird der Reifeprozeß beschleunigt. — Zeichnung. (**A. P. 2 578 002** vom 3/6. 1947, ausg. 11/12. 1951.) SALZMANN. 8075

Celanese Corp. of America, Del., V. St. A., übert. von: **Henry Charles Olpin, Kenneth Ronald House** und **John Wright**, Spondon, England, *Spinngefärbte Fasern und Filme aus Cellulosederivaten.* Man verwendet Azo-, Anthrachinon- oder Nitrodiarylaminfarbstoffe, die zwei 1 wertige aliphat. Reste mit 8—12 C-Atomen enthalten (C an den Kern gebunden) u. in denen die chromophore Gruppe frei von SO_3- u. COOH-Gruppen ist. — Beispiele: 4-Diäthylaminoazobenzol-4'-carbonsäuredioctylamid, 1-Amino-4-(p-anisidin)-anthrachinon-2-carbonsäuredioctylamid, 2-Nitrodiphenylamin-4-carbonsäuredioctylamid. Die gefärbten Fasern sind waschbeständig. (**A. P. 2 559 787** vom 10/7. 1946, ausg. 10/7. 1951. E. Prior. 20/7. 1945.) SALZMANN. 8077

Courtaulds Ltd., London (Erfinder: **Alfred Frank Millidge**, Cowlsden), England, *Fäden, Fasern, Filme oder Bändchen aus tierischen oder pflanzlichen Proteinen* mit erhöhter Widerstandsfähigkeit gegen heißes W. oder heiße verd. Säure. Der wss., alkal. Proteinlsg. werden Cyansäureanionen (CNO)-bildende Verbb. (NaCN, KCN) einverleibt oder die verformten, schon gehärteten Prodd. in einem solche Anionen erzeugende Stoffe enthaltenden Bad behandelt. (**D. B. P. 842 827** Kl. 29b vom 31/12. 1948, ausg. 3/7. 1952. E. Priorr. 18/7. 1945 u. 16/12. 1946.) SALZMANN. 8079

XIX. Brennstoffe. Erdöl. Mineralöle.

Á. Retezár, *Erzeugung von Torfkoks aus Torfbriketts.* Wegen des meistens hohen Aschengeh. eignet sich zur Verkokung nur ein kleiner Teil des ungar. Torfes (aus der Gegend von Ösi u. Kalocsa). Zu den Verss. wurde der Torf in zylindr. Briketts (36 mm Durchmesser, 25 mm Höhe) bei 1200 kg/cm² gepreßt. Der Wassergeh. betrug ca. 17%, der Aschengeh. 5,9%. Die Verkokung erfolgte in einer geschlossenen Retorte nach langsamem Anheizen, am besten bei 765—775° in wenigen Minuten. Der Koks ist fest, glänzend, stahlgrau, die Bruchfläche dunkelgrau oder schwarz. Während der Verkokung erleiden die Versuchskörper keine Deformierung, die Schwindung beträgt ca. 50%. Der Aschengeh. beträgt 16,45%, der Heizwert 6735 kcal, die Koksausbeute 37,9%. Wenn die Briketts ohne vorheriges Trocknen in die auf 800° erhitzte Retorte gebracht werden, zerbröckeln sie ohne Staubbldg., u. die einzelnen Brocken verkoken. (Magyar Kémiai Folyóirat [Ung. Z. Chem.] **57.** 97—102. 1951. Veszprém, Ungarn, Forschungsinst. für chem. Schwerind.) PLANK. 8140

J. Aixinger, *Regulierapparate in der Mineralölindustrie.* Beschreibung der wichtigsten Regulierapp. (pneumat. Ventile, Temperaturregler, Mengenmesser usw.), durch welche die Automatisierung der Mineralöldest. ermöglicht wird. (Magyar Kémikusok Lapja [Z. Ver. ung. Chemiker] **5.** 65—70. 1950.) PLANK. 8192

H. Kölbel und **Fr. Engelhardt**, *Kohlenwasserstoffe aus Kohlenoxyd und Wasser.* Verkürzte Wiedergabe der C. **1952.** 6156 referierten Arbeit. (Angew. Chem. **64.** 54—58. 21/1. 1952. Homberg/Ndrh., Rheinpreußen A.-G. für Bergbau u. Chemie.) K. O. MÜLLER. 8200

L. Massey, *Die Verschlechterung von Transformatorenöl.* 3. Mitt. *Beurteilung und Verbesserung der Ölstabilität.* Die bei der Durchführung der als nationaler Test B. S. 148 angenommenen Best. der Alterungsbeständigkeit von *Trafo*-Ölen auftretenden Schwierigkeiten werden eingehend besprochen. Geringe Änderungen der Versuchsbedingungen werden graph. u. tabellar. angeführt u. Beziehungen zwischen der JZ. der Öle u. den Alterungsprodd. aufgestellt. Vf. vertritt den Standpunkt, daß Öle eine größere Stabilität besitzen müssen. Öle ohne Alterungsschutzmittel sind in Trafos brauchbar, die in festgelegten Grenzen arbeiten. In Trafos hingegen, die unter erschwerten Arbeitsbedingungen unter Luft oder O_2-Zutritt arbeiten oder bei Trafos, in denen das Öl außerordentlich stark gealtert war, u. die mit frischem Öl gefüllt werden sollen, sollten den Ölen Alterungsschutzmittel zugegeben werden. Vf. hat durch eingehende Verss. festgestellt, daß eine Verbesserung der Ölstabilität am besten über Alterungsschutzmittel erreicht wird. Die durch verschied. Konz. von verschied. Formen von Cu verursachte katalyt. Einw. wird untersucht u. gefunden, daß durch gehärtete Lackfilme der Trafoisolierung Cu wandert u. das Öl katalyt. altert. Versuchsdurchführung, Bilder, Tabellen, graph. Darst. im Original. (J. Inst. Petroleum **38.** 361—93. Mai 1952. Metropolitan-Vickers Electrical Co. Ltd., Res. Dep.) K. O. MÜLLER. 8218

E. V. Paterson, *Fortschritt in der Wissenschaft und Kunst der Schmierung.* Es werden die Vorteile bestimmter Schmieröle u. ihre Prüfung am Verh. von Maschinen aufgezeigt. Günstige Bauweisen der Maschinen u. günstiges Material werden beschrieben. (Petroleum Times **56.** 527—29. 27/6. 1952.) K. L. WOLF. 8220

Carlo Alberto Gola, *Verwendung von Asphalt als Füllstoff.* Die Verwendungsmöglichkeit des aus den Abruzzen stammenden gekörnten Asphalts (8 % Reinbitumengeh.) vom techn. u. wirtschaftlichen Standpunkt aus wird besprochen u. an einigen Bitulitgemischen erläutert. Die Erfahrungen sind bis jetzt gut, u. eine erhöhte Alterungsbeständigkeit ist aus der Fähigkeit dieser Füllstoffe zur Speicherung von Leichtbitumenfraktionen zu erwarten. (Asfalti, Bitumi, Catrami **21.** 34—36. März/April 1952.)
FRÜHWALD. 8228

M. Duriez, *Über die Zusammensetzung und Verarbeitung von Beton mit Bitumen als Bindemittel für Straßen, Flugplätze und für wasserdichte Bauten.* Ausführliche Arbeitsvorschriften für die Zus. u. die Verarbeitung von Beton mit Bitumen als Bindemittel für die verschiedensten Bauvorhaben, für Herst. in der Kälte u. Wärme. (Travaux **36.** 93—102. März. 145—55. April 331—42. Juli 1952.) K. SEIDEL. 8236

Hayes T. Darby, *Feste und gasförmige Brennstoffe.* (Vgl. C. **1951.** I. 279.) Zusammenstellung der Veröffentlichungen über analyt. Unters. fester u. gasförmiger Brennstoffe während des letzten Jahres. — 129 Literaturzitate. (Analytic. Chem. **24.** 244—51. Febr. 1952. State College, Pa., Pennsylvania State Coll.) KLASSKE. 8242

Edgar W. Ellis und Thomas Barker, *Die Bestimmung von Mercaptanen in Kohlenwasserstoffgasen.* Zur Best. von *Mercaptanen* (I) in KW-stoffgasen (z. B. Propan–Propylen-Gemischen, Butanfraktionen) wird eine einfache Meth. angegeben, die eine Genauigkeit von 0,2 grain S/1000 cbf aufweist. Die Meth. beruht auf der Oxydation der I in einem gemessenen, H_2S-freiem Gasvol. mit überschüssigem Cu-Acetat/Essigsäure-Reagens (in 600 cm^3 W. werden 19,9670 g $Cu(OOCCH_3)_2 \cdot H_2O$ gelöst, 100 cm^3 Eisessig werden zugegeben u. die Lsg. wird mit W. zu 1 Liter verd.) u. Rücktitration der überschüssigen Cu^{++} mit 0,1n $Na_2S_2O_3$ gegen Stärke. Die Berechnung erfolgt nach: $S = 0{,}05609\ (25-V)\ (460+t)/B-p$ (S)= Mercaptanschwefel in grain/100 cbf Gas, das mit W. bei 60° F u. 30 inch. Hg gesätt. ist; V = ml n/10-$Na_2S_2O_3$; t = Temp. des Gases in ° F; B = Barometerstand in inches Hg; p = Wasserdampfdruck bei t° F in inches Hg). Dieser Formel liegt die Summengleichung zugrunde: $2Cu(OOCCH_3)_2 + 2RSH + 2KJ \rightarrow Cu_2J_2 + 2CH_3COOH + 2CH_3COOK + R_2S_2$. (Analytic. Chem. **23.** 1777 bis 1779. Dez. 1951. East Chicago, Ind., Cities Service Oil Co, Del.)
K. F. MÜLLER. 8250

Jennie M. Chenet, *Vereinfachter Halbmikro-Anilinpunkt-Test.* Vf. entwickelt eine Halbmikroapp. (Skizze) zur Best. des Anilinpunktes (AP.) von *KW-stoffen* u. *Erdöl*-Prodd., für die nur eine Probe von 0,2 cm^3 zur Unters. benötigt wird. Die Temp. wird dabei mit einem Thermoelement gemessen, dessen in die Fl. eintauchendes Ende zu einem Ring ausgebildet ist u. gleichzeitig als Rührer benutzt wird. Der AP. von *n-Decan, n-Heptan, Methylcyclohexan* (I), *Methylcyclopentan* u. *Octen-(1)* wird sowohl in der Halbmikroapp. als auch in der üblichen ASTM-App. bestimmt (mittlere Differenz $\pm 0{,}44°$). Die Reproduzierbarkeit des AP. von I u. von einem Handelsprod. ist mit $\pm 0{,}2°$ analog der der ASTM-Methode. (Analytic. Chem. **23.** 1703—04. Nov. 1951. Baytown, Tex., Humble Oil and Refining Co.) KLASSKE. 8252

C. W. Brown, *Bestimmung von Schwefel in Erdölprodukten. Elektrische Vorrichtung zur Anwendung bei der Schwefelbestimmung nach der Lampenmethode.* Bei der Best. des S-Geh. von Erdölprodd. nach der Lampenmeth. treten oft dadurch erhebliche Zeit- u. Materialverluste ein, daß bei hohen S-Gehh. eine unverhältnismäßig große Probe Ausgangsmaterial verbrannt, zu H_2SO_4 oxydiert u. wieder zurücktitriert werden muß. Da die Größenordnung des zu erwartenden S-Geh. meist nicht vorher festliegt, sucht Vf. diesem Übelstand abzuhelfen durch den Einbau von 2 Pt-Elektroden in das Absorptionsgefäß, in dem die SO_2-haltigen Verbrennungsgase mit 3 %ig. H_2O_2 zu H_2SO_4 oxydiert werden. Die Pt-Elektroden wurden so dimensioniert, daß bei 1 V Potential je 0,0624 Äquivalent H_2SO_4 (1 mg S in der Ausgangsprobe) 1 mA übergeht. Dadurch läßt sich der ungefähre Geh. an H_2SO_4 im Absorptionsgefäß laufend konduktometr. überwachen u. die Verbrennung schon zu einem früheren Zeitpunkt unterbrechen. Der genaue S-Geh. muß aber auch weiterhin durch Titration mit 0,0624 nNaOH ermittelt werden. Die Meth. gibt im allg. etwas höhere Werte als die übliche Titration, ist aber für überschlagsmäßige Schnellbestimmungen hinreichend genau. (Analytic. Chem. **23.** 1659—62. Nov. 1951. Paulsboro, N. J., Socony-Vacuum Labors., Res. and Development Dep.) KLASSKE. 8252

K. E. Hallikainen und D. J. Pompeo, *Ununterbrochen registrierendes elektrometrisches Titriergerät, besonders im Hinblick auf die Überwachung der Benzinreinigung.* Aus dem halbautomat., elektrometr. Titriergerät (Instruments **16.** [1943.] 402, 440, 444) ist ein vollautomat. entwickelt worden, bei dem das zu prüfende Bzn. mit 4,5 ml/Min. in ein Titrationsgefäß strömt u. dort mit der Titrier-Fl. (25 g Na-Acetattrihydrat, in 200 ml O_2-freiem, dest. W. gelöst, dann mit 3 Liter A. vermischt, danach mit n ml 0,1n $AgNO_3$-Lsg. versetzt, wobei n/7000 der bestimmbare Höchstgeh. des Bzn. an Mercaptan ist) vermischt wird, deren Zulaufgeschwindigkeit durch eine durch die Potentialdifferenz zwischen Glasbezugselektrode u. Ag_2S-Indicatorelektrode im Titriergefäß regulierte Pumpe eingestellt wird, so daß man aus der Geschwindigkeitskurve den Mercaptangeh. des Bzn. ablesen kann. (Instruments **25**. 335—38. März 1952. Emeryville, Calif., Shell Development Co.) METZENER. 8254

Ludwiga Hofmann, *Bestimmung des Erweichungspunktes, des Tropfpunktes, des Brechpunktes, der Penetration und der Duktilität.* Beschreibung der verschied. Geräte u. Verff., die zur Best. der Bitumen, Peche, Harze u. verwandte Kunststoffe kennzeichnenden Eigg. vereinbarungsgemäß angewandt werden, ihre Meßbereiche, Reproduzierbarkeit u. Unterschiede untereinander. (Arch. techn. Messen **1952**. 131—36. Juni. Hamburg.) METZENER. 8262

D. C. Broome und R. M. Edwards, *Identifizierung der Bitumina durch colorimetrische Methoden.* Bitumina verschied. Herkunft zeigen nach einer Beobachtung des Erstgenannten (im Jahre 1935) individuelle Absorptionskurven. Vff. beschreiben ein Verf., das mit einer 1 g Bitumen/Liter Bzl. enthaltenden Lsg. photoelektr. im Bereiche des sichtbaren Spektr. arbeitet. Empfohlen wird der SPEKKERsche Absorptionsmesser (vgl. ISBELL, C. **1950**. II. 84) u. Zellen mit nur 0,25 cm Durchmesser. Die Meth. eignet sich zur Identifizierung von Asphalt in den beim Straßen- u. Hochbau verwendeten Mischungen. (J. Inst. Petroleum **38**. 88—97. Febr. 1952.) STEINER. 8262

Gordon O'Donnell, *Über die Zerlegung von Asphalt in seine chemischen Bestandteile.* Es wird die Möglichkeit der weitgehenden Zerlegung von Asphalten in die verschied. KW-stoffklassen an einem Coastal- u. an einem Valley-California-Asphalt der Penetration 40/50 beschrieben. Zunächst wird durch Molekulardest. eine weitgehende Trennung in viele kleine Einzelfraktionen von etwa analogem Mol.-Gew. vorgenommen. Innerhalb der einzelnen Fraktionen wird durch Isopentan (2-Methylbutan) eine Zerlegung in *Asphaltene* u. *Maltene* vorgenommen, wobei erstere ausgefällt werden. Aus den Maltenen werden durch gesätt. wss. $HgCl_2$-Lsg. die N-Verbb. u. teilweise auch die S-Verbb. als Komplexverbb. ausgeschieden. Das zurückbleibende Öl wird durch Chromatographie an Silicagel in Gesättigte, Aromaten u. Harze zerlegt. Durch Lösungsmittelentparaffinierung mit Methylisobutylketon bei -50^{0} werden die Gesättigten in eine feste Paraffinfraktion- u. eine ölige Naphthenfraktion getrennt; aus der Paraffinfraktion werden die n-Paraffine durch Bldg. der Harnstoffaddukte von den Isoparaffinen abgetrennt. Die Naphthene werden im fl. Zustand durch therm. Diffusion (Beschreibung der App.) entsprechend der Ringgröße (Cyclopentan- bzw. Cyclohexan-KW-stoffe) ausgesondert. Durch Chromatographie an Al_2O_3 werden die Aromaten in monocycl. (benzenoide) u. bicycl. (naphthenoide) Aromaten getrennt, die in beiden vorkommenden aromat. S-Verbb. (Thiophene) mit H_2O_2 zu den entsprechenden Sulfonen oxydiert u. letztere von den KW-stoffen durch Chromatographie getrennt. Die Zerlegung der Asphaltene stößt auf größere Schwierigkeiten; meist gelingt nur die Abtrennung einer Paraffinfraktion aus der benzol. Lsg. durch Chromatographie an Silicagel. Die vom Vf. entwickelte analyt. Meth. ist ausreichend für die Best. des Geh. an Paraffinen, Naphthenen, Aromaten u. Harzen sowie an Asphaltenen in Asphalten. (Analytic. Chem. **23**. 894—98. Juni 1951. Emeryville, Calif., Shell Development Co.) KLASSKE. 8264

Phillips Petroleum Co., Del., übert. von: **William Lonnie Phillips,** Odessa, Tex., und **Clyde P. Stanley,** Tulsa, O., V. St. A., *Aufbereiten von Naturgas* (I), enthaltend KW-stoffe (II) mit Kpp., die unterhalb u. innerhalb der Gasolinfraktion liegen, erfolgt durch Behandeln des I mit einem II-Öl, Abtreiben der absorbierten II, anschließendes Fraktionieren des kondensierten Kopfdestillats unter solchen Tempp. u. Drucken, daß ein von CH_4 u. C_2H_6 freies Bodenprod. anfällt, u. das gasförmige Kopfdest. dem Restgas aus der Absorptionsanlage zugeführt wird. Aus dem Kopfdestillat wird durch Kühlen so viel C_3H_8 entzogen, daß der B. t. u. -Geh. des Endgases einen konst. Wert aufweist. Der C_3H_8-Geh. wird durch eine Regelvorr., die in den Abgasstrom des Kopfdestillats eingebaut ist, gesteuert. — Zeichnung. (**A. P. 2 547 970** vom 28/2. 1948, ausg. 10/4. 1951.) G. KÖNIG. 8187

Pure Oil Co., Chicago, übert. von: **William A. Krewer,** Ingleside, und **George W. Ayers,** Chicago, Ill., V. St. A., *Brechen von Emulsionen,* bes. von KW-stoffemulsionen. Die bei der Behandlung von KW-stoffen mit wss. alkal. Lsgg. [z. B. 18,3 (Teile) NaOH 10 m-, p-Kresol, 15 Naphthensäure auf 56,7 W.] auftretende Emulsion wird gebrochen indem sie durch eine Schicht von in W. u. dem Öl unlösl. Harzen (z. B. festes Polyäthylen oder Polystyrol vom Mol.-Gew. 3000—5000) geführt werden. Die Harzteilchen sind 1—10 mm groß. Die Dicke der Schicht soll wenigstens 5% der Höhe des Behandlungsraumes betragen. — Zeichnung. (**A. P. 2 542 147** vom 29/12. 1949, ausg. 20/2. 1951.) STEIL. 8191

Petrolite Corp. Ltd., Wilmington, Del., übert. von: **Melvin de Groote**, University City, und **Bernhard Keiser**, Webster Groves, Mo., V. St. A., *Brechen von Petroleumemulsionen.* Zur Entemulgierung von W.-in-Öl-Emulsionen werden hydrophile, synthet. Prodd. verwendet, die aus oxyalkylierten Phenolharzen bestehen. Man läßt als Komponente A α.β-Alkylenoxyde mit nicht mehr als 4-C-Atomen, z. B. Äthylen-, Propylen- oder Butylenoxyd, Glycid oder Methylglycid, auf die Komponenten B einwirken, die aus schmelzbaren, in organ. Lösungsmitteln lösl., wasserunlösl., niedermol. Phenolharzen bestehen. B wird durch Einw. von Furfurol, Glyoxal oder einem Gemisch von CH_2O mit Boleko-Nußölfettsäuren, die eine C≡C-Bindung enthalten (Isansäuren), auf Phenole der allg. Formel OH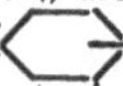—R, in der R 4—12 C-Atome enthaltende KW-stoffreste bedeutet, z. B. p-tert.-Amyl-, p-tert.-Butyl-, Octyl-, Nonyl- oder Menthylphenol, in Ggw. von K_2CO_3 erhalten. Die Einw. der Alkylenoxyde, z. B. Äthylenoxyd, erfolgt portionsweise in 3 Stufen durch Erhitzen auf 110—130° u. bei Drucken bis 90 lbs./sq.in., bis wasserlösl. Prodd. erhalten werden. Es sollen wenigstens 2 Mol Alkylenoxyd in den Phenolkern eingeführt werden. Die Prodd. sind wasserlösl. Öle, die als solche oder nach Verdünnen mit W. oder in Emulsion in organ. Lösungsm. den Petroleumemulsionen zugesetzt werden. (**A. PP. 2 568 115** u. **2 568 116** vom 6/1. 1950, ausg. 18/9. 1951; **2 568 117** vom 13/2. 1950, ausg. 18/9. 1951.) DERSIN. 8191

Henkel & Cie. GmbH., Düsseldorf, *Reinigen von Kohlenwasserstoffgemischen* von S-haltigen Verbb. erfolgt durch selektive Extraktion mittels neutraler, fl., organ. Verbb. (I), die mehrere O-Atome im Mol. enthalten, wovon mindestens ein O-Atom eine freie OH-Gruppe ist. Als I eignen sich z. B. Diole oder Triole, ferner mehrwertige Alkohole, wie Hexite, Pentite, sowie die Äther u. Ester dieser Alkohole. I können noch in Mischung mit W. oder niedrigmol. einwertigen Alkoholen Anwendung finden. (**Schwz. P. 280 481** vom 29/3. 1949, ausg. 1/5. 1952. D. Prior. 1/10. 1948.) G. KÖNIG. 8195

Houdry Process Corp., Philadelphia, Pa., übert. von: **George R. Bond jr.**, Paulsboro, N. J., V. St. A., *Reinigung von Benzin und anderen Erdölkohlenwasserstoffen mit wässerigem Antimontrichlorid.* Eine normalerweise fl. Erdöl-KW-stoff-Fraktion wird mit ca. 10 Vol.-% einer gesätt., wss. $SbCl_3$-Lsg. behandelt u. die wss. Phase, welche die Verunreinigungen enthält, abgetrennt. $SbCl_3$ wird aus der wss. Lsg. durch Verdünnen mit W. als SbOCl niedergeschlagen, welches nach dem Waschen mit W. u. nach Regenerieren mit HCl wieder als $SbCl_3$ in den Prozeß zurückgeführt werden kann. Man kann somit die Reinigung zu einem kontinuierlichen Kreisprozeß ausbilden. Die behandelten KW-stofföle werden mit W., verd. HCl, nochmals mit W., dann mit verd. Na_2CO_3-Lsg., abschließend mit W. gewaschen, getrocknet u. destilliert. (**A. P. 2 588 346** vom 22/10. 1949, ausg. 11/3. 1952.) UNGER. 8195

Anglo-Iranian Oil Co. Ltd., London, **Frederick William Bertram Porter** und **John Norman Haresnape**, Sunbury-on-Thames, Middlesex, England, *Katalytisches Cracken von Erdölkohlenwasserstoffen.* Paraffinhaltige Erdöldestillate mit einem wesentlichen Geh. an >400° sd. Anteilen werden zwecks Entschwefelung zusammen mit H_2 bei erhöhten Tempp. (ca. 780° F) u. Drucken (ca. 70 at) über einen schwefelfesten Katalysator ($CoMoO_4$ auf Al_2O_3) geleitet. Nach Entfernung des gebildeten H_2S wird aus dem Raffinationsprod. eine zwischen 200 u. 400° sd. Gasölfraktion abgetrennt u. der Rest zwecks Gewinnung von Bzn. u. Gasöl einer katalyt. Spaltung unterworfen. (**E. P. 653 320** vom 20/1. 1948, ausg. 16/5. 1951.) BEIERSDORF. 8197

N. V. de Bataafsche Petroleum Mij., Den Haag, Niederlande, *Cracken von schwefelhaltigen Erdölen.* Das Ausgangsöl (IV) wird bei 800—1100° F in Ggw. eines Katalysators aus natürlichem Ton (z. B. mit Säure behandeltem Montmorillonit) oder synthet. tonartigen Mischungen (SiO_2 + Al_2O_3 + MgO, gegebenenfalls modifiziert durch Zusatz von B_2O_3, AlF_3, $AlPO_4$, ZrO_2) einer Spaltung unterworfen, wobei fl. Bzn., gasförmige KW-stoffe, H_2S u. ein Rückstandsöl anfallen. Das Bzn. wird zwecks Entfernung der Mercaptane (I) mit Alkalilsg. behandelt, der geringe Mengen von Isobuttersäure oder Alkylphenolen zugesetzt sein können. Zwecks Umwandlung der I in Disulfide (II) wird die I-Lsg. in eine Oxydationskammer (III) geleitet, in der sie in Ggw. eines Katalysators, wie Tannin oder alkal. Pikraminsäurelsg., mit heißer Luft behandelt wird. Die Abtrennung der gebildeten II von der Alkalilsg. wird durch Einleiten eines Waschöls (z. B. Bzn. oder Leuchtöl) in III erleichtert. Das Waschöl mit den gelösten II wird in die

Spaltvorr. für **IV** geschickt, wo die **II** in H_2S aufgespalten werden. Falls das bei der Spaltung des **IV** anfallende Bzn. noch Thiophenverbb. enthält, trennt man es in eine $<220^0$ F u. eine $>220^0$ F sd. Fraktion, behandelt erstere, wie oben geschildert, u. unterwirft letztere einem Hydrierungsprozeß. (**E. P. 663 901** vom 10/6. 1949, ausg. 27/12. 1951. A. Prior. 15/6. 1948.) BEIERSDORF. 8197

Filtrol Corp., übert. von: **Lee van Horn**, Los Angeles, und **Leon Arthur Kahn**, Alhambra, Calif., V. St. A., *Kontinuierliche Herstellung von säureaktiviertem Ton* (I). Am Kopf eines offenen Reaktionsbehälters werden kontinuierlich Tonkugeln u. H_2SO_4 mit einer Konz. von 25—45% u. in einer Menge zugeführt, die für die Aktivierung des I ausreicht, aber nicht, um I in der Reaktionszone (II) zu überdecken. Der aktivierte I u. die Mutterlauge werden am Boden der II abgezogen u. voneinander getrennt. I wird im Gegenstrom mit W. gewaschen u. ein Teil des Waschwassers der II an deren Boden zugeführt in Mengen, die ausreichen, um den Flüssigkeitsspiegel in II über die Tonkugelschicht zu bringen ohne nennenswerte Vermischung des Waschwassers mit der Säure oberhalb der Einführungsstelle des Waschwassers. Der gewaschene I wird getrocknet, calciniert, gemahlen u. daraus der *Katalysator für Crackprozesse* hergestellt. — Zeichnung. (**A. P. 2 563 977** vom 8/12. 1949, ausg. 14/8. 1951.) HARDER. 8197

South Eastern Gas Board, Croydon, England, *Spaltkatalysator für die Erzeugung methanhaltiger Gase aus Kohlenwasserstoffölen.* 100 (Teile) Bauxit, 55 $CaCO_3$ u. 5 Bentonit werden in Formkörper übergeführt u. diese 3 Std. bei 800° u. 16 Std. bei 1350° gebrannt. Die Menge CaO ist so bemessen, daß der Katalysator bei 1400° unschmelzbar u. genügend alkal. ist, um seine Aktivität zu behalten, aber durch längere Einw. von W. u. CO_2 nicht zerstört wird. (**E. P. 666 524** vom 3/7. 1950, ausg. 13/2. 1952. **Zusatz zu E. P. 648 965.**) DERSIN. 8197

Anglo-Iranian Oil Co. Ltd., London, **Frederick William Bertram Porter** und **Roy Purdy Northcott**, Sunbury-on-Thames, England, *Wiedergewinnung von Schwefel aus verbrauchten Katalysatoren.* Um den S aus Katalysatoren, wie $CoMoO_4$ auf Al_2O_3, die zur Entschwefelung von KW-stoffölen gedient haben, wiederzugewinnen, erhitzt man sie bei ca. 1100° F in einem Strom von Wasserdampf u. Luft, kühlt die mit S beladenen Gase u. Dämpfe auf 60—80° F, trennt die Gase in einem Separator ab u. leitet das Gemisch von W. u. S in einen mit W. gefüllten Tank, in dem sich S absetzt. (**E. P. 655 591** vom 15/9. 1948, ausg. 25/7. 1951.) BEIERSDORF. 8197

Fried. Krupp Akt. Ges., Essen (Erfinder: **Hans Stinzendörfer**, Datteln, Westf., und **Walter Demann**, Essen), *Behandeln von Schwelbenzin durch Hydrierung in der flüssigen Phase* bei erhöhtem Druck u. höherer Temp., dad. gek., daß das Schwelbenzin in einem geschlossenen Rührgefäß bei 100—150 atü u. 300—380° in Ggw. eines Mo-S-Kontaktes hydriert u. anschließend mit verd. Mineralsäure, z. B. H_2SO_4, gewaschen wird. — Man erhält mit einer Ausbeute von 98 % ein S-armes, von Mercaptanen freies Bzn., aus dem noch vorhandene gefärbte Verbb. durch Waschen mit 10 %ig. H_2SO_4 entfernt werden. (**D. R. P. 758 556** Kl. 23b vom 27/10. 1940, ausg. 3/7. 1952.) DERSIN. 8199

N. V. de Bataafsche Petroleum Mij., Den Haag (Erfinder: **George Lewis Perry**, San Francisco, Calif.), V. St. A., *Schmieröle*, bes. Mineralschmieröle, wie Turbinenschmieröl, gek. durch einen Geh. von weniger als 0,1, bes. 0,01—0,05 Gew.-% geschwefelter ungesätt. Fettsäuren mit wenigstens 8 C-Atomen im Mol. u. einem korrosionsverhindernden Zusatz, bes. in einer Menge von 0,01 Gew.-%, der aus einer Dicarbonsäure bzw. einer ihr entsprechenden Thioverb. u./oder einer Monocarbonsäure mit mindestens 12—16 C-Atomen mit einer nicht weiter als 3 C-Atome von der COOH-Gruppe entfernten Nitro-, Nitroso-, Cyano-, Hydrosulfid- oder aromat. Sulfonylgruppe im Mol. oder/u. einer Hydroximsäure besteht. — 5 weitere Ansprüche. Die geschwefelte ungesätt. Fettsäure, z. B. Ölsäure, wird durch Rk. von mehr als 1 (Grammatom), bes. weniger als 2 S mit 1 Mol ungesätt. Fettsäure erhalten. Die Dicarbonsäure soll relativ hochmol. sein, ihre COOH-Gruppen sollen durch nicht mehr als 4, bes. nicht mehr als 2 oder 3 C-Atome voneinander getrennt sein; Beispiel: eine Alkylbernsteinsäure mit wenigstens 16 C-Atomen. Man kann ferner noch Polyalkylphenole, z. B. Di-tert.-butyl-p-kresol, als Oxydationsschutzmittel zusetzen. (**D. B. P. 843 458** Kl. 23c vom 1/1. 1949, ausg. 10/7. 1952. A. Prior. 23/1. 1946.) DERSIN. 8221

E. S. Pettyjohn and **H. R. Linden**, Selection of oils for carbureted water gas. Chicago: Inst. of Gas Technology. (51 S. m. Abb. u. Diagr.) $ 4,—.

—, Erdölgeologische Untersuchungen in der Schweiz. Teil 4: Abschnitt 9: Ölgeologische Probleme der subalpinen Molasse der Schweiz. Abschnitt 10: Ölgeologische Probleme des Mittellandes östlich der Linie Solothurn-Thun. Von **Hans M. Schuppli**. Mit einem Beitr. von **Franz Hofmann**. Bern: Kümmerly & Frey, Geograph. Verl. 1952. (IV + 79 S. m. Fig. u. 4 Kart.) sfr. 16,—

XXI. Leder. Gerbstoffe.

Otto Th. Schmidt, *Sammelreferat über neue Ergebnisse der chemischen Erforschung von Naturgerbstoffen.* Behandelt werden: kondensierte Gerbstoffe (Catechinklasse), hydrolysierbare Gerbstoffe (Chebulinsäure, Chebulagsäure, Corilagin) u. Methoden der Papierchromatographie. — 21 Literaturangaben. (Leder **3.** 133—35. 15/6. 1952. Heidelberg, Univ., Chem. Inst.) WINIKER. 8336

W. A. Sotow, *Eine rationelle Extraktionsmethode von Gerbstoffrinden.* Vf. schlägt vor, den Zusatz von Na_2SO_3 bei der Extraktion von Gerbstoffen schon zum frischen W. vorzunehmen, so daß eine ca. 0,13 %ig. Lsg. erhalten wird. 2 nach diesem Verf. arbeitende Betriebe konnten die Gerbstoffausbeute um 27—34 % erhöhen. (Легкая Промышленность [Leicht-Ind.] **12.** Nr. 5. 26. Mai 1952.) v. SCHROEDER. 8336

Philip S. Chen, *Synthetische Gerbstoffe und neue Gerbmethoden.* Kurze Beschreibung der Herst. von Styrol–Maleinsäureanhydrid-Polymerisaten u. ihrer Anwendung als Gerbstoffe. Danach eignet sich der neuartige Gerbstoff (*G-492*, DU PONT) bes. zur Herst. von hellen, leichten Ledern aus Ziegenhaut. Die zunächst gebeizte u. gepickelte Blöße wird wieder entpickelt u. in diesem Zustand mit der Gerbstofflsg. versetzt. Zur Fixierung des aufgenommenen Gerbstoffes muß eine Nachbehandlung mit Schwermetallsalzen, am besten mit Zr-, Cr- oder Al-Verbb. erfolgen, da erst die Schwermetallsalze des Polymerisates unlösl. sind. Eine ausführliche Gerbvorschrift wird gegeben. (Leather Manufacturer **62.** Nr. 8. 15—16. Aug. 1951. Atlantic Union and Madison Coll.) H. G. FRÖHLICH. 8336

C. Riess, *Die polymeren Phosphate und ihre technische Anwendung.* Fortschrittsbericht über neuere Arbeiten aus der Chemie der Pyro-, Poly- u. Metaphosphate unter besonderer Berücksichtigung ihrer Anwendung in der Gerberei. — 45 Literaturangaben. (Leder **3.** 124—31. 15/6. 1952. Ludwigshafen/Rh.) WINIKER. 8336

M. Sch. Owrutzki und **Ss. I. Tschaikowski,** *Das Gerben von hitzebeständigem Juchtenleder.* Nach den üblichen Vorarbeiten erhalten die Blößen einen Pickel aus Ameisensäure, H_2SO_4, 7 % NaCl u. 70 % W., Temp. 22°, Dauer 3 Stunden. Die Gerbung erfolgt im selben Bad mit 0,7—1,2 % Cr_2O_3 von der Basizität 41—42 %. Abgestumpft wird mit 0,3 % Na_2CO_3. Es folgt eine Nachgerbung mit Eichenextrakt bei p_H 5,5. Die weiter wie üblich verarbeiteten Leder haben eine Hitzebeständigkeit von 108—112°. (Легкая Промышленность [Leicht-Ind.] **12.** Nr. **5.** 23—24. Mai 1952.) v. SCHROEDER. 8336

Gerhard Otto, *Über die Nichtgerbstoffe des Gambirs und die besondere Wirkung aromatischer Komplexbildner am Chromleder.* Zwecks Aufklärung der Zus. der Nichtgerbstoffe des Gambirs wurden die anion. Anteile im Nichtgerbstoffiltrat elektrophoret. von den nicht ionisierten Anteilen getrennt. Auf 100 (Teile) Trockensubstanz wurden 23 anion. Verbb. festgestellt. Diese sind nur etwa zu einem Viertel aromat. Natur. Sowohl dem aromat. wie dem aliphat. Anteil kommt ein Mol.-Gew. von ca. 150 zu, es kämen also Resorcyl- bzw. Adipinsäure (die aliphat. Säure konnte als Dicarbonsäure erkannt werden) in Frage. Die Säuren liegen im Gambir als Mg-Salze vor. Mit Gambir nachbehandeltes Chromleder läßt sich gleichmäßiger färben oder nachgerben, was hauptsächlich durch die aromat. Anteile der Nichtgerbstoffe bewirkt wird. Als ebenso wirkungsvoll wie letztere erwiesen sich: Sulfosalicylsäure, Phthalsäure, Sulfophthalsäure, Sulfoanthranilsäure, Resorcylsäure u. ihre Salze. (Leder **3.** 121—24. 15/6. 1952. Ludwigshafen/Rh.) WINIKER. 8338

Badische Anilin- & Soda-Fabrik, Ludwigshafen/Rh. (Erfinder: **Hans Krzikalla,** Heidelberg, und **Gerhard Otto,** Mannheim), *Eisengerbstoffe.* Aromat. Sulfonsäuren mit mindestens 2 OH- oder COOH-Gruppen oder je einer solchen Gruppe werden mit metall. Fe oder Fe-Oxyden umgesetzt. Dann wird zu 3wertigem Fe oxydiert. (**D. B. P. 841 001** Kl. 12q vom 13/1. 1943, ausg. 9/6. 1952.) FABEL. 8337

VVB „Alcid" Chemische Fabrik von Heyden (Erfinder: Richard Müller und Udo Martin), Radebeul, *Gerbverfahren mit niedermolekularen Dioxodisiloxanen.* Man behandelt entkälkte u. gespülte Hautblößen mit niedermol. Dioxodisiloxanen bzw. niedermol. Hydrolyseprodd. des Si-Chlf. u. der Orthosilicoameisensäureester, z. B. mit einer wss. Emulsion von Orthosilicoameisensäuretriäthylester; man kann ferner zu den feuchten Blößen Triäthoxysilan zusprühen u. anschließend durch W. die Hydrolyse u. Gerbung beenden; ferner kann man Gemische aus Si-Chlf. u. W. oder wss. Alkoholen — gegebenenfalls in Ggw. von HCl-bindenden Mitteln (Alkalien, Aminen, Harnstoff, Purinen, Pyridin, Hexamethylentetramin) — verwenden. Die erfindungsgemäß verwendeten Prodd. besitzen auch für nicht entwässerte u. vorgegerbte Felle eine schnelle u. eingehende Gerbwirkung. Die gegerbten Häute haben die Eigg. von glacéweißen Sämischledern oder rauchgaren Ledern u. lassen sich mit Azo- oder S-Farbstoffen sehr gut färben. — Beispiele. (D. P. [D.D.R.] **444** Kl. 28a vom 24/4. 1951, ausg. 6/4. 1952 [Wirtschaftspatent].) RAETZ. 8337

Forestal Land, Timber and Railways Co. Ltd. (Erfinder: **Theodore White und Jeremy Ralph Barnes Hastings**), London, England, *Herstellung von Leder.* Häute werden mit einem im wesentlichen nicht harzartigen Kondensationsprod. (I) von einem oder mehreren Aldehyden, z. B. CH_2O, Acet- oder Crotonaldehyd, mit einem oder mehreren Ketonen, z. B. Aceton, Methyläthyl- oder Methylpropylketon, imprägniert. Hierauf wird die Haut mit einer alkal. Lsg. von einem Alkalitätsgrad, der groß genug ist, um Verharzung von I zu bewirken (p_H mindestens 11), aber nicht groß genug ist, um eine wesentliche Schädigung der Haut zu verursachen, behandelt, bis Verharzung des I erfolgt ist. (**D. B. P. 832 471** Kl. 28a vom 15/10. 1950, ausg. 25/2. 1952. E. Prior. 14/10. 1949.) v. SCHILLER. 8339

Forschungsstelle für Eiweiß und Leder in der Max-Planck-Gesellschaft, Regensburg (Erfinder: **Wolfgang Grassmann**, Miesbach, und **Paul Stadler**, Regensburg), *Aufhellung vegetabilisch gegerbter Leder.* Man behandelt kurze Zeit, z. B. ½—3 Std., in einem Bad, in dem gleichzeitig W., ein mit W. beschränkt oder unbeschränkt mischbares organ. Lösungsm. u. eine Säure oder gerbende Sulfonsäure enthalten sind. (**D. B. P. 843 460** Kl. 28a vom 11/7. 1950, ausg. 10/7. 1952.) v. SCHILLER. 8339

XXIV. Photographie.

Donald G. Sheldon, *Neue Fortschritte bei photographischen Verfahren.* Frühere Ausführungen (vgl. C. **1952.** 6637) fortsetzend, gibt Vf. eine Übersicht über Filmmaterial höchster Empfindlichkeit u. dessen Entwicklung. Das Prinzip der LAND-Kamera wird erklärt u. die Farbentw. beschrieben. Durch Ersatz des Silberbildes durch ein Farbstoffbild kann man zu kornlosen Bildern kommen. Materialien für Schnellverff. enthalten die zur Entw. notwendigen Chemikalien außer dem Alkali in der Emulsionsschicht, so daß man sie bei entsprechender Feuchtigkeit mit gasförmigem Ammoniak entwickeln kann. (Pharmac. J. **167.** [4] **113.** 474—75. 29/12. 1951.) W. GÜNTHER. 8590

Hans Arens, *Zur Theorie des Sabattiereffektes.* 5. Mitt. *Darf man die an Sabattierschichten aufgestellte Theorie auch auf normale Schichten übertragen? Der Wärmesabattiereffekt.* (4. vgl. C. **1950.** 1310.) Eine Reihe von Verss. ergab, daß der SABATTIER-Effekt auf n. Schichten in der Art des Auftretens von verschied. Faktoren (Schicht, Entwicklungs- u. Belichtungsbedingungen) in komplizierter Weise abhängig ist. Zum Studium des Wärme-SABATTIER-Effektes (vgl. auch STEVENS u. NORRISH, Photographic J. **1938.** 513), unter dem Vf. den Positiveffekt (abfallende Schwärzungskurve!) versteht, der auftritt, wenn beim Licht-SABATTIER-Effekt die Nachbelichtung durch eine Erwärmung der trockenen Schicht ersetzt wird, wurde zunächst die Wärme-SABATTIER-Effekt-Ausgeprägtheitsfläche aufgestellt, die die dreidimensionale Abhängigkeit der Ausgeprägtheit von der Vorentwicklungs- u. der Nachwässerungszeit wiedergibt. $A = G - S_{min}/G$. (G = Grundschwärzung, S_{min} = Minimum der SABATTIER-Kurve.) Die Ausgeprägtheit steigt auf der untersuchten Schicht u. bei dem angewendeten Entwickler (1000 cm^3 H_2O, 300 g K_2CO_3, 100 g Na_2CO_3 sicc; 30 g Glyzin; 1:15 verd.) mit der Vorentwicklungszeit an, erreicht ein Maximum u. fällt dann wieder ab. Die Abhängigkeit von der Erwärmungszeit zeigt denselben Verlauf. Die Form der entsprechenden Fläche des Licht-SABATTIER-Effektes ist der des Wärme-SABATTIER-Effektes ähnlich, auch bei Angleichung der Nachbelichtungszeiten an die der Erwärmung, wobei die Ausgeprägtheiten jedoch durchweg kleiner sind. Bei der Aufnahme der Licht-SABATTIER-Effekt-Ausgeprägtheitsfläche wurde darauf geachtet, daß in gleichen Zeiten ungefähr die gleichen Grundschwärzungen bei beiden Effekten entstanden. Der Wärme-SABATTIER-Effekt ist stark vom angewendeten Entwickler abhängig. Agfa I gibt keinen oder nur einen sehr schlechten, Glyzin dagegen einen guten Effekt. Die verwendeten Keimbloßlegungsmittel Na_2SO_3 u. $Na_2S_2O_3$ verstärken Licht- u. Wärme-SABATTIER-Effekt im Gegensatz zu früheren Feststellungen mit KJ. Auf Grund dieser Ergebnisse wird der SABATTIER-Effekt hypothet. mit den Oberflächensubkeimen in Verbindung gebracht (vgl. NORRISH, s. oben). (Z. wiss. Photogr., Photophysik Photochem. **46.** 125—34. Dez. 1951. Wolfen, Agfa, wiss. Photolabor.) E. JAHN. 8598

Héliodose Tellez-Plasencia, *Über einen durch die kombinierte Wirkung von Röntgenstrahlung und Licht hervorgerufenen photographischen Primäreffekt.* Unters. der Einw. von Röntgenstrahlung u. weißem Licht in verschied. Reihenfolge u. Dosen auf unsensibilisierte *AgBr*- u. *AgCl*-Emulsionen, sowie auf Emulsionen, die vor der Belichtung mit $NaNO_2$ oder nach der Belichtung mit CrO_3 bzw. einem Alkalijodid zur Umwandlung von AgBr in AgJ behandelt wurden. Aus den Verss. wird geschlossen, daß für das direkte (nicht entwickelte) Bild der Röntgenstrahlung eine vollständige, charakterist. Kurve mit Inversionszone besteht, die durch das Licht bestimmt u. durch Br-Acceptoren beeinflußt wird. Die kombinierte Wrkg. wird einem Austausch zwischen inneren u. äußerem Bild zugeschrieben. (C. R. hebd. Séances Acad. Sci. **234**. 206—08. 7/1. 1952.) EICHHOFF. 8598

F. Evva, *Die zeitliche Änderung der Viscosität von Photogelatinesolen.* Zur Ergänzung der spärlichen Angaben u. Klärung der Frage bestimmte Vf. die Viscosität verschieden konz. wss. Gelatinelsgg. bei verschied. Temperaturen. Als Versuchsmaterial dienten 4 Photogelatinen verschied. Herkunft [ATLANTIC (I), STOESS (II), EWALD (III) u. KOEPFF (IV)]. Aus diesen wurden nach 12std. Quellen 6- bzw. 9 Gew.-%ig. (auf lufttrockene Gelatine berechnet) Lsgg. bei 50—55° bereitet u. aus diesen durch Verdünnen 1—6%ig. Lsgg. hergestellt. Um den Betriebsverhältnissen näher zu kommen, wurde jeder Lsg. 0,1% Chromalaun zugesetzt. Die Messungen wurden zwischen 20 u. 30° durchgeführt. Qualitativ ist bei allen Lsgg. der Verlauf der Viscositätsänderung gleich; mit sinkender Temp. nimmt die Viscosität rasch zu, u. in engem Temperaturintervall ist der Anstieg linear, d. h. $d\eta/dt =$ konst. Aus den Ergebnissen folgt, daß die Viscositätszunahme in erster Annäherung der Formel $\eta = \alpha + \beta t \epsilon^{\gamma t}$ entspricht, wo η die Viscosität in Centistokes, α die Viscosität bei $t = 0$, t die Zeit in Min. bedeuten; β u. γ sind Konstanten, e ist die Basis des natürlichen Logarithmus. Die Konzentrations- u. Temperaturabhängigkeit der Konstante β kann man durch folgende Formel ausdrücken: $\beta = K_1 \cdot c \cdot \epsilon^{k_2 c^2 \cdot k_3 T}$, worin c die Konzz. der Gelatinelsgg. in Gew.-%, T die Temp. in °C, k_1, k_2, k_3 Konstanten bedeuten. Die Konstante k_1 ist für die Erstarrungsfähigkeit der Gelatine charakteristisch. Die Konstante γ kann man nicht so einfach ausdrücken, da diese von den Meßfehlern stark abhängig ist. In einem besonderen Temperaturintervall, meistens im Erstarrungsbereich der Gelatine, ist $\gamma = 0$. Der Einfl. des p_H ist komplex. An der β/p_H-Kurve zeigen sich zwei Maxima. Die IV- u. III-Gelatine zeigen in der Nähe des isoelektr. Punktes ein bezeichnendes Maximum, I- u. II-Gelatine zeigten diese Erscheinungen nicht. Die p_H-Abhängigkeit hängt, den Beobachtungen anderer Autoren entsprechend, mit dem Elektrolytgeh. der Gelatine zusammen. (Magyar Kémiai Folyóirat [Ung. Z. Chem.] **57**. 43—47. 1951. Vác, Ungarn, Opt. Forschungsinst., Photochem. Abt.) PLANK. 8602

F. Evva, *Beiträge zur Kinetik der physikalischen Reifung photographischer Emulsionen.* Um einen Einblick in den von vielen Komponenten abhängenden Verlauf der Reifung zu erlangen, wählte Vf. möglichst einfache Versuchsverhältnisse. Aus fast inerten Gelatinen (*Atlantic 16976, Nelson 2151, Hasselt & Vilvorde XR, DGF 7597, Stoess B. W. 487*) wurden 1%ig. Lsgg. bereitet, u. nach Zugabe wechselnder Mengen $AgNO_3$ sowie NaCl u. 0,1n H_2SO_4 bzw. NaOH wurde das Wachstum der Silberhalogenidteilchen bei verschied. Tempp. u. Zeiten nephelometr. verfolgt. Aus den Messungen ergibt sich, daß die Zunahme der Trübung im Verlaufe der Zeit der Gleichung $Z = Z_\infty (1 - e^{\delta t})$ folgt, worin Z die Trübung in relativen Einheiten zur Zeit t, Z_∞ die Trübung der beendeten Reifung u. δ eine Konstante bedeuten. Die Reifungsgeschwindigkeit entspricht der Formel $v = [dZ/dt]_{t=0} = Z_\infty \delta$. Mit steigender Temp. wächst die Reifungsgeschwindigkeit exponentiell. Der Einfl. des p_H ist sehr verwickelt, da die chem. Struktur der Gelatine sehr verschieden ist. Geringer Chloridüberschuß verlangsamt wegen Ausbildung einer elektr. Doppelschicht die Reifungsgeschwindigkeit, bei großem Überschuß wächst die Geschwindigkeit infolge Ionenassoziationserscheinungen. (Magyar Kémiai Folyóirat [Ung. Z. Chem] **57**. 336—42. Nov. 1951. Vác, Ungarn, Optikai Kutatóintézet Fotokémiai Osztálya.) PLANK. 8602

A. W. Borin, D. Ja. Martynow und T. I. Smolko, *Photographische Filter mit spektraler Empfindlichkeit im Sichtbaren.* Vff. beschreiben ein Filmmaterial, das ohne Filter verwendbar ist. Durch Mischen von 5 verschied. Sensibilisatoren u. Anfärben der Emulsion mit *Tatrazin* ist dieser Effekt zu erreichen. Die günstigsten Ergebnisse wurden durch Anwendung eines Doppelschichtfilmes erreicht, wobei die untere Schicht durch einen starken Rotsensibilisator sensibilisiert war, die obere Schicht orthochromat. u. mit Tartrazin angefärbt. Durch solche Filme ist es möglich, Sterne verschied. Farbe zu photographieren u. in einem Helligkeitsverhältnis zu erhalten, wie sie das menschliche Auge sieht. (Астрономический Журнал [Astronom. J.] **29**. 5—13. Jan./Febr. 1952. Astronom. Engelhardt-Observatorium, wiss. Forschungslabor.) OEHRN. 8604

T. H. James und W. Vanselow, *Chromatographische Untersuchungen unter Berücksichtigung theoretischer Probleme der Photographie.* 2. Mitt. *Die Adsorption von Entwicklungssubstanzen und Natriumsulfit.* (1. vgl. C. **1952**. 4873.) Frühere Unterss. fortsetzend, übertragen Vff. die zuerst an Carbocyaninen angewandte Meth., photograph. Sensibilisatoren zu chromatographieren, auf *Merocyanine*. Diese Farbstoffe weisen im Gegensatz zu den Carbocyaninen keine positiven Ladungen auf, die die negativ geladenen Ionen der Entwicklersubstanzen anziehen, die als Elutionsmittel verwendet werden. Als Modellfarbstoff dient das Na-Salz des *4-[3-Äthyl-2-benzthiazolyliden]-3-methyl-1-[p-sulfophenyl]-5-pyrazolons* (2 cm^3 einer 10^{-4} mol. Lsg. auf eine AgBr-Säule von 20 cm). Folgende Substanzen wurden auf ihre Verdrängungswrkg. untersucht: *Hydrochinon* (I), *Brenzcatechin* (II), *Hydroxylamin* (III), *Hydrazin* (IV), *p-Phenylendiamin* (V), *4-Amino-3-methyl-N-äthyl-N-[β-methylsulfonamidoäthyl]-anilin* (VI) u. Natriumsulfit. — I wirkt in 0,01 mol. Lsg. bei p_H 8,0 als chromatograph. Entwickler, ohne AgBr merklich zu reduzieren. Erst bei p_H 9,0 tritt gegen Ende des Vers. eine geringe Red. ein. I eluiert das Merocyanin vom AgBr, wobei die Verdrängungswrkg. von I mit dem p_H wächst (Kurven verschied. p_H-Bereiche im Vgl. zu W. s. Original). Die Verdrängungswrkg. von II entspricht bei einem p_H von 8,0 etwa der von I bei einem p_H von 9,0, wobei allerdings im letzten Stadium des Vers. eine geringe Red. eintritt. III ist weniger wirksam als I, auch bei III wird eine p_H-Abhängigkeit festgestellt. W. zeigt eine nur ganz geringe p_H-Abhängigkeit. Die Wrkg. von Resorcin liegt unter der von I oder II. Auch Natriumsulfit verdrängt an AgBr adsorptiv gebundenes Merocyanin, es wirkt schwächer als die genannten Entwicklersubstanzen. Natriumsulfat liegt in seiner Verdrängungswrkg. unter reinem Wasser. **IV** liegt zwischen Resorcin u. I. Mit **V** u. **VI** werden weitere Verss. an *Phenosafranin* u. *3.3'-Diäthyloxocarbocyanin* angestellt. — Die Versuchsresultate lassen erkennen, daß Entwicklungssubstanzen an das AgBr adsorbiert werden, womit die Annahme SHEPPARDs gestützt wird, daß diese erst nach vorheriger Adsorption an das AgBr als Entwickler wirken können. Die p_H-Abhängigkeit der Verdrängungswrkg. von I u. II beweist, daß sie in ionisierter Form adsorbiert werden. Die geringere Entwicklungskraft des Resorcins im Vgl. zu I u. II kann sowohl von einer geringeren Adsorption an das AgBr als auch von seiner geringeren Oxydierbarkeit abhängen. (J. Amer. chem. Soc. **74**. 2374—76. 5/5. 1952. Rochester, N. Y., Kodak Res. Labor.) W. GÜNTHER. 8618

F. P. Gloyns, *Kontinuierliche Filmentwicklung*. Vf. erörtert die bei der kontinuierlichen Filmentw. auftretenden Probleme u. gibt Vorschriften zur analyt. Überwachung von Entwicklern, die im Dauerbetrieb ihre konstante Zus. behalten sollen. (Photographic J., Sect. B **91 B**. 122—24. Nov./Dez. 1951.) W. GÜNTHER. 8618

O. Wahl, *Der heutige Stand der Farbenphotographie*. Farbenphotograph. Verff., die sich bisher in der Praxis durchsetzten, beruhen ausschließlich auf dem Prinzip der subtraktiven Farbwiedergabe. Nach ihrer Arbeitsweise unterscheidet Vf. die Verff. der Dreifarbenphotographie (Filterauszugsverff.) u. die Mehrschichtenverfahren. Ausgehend von den psycholog.-physikal. Grundlagen werden ausführlich die Zusammenhänge zwischen photograph. u. farbstoffchem. Problemen bei den Mehrschichtenverff. behandelt: Emulgierungstechnik, Sensibilisierung, chromogene Entw., Diffusionsechtheit der Farbkuppler, Schichtaufbau, Farbwiedergabe, Farbkomponenten u. Farbkorrektur durch Maskenverfahren. Abschließend wird eine Übersicht über die zur Zeit im Handel befindlichen farbenphotograph. Materialien gegeben. (Angew. Chem. **64**. 259—65. 13/5. 1952. Leverkusen, Farbenfabriken Bayer, Agfa.) W. GÜNTHER. 8630

Brian O'Brien jr., *Spektrale Empfindlichkeit von photosensiblen säurebeständigen Überzügen („Acid resists")*. Die im Lichtdruckverf. verwendeten säurefesten synthet. u. natürlichen Harze werden durch Zufügung von Alkalidichromaten photosensibilisiert. Die Harze werden auf Platten von handelsüblichem reinem Al haftend aufgebracht u. im Quarzspektrographen mit weißem Kohlebogen als Lichtquelle von 2500 Å bis zur langwelligen Empfindlichkeitsgrenze bei 5000 Å untersucht. Der Verlauf der Empfindlichkeit als Funktion der Wellenlänge zeigt qualitativ ein ähnliches Verh. der verschied. Harze in Abhängigkeit von der einfallenden Energie. Die Dicke der Harzbelege ist von der Größenordnung 1 μ. Der Vgl. mit harzbelegten, kristallinen Quarzplatten zeigt, daß bei diesen Dicken nur ein Bruchteil der einfallenden Energie absorbiert wird. (J. opt. Soc. America **42**. 101—03. Febr. 1952. Easton, Pa., Amer. Newspaper Publishers Assoc. Labors.) H. LINDBERG. 8644

P. C. Smethurst, *Die technischen Grundlagen des Collotypprozesses*. Vf. beschreibt die Arbeitsweise des Collotypfaksimileprozesses. (Photographic J., Sect. B **92 B**. 115—23. Juli/Aug. 1952.) W. GÜNTHER. 8646

L. Mester, *Über die Lichtempfindlichkeit stabilisierter Diazoschichten*. Vf. gibt die Theorie der Lichtempfindlichkeit der in der Diazotypie verwendeten Diazoverbb., den Einfl. des p_H, der Struktur u. der Sensibilisatoren auf die Empfindlichkeit u. die

Wege zu deren Erhöhung. (Magyar Kémikusok Lapja [Z. Ver. ung. Chemiker] 5. 20—22. 1950.) PLANK. 8646

F. Evva, *Neuere Methoden zur Bestimmung von aktiven Stoffen in Photogelatinen.* 1. Mitt. Zur Best. der Reifungskörper, d. h. des labilen S, verwendet Vf. die FEIGLsche Rk. in einem modifizierten PAVEY-STEIGMANNschen App. bei 65°. Die Rk. ist in 1 Std. beendet, 0,5 ml N_2 entsprechen ungefähr einer FEIGL-Zahl. — 2. Zur Best. der reduzierenden Substanzen wurde die STEIGMANNsche Meth. in eine colorimetr. umgewandelt. Als Vergleichslsg. dient eine Blindprobe. Die Eichkurve mit frisch dest. Furfurol wurde in 10%ig. Essigsäure aufgenommen. — 3. Die Menge der Hemmungskörper bestimmte Vf. nephelometr. aus den Trübungs–Zeit-Kurven. Die Ergebnisse der 3 Methoden stimmen mit den Betriebserfahrungen gut überein. (Magyar Kémiai Folyóirat [Ung. Z. Chem.] 58. 43—48. Febr. 1952. Vác, Ungarn, Optikai Kutató Intézet Fotokémiai Osztálya.) PLANK. 8658

F. Evva, *Nephelometrische Beurteilung von Photogelatinen.* 1. Mitt. Vf. untersuchte die Reifungsfähigkeit von 18 verschied. Photogelatinen mit dem ZEISS-PULFRICH-Nephelometer nach der Meth. von AMMANN-BRASS. Die Methodik wurde durch einige Abänderungen bequemer u. genauer. Vf. verweist an Hand der Ergebnisse auf die Vorteile der Meth., durch welche die bisherige ungenügende Beurteilung auf Grund der FEIGL-Zahl bedeutend verläßlicher ist. Die Meth. muß noch weiter entwickelt werden, indem der Einfl. des p_H sowie die von STEIGMANN angegebenen Verss. berücksichtigt werden. (Magyar Kémiai Folyóirat [Ung. Z. Chem.] 57. 129—35. 1951. Vác, Ungarn, Opt. Forsch.-Inst., Photochem. Abt.) PLANK. 8658

F. Evva, *Nephelometrische Beurteilung von Photogelatinen.* 2. Mitt. (1. vgl. vorst. Ref.) Der Einfl. des p_H ist auf die Reifung der Photogelatine unwesentlich, die parallel verschobenen Kurven zeigen, daß H^+ die Reifungsgeschwindigkeit erhöht, OH^- sie vermindert. Es ist demzufolge nicht nötig, die Verss. zur Beurteilung der Gelatine bei gleichem p_H durchzuführen. In einigen Verss. wurde die Wrkg. des Auswaschens an inerten Photogelatinen geprüft. Es zeigte sich, daß hierdurch nicht nur die Sensibilisierungsstoffe entfernt werden, sondern auch ein beträchtlicher Teil der Hemmstoffe. Ein Trennen der beiden Stoffarten ist somit durch Waschen nicht möglich. Mit H_2O_2 kann vollständige Desaktivierung auch nicht erreicht werden. Filtration durch akt. Kohle ist unzulässig, da die Kohle nicht abgesondert werden kann u. Adsorption an grobkörniger Kohle erfolglos ist. Für Betriebszwecke genügt die FEIGL-Rk. u. p_H-Best., wodurch ein Rückschluß auf die beiden Verbindungsklassen möglich ist. (Magyar Kémiai Folyóirat [Ung. Z. Chem.] 57. 229—33. 1951.) PLANK. 8658

W. Hagemann, *Sensitometrie der Überblendung.* Vf. behandelt die sensitometr. Grundlagen des Überblendungsvorganges, wobei auf die Notwendigkeit hingewiesen wird, bei Beurteilung von Belichtungs- u. Schwärzungsunterschieden sich des logarithm. Maßstabes zu bedienen. (Bild u. Ton 5. 171—73. Juni 1952. Berlin, DEFA-Forschungsabteilung.) W. GÜNTHER. 8660

General Aniline & Film Corp., New York, N. Y., übert. von: Joseph S. Friedman, Binghamton, N. Y., V. St. A., *Azofarbstoffe als photographische Entwickler.* Die Kupplungsprodd. aus o- oder p-Aminophenol, 1.2- oder 1.4-Aminonaphthol einerseits u. Acetylaceton (I), Benzoylaceton, Naphthoylaceton, Acylessigestern, Arylessigestern u. heterocycl. substituierten Essigestern andererseits stellen Schwarzweiß- u. prim. Farbentwickler dar, indem sie zugleich mit dem Ag ein Farbstoffbild erzeugen, das nach Ausbleichen des Ag als Teilfarbenbild für Mehrfarbenbilder verwendbar ist. Die Anfärbung der Gelatine durch den Entwickler kann durch verlängertes Auswässern (10—30 Min. oder schneller) mit W. + A., W. + Aceton, W. + Dioxan entfernt werden. Bes. geeignet sind: Äthyl-[p-oxyphenylazo]- (II), Äthyl-[p-oxynaphthalinazo]-acetoacetat, p-Oxyphenylazo-I, p-Oxynaphthalinazo-I, Äthyl-[p-oxyphenylazo]-benzoylacetat u. Äthyl-[o-oxyphenylazo]-acetoacetat. Beispiel: Eine Lsg. von 1 g II, 5 g Na_2SO_3 u. 5 g Na_2CO_3 in 100 cm^3 W. gibt auf belichtetem Halogensilber ein Ag- u. ein diesem überlagertes Gelbbild. (A. P. 2 543 691 vom 7/6. 1946, ausg. 27/2. 1951.) KALIX. 8619

Herausgeber u. verantwortlich für den Inhalt: Prof. Dr. Maximilian Pflücke, Berlin W 8, Jägerstraße 22/23, Fernsprecher: 200481, 201464. Redaktion: Chefredakteure Dr. Eugen Klever und Prof. Dr. Maximilian Pflücke. Verlag: Akademie-Verlag GmbH, Berlin NW 7, Schiffbauerdamm 19 (Fernsprecher 425571, Postscheckkonto Berlin 35021) u. Verlag Chemie, GmbH, Weinheim/Bergstraße (Postscheckkonto Frankfurt/M. 145314 u. Berlin [West] 7430, Fernsprecher: Weinheim 2017). Bestell- u. Verlags-Nr. dieses Heftes: 1007/124/3. Das Chemische Zentralblatt erscheint wöchentlich.
Satz u. Druck: VEB Leipziger Druckhaus, Leipzig, III/18/203. I. 53.
Veröffentlicht unter der Lizenznummer 1212 des Amtes für Literatur und Verlagswesen der Deutschen Demokratischen Republik.
Printed in Germany.

FSC
www.fsc.org
MIX
Papier | Fördert gute Waldnutzung
FSC® C083411

Kolibri 360 GmbH
Ferdinand-Jühlke-Straße 7
99095 Erfurt, Deutschland
produktsicherheit@kolibri360.de